东北大学"双一流"建设研究生教材

硅酸盐矿物分选

印万忠 姚 金 唐 远 编著

东北大学出版社

·沈 阳·

ⓒ 印万忠　姚　金　唐　远　2020

图书在版编目(CIP)数据

硅酸盐矿物分选 / 印万忠，姚金，唐远编著. — 沈阳：东北大学出版社，2020.12
ISBN 978-7-5517-2638-2

Ⅰ. ①硅… Ⅱ. ①印… ②姚… ③唐… Ⅲ. ①硅酸盐矿物—分选技术—高等学校—教材 Ⅳ. ①TD97

中国版本图书馆CIP数据核字(2020)第268023号

内容简介

本书是结合国内外矿物加工工程学科发展的现状和教学改革的需要而编写的，在重视基础知识及知识系统性的前提下，尽可能地反映现代硅酸盐矿物分选理论与工艺实践研究成果，突出体现硅酸盐矿物晶体化学特性，特别是晶体结构对矿物性质及其分选行为的影响。附录Ⅰ和附录Ⅱ的汇总表可以为广大读者提供查询和掌握本书主要内容的便利途径，矿物实物图也可以为读者直观了解各硅酸盐矿物的实际特点及差异提供途径。本书既可以作为各院校的教学用书，也可供相关单位及科研人员查阅参考。

出 版 者：东北大学出版社
　　　　　地　址：沈阳市和平区文化路三号巷11号
　　　　　邮　编：110819
　　　　　电　话：024-83680267(社务部)　83687331(营销部)
　　　　　传　真：024-83683655(总编室)　83680180(营销部)
　　　　　网　址：http://www.neupress.com
　　　　　E-mail:neuph@neupress.com

印 刷 者：辽宁一诺广告印务有限公司
发 行 者：东北大学出版社
幅面尺寸：170 mm × 240 mm
印　　张：23.5
字　　数：422千字
出版时间：2020年12月第1版
印刷时间：2020年12月第1次印刷

责任编辑：潘佳宁　　　　　　　　　责任校对：刘乃义
封面设计：潘正一　　　　　　　　　责任出版：唐敏志

ISBN 978-7-5517-2638-2　　　　　　　　　　　　　定价：78.00元

前言 Preface

硅酸盐矿物的种类繁多，在地壳中分布极普遍，广泛存在于各种类型的岩石中，是岩浆岩、沉积岩和变质岩三大类岩石的主要造岩矿物。作为天然矿物的硅酸盐，其具有的独特结构与物理化学性质，使其成为当今人类日常生产生活中不可或缺的矿物原料。但也正因为硅酸盐矿物的广泛分布，其对金属矿物等的分离与提取具有重要影响。因此，硅酸盐矿物资源一直是工业各方面应用学者的研究对象。随着试验手段和理论研究方法的极大发展，硅酸盐矿物结构被精确地测定，对其化学组成和结构间的关系也有了更深入的理解。经典的《硅酸盐矿物浮选原理》一书，从矿物晶体结构的角度出发，着重阐明了结构与浮选行为的关系，对本书的撰写给予了很大的启示。因此，有必要对由硅酸盐矿物结构化学、表面化学等决定的硅酸盐矿物的全部分选特性（包括浮选特性）进行全面归纳和总结。

本书以硅酸盐矿物的硅氧骨干类型为依据，将硅酸盐矿物分成岛状结构、环状结构、链状结构、层状结构和架状结构5个亚类，并以各亚类的多种典型硅酸盐矿物为对象，综合各矿物的工业应用特点、世界范围内的资源特点、矿物晶体特性、矿石和矿床特性、分选方法及理论研究，揭示了各典型矿物的晶体结构与其分选特性的内在联系，查明了各矿物在不同分选技术和工艺条件下的分选行为，形成了硅酸盐矿物分选的理论基础。在此基础上，针对各硅酸盐矿物与其他矿物的分离问题，介绍了国内外典型矿区的硅酸盐矿物分选生产实践，也为其他同类型矿山的工艺选择提供了一定的指导。除了上述具有特定晶体结构的5个亚类的硅酸盐矿物，本书同时还介绍了非晶质类硅酸盐矿物和含硅酸盐矿物岩石的分选情况。

本书内容共分为8章，每个章节均按照由基础理论到实践应用的总体原则进行编排。第1章概括了硅酸盐矿物晶体的骨干结构及其分类，阐述了硅酸盐矿物分选研究的意义；第2章重点阐述了硅酸盐矿物的晶体化学特征和表面特性，归纳了硅酸盐矿物晶体结构、价键类型、解离面和表面特性；第3章阐述了岛状结构硅酸盐矿物的晶体结构特征与分选行为的关系；第4章阐述了环状结构硅酸盐矿物的晶体结构特征与分选行为的关系；第5章阐述了链状结构硅酸盐矿物的晶体结构特征与分选行为的关系；第6章阐述了层状结构硅酸盐矿物的晶体结构特征与分选行为的关系；第7章阐述了架状结构硅酸盐矿物的晶体结构特征与分选行为的关系；第8章阐述了非晶质结构硅酸盐矿物和含硅酸盐矿物岩石的分选特性。在附录Ⅰ和附录Ⅱ中，还提供了常见硅酸盐矿物的晶体实物图，并汇总了国内外相关选矿厂的生产实例。

  本书在撰写过程中，各章节的分工如下：前言、第7章、第8章由印万忠教授编写；第1章、第2章、第3章由姚金副教授编写；第4章、第5章、第6章及附录Ⅰ和附录Ⅱ由唐远博士编写。本书由印万忠教授修订定稿。在起草过程中，东北大学矿物工程系和基因矿物加工研究中心的部分老师也提出了许多宝贵的建议，并审阅了部分文稿。另外，特别感谢黄发兰、盛秋月、郝晓宇等研究生在本书资料收集整理过程中所做的工作。同时，本书还参阅了大量本领域专家、学者、工程技术人员等的相关论文或著作，在此也表示诚挚的感谢！

  由于编著者水平有限，本书中难免存在不足之处，恳请读者批评指正。

编著者

2020年10月

于沈阳

目 录

1 绪 论 ·· 1
　1.1 概 述 ·· 1
　1.2 硅酸盐矿物的分类 ··· 3
　　　1.2.1 硅氧骨干的类型及特点 ·· 4
　　　1.2.2 硅酸盐矿物亚类的划分 ·· 11
　　　1.2.3 硅酸盐矿物的形态及基本性质 ································· 15
　1.3 研究硅酸盐矿物分选的意义与作用 ·································· 17
　　　本章参考文献 ··· 18

2 硅酸盐矿物的晶体化学 ·· 20
　2.1 硅酸盐矿物的晶体结构 ·· 20
　　　2.1.1 晶体结构模型 ·· 20
　　　2.1.2 晶体结构特征 ·· 23
　　　2.1.3 硅酸盐矿物的类质同象 ·· 25
　2.2 硅酸盐矿物的价键类型 ·· 29
　　　2.2.1 结构中的Si—O键 ·· 29
　　　2.2.2 结构中的M—O键 ·· 31
　　　2.2.3 结构中离子堆积及配位 ·· 33
　2.3 硅酸盐矿物的解理 ··· 35
　　　本章参考文献 ··· 36

3 岛状结构硅酸盐矿物的分选 ·· 37
　3.1 岛状结构硅酸盐矿物的分选特点 ····································· 37
　3.2 典型岛状结构硅酸盐矿物的分选 ····································· 38
　　　3.2.1 蓝晶石分选 ·· 38
　　　3.2.2 红柱石分选 ·· 54

3.2.3 石榴子石分选·································68
        3.2.4 橄榄石分选··································76
        3.2.5 锆英石分选··································84
        3.2.6 绿帘石分选··································97
    本章参考文献···100

4 环状结构硅酸盐矿物的分选·····························101
    4.1 环状结构硅酸盐矿物的分选特点···············101
    4.2 典型环状结构硅酸盐矿物的分选···············102
        4.2.1 绿柱石分选··································102
        4.2.2 电气石分选··································118
        4.2.3 堇青石分选··································124
    本章参考文献···131

5 链状结构硅酸盐矿物的分选·····························133
    5.1 链状结构硅酸盐矿物的分选特点···············133
    5.2 典型链状结构硅酸盐矿物的分选···············134
        5.2.1 锂辉石分选··································134
        5.2.2 硅灰石分选··································150
        5.2.3 硅线石分选··································161
        5.2.4 透闪石分选··································169
        5.2.5 透辉石分选··································173
    本章参考文献···177

6 层状结构硅酸盐矿物的分选·····························179
    6.1 层状结构硅酸盐矿物的分选特点···············179
    6.2 典型层状结构硅酸盐矿物的分选···············180
        6.2.1 高岭土分选··································180
        6.2.2 蛇纹石分选··································197
        6.2.3 滑石分选·····································204
        6.2.4 云母分选·····································215
        6.2.5 绿泥石分选··································228
        6.2.6 蛭石分选·····································233
        6.2.7 蒙脱石(膨润土)分选······················239

  6.2.8 叶蜡石分选 ··············246
  6.2.9 伊利石分选 ··············253
  6.2.10 凹凸棒石分选 ············258
  6.2.11 海泡石分选 ·············268
 本章参考文献 ···················275

7 架状结构硅酸盐矿物的分选 ···········277
 7.1 架状结构硅酸盐矿物的分选特点 ·······277
 7.2 典型架状结构硅酸盐矿物的分选 ·······278
  7.2.1 石英分选 ··············278
  7.2.2 长石分选 ··············298
  7.2.3 沸石分选 ··············312
 本章参考文献 ···················328

8 非晶质硅酸盐矿物和含硅酸盐矿物岩石的分选 ···329
 8.1 非晶质硅酸盐矿物和含硅酸盐矿物岩石的分选特点 ·329
 8.2 典型非晶质硅酸盐矿物和含硅酸盐矿物岩石的分选 ·330
  8.2.1 硅藻土分选 ·············330
  8.2.2 珍珠岩分选 ·············346
  8.2.3 麦饭石分选 ·············354
 本章参考文献 ···················363

附录Ⅰ　硅酸盐矿物展示 ···············365
附录Ⅱ　典型选矿厂实例汇总表 ············367

1 绪 论

1.1 概 述

硅酸盐是硅、氧与其他化学元素(主要是铝、钙、镁、钾、钠、铁、氟等)结合而成的化合物的总称，氧(O)和硅(Si)的克拉克值分别为46.6%和27.72%，是地壳中分布最广、含量最高的两种元素。因此，硅酸盐矿物的种类共有600余种，约占已知矿物种总数的四分之一，在地壳中分布极普遍，广泛分布于各种类型的岩石(如花岗岩)中，约占岩石圈总质量的85%，是岩浆岩、沉积岩和变质岩三大类岩石的主要造岩矿物(见表1-1)。此外，工业上所需要的多种金属和非金属元素，如Li、Be、Zr、B、Rb、Cs等大部分都是从硅酸盐矿物中提取的。多种硅酸盐矿物又被直接作为矿物材料应用于国民经济的许多部门。在宝玉石界，很多珍贵的宝石矿物，如橄榄石、石榴子石、祖母绿和海蓝宝石(绿柱石)、碧玺(电气石)、翡翠(翠绿色硬玉)、软玉(透闪石、阳起石)、岫玉(蛇纹石)、南阳玉(黝帘石、斜长石)等都是硅酸盐矿物或其集合体。因此，硅酸盐对了解地球的地质史和研究现状的重要性决不能低估。含硅化合物不仅是岩石圈的组分，它们还存在于水圈，主要以溶解的二氧化硅的形态存在。

表1-1 地壳中最主要的矿物及其丰度

矿物	体积百分数
斜长石	42
钾长石	22
石英	18
闪石	5
辉石	4
黑云母	4

表 1-1（续）

矿物	体积百分数
磁铁矿、钛铁矿	2
橄榄石	1.5
磷灰石	0.5

硅元素对于地球上的生命来说是必不可少的。首先，土壤的肥力主要取决于黏土矿物吸收和释放植物营养所必需的水及几种阳离子的能力。这一过程对于高级植物的生命进而对以植物为食物的动物来说都是十分重要的。此外，硅化合物在生命有机体细胞中起重大作用。在马尾、水稻、针茅、芦苇和竹子中发现了大量的二氧化硅，它能使植物的叶和茎产生强度。同时，某些含硅化合物还是许多细菌，尤其是生长在热泉中的细菌新陈代谢过程中的关键成分。细菌属紫茉莉甚至用硅元素取代磷脂中的磷元素。硅也是存在于高级动物和人体中的一种微量元素。硅在结缔组织细胞中起主要作用并参与形成毛发、指甲及骨组织等。

硅酸盐矿物的基本结构是硅-氧四面体（$[SiO_4]$）：在这种四面体内，硅原子占据中心，4个氧原子占据四角。四面体连着四面体，根据不同的配合形成了各类的硅酸盐。图 1-1 指出了能形成硅酸盐矿物的主要元素。正是由于其结构

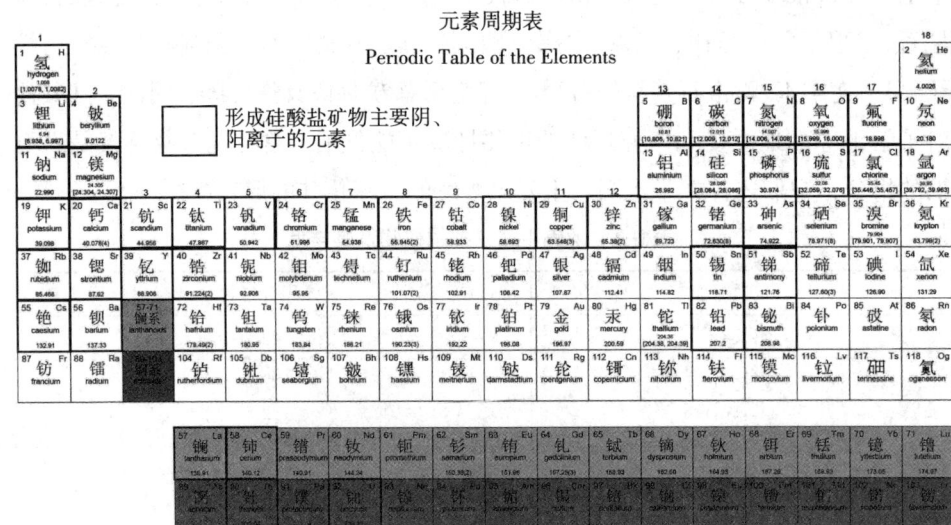

图 1-1　硅酸盐矿物所包含的元素种类

$[CO_3]^{2-}$、$[SO_4]^{2-}$、$[PO_4]^{3-}$等附加阴离子。而本类矿物的阳离子主要为惰性气体型离子(Si^{4+}、Al^{3+}、K^+、Na^+、Ca^{2+}、Mg^{2+}等)和部分过渡型离子(Fe^{2+}、Fe^{3+}、Mn^{2+}、Cr^{3+}、Ti^{4+}等)。极少数硅酸盐如异极矿($Zn_4[Si_2O_7](OH)_2 \cdot H_2O$)、硅孔雀石$[(Cu,Al)_4H_4[Si_4O_{10}](OH)_8 \cdot nH_2O]$含铜型离子。硅酸盐中除有结构水$OH^-$(即附加阴离子)外,还可以有结构水$H_3O^+$及中性水$H_2O$。$H_2O$分子主要见于层状硅酸盐矿物如蒙脱石、埃洛石、海泡石中(层间水)及架状硅酸盐矿物如沸石中(沸石水),只在少数硅酸盐中才以结晶水的形式存在,起着填充空隙或水化阳离子的作用。H_3O^+也只在某些层状硅酸盐中少量存在,且极易转变为H^+和H_2O。

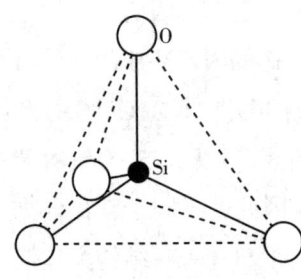

图1-2 硅氧四面体结构

从硅酸盐矿物的化学成分来看,其组成元素并不多,但为何其矿物种类如此众多呢?硅酸盐矿物结构中的基本构造单位——$[SiO_4]$四面体中Si的原子组态是$3s^2p^2$,当Si原子形成4价阳离子时,其组态为$3s^0p^0$,空出全部的4个s和p轨道,这4个s和p轨道形成了4个sp^3杂化轨道;氧的原子组态是$2s^2 2p^4$,当形成负2价阴离子时,其组态为$2s^2 2p^6$,4个s和p轨道上均具有成对的电子。在$[SiO_4]$四面体Si^{4+}的4个sp^3杂化轨道与O^{2-}的4个成对电子轨道结合形成牢固的以共价键结合的络阴离子团$[SiO_4]$。在$[SiO_4]$四面体中,Si—O键中的40%是离子键,60%是共价键。从电价配键的角度看,带正电荷的Si^{4+}赋予每一个氧离子的电价为1,即等于氧离子电价的一半,氧离子另一半的电价既可以用来联系其他的四面体阳离子,也可以与另一个硅离子相连。因此,硅酸盐矿物的基本结构单元既可以孤立地被其他阳离子包围起来($[SiO_4]$四面体的4个氧都是"活性氧"或"自由氧"),也可以彼此以共用角顶的方式相连接(被共用的氧为"桥氧"或"惰性氧"),形成多种形式的复杂络阴离子。由于$[SiO_4]$四面体内Si—O键强远大于氧与其他阳离子的键强,这些硅酸根络阴离子在硅酸盐矿物中起着骨架的作用,因而称为"硅氧骨干"。硅氧骨干形式多样,不仅导致硅酸盐矿物种类繁多,而且是制约硅酸盐矿物形态、物理与化学性质及成因等各种内外属性的结构要素。

1.2.1 硅氧骨干的类型及特点

根据硅氧四面体在结构中连接方式的不同,可分为5种类型的络阴离子,也可以说成是5种硅氧骨干。硅氧四面体的联结方式即硅氧骨干的联结方式虽然繁多，但其基本形态类型却只有以下5种：岛状硅氧骨干、环状硅氧骨干、链状硅氧骨干、层状硅氧骨干和架状硅氧骨干。

1.2.1.1 岛状硅氧骨干

在岛状(island)硅氧骨干中，单个[SiO$_4$]四面体[见图1-3(a)]或[Si$_2$O$_7$]双四面体[见图1-3(b)]在结构中被其他阳离子所包围，彼此并不直接相连，因而称为岛状硅氧骨干。前者如橄榄石(Mg，Fe)$_2$[SiO$_4$](见图1-4)，后者如异极矿Zn$_4$[Si$_2$O$_7$](OH)$_2$·H$_2$O。此外，孤立四面体和双四面体还可并存，组成两者的混合类型[见图1-3(c)]，如绿帘石Ca$_2$(Al，Fe)$_3$[SiO$_4$][Si$_2$O$_7$]O(OH)。

  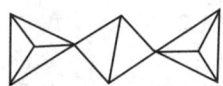

(a)单[SiO$_4$]四面体结构　　(b)[Si$_2$O$_7$]双四面体结构　　(c)单双四面体共存结构

图1-3　岛状硅氧骨干结构示意图

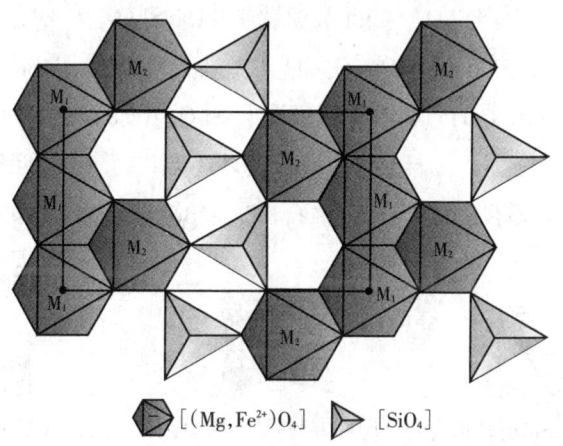

图1-4　橄榄石(Mg，Fe)$_2$[SiO$_4$]硅氧骨干结构示意图

单四面体结构硅酸盐矿物中，[SiO$_4$]四面体之间互相不连接，其4个角顶均为活性氧，依靠这些活性氧与其他阳离子相结合而连接起来。阴离子团的总负电荷等于4，它们彼此间是依靠其他金属阳离子来维系的。其硅氧数量比n_{Si}：$n_O = 1:4$，如镁橄榄石(Mg$_2$[SiO$_4$])和锆英石(Zr[SiO$_4$])。

在双四面体结构硅酸盐矿物中，基本结构单元[Si$_2$O$_7$]为2个四面体共1个角顶组成，其具有6个活性氧，分别与其他阳离子结合。位于中间用来连接2个硅氧四面体的氧原子，其负电荷已全部用来与硅配衡，为不活泼原子。2个[SiO$_4$]

间有1个O^{2-}为公用。其硅氧数量比$n_{Si}:n_O=1:3.5$。可用下式表示：

$$2\left\{[SiO_4]^{4-}-\frac{1}{2}O^{2-}\right\}=[Si_2O_{8-1}]^{6-}=[Si_2O_7]^{6-} \tag{1-1}$$

在单四面体与双四面体共存的硅酸盐矿物结构中，分单四面体与双四面体共存、单四面体与$[Si_3O_{10}]$共存和单四面体与$[AlSi_4O_{16}]$共存。

在岛状结构硅酸盐矿物中有时还具有一些附加阴离子，如O^{2-}、OH^-、F^-、Cl^-等。在这类晶体结构中，络阴离子间一般不直接相连，而靠其他阳离子来联系。硅氧骨干中的$[SiO_4]$四面体一般不被或很少被$[AlO_4]$四面体替代。该类矿物的结构比较紧密，硅氧骨干内部以共价键为主，而硅氧骨干与其他阳离子之间以离子键为主。

1.2.1.2 环状硅氧骨干

$[SiO_4]$四面体以角顶相连（彼此共用两个顶点）形成封闭的环时称为环状（ring）硅氧骨干（见图1-5）。环中$[SiO_4]$四面体的数目可为3、4、6或它们的倍数，分别称为三方环状骨干$[Si_3O_9]$（如硅酸钡钛矿$BaTi[Si_3O_9]$）、四方环状骨干$[Si_4O_{12}]$（如包头矿$Ba_4Ti_4(Ti,Nb)_4[Si_4O_{12}]O_{16}Cl$）、复三方环状骨干$[Si_6O_{18}]$（如镁电气石$NaMg_3Al_6[Si_6O_{18}][BO_3](OH)$）和六方环状骨干$[Si_6O_{18}]$（如绿柱石$Be_3Al_2[Si_6O_{18}]$）。此3种结构的硅氧数量比$n_{Si}:n_O=1:3$。相同的环还能共用$[SiO_4]$四面体的1个氧而重叠成双环，如六方双环$[Si_{12}O_{30}]$（如整柱石$KCa_2AlBe_2[Si_{12}O_{30}]\cdot0.5H_2O$）等。

  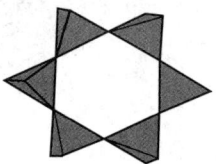

(a)三方环状$[Si_3O_9]$结构　　(b)四方环状$[Si_4O_{12}]$结构　　(c)六方环状$[Si_6O_{18}]$结构

$[SiO_4]$

图1-5　环状硅氧骨干结构示意图

① 三方环状：

$$3\left\{[SiO_4]^{4-}-2\times\frac{1}{2}O^{2-}\right\}=[Si_3O_9]^{6-} \tag{1-2}$$

② 四方环状：

$$4\left\{[SiO_4]^{4-}-2\times\frac{1}{2}O^{2-}\right\}=[Si_4O_{12}]^{8-} \tag{1-3}$$

③ 六方环状：

$$6\left\{[SiO_4]^{4-} - 2 \times \frac{1}{2}O^{2-}\right\} = [Si_6O_{18}]^{12-} \tag{1-4}$$

在环状结构硅酸盐矿物中，连接环的主要阳离子有 Ca^{2+}、Na^+、K^+、Al^{3+}、Fe^{2+}、Mn^{2+}、Li^+、Zr^{4+}等，在环的大空隙处常为水分子、OH 和较大阳离子所占据。

1.2.1.3 链状硅氧骨干

$[SiO_4]$四面体以角顶相连(彼此共用两个顶点)并沿一个方向延伸便构成链状(chain)硅氧骨干。常见的硅氧骨干有单链(见图1-6)和双链(见图1-7)。在单链中，每个$[SiO_4]$四面体有2个角顶与相邻的$[SiO_4]$四面体共用，按$[SiO_4]$四面体的重复周期可分为二重单链$[Si_2O_6]$[如辉石，见图1-6(a)]、三重单链$[Si_3O_9]$[如硅灰石，见图1-6(b)]以及五重单链$[Si_5O_{10}]$[如蔷薇辉石，图1-6(c)]等。而双链则犹如两个单链并联而成，其络阴离子可以用$[Si_4O_{11}]_n^{6n-}$表示。如2个辉石二重单链$[Si_2O_6]$并联成角闪石二重双链$[Si_4O_{11}]$、2个硅灰石单链$[Si_3O_9]$并联成硬硅钙石三重双链$[Si_6O_{17}]$。链的类型还有很多，如星叶石双链$[Si_2O_6]$。有时，$[SiO_4]$四面体中的部分Si可被Al所置换，如硅线石的双链$[AlSiO_5]$是由一条$[SiO_4]$链和一条$[AlO_4]$链并联而成的。

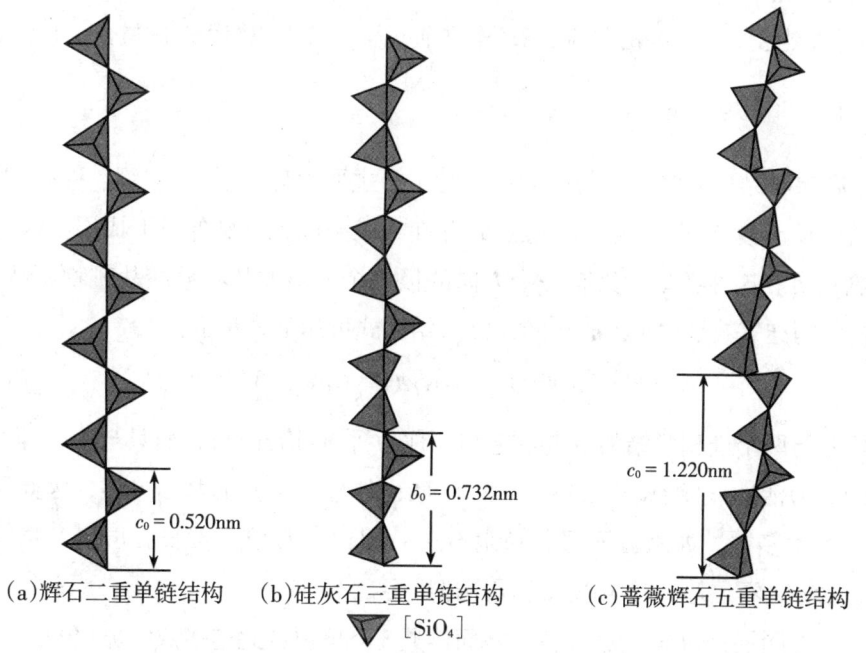

(a)辉石二重单链结构　　(b)硅灰石三重单链结构　　(c)蔷薇辉石五重单链结构

$[SiO_4]$

图1-6　单链状硅氧骨干结构示意图

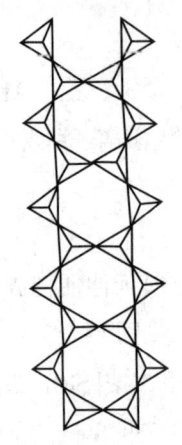 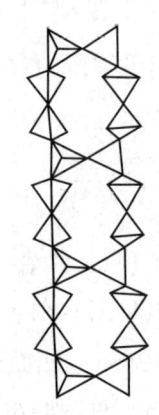 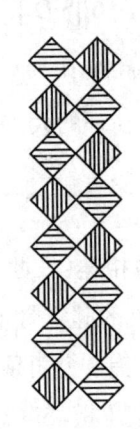 

(a)角闪石二重双链结构　　(b)硬硅钙石三重双链结构　　(c)硅线石双链结构　　(d)星叶石双链结构

图1-7　双链状硅氧骨干结构示意图

在链状结构硅酸盐矿物中，连接链的主要阳离子有Ca^{2+}、Na^+、Fe^{2+}、Mg^{2+}、Al^{3+}、Mn^{2+}、K^+、Li^+等，这些阳离子的配位多面体同链的类型之间具有相互制约的关系，尤其是大阳离子的配位多面体，对硅氧骨干往往起着支配作用。矿物中常见的附加阴离子有OH^-、F^-、Cl^-等，其硅氧骨干中的Si^{4+}常被少量的Al^{3+}所替代，故常有低电价、大半径的阳离子来补偿电荷，但一般Al^{3+}替代Si^{4+}的量少于1/3。

1.2.1.4　层状硅氧骨干

在层状结构硅酸盐矿物中的硅氧骨干，主要由硅(包括铝、硼、铍)氧四面体共角顶连接(彼此共用3个顶点)，并在二维空间无限延伸时形成层状(sheet)硅氧骨架。这种类型为具有一个方向的极完全解离的片状硅酸盐矿物所特有。结构中的硅氧数量比$n_{Si}:n_O = 1:1.25$，结构式可用下式表示：

$$n\{4[SiO_4]^{4-} - 6 \times O^{2-}\} = [Si_4O_{10}]_n^{4n-} \tag{1-5}$$

结构中与两个硅相联结的氧电价饱和，称为桥氧(惰性氧)，而只与一个硅相联结的氧为活性氧(端氧)。另外，$[SiO_4]$四面体也有不同的联结方式，因此层状骨干类型多样，如六方网层、鱼眼石层、钡铁钛石层、黄长石层以及星叶石层、水硅钙石层等，其中以六方网层最重要。

六方网层是由硅(包括铝)氧四面体共3个角顶彼此连接成六方(包括三方)状的网层，以$[(Si,Al)_4O_{10}]$表示。滑石网层[见图1-8(a)]中，Si-O四面体形成六方网层，其活性氧指向同一方向；鱼眼石网层[见图1-8(b)]为八环-四环网层的一个典型，它是由活性氧指向上方的硅氧四面体四环，与活性氧指向下方的四环沿对角线方向共角顶连接而成的单层网层，以[Si_4O_{10}]表示。水硅钙石网层为八环–五环网层，这种网层是由硬硅钙石链彼此错开对接而成的单层网层，以[Si_6O_{15}]表示。黄长石网层以双四面体–四面体网层为代表，它是以双四面体和四面体共角顶连接而成的，具有四方对称。钡铁钛石网层为双四面体–[TiO_6]八面体网层的代表，它是由双四面体和[TiO_6]八面体共角顶连接而成的。星叶石网层为双四面体链–[TiO_6]八面体网层，该网层是由双四面体链(亦称星叶石链)与[TiO_6]八面体共角顶连接而成的。

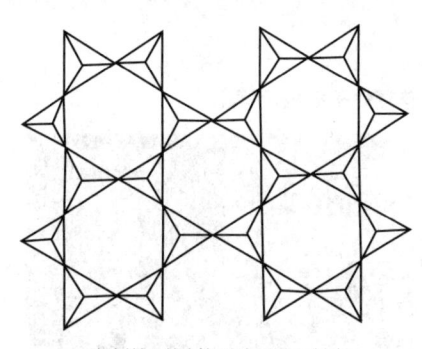
(a)滑石层状硅氧骨干结构

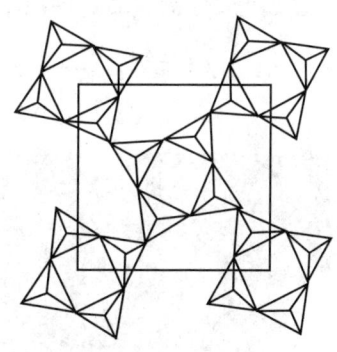
(b)鱼眼石层状硅氧骨干结构

图1-8　层状硅氧骨干结构示意图

在层状结构硅酸盐矿物中，除了[SiO_4]四面体呈层状排列外，[MgO_6]或[AlO_6]八面体亦呈六方网层的排列。八面体层中的阳离子有Al^{3+}、Mg^{2+}、Fe^{2+}、Fe^{3+}和Ti^{4+}等，由于阳离子的电价不同，因此在单位晶胞中的数目也不同。在四面体层和八面体层的相互匹配中，[SiO_4]四面体所组成的六方环范围内有3个八面体与之相适应。如果在这3个八面体的中心位置被3价离子(如Al^{3+})充填，即在半个晶胞中含有2个充填离子，那么这种结构称为二八面体型结构；如果这3个八面体的中心位均被2价离子(如Mg^{2+})占据，即半个晶胞中含有3个充填阳离子，那么这种结构称为三八面体型结构。同时存在这两种结构时称为过渡结构。层状结构硅酸盐矿物中的[SiO_4]四面体层与[AlO_6](或[MgO_6])八面体层通常都组合在一起，形成构造单元层。当1个四面体层和1个八面体层组合时，称1∶1型[即TO型，T表示Tetrahedral sheet，O表示Octahedral sheet，见图1-9(a)]，如高岭石(晶体见图1-10)结构。当2个四面体层与1个八面体层组合时，八面体层便夹在2个四面体的中间形成夹心式的构造单元层，称2∶1型[即TOT型，见图1-9(b)]，如滑石(或白云母)结构。

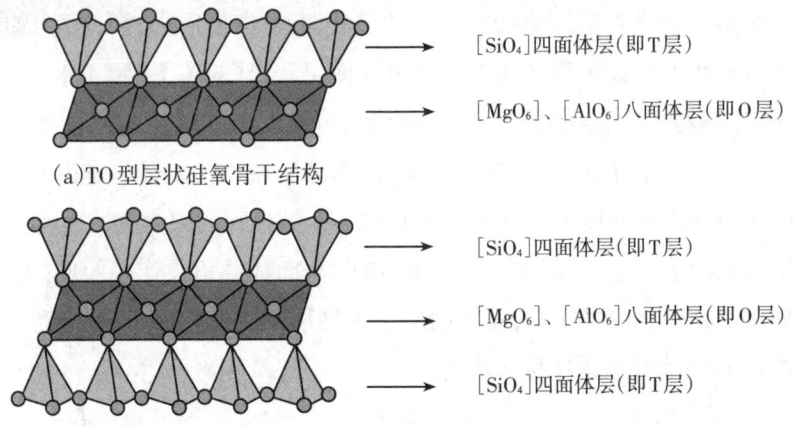

(a) TO 型层状硅氧骨干结构

(b) TOT 型层状硅氧骨干结构

图 1-9　TO 和 TOT 型层状硅氧骨干结构示意图

图 1-10　高岭石晶体的层状结构扫描电镜图

1.2.1.5　架状硅氧骨干

[SiO_4]四面体全部 4 个角顶均与其相邻的[SiO_4]四面体共用,便形成在三维空间延伸的架状(framework)硅氧骨干(见图 1-11),其中,所有的氧都为"惰性氧"。石英(SiO_2)族矿物的架状结构就是由[SiO_4]四面体 4 个角顶共用而形成的。如果四面体中的阳离子全部为Si^{4+},结构中便不存在剩余电价,便不能形成硅酸盐矿物。因此,在架状硅酸盐骨干

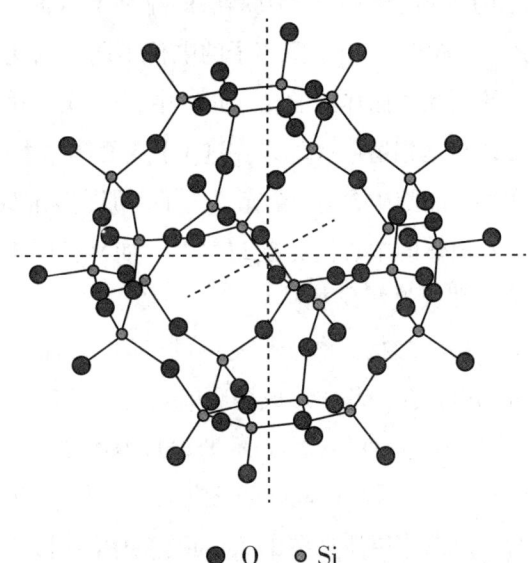

● O　● Si

图 1-11　架状硅氧骨干结构示意图(方钠石结构)

中，必须有部分 Si^{4+} 被 Al^{3+} 所置换，使氧离子带有部分剩余电荷才能与骨干外的其他阳离子结合，形成铝硅酸盐。架状硅氧骨干结构中的硅氧数量比 $n_{Si} : n_O = 1 : 2$，化学式一般写作 $[Si_{n-x}Al_xO_{2n}]_x$，如钠长石 $Na[AlSi_3O_8]$、钙长石 $Ca[Al_2Si_2O_8]$、方柱石 $(Na,Ca)_4[Al_2Si_2O_8]_3(SO_4,CO_3)_2$ 等。

以上是硅酸盐矿物中硅氧骨干的基本类型，各类硅酸盐的骨干可概括为如下通式：

$$硅氧骨干 = x[SiO_4]^{4-} - yO^{2-} = [Si_xO_{4x-y}]^{(4x-2y)-} \quad (1-6)$$

式中，x 为骨干单位中所含有的 Si 离子数目（即 $[SiO_4]$ 四面体数），y 为该单位所分到的共用氧数目。研究硅酸盐矿物的硅氧骨干，应当特别注意其形态特征、$[SiO_4]$ 四面体共用氧的个数、络阴离子的组成及其 n_{Si}/n_O 比值（见表1-2）。还应注意：某些矿物中可以存在两种不同的骨干，如绿帘石 $Ca_2(Al,Fe)_3[SiO_4][Si_2O_7]O(OH)$ 中，$[SiO_4]$ 为单四面体，$[Si_2O_7]$ 为双四面体；不同骨干间存在过渡类型，如葡萄石 $Ca_2Al[AlSi_3O_{10}](OH)_2$，它的骨干由3层 $[SiO_4]$ 四面体组成，中间1层的每个 $[SiO_4]$ 四面体与4个 $[SiO_4]$ 四面体相连，构成层状向架状过渡的骨干类型。

表1-2 硅氧骨干基本类型及其主要特征

骨干类型	骨干形态	$[SiO_4]$共用氧数	络阴离子组成	n_{Si}/n_O	举例
岛状	四面体	0	$[SiO_4]^{4-}$	1/4	榍石 $CaTi[SiO_4]O$
	双面体	1	$[Si_2O_7]^{6-}$	2/7	硅钙石 $Ca_3[Si_2O_7]$
环状	三方环	2	$[Si_3O_9]^{6-}$	1/3	蓝锥矿 $BaTi[Si_3O_9]$
	四方环	2	$[Si_4O_{12}]^{8-}$	1/3	铁斧石 $Ca_2Fe^{2+}Al_2[BO_3][Si_4O_{12}](OH)$
	六方环	2	$[Si_6O_{18}]^{12-}$	1/3	绿柱石 $Be_3Al_2[Si_6O_{18}]$
链状	单链	2	$[Si_2O_6]^{4-}$	1/3	透辉石 $CaMg[Si_2O_6]$
	双链	2,3	$[Si_4O_{11}]^{6-}$	4/11	透闪石 $Ca_2Mg_5[Si_4O_{11}](OH)_2$
层状	平面层	3	$[Si_4O_{10}]^{4-}$	4/10	蛇纹石 $Mg_6[Si_4O_{10}](OH)_8$
架状	骨架	4	$[AlSi_3O_8]^-$ $[AlSiO_4]^-$	1/2	钾长石 $K[AlSi_3O_8]$ 霞石 $(Na,K)[AlSiO_4]$

1.2.2 硅酸盐矿物亚类的划分

按晶体结构的特点，可将硅酸盐类矿物分为岛状硅酸盐矿物、环状硅酸盐矿物、链状硅酸盐矿物、层状硅酸盐矿物和架状硅酸盐矿物5个亚类。本书所

描述的硅酸盐矿物，均按照此亚类进行划分。表1-3列出了硅酸盐矿物亚类与各亚类常见硅酸盐矿物。

表1-3 硅酸盐矿物亚类及各亚类的常见矿物

硅氧骨干类型	无水无附加阴离子	含附加阴离子或络阴离子	含水
$[SiO_4]$基型	锆石、橄榄石、石榴子石、硅铍石$Be_2[SiO_4]$、硅锌矿$Zn_2[SiO_4]$	红柱石、蓝晶石、黄玉、十字石、榍石、蓝线石$Al_7[SiO_4]_3(BO_3)O_3$	斜晶石$CaZn[SiO_4]\cdot H_2O$
$[Si_2O_7]$基型	硅钙石$Ca_3[Si_2O_7]$	黑柱石$CaFe_2^{2+}Fe^{3+}[Si_2O_7]O(OH)$	异极矿
$[SiO_4]+[Si_2O_7]$基型		符山石、绿帘石、黝帘石	
具$[Si_3O_9]$环	硅酸钡钛矿$BTi[Si_3O_9]$	异性石	
具$[Si_4O_{12}]$环		斧石、包头矿、硅铝铜钙石$Ca_2Cu_2Al_2[Si_4O_{12}](OH)_{12}$	不常见
具$[Si_6O_{18}]$环	绿柱石、堇青石	电气石	不常见
二重链	顽火辉石、斜方铁辉石、霓石、锂辉石、硬玉、普通辉石、透辉石	不常见	不常见
三重链	硅灰石		
五重链	蔷薇辉石		
双链	矽线石	直闪石、镁铁闪石、透闪石、普通角闪石、蓝闪石、角闪石族石棉	不常见
层状	不常见	蛇纹石、高岭石、滑石、叶蜡石、白云母、铬云母、海绿石、黑云母、金云母、锂云母、绿泥石	伊利石、埃洛石、蒙脱石、贝得石、累托石、蛭石、坡缕石、海泡石
架状	透长石、正长石、微斜长石、钡长石、歪长石	方柱石、方钠石	三向等长：方沸石、菱沸石；两向延展：片沸石；一向延长：钙沸石、浊沸石

1.2.2.1 岛状硅酸盐矿物

岛状硅酸盐矿物(nesosilicate mineral)主要由岛状硅氧骨干组成，结构中的硅氧骨干主要包括孤立四面体$[SiO_4]$、双四面体$[Si_2O_7]$和二者皆有的类型，还可以包括一些类似于链状、层状和架状但其硅氧骨干在空间延伸极其有限的矿物。主要的岛状硅酸盐矿物中,每个硅氧四面体所给出的负电价分别为-4和-3,在各种硅氧骨干中是最高的。相应的,加入到岛状硅酸盐晶格中的阳离子也是电价较高的,如Zr^{4+}、Ti^{4+}、Al^{3+}、Fe^{3+}、Cr^{3+}等,2价阳离子Mg^{2+}、Fe^{2+}、Mn^{2+}、Ca^{2+}等也大量参加到晶格中来,但多数情况下是和3、4价阳离子一同进入晶格。与其他各亚类硅酸盐矿物相比,本亚类的硅酸盐矿物的阳离子成分是最丰富的。由于$[AlO_4]$四面体不稳定,它在本亚类矿物中很难存在。岛状硅酸盐矿物主要形成于内生和变质作用中,在表生作用中形成得很少。

1.2.2.2 环状硅酸盐矿物

环状硅酸盐矿物(cyclosilieate mineral)主要由环状硅氧骨干组成,虽然也出现三方的硅酸钡钛矿$BaTi[Si_3O_9]$,四方的包头矿、硅铝铜钙石等矿物,但这些矿物产出很少,只有由6个$[SiO_4]$四面体组成的绿柱石、堇青石和电气石才是最重要的环状硅酸盐矿物。本亚类的矿物多呈不同长宽比的柱状外形,环状络阴离子间主要以阳离子Al^{3+}、Be^{2+}、Mg^{2+}等联结,相当牢固,故矿物的硬度和化学稳定性较大。但因在环中有很大的空隙,所以本亚类矿物的密度不大。矿物中的空隙连成通道,还能容纳各种离子和分子。

1.2.2.3 链状硅酸盐矿物

链状硅酸盐矿物(inosilicate mineral)主要由链状硅氧骨干组成,且基本上只有单链和双链两种硅氧骨干类型。单链硅酸盐矿物包括辉石族、硅灰石族和蔷薇辉石族,双链硅酸盐矿物包括角闪石族和硅线石族。双链的角闪石族含结构水,其他均无水。骨干链平行排列,近于紧密堆积,呈低级对称。骨干内外分别以共价键和离子键为主,具离子晶格属性。本亚类的矿物形成于多种内生和变质作用,是岩浆岩和变质岩的主要造岩矿物。辉石族和角闪石族矿物的分布最为广泛。

1.2.2.4 层状硅酸盐矿物

层状硅酸盐矿物(phyllosilicate mineral)主要由层状硅氧骨干组成。层状硅酸盐矿物的形态和许多性质特征都是由其结构和不同结构位置的成分决定的。四面体片与八面体片、二八面体型与三八面体型结构、TO型与TOT型结构单元、层间域及其组成、结构水及层间水等内容,是理解层状硅酸盐矿物之所以具有假六方板、片状或短柱状形态，以及一组极完全底面解理、低硬度、小密度、具弹性或挠性、具吸附性、具膨胀性和可塑性、具离子交换性，甚至多在表生条件下稳定等内外属性的关键内容。

本亚类矿物的晶体结构中，[SiO_4]四面体分布在一个平面内，彼此以3个角顶相连，从而形成二维延展的网层（最常见的为六方形网，见图1-9）。

结构单元层在垂直层面方向周期性地重复叠置，单元层间的空隙称为层间域。若结构单元层内部电荷已达平衡，则层间域没有阳离子，如高岭石、叶蜡石，或含中性的层状矿物"片"，如绿泥石层间的水镁石$Mg(OH)_2$片（以[$Mg(OH)_6$]配位八面体片存在）；若结构单元层内部电荷未达平衡（有层电荷），则层间域中必有一定量的阳离子如Na^+、K^+、Ca^{2+}等充填（称为层间阳离子），如云母、蒙脱石。层间域的特点对层状硅酸盐来说意义极为重要。它首先影响着矿物的吸附性。一般来说，当含层间阳离子时，层间域的吸附能力较强；当层间阳离子的价态较高时，层间域的吸附能力也较高。例如，高岭石($Al_4[Si_4O_{10}](OH)_8$)吸附层间水后转化为多水高岭石($Al_4[Si_4O_{10}](OH)_8 \cdot 4H_2O$)，但1个高岭石"分子"吸附水的量不超过4。蒙脱石层间阳离子若为Ca^{2+}，可吸附双层水分子；若为Na^+，通常仅吸附单层水分子。对有机质如乙二醇而言，高岭石和云母等的吸附能力很弱，蒙脱石和蛭石则吸附能力较强，其层间可有双层乙二醇分子。

层间域含水的量直接影响矿物的晶胞参数。例如，当蛭石充分水化时，晶胞c轴长度约为2.84nm，随着水分子的脱失，该值渐次变为2.76nm和2.32nm，至完全脱水时，仅为1.85nm。层间阳离子有无或性质如何还将大大地影响矿物的物理性质。一般而言，含层间阳离子的矿物单元层间的键力较强，因而硬度和弹性较大、解理与滑感较差、相对密度及离子交换性较强；当四面体片中的Si^{4+}被Al^{3+}取代较多而层间阳离子价态较高时，上述物性效应增强，弹性向脆性转化。例如，滑石在无层间阳离子时，其莫氏硬度为1，解理片具挠性，滑感较强，相对密度为2.58~2.83；金云母层间含K^+，其硬度为2~3，解理片具弹性，相对密度为2.7~2.85；黄绿脆云母层间含Ca^{2+}，其弹性消失而脆性增强。

1.2.2.5 架状硅酸盐矿物

架状硅酸盐矿物(tectosilicate mineral)主要由架状硅氧骨干组成，且硅氧骨干中必有部分Si^{4+}被Al^{3+}取代，使架状骨干产生剩余负电荷，进而导致架状骨干外引入阳离子来平衡电价。按照骨干中的Si^{4+}被Al^{3+}取代或被Be^{2+}所代替，分别称为铝硅酸盐矿物(将在本书2.2.2节中介绍)或铍硅酸盐。自然界以铝硅酸盐矿物最为常见。根据铝回避原理，骨干中取代Si^{4+}的Al^{3+}(或Be^{2+})不超过1/2，即所产生的剩余电荷不可能很高，同时，架状骨干外的空隙很大，因此骨干外引入的阳离子以低电价、大半径、高配位的K^+、Na^+、Ca^{2+}、Ba^{2+}为主，偶尔还有Rb^+、Cs^+、NH_4^+等，还常发生大半径阳离子的不等量取代(如$2Na^+\rightarrow Ca^{2+}$)，在其他硅酸盐亚类中常见的6配位小半径的Mg^{2+}、Fe^{2+}、Mn^{2+}、Fe^{3+}、Al^{3+}等则很少出现。当骨干外形成巨大空隙甚至连成孔道时，便可同时容纳阳离子和F^-、Cl^-、OH^-、S^{2-}、$[SO_4]^{2-}$、$[CO_3]^{2-}$等附加阴离子，还可出现"沸石水"。

本亚类的矿物由于很少含Fe^{2+}和Mn^{2+}等色素离子，结构中存在很大空隙，因而一般颜色较浅，相对密度较小，折射率较低。矿物的形态和力学性质与四面体骨架在不同方向上排列的紧密程度有关：当四面体在三维空间排列均匀，各方向键力无明显差异时，呈粒状，解理也差，如白榴石；当四面体排列不均匀，某方向键力强于或弱于其他方向时，则呈片状、板状或柱状、针状，相应也会出现完全解理，如长石、沸石等。架状结构中键力较强，所以硬度较大(略低于氧化物和岛状及环状硅酸盐矿物)。

本亚类的矿物包括无附加阴离子的长石族、似长石族，含附加阴离子的方柱石族、方钠石族和含水的沸石族。其中，长石族矿物最为重要。

1.2.3 硅酸盐矿物的形态及基本性质

1.2.3.1 硅酸盐矿物的晶体形态

硅酸盐矿物的晶体形态主要受硅氧骨干类型和骨干外阳离子配位多面体(特别是$[AlO_6]$八面体)联结方式的影响。

岛状硅酸盐矿物多具三向等长习性，如石榴子石、橄榄石等；但有的呈柱状，如红柱石、绿帘石，有的呈板状，如蓝晶石，这与骨干外$[AlO_6]$共棱成链或成层有关。红柱石和绿帘石中的$[AlO_6]$八面体分别沿c轴和b轴成链，蓝晶石中的$[AlO_6]$八面体沿(100)成层排列，故它们的形态分别为平行于c轴和b轴的柱状，或平行于(100)的板状。

环状硅酸盐矿物常呈柱状或板状，柱的延长方向垂直于环状硅氧骨干的平面，如绿柱石呈六方柱状或板状，电气石呈复三方柱状。

链状硅酸盐矿物常呈平行于硅氧骨干延长方向的柱状或针状，如辉石为短柱状，角闪石和硅灰石为长柱状。

层状硅酸盐晶体呈平行于硅氧骨干层的板状、片状或鳞片状，如云母、绿泥石。

架状硅酸盐矿物的形态取决于架内强键的分布，如钠沸石骨干中存在较强的链，从而平行于此链呈柱状；片沸石骨干中存在较强的层，故平行于此层呈片状；方沸石骨干各向键力均等，故为粒状。在长石的架状结构中平行于 a 轴和 c 轴有较强的链，因此形成平行于 a 轴和 c 轴的板条状晶体。

1.2.3.2 硅酸盐矿物的物理性质

关于硅酸盐矿物的骨干结构及其相关的物理性质列于表1-4。

表1-4 硅酸盐骨干及其主要物理性质

硅氧骨干类型	矿物实例	结构式	相对密度	硬度	解离	矿物晶体形态
岛状$[SiO_4]^{4-}$	橄榄石	$(Mg,Fe)_2[SiO_4]$	3.22~4.39	6~7	{010}{100} 不完全	三向等长或扁平，集合体粒状
环状$[Si_6O_{18}]^{12-}$	绿柱石	$Be_3Al_2[Si_6O_{18}]$	2.66~2.83	7.5~8	{0001}{10-10} 不完全	多呈长柱状
单链$[Si_2O_6]_n^{4n-}$	透辉石	$CaMg[Si_2O_6]_2(OH)_2$	3.22~3.38	5.5~6	{110} 中等至完全	短柱状，集合体呈致密块状或粒状
双链$[Si_4O_{11}]_n^{6n-}$	透闪石	$Ca_2Mg_5[Si_4O_{11}]_2(OH)_2$	3.02~3.44	5~6	{110} 中等	长柱状，集合体呈放射状或纤维状
单层$[Si_4O_{10}]_n^{4n-}$	高岭石	$Al_4[Si_4O_{10}](OH)_8$	2.61~2.68	1~3	{001} 完全	片状，呈六方形、三角形
双层$[Si_4O_{10}]_n^{4n-}$	叶蜡石	$Al_2[Si_4O_{10}](OH)_2$	2.65~2.90	1~2	{001} 完全	常呈片状、放射状或致密块状集合体
架状$[(Si_{n-x}Al)O_{2n}]^{x-}$	正长石	$K[AlSi_3O_8]$	2.54~2.57	6	{001}{010} 完全，{110} 不完全	常呈柱状
架状$[SiO_2]_n$	石英	SiO_2	2.65	7	无	常呈六方柱和菱面体等单形所成之聚形

(1) 光学性质

硅酸盐矿物的硅氧骨干与骨干外阳离子以离子键相连，一般具离子晶格的特性。其颜色深浅，主要取决于所含的色素离子。含铁族元素的硅酸盐往往带色，而岛状、环状、链状和层状硅酸盐中此类矿物很多，常为深色；架状硅酸盐含色素离子较少，多呈浅色。尽管硅酸盐矿物的颜色深浅有别，但其条痕色却都呈白色或灰白色，极少例外。硅酸盐为玻璃或金刚光泽，不出现半金属和金属光泽；所有硅酸盐矿物几乎都透明。

(2) 解理性质

硅酸盐矿物的解理发育机理与晶体形态类似，也取决于硅氧骨干的类型和骨干外阳离子配位多面体(特别是[AlO$_6$]八面体)的联结方式。层状硅酸盐常发育平行于骨干层的极完全解理，如云母、滑石等。链状硅酸盐常出现平行于链体的中等–完全解理，如辉石、角闪石等。岛状和架状硅酸盐的解理取决于结构中强键的分布，如蓝晶石、绿帘石和硅线石分别发育{100}、{001}和{010}完全解理，长石则发育{010}和{001}两组完全解理。环状硅酸盐一般不发育解理，出现时多平行于环面(绿柱石、电气石的{0001}不完全解理)或柱面(如堇青石的{010}中等解理)。

(3) 硬　度

除层状硅酸盐外，其他硅酸盐矿物的硬度均较高，仅次于无水氧化物。其中，岛状硅酸盐因结构紧密、阳离子电荷高，莫氏硬度可达6~8；环状硅酸盐大体相似；链状者稍低，在5~6之间；架状硅酸盐虽结构疏松，但[SiO$_4$]四面体的连接都很牢固，故大多硬度并不低，约5~6，只有沸石族矿物因含水而出现弱的氢键，硬度可低到3.5~5。层状骨干的硅酸盐硬度很小，多为1(如滑石、累托石)~3(如蛇纹石、云母)，这是由于层间键的联结力极弱所致；结构为层–架过渡类型的葡萄石硬度可达6.0~6.5。

(4) 相对密度

硅酸盐矿物的相对密度与结构紧密程度和主要阳离子的半径及相对原子质量有关。岛状硅酸盐为紧密堆积，阳离子半径小而质量大(如Zr^{4+}和Ti^{4+})，故相对密度较大，常在3.5以上。架状硅酸盐结构疏松，阳离子(以K^+、Na^+、Ca^{2+}为主)半径大而质量小，相对密度多低于3。环状、链状和层状硅酸盐的结构紧密程度介于岛状和架状之间，它们的相对密度也多在3~3.5。另外，在同种结构的硅酸盐中，含水者相对密度较小。

1.3　研究硅酸盐矿物分选的意义与作用

硅酸盐矿物在各类矿物中的地位不言而喻。首先，硅酸盐矿物种类繁多，目前已知的就占到了矿物种类的24%左右。在常见矿物中，约40%是硅酸盐类矿物。因此，硅酸盐矿物化学成分复杂、结构复杂、种类繁多，也是矿物加工学科的重要研究对象。其次，硅酸盐矿物还是重要的工业基础原料，经过分离富集及后续的特殊加工，它们可以成为具有独特性能的结构和功能性材料，如蓝晶石(耐火材料)、石棉(保温材料)、云母(绝缘材料)等。再次，许多稀有金属还会以硅酸盐矿物的形态赋存于自然界中，如锂辉石(Li)、锆石(Zr)、绿柱石(Be)等。硅酸盐矿物是主要的造岩矿物，存在于各种矿石中。基本上各种矿物加工方法中都涉及对硅酸盐矿物的分离问题。

在当代矿物加工领域中，随着入选矿石中有用矿物的品位越来越低，矿物共伴生关系复杂，其中的硅酸盐矿物种类和数量越来越多。硅酸盐矿物广泛分布于各种矿床之中，对金属矿物的分离与提取具有重要影响。在大多数情况下，硅酸盐矿物总是作为脉石矿物与有用矿物共生的。因此，很大一部分矿物分选工艺都涉及将有用矿物同硅酸盐脉石矿物进行分离。对于硅酸盐矿物作为目的矿物的情形，也同样需要采用各种分选技术或其联合手段对目的硅酸盐矿物进行富集。例如，在实际矿石中，绿柱石、锂辉石、云母等矿物通常会与其他异种硅酸盐矿物共伴生，相互间的分选特性相近，难以实现有效的分离，硅酸盐矿物的分选仍然被视为世界性的难题。尽管近年来国内外对于硅酸盐矿物分选的研究报道较多，但大多是针对某些具体的问题进行研究，尚没有系统地把这些研究成果进行归纳和总结。可见，系统地研究各类硅酸盐矿物的分选行为，对硅酸盐矿物分选理论与工业实践均有十分重要的意义。

本章参考文献

[1] 孙传尧,印万忠. 硅酸盐矿物浮选原理[M]. 北京:科学出版社,2001.

[2] 印万忠,孙传尧. 硅酸盐矿物浮选原理研究现状[J]. 矿产保护与利用,2001(3):17-22.

[3] 饶东生. 硅酸盐物理化学[M]. 北京:冶金工业出版社,1991.

[4] 赵珊茸. 结晶学及矿物学[M]. 北京:高等教育出版社,2017.

[5] 李胜荣,许虹,申俊峰,等. 结晶学与矿物学[M]. 北京:地质出版社,2008.

[6] Oxtoby D W, Freeman W A, Block T E. Chemistry:Science of Change[C].

3rd ed. Philadelphia: Saunders College Publishing,1998.

[7] Massey A G. Main Group Chemistry[C]. 2nd ed. Chichester: Wiley,2000.

[8] Ellis A,Geselbracht M,Johnson B,et al. Teaching General Chemistry:A Materials Science Companion[M]. Washington DC: ACS Books,1993.

[9] Stokes B J. Nuffield Advanced Science: Chemistry Students'Book I [M]. Essex: Longman,1984.

[10] Ellis H. Nuffield Advanced Science: Book of Data[M]. 4th ed. Essex: Longman,1984.

2 硅酸盐矿物的晶体化学

2.1 硅酸盐矿物的晶体结构

2.1.1 晶体结构模型

任何物质的原子结构被测定之后,需用各种模型使之形象化。不论是二维平面图或是由球棍表示的三维空间模型,它们仅是原子在某一瞬间的静态图像或者原子在空间几何排列的时间平均位置。和其他物质一样,硅酸盐能以固体(晶体或无定形物质)、液体(熔融体或在溶液中)或蒸汽的形式存在。只有对晶体化合物来说,才能得到确切的原子级别的结构信息,因为在这些物质中,结构由体积一般小于 $1nm^3$、原子数少于100的基本单元限定。这种基本单元称为晶胞,在三维空间周期性地复演。因此,只要通过一个合理的晶胞模型,就足以想象实际的整个空间结构。

处于液态和蒸汽状态的硅酸盐结构无周期性,要全面描述在空间的物质,必须描绘几乎整个样品的原子结构。硅酸盐熔体、溶液和蒸汽中原子间键的断裂和重建不断进行,即使用很大的模型也无法描述决定气液态硅酸盐低黏度、反应活性和其他典型性能的结构细节。因此,这里只叙述描述晶体结构的几种方法。这些方法也可用于非晶体结构,但应当牢记,时间和空间方面的无序造成此方法也存在缺点。

物质是由键合在一起的原子组成的,共价键、离子键、金属键和其他类型的键都是用来描述原子间键的模型的。因此可以用同样的方式来描述硅酸盐,把它们看成是离子或中性原子,或者离子团、原子团紧密堆积而成的。事实上,至少可用6种方法来描述硅酸盐的结构。

(1) 离子紧密堆积

如从离子着手，可以认为硅酸盐是由最紧密堆积的、离子半径约为 0.140nm 的氧离子 O^{2-} 组成的。氧离子通常形成立方堆积(或近似的立方堆积)或者六方堆积(或近似的六方堆积)。较小的阳离子以及很小的硅离子 Si^{4+}(半径为 0.026nm)填充于氧离子间的空隙中。氢通常被看成是大小近似于 O^{2-} 的羟基的一部分。当阳离子比较小时，填入四面体或八面体的空隙很容易，几乎不引起结构变形。随着阳离子的增大，氧离子从它们堆积最紧密的位置移动，使结构密度减小，而且氧堆积体对称性下降。

上述见解可以给出关于硅酸盐密度和不同大小的阳离子对于结构影响的估计，但由于投影时离子的严重重叠，常常很难从离子紧密堆积的三维模型或二维图洞察整个结构。用这种方法只能描绘很薄一层结构，镁橄榄石(Mg_2SiO_4)的紧密堆积模型图[见图2-1(a)]就是简单的一例。

(2) 原子紧密堆积

Slater 在 1972 年提出，固体结构可以被认为是由中性原子组成的而不考虑原子间键的特性。在这种描述方法中：金属原子和 Si 原子半径均大于氧原子半径(r_{Si} = 0.11nm, r_O = 0.060nm)。虽然用原子半径做出的模型或画出的结构图并不普遍，但根据对硅酸盐和其他复杂的无机化合物原子的离子电荷计算结果表明，原子模型较离子模型与实际更为一致。用正比于 Slater 原子半径的尺寸绘出的橄榄石结构见图 2-1(b)。这种模型图较离子模型图稍清楚些，但是要想象出厚度大于 0.3~0.4nm 的切片的结构仍然相当困难。

(3) 球棍模型

为改变这种困难状况，采取了多种从紧密堆积的"真实"中抽象的方法来描述硅酸盐的结构。其中之一是用球(对于三维模型)或圆圈(对于二维制图)代表离子(原子)，相邻两球(圆圈)的半径之和小于它们之间的距离，于是离子(原子)间的化学键分别由棍或线条表示。有时，在二维图中线的粗细正比于它到投影面的高度[见图2-1(c)]。这种方法可用于描述较厚截片的结构，特别是在小心选择结构的投影方向时，透明度几乎没有损失，因此，几乎可以避免重叠现象。

(4) 阳离子多面体模型

在另一种方法表示的结构模型中，用多面体来表示由特强键连接起来的原子团，由原子团外围原子的中心连成的平面形成多面体的界面。对于硅酸盐来说，每个硅原子牢固地与4个氧原子键结合在一起形成[SiO₄]。这个原子团可用实心的四面体来表示，位于四面体中心的硅原子通常不予示出。位于四面体之间的金属原子M(阳离子)用球或圆圈表示[见图2-1(d)]。这种模型和图示法优于前述诸法之处是，容易想象较大部分的结构，但也带来一种危险倾向——决定结构稳定性的M—O键的重要性可能被忽视。

(5)阳离子-氧多面体模型

这种方法是针对上述所述缺点而提出来的[见图2-1(e)]。可是，在本方法中，较M—O键强的Si—O键的重要性又无法很好地体现。

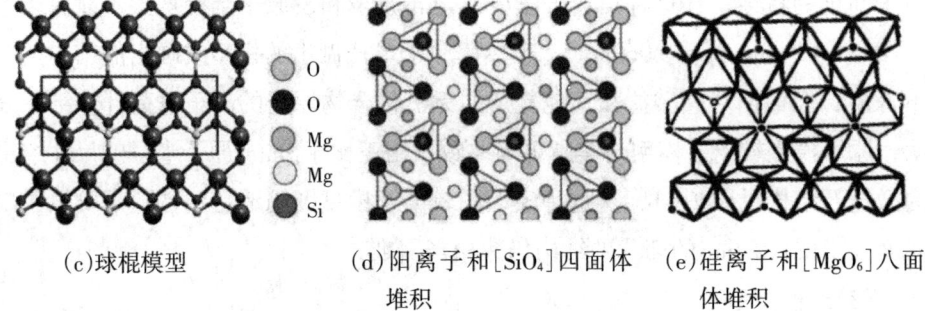

(a)半径正比于它们的离子半径的球堆积　　(b)半径正比于原子半径的球堆积

(c)球棍模型　　(d)阳离子和[SiO₄]四面体堆积　　(e)硅离子和[MgO₆]八面体堆积

图2-1　镁橄榄石结构的不同表示方法

(6)立体平面作图法

在这种结构表达法中，用小圆圈代表原子和离子，用线条代表它们之间的化学键。作一对立体平面投影图，使模型互相得到补充(见图2-2)。如用立体观察镜看图时，能看到具有相当厚度的切片的三维图像。

最常用的是后4种方法。由于方法(3)和(6)并不需要指出Si—O键和M—O键的相对重要性，避免了方法(4)和(5)的缺点，即过分强调Si—O键或者M—O键。可是，球棍法无法表示由强键连接起来的链状或层状的大原子团的存在，这些链和层由以角相连的[SiO₄]四面体或者以角或棱相连的[MO$_n$]多面体组成。这些结构用方法(4)和(5)表示更好。

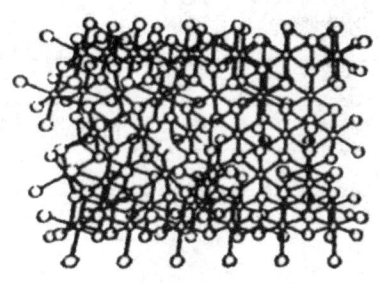 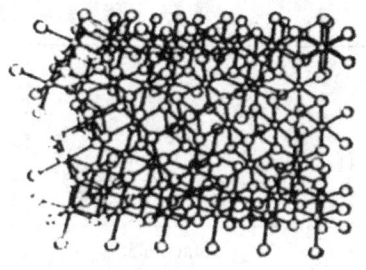

图2-2 镁橄榄石球棍模型的立体平面图示法

在原子比 M∶Si≥2 的硅酸盐中，多面体[MO_n]通过共角、共棱有时通过共面相连成无限伸展的多面体簇(cluster)，而[SiO_4]四面体或者无共用氧原子或者只连成四面体小簇。在这些硅酸盐中，金属多面体部分是结构的坚固骨架，小的硅氧离子必须与之相适应。对于这类硅酸盐，方法(5)是描述它们结构的恰当方法。

大部分硅酸盐中，M∶Si<2，[SiO_4]四面体形成无限伸展的阴离子。由于 M—O 键较 Si—O 键弱，因此可以把硅酸盐阴离子看作结构的骨架，即使[MO_n]多面体形成无限伸展的簇或群，也必须如此。对于这类硅酸盐结构，最好采用方法(4)描述，M∶Si 的比值越大越适用。

2.1.2　晶体结构特征

含氧盐矿物中最主要的络阴离子的基本结构单元主要为正三角形、正四面体、四方四面体等形状，具有比氧化物、硫化物、卤化物等化合物中的阴离子大得多的离子半径。络阴离子中心的阳离子半径较小、电荷较高，与其配位 O^{2-} 结合的价键力(即中心阳离子电价/配位氧离子数)共价键性较强，不易被破坏。络阴离子的 O^{2-} 与外部阳离子主要以离子键结合，是决定矿物基本性质的内因，因此含氧盐矿物具有离子晶格的特征，通常为玻璃光泽，少数为金属或半金属光泽，不导电，难导热，无水者硬度和熔点较高，一般不溶于水。以络阴离子的种类为依据，可将含氧盐矿物分为硅酸盐、碳酸盐、硫酸盐、磷酸盐、砷酸盐、钒酸盐、钨酸盐、钼酸盐、铬酸盐、硼酸盐及硝酸盐等矿物类。硅酸盐类矿物晶体的化学式和结构式举例列于表2-1。

表2-1 硅酸盐矿物晶体的化学式和结构式举例

矿物名称	化学式	结构式		
		外加阳离子	硅氧骨干	附加阴离子和H_2O*
镁橄榄石	$2MgO \cdot SiO_2$	Mg	$[SiO_4]$	—
绿柱石	$3BeO \cdot Al_2O_3 \cdot 6SiO_2$	Be, Al	$[Si_6O_{12}]$	—
顽火辉石	$2MgO \cdot 2SiO_2$	Mg	$[Si_2O_6]$	—
硅线石	$Al_2O_3 \cdot SiO_2$	Al	$[AlSiO_5]$	—
透闪石	$2CaO \cdot 5MgO \cdot 8SiO_2 \cdot 2H_2O$	Ca, Mg	$[Si_4O_{11}]_2$	$(OH)_2$
高岭石	$Al_2O_3 \cdot 2SiO_2 \cdot 2H_2O$	Al	$[Si_2O_5]$	$(OH)_4$
多水高岭石	$Al_2O_3 \cdot 2SiO_2 \cdot 4H_2O$	Al	$[Si_4O_{10}]$	$(OH)_5 \cdot 4H_2O$
钾长石	$K_2O \cdot Al_2O_3 \cdot 6SiO_2$	K	$[AlSi_3O_5]$	—
石英	SiO_2	—	$[SiO_{1/2}]$	—

*硅酸盐中的水，常为$(OH)^-$和H_2O；$(H_3O)^+$只在某些层状硅酸盐中少量存在，且易于转变为$H^+ + H_2O$。H_2O多呈沸石水或层间水，仅在少数硅酸盐中才以结晶水的形式存在，起着充填空隙或水化阳离子的作用。

从表2-1列出的几种硅酸盐矿物的结构式可以看出，其晶体结构组成可以分成三部分：

① Si和O组成的各种硅氧络阴离子团，即"硅氧骨干"；

② 在硅氧骨干以外的各种正离子，称为外加阳离子，其中，石英是没有外加阳离子的特例；

③ 除上面两部分外，有些硅酸盐矿物组成中还存在一些"附加阴离子"，最常见的有F^-、Cl^-、OH^-等，此外还可能有结晶水和吸附水（如层间水等）。

关于Si-O-Si结合的情况，过去一般认为是形成一条直线，但进一步研究得知是一条折线，且认为Si-O-Si的结合键在氧上的键角接近145°。除上述几条结构规律外，诺尔等在考察各种已知的硅酸盐结构后又提出一些补充规律。

① 按照一定的硅氧比数，在稳定的硅酸盐晶格中，$[SiO_4]$四面体采取最高的空间维数互相结合。空间维数是结合方式的一个特征值。四面体连成链条时，维数是1；层状结构的维数是2；立体晶格的维数是3；而单个硅氧四面体的维数是0。按照这些可能性，结合方式将是很多的，但实际看到的并没有这样多。对此，诺尔又补充了下面一条规律。

② 硅氧四面体互相联结时，优先选用比较紧密的结构。Liebau特别注意到结构中四面体联结点为多少的结构规律。由于每个四面体上的每个氧都可以与

另一个四面体相联结，因而最多可形成4个"氧桥"。但从能量方面考虑，当很多四面体联结在一个结构中时，各四面体应尽可能都处于接近的能量状态。因而得出下面的规律。

③ 同一个硅酸盐晶体结构中含有的各个硅氧四面体，对每一个四面体来说，互相之间最多只相差一个氧桥原子。

这几条规律虽然不是法则，但例外是很少的，因而在研究硅酸盐的结构问题时很有帮助。

硅酸盐结构的另一特征是Si^{4+}离子间不存在直接的键，即键的连接是通过O^{2-}来实现的，这是与有机化合物的重要区别。

2.1.3 硅酸盐矿物的类质同象

如果一种离子A与某种晶格中的另一种离子B，它们的一系列性质（如离子类型、半径、电价、极化能力等）都相同或近似，那么，当A离子占据（或替代）了晶格中部分B离子的位置时，晶体的结构和键的性质将不致发生根本的变化。这种情况在矿物晶体中是广泛存在的，它就是所谓类质同象现象。例如，Mg^{2+}的性质和Fe^{2+}相似，可以相互替代，故$Mg_2[SiO_4]$与$Fe_2[SiO_4]$之间可形成一系列类质同象混晶。如橄榄石$(Mg,Fe)_2[SiO_4]$，就相当于Fe^{2+}替代了镁橄榄石晶体结构中部分Mg^{2+}离子的位置而成，亦即它既含有$Mg_2[SiO_4]$的成分，又含有$Fe_2[SiO_4]$的成分，就好像在固体状态之下，$Fe_2[SiO_4]$均匀地"溶解"于$Mg_2[SiO_4]$之中而成。

能够形成类质同象的几种晶体，由于晶体结构极为相似，因此在外形上也必然会有相同或极相似的晶形和面角关系。类质同象的拉丁文原意，就是"同形性"。所以类质同象的早期概念就是：化学成分相似的晶体，具有相同晶形的现象。但是，晶体外形相同，并不总是意味着内部结构中的某些原子或离子彼此间必定可以相互替代。例如食盐NaCl和方铅矿PbS，两者具有完全相同的晶形和晶体结构类型，但这两种组分在晶格中不能相互替代。故构成类质同象替代关系的组分，必须能在整个或局部范围内，以不同的含量比例形成一系列成分上连续变化的混晶，而且它们的晶胞参数和物理性质参数（如密度、折射率等）均能随组分含量的连续变化而变化。因此，近代的类质同象的定义是：物质结晶时，其晶体结构中本应由某种离子或原子占有的配位位置，一部分被介质中性质相似的其他离子或原子所占据，共同结晶成均匀的、呈单一相的混合晶

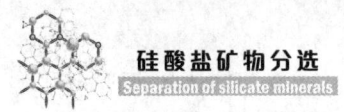

体,而并不引起键性和晶体结构类型发生质变的现象。

对于类质同象的类型,从不同的角度出发,可以区分为某些不同的类型。

① 根据两种组分在晶格中能否以任意比例相互混溶,可将类质同象分为完全的和不完全的两类。凡两种组分能以任意比例组成混晶者,称为完全类质同象(相当于溶解度无限的固溶体)。在矿物学中,将完全类质同象系列的两端只由一种组分(称为端员组分)组成的矿物称为端员矿物。上述的镁橄榄石-铁橄榄石,就是完全的类质同象系列,镁橄榄石和铁橄榄石便是此系列中的两个端员矿物。反之,若两组分只能在有限范围内以不同的比例组成混晶者,则称为不完全类质同象(相当于溶解度有限的固溶体)。例如在闪锌矿 ZnS 中,替代 Zn^{2+} 的 Fe^{2+} 在整个矿物中所占的质量百分比不能超过 26%。如超过这一限度时,就不可能形成稳定的闪锌矿晶格,也就无法形成类质同象混晶了。

② 根据晶格中相互替代的离子的电价是否相等,可将类质同象分为等价的和异价的两类。例如上述的镁橄榄石-铁橄榄石系列和闪锌矿-铁闪锌矿系列,就是等价类质同象。而以钠长石 $Na[AlSi_3O_8]$ 和钙长石 $Ca[Al_2Si_2O_8]$ 为端员组分的斜长石系列,其中由电价不等的离子 Na^+ 和 Ca^{2+} 以及 Si^{4+} 和 Al^{3+} 分别成类质同象替代关系,就是一个异价类质同象系列。在异价类质同象中,相互替代离子的总电荷必须保持相等。如在斜长石系列中,当一个 Ca^{2+} 替代一个 Na^+ 时,同时就有一个 Al^{3+} 替代一个 Si^{4+},亦即以 $Ca^{2+} + Al^{3+} \rightleftharpoons Na^+ + Si^{4+}$ 的方式成对地进行替代,以保持总电荷相等。又如在绿柱石 $Be_3Al_2[Si_6O_{18}]$ 中,当以 Li^+ 和 Cs^+ 代替 Be^{2+} 时,是以 $Li^+ + Cs^+ \longrightarrow Be^{2+}$ 进行替代的,仍保持电荷平衡。此时,额外增加的阳离子充填在 $[SiO_4]$ 四面体环中心的巨大"通道"之中(从固溶体的角度看,绿柱石的这种情况可以认为是替位式和填隙式两类固溶体的混合类型)。

硅酸盐矿物中类质同象替代的难易程度及相互代替的范围与硅氧骨干类型密切相关。岛状硅酸盐橄榄石 $A_2[SiO_4]$ 中,A^{2+} 离子可为 Ni^{2+}、Mg^{2+}、Co^{2+}、Fe^{2+}、Mn^{2+}、Cd^{2+}、Ca^{2+}、Sr^{2+}、Ba^{2+},其半径变化范围为 0.068nm(Ni^{2+})~0.144nm(Ba^{2+}),相差达 0.076nm。链状硅酸盐普通角闪石 $A_2B_5[Si_4O_{11}](OH)_2$ 中,A 位离子 Ca^{2+}、Na^+、K^+ 的大小变化范围为 0.108nm(Ca^{2+})~0.146nm(K^+),相差 0.038nm;B 位离子 Mg^{2+}、Fe^{2+}、Fe^{3+}、Al^{3+} 的大小变化范围为 0.061nm(Al^{3+})~0.080nm(Mg^{2+}),相差 0.019nm。层状硅酸盐云母 $AB_2[AlSi_3O_{10}](OH)_2$ 中,A 位离子为 K^+、Na^+,B 位离子 Mg^{2+}、Fe^{2+}、Mn^{2+}(或 Li^+ 和 Al^{3+})的大小变化范围为 0.061nm(Al^{3+})~0.080nm(Mg^{2+}),相差 0.019nm。架状硅酸盐斜长石系列 Na[Al-

Si_3O_8]–Ca[$Al_2Si_2O_8$]中,相互代替的Na^+与Ca^{2+}半径相差仅为0.004nm。

显然,在不破坏原来晶体结构的前提下,岛状硅氧骨干与阳离子配位多面体之间的调整是最易实现的,因此从岛状→环状→链状→层状→架状,硅酸盐中不同大小离子的替代难度逐渐增大,替代范围逐渐缩小。此外,硅酸盐中各种附加阴离子之间的类质同象也是很常见的,其中,(OH)$^-$与F$^-$的代换几乎没有限制。

和其他类型的矿物一样,硅酸盐矿物中类质同象的形成仍需满足以下几个条件。

(1)原子或离子的大小

显然,要使类质同象的替代不至于引起晶格发生根本的变化,从几何角度来看,相互替代的原子或离子的大小必须尽可能接近。根据经验,若r_1和r_2分别为被替代的和替代的原子或离子的半径,那么,当$|(r_1-r_2)/r_1|$小于15%时,易于形成类质同象;当此值在15%~30%之间时,只能有限地进行替代,且较少见;当该值大于30%时,一般就难以形成类质同象。

由于在元素周期表上从左上方到右下方的对角线方向,不同元素的阳离子半径近于相等,这就导致了在异价类质同象替代中,存在着所谓对角线规则。

(2)离子的电荷

在异价类质同象替代中,电价平衡的因素起着主导作用,此时,替代离子间的半径允许有所扩大,但电价的差一般不应超过1价。

(3)离子的类型和键性

离子结合时的键性与离子外层电子的构型有着密切的关系。惰性气体型离子在化合物中基本上都成离子键结合,而铜型离子则以共价键为主,所以它们之间难以发生类质同象替代。例如Ca^{2+}和Hg^{2+},它们六次配位时的离子半径分别为0.108nm和0.110nm,两者非常接近,但因离子类型不同,所成键的性质也就不同,所以实际上这两者从不形成类质同象。

相反,在斜长石系列中,对于铝和硅而言,如果认为它们与周围的氧完全以离子键结合,那么,从它们的离子半径来考虑,$r_{Si}=0.034$nm,$r_{Al}=0.047$nm,$|(r_{Si}-r_{Al})/r_{Al}|=38\%$,半径相差甚大。但由于在斜长石中,硅和铝分别呈Si$^{\downarrow\downarrow++}$和Al$^{\downarrow\downarrow+}$状态(元素符号右上角的"↓"代表离子中的不成对电子,它们可以与O$^{\downarrow-}$中的不成对电子配对而形成共用电子对,即形成共价键;+代表离子所带的正电

荷，它与O^{1-}中的负电荷相互吸引而形成离子键），它们与氧之间有一半或一半以上的键为共价键结合，其Al-O间距和Si-O间距分别为0.1761nm和0.1603nm，所以铝和硅在长石等矿物中，实际上形成类质同象替代关系。

从铝和硅的类质同象替代情况还可以进一步说明键性对替代能力的影响。Al可以像在斜长石中那样，类质同象替代络阴离子中的Si，它与周围O之间的键性以共价键为主，并具有四次配位。此外，Al还可以像在莫来石中那样，以Al^{3+}的状态与O成离子键结合，并呈六次配位。综上所述，四次配位位置中的铝和硅可以相互替代，但六次配位位置中的Al^{3+}就不可能与Si^{4+}相互替代。

（4）晶格特性

这一因素具有多方面的意义。例如，某些晶体由于其晶格中存在着巨大的空隙，可以容纳加入的大半径阳离子，因此，尽管替代时半径差异很大，但仍可以进行类质同象替代。沸石族矿物就是这方面最突出的例子。前面提到的绿柱石中$Li^+ + Cs^+ \longrightarrow Be^{2+}$的情况也是如此。

此外，成类质同象替代关系的两种阳离子A和B，当它们各自与相同的某种阴离子或络阴离子单独组成化合物时，这样的两种化合物在大多数情况下都是等结构的，仅仅晶胞参数有少许差别（例如$Mg_2[SiO_4]$和$Fe_2[SiO_4]$）；但是，也可能形成两种不同类型的晶体结构（例如FeS和β-ZnS），此时，A离子对B离子的替代必将受到限制而只能形成不完全的类质同象，尽管两种离子的半径可能非常接近。闪锌矿-铁闪锌矿系列就是如此，虽然Fe^{2+}与Zn^{2+}之间$|(r_{Zn} - r_{Fe})/r_{Zn}| = 4\%$，但不成完全类质同象。

（5）温　度

这是对类质同象影响最显著的外界因素。类似于溶液那样，温度的增高一般可使溶解度增大，有利于类质同象的形成。某些在常温下不能形成类质同象的组分，在高温下则可能形成；原来只能形成不完全类质同象的，高温下则可形成完全类质同象。相反，随着温度的降低，溶解度将相应减小，甚至变得完全不能混溶。例如$K[AlSi_3O_8]$和$Na[AlSi_3O_8]$在高温下可以完全混溶，形成类质同象混晶；但温度降低时，两种组分即发生离溶，分别结晶成钾长石和钠长石，二者平行嵌生组成条纹长石。

影响类质同象替代能力的还有压力等因素。压力的作用与温度相反，它的增高不利于类质同象的形成。不过，包括压力等其他因素的影响程度，一般都是很小的。

2.2 硅酸盐矿物的价键类型

原子(或离子)可结合成分子和晶体,原子间比较强的结合力称为化学键,这种结合力比范德华力要大得多。化学键的键型可大致分为离子键、共价键和金属键3种。在硅酸盐矿物结构中,大量存在的是Si-O键和Al-O键以及其他金属阳离子与O形成的M-O键。由于矿物的解离总是发生在结构中键合力最弱的部位,因此对其结构中这些键的了解,有助于掌握矿物解离的方向,从而可以了解和预测矿物破碎后的表面特性及其分选特性。

对于硅酸盐结构中化学键特性的研究不断深入,特别是过去20多年来,多种研究手段被报道。主要包括以下几种方法:① 偏重于实验的方法,如红外光谱、X射线荧光光谱、X射线光电子能谱和紫外光电子能谱分析;② 比较硅酸盐和有关物质的结构、化学和物理性质,从而间接推出Si-O键的特性;③ 理论计算的方法,如分子轨道计算等。

2.2.1 结构中的Si-O键

[SiO_4]四面体是硅酸盐矿物的基本结构单元,了解Si-O键对深入了解各类结构的硅酸盐矿物很有必要。在[SiO_4]四面体中,O具有很高的电负性,同时它的第一和第二电子亲和能有很大的差值,因此,当氧和其他元素结合时,可以出现一个单电子和一个负电价的状态。这一过程可作图解,如图2-3所示。

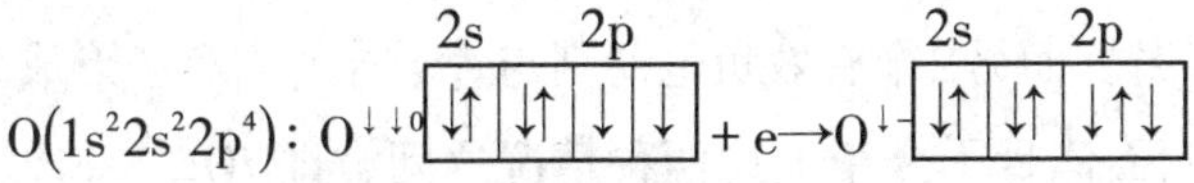

$$O(1s^2 2s^2 2p^4): O^{\downarrow\downarrow 0} + e \rightarrow O^{\downarrow -}$$

图2-3 氧原子的负电价形成过程

$O^{\downarrow\downarrow 0}$为氧原子基态,元素符号上的"↓"表示不成对的电子(下同),"0"表示正负电荷数相等。当它与其他元素结合时可获得一个电子e,则形成$O^{\downarrow -}$,即具有一个单电子和一个负价的状态。

在硅酸盐矿物结构中,Si-O键的性质与结构中其他阳离子存在的情况以及$n_{Si} : n_O$比值有关。前文已经介绍了从孤立四面体至架状骨干中,$n_{Si} : n_O$比值由1:4递增至1:2(本节总结于表2-2),表明在Si-O-M(M为骨干外阳离子)的关系中,Si-O键的作用递增,而O-M键的作用递减,从而使Si离子化的趋势逐渐增强。

表2-2 硅酸盐矿物结构中的 $n_{Si}:n_O$ 比值

骨干	孤立四面体	双四面体	环与单链	双链状	层状	架状
	SiO_4	Si_2O_7	SiO_3	Si_4O_{11}	Si_4O_{10}	SiO_2
$n_{Si}:n_O$	1:4	2:7	1:3	1:2.75	1:2.5	1:2

一般来说，金属离子比硅大，化合价比硅低，因而O-M键比Si-O键弱，硅对氧离子的吸引力较金属离子的吸引力强，易形成[SiO_4]四面体，它的平均键长为 $d(Si^{[4]}-O)=0.162nm$。这种情况存在于所有的四氧硅酸盐中。另一方面，如果M是准金属，O-M键的键强接近于Si-O的键强，能与硅原子竞争夺取氧原子。结果，这些化合物中的硅原子只能把氧离子吸引到平均距离 $d(Si^{[6]}-O)=0.177nm$ 处，在每个硅原子周围留下6个氧离子的空间，形成八面体的六氧硅酸盐。

在八面体中，每个键的鲍林键强是4/6，而在四面体中为1/4。这一事实清楚地说明，在含有[SiO_6]八面体的物质中，硅的高配位数预示了八面体中的Si-O键弱于含[SiO_4]四面体物质中的Si-O键。因此，在一般条件下形成的含八面体配位硅的相，在能量上不如含四面体配位硅的相有利。这一结论也可由O-O的距离来推断。在[SiO_6]八面体中，O-O的距离为0.25nm，短于[SiO_4]四面体中的0.264nm，因此，[SiO_6]八面体中的O-O斥力较大。

在孤立[SiO_4]四面体骨干的硅酸盐矿物中，4O↓-与Si↓↓↓↓成共价结合，其负电荷则与 Mg^{2+}、Fe^{2+} 等阳离子成离子键结合。

在具有环或单链[SiO_3]硅氧骨干的硅酸盐矿物中，3O↓-与Si↓↓↓↓形成3个共价键和1个离子键，而另2个有效负电荷则与骨干外的阳离子形成离子键结合。

[Si_2O_7]双四面体骨干介于上述两种情况之间，即7O↓-与Si↓↓↓↓+Si↓↓↓↓以7个共价键和1个离子键结合，并以6个负电荷与骨干外的阳离子形成离子键结合。

在具有架状结构的矿物石英(SiO_2)中，2O↓-与Si↓↓↓↓以2个共价键和2个离子键相结合。但在具有架状结构的铝硅酸盐矿物中，必有部分Si↓↓↓↓被Al↓↓↓类质同象替换，从而有一个有效负电荷与骨干外的碱金属或碱土金属等低价阳离子成离子键结合。

双链[Si_4O_{11}]及层状[Si_4O_{10}]骨干介于单链及架状之间，双链硅酸盐矿物中，硅原子的3/4呈Si↓↓↓↓状态，1/4呈Si↓↓↓+状态；层状结构硅酸盐矿物中，硅原子呈$Si^{\downarrow\downarrow\downarrow\downarrow}$和$Si^{\downarrow\downarrow\downarrow\uparrow\uparrow}$状态的各占1/2。

与较小数量的磷酸盐、硫酸盐和铬酸盐等相比，硅酸盐的品种繁多是由于硅原子之间的斥力中等，[SiO₄]四面体可通过共有氧原子相连伸展。硅酸盐结构的多样性是由于它们电子结构的独特性，即Si-O键的特性。虽然关于硅酸盐电子结构的研究已有大量报道，但距离深刻理解Si-O键的本质尚远。尽管如此，近几十年来，通过比较X射线荧光、光电子能谱测定和各种量子力学计算，精化精确晶体结构的结果已取得了一些进展。

一般认为，硅与氧之间的键，本质上部分是离子性的，部分是共价性的。因此，在一定程度上，用离子模型解释硅酸盐的结构和化学性质，其成功程度大致与共价模型相当。

在纯离子模型中，硅酸盐通式可由$M_s^{q+}Si_rO_t$表示，该硅酸盐由硅离子Si^{4+}、氧离子O^{2-}和离子M^{q+}组成，其中，$q = (2t - 4s)/r$。静电力使这些离子结合在一起。由于离子的库仑电位是球形对称的，因此吸引力和推斥力也是球形对称的，所以，离子间键是无方向性的。在离子模型中，硅酸盐的结构由它们的化学组成、离子间距和电荷决定。特别是大部分硅酸盐的结构，遵循鲍林离子晶体原理。根据鲍林离子半径，Si^{4+}为0.041nm，O^{2-}为0.140nm，二者半径比为0.29，处于四面体配位范围$0.0255nm < r_{Si} : r_O < 0.0414nm$之内。这与在大多数硅酸盐中硅由4个氧原子形成四面体配位的事实相符。

根据Shannon和Prewitt推广的一套具有不同配位数离子的有效离子半径可知，四配位和六配位硅的离子半径分别$r_{Si(4)} = 0.026nm$和$r_{Si(6)} = 0.040nm$。此后，Baur于1977年将后一值修正为0.0407nm。Shannon和Prewitt测定的O离子半径范围为$r_{O(2)} = 0.135nm \sim r_{O(8)} = 0.142nm$；硅酸盐中的O离子半径为0.137nm，处于三配位氧和四配位氧之间。而采用这些数据算出的四配位硅中的半径比$r_{Si} : r_O = 0.19$，六配位硅中的这个比值为0.29。这两个比值均分别低于四面体配位范围0.225~0.414nm和八面体配位范围0.414~0.732nm。这表明Si-O键并非纯离子性的。

2.2.2 结构中的M-O键

以上讨论了硅酸盐矿物中Si-O键的性质，本小节进一步讨论M-O键的性质及阳离子配位多面体的特征。在讨论硅酸盐矿物的化学键时，可以把阳离子多面体分成4种类型：八面体型，例如[MgO₆]，[FeO₆]，[AlO₆]；近似八面体，例如[CaO$_6$],[CaO$_7$];多面体,例如[KO$_{7,8,9}$],[NaO$_{7,8,9}$]和四面体,例如[LiO$_4$],[BeO$_4$],[AlO$_4$]等。

在八面体的阳离子中,分为非过渡元素阳离子(首先是镁)和过渡金属阳离子(首先是铁)。它们在晶体结构方面相似,但在电子组态类型及键的状态方面有区别。八面体中,过渡金属原子轨道的顺序为 d-s-p,而非过渡元素的顺序为 s-p-d(Mg没有d轨道),过渡金属和非过渡元素阳离子比例的变化,会强烈地影响矿物的性质。

由电子顺磁共振动谱(EPR)的超精细结构参数能确定阳离子多面体中的离子-共价键程度。在EPR参数中,超精细结构参数显示出最强烈的与化学键状态的依赖关系,如图2-4所示。

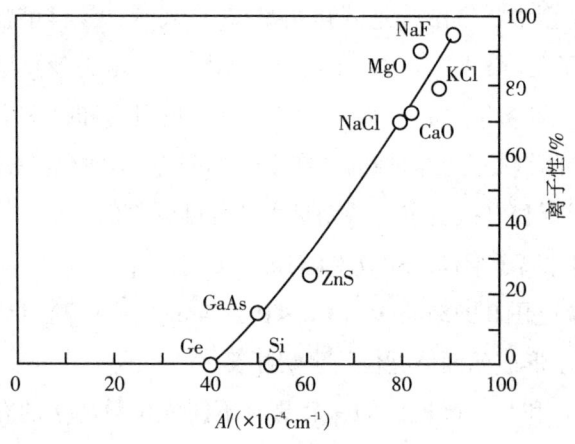

图2-4 硅酸盐矿物中阳离子多面体的离子性与EPR超精细结构的关系(与几种化合物对比)

在硅酸盐矿物中,最容易观察到超精细结构的是 Mn^{2+}。Mn^{2+} 离子键的状态和超精细结构参数取决于配位离子的类型和由 Mn^{2+} 所取代的阳离子的成键特征。超精细结构参数较大值对应于较强的离子性。

对比研究结果表明:①大多数Mg、Ca阳离子多面体Mg-O键和Ca-O键的离子性比NaCl强,比NaF弱,它们的离子性程度为80%~85%;②在Ca-O$_6$,Ca-O$_7$,Ca-O$_8$多面体中,键的离子性状态彼此相近,并且比Mg-O$_6$中的离子性强;③在硅酸盐矿物中,Mg-O$_6$和Ca-O$_6$键比MgO和CaO的离子性强;④在硅酸盐矿物中,Mg-O$_6$和Ca-O$_6$离子性程度接近于在碳酸盐、硫酸盐和磷酸盐中的Mg-O和Ca-O键;当F替代O(以及在某些情况以OH替代O)时,超精细结构参数值增高;⑤在各亚类和各族硅酸盐矿物中,Mg-O$_6$和Ca-O$_6$多面体中化学键的状态很相似;⑥在阳离子四面体中,Li-O$_4$和Al-O$_4$化学键基本上是共价的,在组成上的特点，所以其种类繁多、物化性能特别，它们大多数熔点高，化学性质稳定，是硅酸盐工业的主要原料，其制品和材料广泛应用于科学研究、工业应用及日常生活中。硅酸盐矿物的广泛应用是由于它们性能的多变性，而性能多变性又是由于它们的种类和结构多变。除碳之外，硅与其他元素形成的化合物的数量最多。在元素周期表中，硅处于第四主族碳（C）之下，因此，人们不禁会猜测含硅化合物的种类之多和碳化合物一样是由同样的因素造成的，但事实并非如此。含碳化合物数量庞大的原因是出于这样的事实，即C-C、C-O和C-H键的键能比较接近，因而它们的形成概率也大致相等。相反，Si-O键的键能较Si-H键高得多，比Si-Si键的键能也高一倍还多。因此，不同于碳化合物中的常见碳链（如-C-C-C-），在硅化合物中则是以-Si-O-Si-O-Si-结构为骨架的。据目前所知，只有为数不多的硅化合物与有机碳化合物类似。另外，从能量角度考虑，在硅化合物的3种键（Si-Si，Si-O和Si-H）中，只有一种特别容易形成，而在碳化合物中，3种键（C-C，C-O和C-H）的形成均较容易，因此硅化合物数量自然地比碳化合物少。

相对而言，在磷酸盐和硫酸盐中，P-O和S-O键的键强比相应的P-P/S-S和P-H/S-H键强得多，但实际上硅酸盐的种数较磷酸盐和硫酸盐多得多，因此，上述解释方法似乎并不全部适用。而这一现象可用阳离子A和氧形成的$[AO_n]$多面体以及通过共用氧原子将这些多面体连成-A-O-A-O-A-链来进行解释。多面体的连接使阳离子A互相靠近，斥力增加，增加的幅度与阳离子所带电荷有关，且按照下列次序增长：Na＜Mg＜Al＜Si＜P＜S＜Cl，$[AO_n]$多面体的连接趋势按上述次序依次递减。结果，化合物形成数量从硅酸盐、磷酸盐、硫酸盐到高氯酸盐逐类减少。钠和镁形成的化合物数量却比硅化合物多，但它们与这一序列中的其他阳离子不同，它们与氧之间形成的键较弱。所以，像$Na_4P_2O_7$、Na_2SO_4和Na_2CrO_4这些化合物在叙述时并不归入钠化合物，而分别归入磷酸盐、硫酸盐和铬酸盐。

1.2 硅酸盐矿物的分类

硅酸盐矿物的阴离子主要为$[SiO_4]$四面体（见图1-2）及其以不同形式连接而成的各种络阴离子。一些硅酸盐矿物中还出现O^{2-}、OH^-、F^-、Cl^-以及S^{2-}、氧的络合物中它们的共价性最强，但当Li、Al与O不以四面体配位时，例如，在锂辉石(LiAl[Si$_2$O$_6$])的晶体结构中，Li-O键和Al-O键的离子键成分会适当增加。

2.2.3 结构中离子堆积及配位

2.2.3.1 离子堆积方式

在硅酸盐矿物中，氧及其他离子的堆积特点与硅氧骨干类型密切相关。

在岛状硅酸盐中，孤立的[SiO$_4$]四面体在结构中能自由调整其位置，如果阳离子大小适于充填到氧堆积所形成的四面体或八面体空隙中，氧离子便能达到(或近于达到)最紧密堆积状态(如橄榄石、黄玉等)；如果阳离子大小不合适，氧的最紧密堆积就会被破坏，但整个结构还是趋于紧密堆积的(如石榴子石)。

在环状、链状和层状硅酸盐中，环与环、链与链、层与层之间作平行排列且尽可能排得最紧，但氧不作最紧密堆积。

在架状硅酸盐中，[SiO$_4$]四面体彼此共4个角顶相连，不能自由调整位置，离子和整个结构都不能呈最紧密堆积。

2.2.3.2 离子配位关系

硅酸盐矿物结构中的外加阳离子在硅酸盐结构中起着联结硅氧骨干的作用。它们一般处在O^{2-}所构成的多面体空隙之中，与氧形成各种不同的配位。构成硅酸盐矿物的主要阳离子按其常见的配位数可分为下列几类。

配位数为4：B^{3+}、Be^{2+}、Al^{3+}、Ti^{4+}、Fe^{3+}、Zn^{2+}。

配位数为6：Al^{3+}、Ti^{4+}、Mg^{2+}、Li$^+$、Mn^{2+}、Zr^{4+}、Ca^{2+}、Fe^{2+}、Sc^{3+}。

配位数为8：Zr^{4+}、Na$^+$、Ca^{2+}、Fe^{2+}、Mn^{2+}。

此外还有配位数为12的K$^+$和Ba^{2+}，以及特殊的罕见配位数如9、7、5等。由于硅酸盐矿物中络阴离子的形式多样，因而晶体结构的形式和特性也就不同。有的疏松，有的紧密，有的在某个或某些方向上紧密，而在另外方向上则较疏松，这样就要求有不同大小的阳离子来填塞其空隙。另外，又由于硅氧四面体相互连接方式不同，因而还会出现不同的电价。如果[SiO$_4$]的所有角顶均彼此连接起来，其自身的正负电荷亦已经平衡，即使能够形成空隙，也无须其他阳离子进入。石英的情况便是这样。根据上述两方面因素可知,在硅酸盐的结构中,络阴离子内部硅氧四面体的连接方式愈复杂,结构便愈疏松,留下的空隙愈大,而络阴离子中剩余的负电荷则愈少。外加阳离子在硅酸盐结构中的配位有如下几个规律。

① 外加阳离子的加入必须保持整个结构电价平衡。

② 电价高、半径小的阳离子,如 Mg^{2+}、Fe^{2+} 等多出现于岛状、链状、层状结构的硅酸盐中;电价低、半径较大的阳离子,如 K^+、Na^+ 等多出现在层状、架状结构的硅酸盐中。这是因为岛状构造较紧密,多形成四面体与八面体空隙,适合容纳较小的正离子;在链状构造中,硅氧链间可以形成配位数为6与8的 O^{2-} 配位体,从而可以分别容纳较小的 Mg^{2+}、Al^{3+}、Fe^{2+}、Fe^{3+} 与较大的 Ca^{2+}、Na^+ 等离子;在层状构造中,在相对的两层排列的[SiO_4]四面体之间,通常是以 $3Mg+2(OH)$ 的"氢氧镁层"或 $2Al+2(OH)$ 的"氢氧铝层"联成一个平面装填层,以中和电价。若在[SiO_4]四面体有铝作类质同象替换硅,则视铝离子的多少,可以有 K^+、Ca^{2+} 等阳离子处于装填层间,以中和电价。故在层状构造中,大小离子均可能有;在架状构造中,部分[SiO_4]四面体中 Si^{4+} 被 Al^{3+} 置换,所缺电荷不多,构造中空隙又较大,故外加阳离子具有低价、高配位数、半径大的特点,如1价的 K^+、Na^+、Rb^+、Cs^+ 和2价的 Ca^{2+}、Ba^{2+} 等;而离子半径不大,至多只具六次配位的阳离子,如2价的 Mg^{2+}、Fe^{2+} 和 Mn^{2+},3价的 Al^{3+}、Fe^{3+} 等则很少见。

③ Al^{3+} 电价较高,半径较小,结晶化学性质具有两重性:一方面与 Mg^{2+} 等相似,可作为外加阳离子;另一方面又和 Si^{4+} 相似,可以取代硅氧骨干中的 Si^{4+}。

④ 结晶化学性质类似的离子之间类质同象置换在硅酸盐矿物中非常广泛。

在岛状硅酸盐中,孤立[SiO_4]四面体的氧可近似紧密堆积且剩余电荷高,骨干外的阳离子通常电价高、半径小而配位数 CN 不大于6(如锆石)。在架状硅氧骨干中,一般来说,Al^{3+} 置换 Si^{4+} 的量不多,氧离子剩余电荷低,骨架中的空隙也较大。因此,架状骨干外的阳离子通常电价低、半径大而配位数高(常见的为 K^+、Na^+、Ca^{2+}、Ba^{2+}、Rb^+、Cs^+;配位数 CN 常为8、10或12),骨架间隙还可有附加阴离子和水分子。环状、链状、层状骨干外的阳离子在价态、半径和配位数等方面通常介于中间状态,如 Mg^{2+}、Fe^{2+}、Fe^{3+}、Al^{3+} 等,它们在岛状硅酸盐中也颇常见,配位数多为6。

一般来说,[SiO_4]四面体的体积很稳定,但骨干外阳离子的配位多面体的体积随阳离子大小和温压环境变化较大。为了适应这种变化，硅氧骨干常发生变形，以与骨干外阳离子的配位多面体相匹配。

例如，在单链状硅酸盐中，如果骨干外阳离子为Mg，骨干外的八面体链内两个[MgO_6]八面体的长度与两个以角顶相连的[SiO_4]四面体的长度相适应，所以硅氧骨干为[SiO_4]四面体重复周期是2的[Si_2O_6]单链，如顽火辉石；如果阳离子为Ca，因Ca比Mg大，2个[CaO_6]八面体的长度与3个以角顶相连的[SiO_4]四面体的长度相当，所以硅氧骨干为[SiO_4]四面体重复周期是3的[Si_3O_9]单链，形成硅灰石；若阳离子为Mn和Ca，则较小的[MnO_6]八面体与较大的[CaO_6]八面体结合起来要求[SiO_4]四面体重复周期为5的[Si_5O_{15}]单链与之相适应，形成蔷薇辉石。

又如，层状硅酸盐叶蛇纹石结构中，[$MgO_2(OH)_4$]八面体片与[SiO_4]四面体片构成一定的匹配关系。由于八面体片中O(OH)-O(OH)间距较四面体片中O-O间距略小，因此为了使[SiO_4]四面体片与八面体片相适应，结构层发生弯曲，八面体片在外圈，四面体片在内圈，并使方向相反的结构层联结起来，形成波浪状（见图2-5）。

图2-5　叶蛇纹石中八面体片和四面体片示意图

在架状硅酸盐中，由于硅氧骨干比较牢固，骨干外的阳离子种类也较少，因此骨干外阳离子的配位对硅氧骨干不起控制作用。在岛状硅酸盐中，[SiO_4]四面体孤立分布，骨干外阳离子配位对骨干的排布方向有明显的影响。

2.3　硅酸盐矿物的解理

硅酸盐矿物的解理发育机理与晶体形态类似，也取决于硅氧骨干的类型和骨干外阳离子配位多面体（特别是[AlO_6]八面体）的联结方式。

层状硅酸盐常发育平行骨干层的极完全解理，如云母、滑石等。链状硅酸盐常出现平行链体的中等-完全解理，如辉石、角闪石等。岛状和架状硅酸盐的解理取决于结构中强键的分布，如蓝晶石、绿帘石和硅线石分别发育{100}、

{001}和{010}完全解理,长石则发育{010}和{001}两组完全解理。环状硅酸盐一般不发育解理,常出现平行环面(绿柱石、电气石的{0001}不完全解理)或柱面(如堇青石的{010}中等解理)。

本章参考文献

[1] 田键. 硅酸盐晶体化学[M]. 武汉:武汉大学出版社,2010.

[2] 孙传尧,印万忠. 硅酸盐矿物浮选原理[M]. 北京:科学出版社,2001.

[3] 尹周澜,邹祖荣. 硅酸盐中金属离子对Si—O键影响的量子化学研究[J]. 矿物学报,1990(4):348-355.

[4] Smyth J R, Bish D L. Crystal structures and cation sites of the rock-forming minerals[M]. Boston:Allen & Unwin,1988.

[5] Ahrens T J. Mineral physics & crystallography: a handbook of physical constants[M]. Washington DC: American Geophysical Union,1995.

[6] Finkelstein Y, Moreh R, Shang S L, et al. Quantum behavior of water nanoconfined in beryl[J]. The Journal of chemical physics, 2017, 146(12): 124307.

[7] 高孝恢. 分子轨道法研究硅酸盐分子结构[J]. 化学学报,1985,43(10):1001-1004.

[8] Morosin B. Structure and thermal expansion of beryl[J]. Acta Crystallographica Section B: Structural Crystallography and Crystal Chemistry,1972,28(6):1899-1903.

[9] Jodlauk S, Becker P, Mydosh J A, et al. Pyroxenes:a new class of multiferroics[J]. Journal of Physics:Condensed Matter,2007,19(43):420-424.

[10] Yang L, Czajkowsky D M, Sun J, et al. Anomalous Surface Fatigue in a Nano-Layered Material[J]. Advanced Materials,2014,26(37):6478-6482.

[11] Liebau F. Structural chemistry of silicates:structure, bonding, and classification[M]. Berlin:Springer Science & Business Media,1985.

3 岛状结构硅酸盐矿物的分选

本章以岛状结构硅酸盐矿物的晶体结构及表面性质为基础,选取岛状结构硅酸盐矿物常见各族中的典型硅酸盐矿物,以蓝晶石、红柱石、石榴子石、橄榄石、锆英石和绿帘石为例,从各矿物的资源情况、典型矿床特性、矿石结构和构造、矿物晶体化学特性、矿物分选理论与试验进展等方面详细介绍了各岛状硅酸盐矿物的性质及其分选特点,阐述了硅酸盐矿物岛状骨干结构特点等与其分选技术的关系。并借助各岛状结构硅酸盐矿物的典型选矿厂分选实例,展示了各选矿厂应用的生产工艺所实际产生的技术经济指标,可为相关基础研究和选矿厂生产实践提供一定的参考。

3.1 岛状结构硅酸盐矿物的分选特点

岛状结构硅酸盐矿物中的硅氧骨干主要包括孤立四面体$[SiO_4]^{4-}$、双四面体$[Si_2O_7]^{6-}$和二者皆有的类型,还可以包括一些类似于链状、层状或架状(这类硅氧骨干在空间延伸极其有限)结构的矿物。岛状结构硅酸盐矿物结构紧密,其化学键在骨干内以共价键为主,在骨干外以离子键为主,故而显示离子晶格的特性。岛状结构硅酸盐矿物往往呈较鲜艳的色彩,其硬度和密度是各种亚类硅酸盐矿物中最高的,而形态和物理特性则随矿物的不同而有所差异。一般来说,岛状结构硅酸盐矿物主要包括蓝晶石族、石榴子石族、橄榄石族、锆石族、绿帘石族等各族的多种矿物。

在含岛状结构硅酸盐矿物的这类矿石中,单一分选技术一般很难获得理想的分选指标,往往需要将两种或多种分选方案联合使用。目前,常用的分选方法有重选法、浮选法、磁选法、电选法、化学选矿法以及细菌选矿法。矿物分选方案的确定,需要充分了解矿床特征、矿石组成、结构构造和晶体结构等性

质。例如，蓝晶石矿物的分选以重选和浮选为主，一般也使用磁选和电选的方法。典型的蓝晶石矿分选选矿工艺一般采用磁选—重选—浮选的联合工艺流程；同为蓝晶石族的红柱石的分选工艺也取决于红柱石及其共生矿物的物理性质，红柱石与含铁矿物之间的比磁化系数差异以及红柱石与其他非目的矿物间的可浮性差异等。具体适合的分选特性还需根据矿床、矿石等性质而确定。

3.2 典型岛状结构硅酸盐矿物的分选

3.2.1 蓝晶石分选

在20世纪初期，蓝晶石族矿物未被工业界所使用，而是作为艺术珍品陈列于博物馆中。到了20世纪中期，由于发现蓝晶石族矿物具有膨胀后不收缩和热震稳定性良好等特殊性质，美国、法国、英国和德国等国家将其应用于航空发动机和火花塞的制造，并且发达国家将其作为战略资源加以控制，同时限制其精矿产品出口，并对相关的提纯和应用技术采取保密战略。

蓝晶石（kyanite）是生产优质耐火材料的原料。随着国民经济的发展，优质耐火材料的需求量日益增大，而优质的蓝晶石矿产资源却日益贫乏，因此蓝晶石矿物的选矿工作越来越重要，在众多的选矿方法中，浮选是主要选别手段。蓝晶石是典型的蓝晶石族矿物，该族矿物包括化学成分为Al_2SiO_5的同质多象变体蓝晶石、红柱石以及硅线石，其中，硅线石属链状硅酸盐矿物亚类。

蓝晶石肉眼下一般为蓝色、带蓝的白色、青色，亦有灰色、绿色、黄色、粉红色和黑色，有时由于蓝晶石上面有斑点，或纹理颜色不均匀，致使中部颜色较深；晶型常呈柱状；透明至半透明；断口可具玻璃光泽至珍珠光泽；莫氏硬度在各个方向上显著不同，在发育完全的解理面上为4~5，在垂直晶体延长的方向为6~7，表现出极其显著的各向异性，故蓝晶石又名二硬石；相对密度为3.53~3.64，熔点为1850℃。

蓝晶石具有高温膨胀、耐酸碱、耐腐蚀、抗冲击力强和电绝缘性能好等一系列优异性能，故用来制造高级耐火材料、耐火砂浆、水泥及铸造耐制品；以及塑料捣打混合料、技术陶瓷、汽车发动机的火花塞、绝缘体、球磨机球体、试验器皿、耐震物品等；并可用电热法炼制硅铝合金等，广泛应用于冶金、建材、机械、化工、轻工、航天等部门（如图3-1所示）。

(a)制备高铝耐火材料　　(b)用于冶炼合成硅铝合金　　(c)用来制莫来石

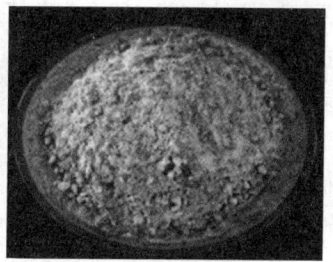

(d)用于制作陶瓷　　　　(e)用来制塑料

图3-1 蓝晶石的主要工业应用举例

3.2.1.1 资源情况

世界已探明的蓝晶石族矿物总储量大约有4.60亿吨，其中，蓝晶石储量最小，约1.20亿吨，主要分布在加拿大、美国、南非、中国、奥地利和印度等国家。世界各国查明的蓝晶石资源储量见表3-1。

表3-1 世界各国查明的蓝晶石资源储量

国家	已探明的蓝晶石资源储量/万吨	国家	已探明的蓝晶石资源储量/万吨
加拿大	4500	中国	1200
南非	1200	印度	>380
奥地利	400	澳大利亚	300
利比里亚	250	肯尼亚	123
巴西	100	保加利亚	80
芬兰	30	马拉维	30
索马里	13.2	纳米比亚	12
美国	>3000		

我国从20世纪40年代开始对蓝晶石矿产进行调查以来，特别是20世纪70年代末到80年代初，做了大量的普查勘探工作，发现蓝晶石矿40余处，分布在

十几个省区。主要矿床有江苏沭阳县韩山、河南隐山、河北邢台、内蒙古点布斯庙、新疆契布拉盖、山西繁峙、安徽岳西和霍山、辽宁大荒沟、四川汶川、云南热水塘、吉林磐石、陕西详县党河口等(见表3-2)。

表3-2 我国蓝晶石矿资源分布及主要矿石性质

序号	矿区（点）名称	含矿岩石类型	有用矿物 名称	含量/%	矿物形态产状
1	新疆契布拉盖	含蓝晶石黑云母石英片岩和蓝晶石黑云母斜长片麻岩中的伟晶岩脉	蓝晶石	20~90	长柱状、放射状，长5~20cm，垂直脉壁生长
2	江苏韩山	蓝晶石石英岩、蓝晶石白云母石英片岩	蓝晶石	15~20	板状、板粒状、柱状，6.1cm×0.2cm~0.5cm×0.8cm
3	山西岗里—安头	蓝晶石绿泥石黑云母片岩、蓝晶石黑云母斜长片麻岩	蓝晶石	10~15	长柱状，长10~20mm
4	河北卫鲁	蓝晶石石榴石黑云母斜长片麻岩	蓝晶石	5~15	长柱状、板状，长20mm
5	安徽凉亭河	蓝晶石石英岩、蓝晶石白云母石英片岩	蓝晶石	5~95	柱状，0.05mm×0.3mm~0.2mm×3mm
6	吉林柳树沟	蓝晶石石英片岩、蓝晶石白云母石英片岩	蓝晶石	5~19	板状、不规则状、粒状，长0.1~2mm
7	河南隐山	蓝晶石石英岩、绢云母石英片岩	蓝晶石	5~55	放射性、束状，长0.1~2.5mm

3.2.1.2 矿床特性

蓝晶石是地质变质作用形成的矿物，是一种变质矿物，主要产于区域变质结晶片岩中，其变质相由绿片岩相到角闪岩相。形成时受一定的温度和压力严格控制，具有中级区域变质岩的特点，一般产于变质程度较高的地层中，产于变质高峰期，形成时的温度、压力都较高。

蓝晶石矿床的工业类型主要有黑云石榴蓝晶石片麻岩型、蓝晶石绿泥片岩型、黄玉蓝晶石石英片岩型和伟晶状蓝晶石型。黑云石榴蓝晶石片麻岩型矿床产于太古代变质岩系中，含矿岩石以蓝晶石、石榴石、黑云母斜长麻岩为主，单晶石矿体呈层状或大的扁豆体，单个矿体一般延长数百米，蓝晶石含量为10%~25%。蓝晶石绿泥片岩型矿石产于太古代，蓝晶石不均匀地分布在绿泥片岩中，矿体呈透镜状，蓝晶石含量由百分之几到百分之二十几，原岩含镁较高，有时含有微量的刚玉。黄玉蓝晶石石英片岩型矿床产于元古代石英岩中，矿石以蓝晶石石英片岩为主，有时有蓝石云母石英片岩，蓝晶石含量为10%~30%，含有少量黄玉，并见有沿裂隙分布的放射聚晶状叶蜡石。伟晶状蓝晶石型矿床的矿体呈不连续的小扁豆体，分布在古生代黑云母片岩中，矿石组成简单，蓝晶石晶体一般在5cm以上。

3.2.1.3 矿石结构的构造特性

蓝晶石对称型为 $\bar{1}$，常沿 z 轴和(100)面呈扁平的柱状或片状，如图3-2(a)和(b)所示，晶面上有平行条纹，单晶体常呈平行于(100)面的长板状或刀片状。有时呈放射集合体，也常见双晶面(100)或($12\bar{1}$)，如图3-2(c)和(d)所示。解理面珍珠光泽，平行 c 轴硬度为4.5，垂直 z 轴硬度为6~7，称为二硬石，解理{100}完全、{010}中等，可有{001}裂开。矿物主要成分为蓝晶石和少量硅线石，副矿物成分为石英，次矿物为黑云母、金云母、绿泥石。

蓝晶石是一种变质矿物，主要产于区域变质结晶片岩中，其变质相由绿片岩相到角闪岩相。根据含蓝晶石的形态特点，将蓝晶石矿分成如下三类：

① 针状和纤维状集合体(纤维针状矿石)；
② 富含空晶石的假象蓝晶石集合体(假象型矿石)；
③ 蓝晶石结核矿(结核型矿石)。

如矿床同时含有上述3种变态，这类矿属于混合型。

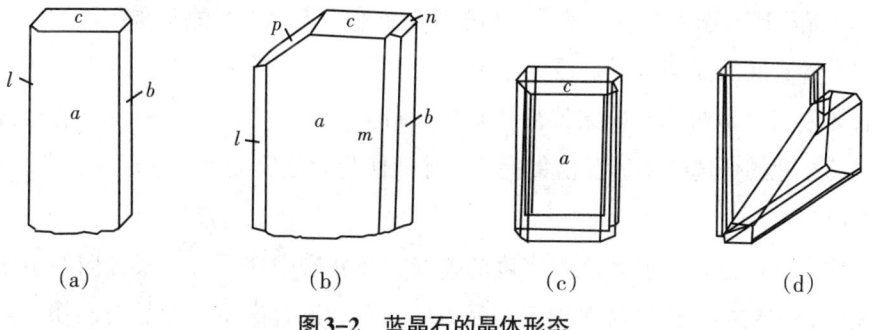

(a)　　　　　　(b)　　　　　　(c)　　　　　　(d)

图3-2　蓝晶石的晶体形态

3.2.1.4 矿物晶体的化学特性

蓝晶石($Al_2[SiO_4]O$)属于三斜晶系，含[AlO_6]层的岛状结构硅酸盐矿物，空间群为 $P\bar{1}$；$a_0 = 0.710$nm，$b_0 = 0.774$nm，$c_0 = 0.557$nm，$\alpha = 90°6'$，$\beta = 101°2'$，$\gamma = 105°45'$，$Z = 4$。化学组成中可含 Cr^{3+}(≤12.8%)和 Fe_2O_3(达1%~2%，有时达7%)，以及少量的CaO、MgO、FeO、TiO_2等混入物。

蓝晶石晶体结构(如图3-3所示,实际矿物晶体如附录Ⅰ所示,下同)中每个氧与1个Si^{4+}、2个Al^{3+}或者4个Al^{3+}相联结,1/2的Al^{3+}形成共棱相连的$[AlO_6]$八面体链(亚链),另一半的Al^{3+}也呈$[AlO_6]$八面体,与$[AlO_6]$八面体链(亚链)以共角顶和共棱的方式联结成平行于(100)面的八面体复杂层,其层间以$[SiO_4]$四面体与$[AlO_6]$八面体相联结。由于$[SiO_4]$的键合强度远大于$[AlO_6]$,因此该矿物的破裂将发生在Al—O键上,而Si—O键很难断裂,故解离后矿物表面Al^{3+}得到较多的暴露,Si^{4+}暴露得相对较少,故可以预测蓝晶石在水溶液中零电点较高,负电性较小。

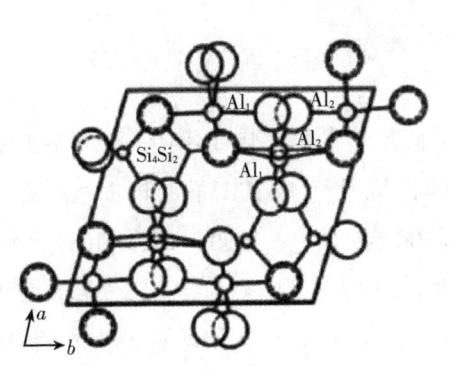

图3-3 蓝晶石的晶体结构

3.2.1.5 分选理论与试验研究

矿山直接开采出的可直接利用的蓝晶石富矿是比较稀有的,在绝大多数矿床中,目的矿物多与其他脉石矿物共/伴生,不能直接用于下游产业。随着市场对蓝晶石精矿产品需求量的增加,我国低品位蓝晶石矿的开发和利用势在必行。传统的蓝晶石矿分选工艺主要是重选与磁选,而随着蓝晶石矿物资源的逐渐贫化和精矿质量标准的提高,浮选成为主流选矿工艺。具体的分选工艺流程、药剂方案需要依据各地蓝晶石矿床特征、矿物嵌布粒度等特性而定。只有对蓝晶石矿石采用合理的分选技术进行富集提纯,才能使其满足后续生产的指标要求。

(1) 重 选

重力选矿是根据矿物之间密度的差异、在介质中速率大小及方向的不同来分离混合矿粒的。重选法多用于结晶粒度较粗和混合嵌布的蓝晶石矿物,相对于浮选,重选回收蓝晶石矿工艺流程简单、成本低且对环境友好。在蓝晶石矿石中,常伴随着石英、长石、云母和高岭石等脉石矿物,通过重选预先富集,能为下一步分选工艺提高效率。

对于有用矿物与脉石矿物、有害矿物密度差异不大的蓝晶石矿,利用适当的分级设备对原矿进行预先分级,效果显著。我国学者赖群生等针对隐山蓝晶石矿区中矿石各矿物间密度差异不大的性质,在重选之前先利用干式筛分对原矿进行预先分级，然后利用摇床对矿石进行分选。每次分选出精矿后，对富中矿进行再次分选。最终实现蓝晶石精矿产率达到30%~35%，回收率达到40.6%。

由于蓝晶石矿石资源的逐渐贫化，单一的重选方法已无法得到高品位的蓝晶石。所以，目前重选一般作为辅助手段，与浮选组成联合工艺对矿石进行处理。对于处理量大、精矿产率低的低品位蓝晶石来说，利用重选对原矿进行预先富集，可减少后序工艺的入选量，提高进入下一阶段的矿石入选品位，提高蓝晶石精矿品位。岳铁兵等针对某中低品位蓝晶石石英岩型矿石嵌布粒度粗且粗粒级易浮的特性，采用摇床对该矿石的粗级别颗粒进行富集。试验结果表明，经过摇床重选预先富集，减少了蓝晶石过磨，经过浮选，使得最终获得的蓝晶石精矿品位达到54.19%，总回收率达到55%。试验结果较为理想，大幅降低了生产成本。

某些蓝晶石矿中矿物组成十分复杂，通过单一的浮选流程所得到的精矿常常不能满足行业标准，而利用重选的方法对精矿进行进一步处理，可使精矿质量得到显著提高。南阳某低品位难选蓝晶石矿的浮选精矿中K_2O、Na_2O含量超标，金俊勋等根据该矿性质，利用重选（摇床）工艺对浮选精矿进行了进一步处理。最终经脱泥—浮选—重选闭路流程，获得Al_2O_3品位为55.62%、Al_2O_3回收率为49.58%、蓝晶石含量为86.50%、蓝晶石回收率为84.77%、K_2O和Na_2O含量分别为0.24%和0.22%、Fe_2O_3含量为0.84%、TiO_2含量为0.94%的精矿，符合我国现行行业标准《蓝晶石　硅线石　红柱石》（YB 4032—1991）中LJ55对蓝晶石精矿的要求。

(2) 磁　选

蓝晶石是非磁性矿物，但常与石榴子石、黑云母等含铁矿物共生，并含有少量的磁铁矿和磁黄铁矿，这些含铁矿物混于蓝晶石矿中，会严重影响蓝晶石精矿的品质，从而导致产品的耐火度降低，力学强度变弱，且使产品线性膨胀率受到影响。因此，为了分选出高品质的蓝晶石，以达到工业要求，通常利用磁选对重选或浮选后的精矿进行除铁作业，降低蓝晶石中的铁含量，或者用于入选原料的准备作业，以便回收或除去磁选产品，减少后续工作量，从而提高蓝晶石精矿产品的质量。

在国外，为提升蓝晶石精矿品质，对如何去除蓝晶石矿中的含铁矿物进行了大量研究，并将成果应用于生产实践中，取得了巨大效益。美国弗吉尼亚州东岭蓝晶石矿浮选后的精矿中，铁含量过大，不能满足工业要求。美国蓝晶石矿业公司针对该蓝晶石性质，采用两段磁选工艺对该浮选精矿进行处理。在生产实践中，首先经过湿式强磁选进行初步除铁，然后经过沸腾炉干燥和回转窑煅烧，除去影响除铁效果的药剂覆盖层，再经干式强磁选，得到最终精矿，符合行业标准对蓝晶矿精矿的要求。印度在处理含云母的蓝晶石石英岩时，通常在浮选后进行湿式强磁选作业，以降低浮选精矿中的铁含量。试验结果表明，分选不同地区且蓝晶石含量为20%~57%的蓝晶石矿时，利用湿式强磁的工艺方法处理浮选精矿，能显著提升精矿品质，获得合格的蓝晶石精矿。

蓝晶石矿中所含的磁性矿物比例通常很小，且磁性弱、粒度细，常规磁选机不容易去除。对于矿物组成复杂、难以去除含铁矿物的蓝晶石矿，采用高效节能的磁选设备是提高该类矿石精矿品位的有效途径。

此外，蓝晶石原矿石中往往还含有一定的含钛杂质，当用蓝晶石生产耐火材料时，要求钛等杂质含量低于2%。美国贝克山蓝晶石选厂采用精矿干燥—强磁选的工艺流程，可获得含铁量小于0.5%的蓝晶石精矿。美国东岭蓝晶石选厂采用浮选—湿式强磁选—干式强磁选除铁的工艺流程得到了蓝晶石精矿。我国河南桐柏蓝晶石选厂采用强磁选—浮选的工艺流程，使赋存于金红石、磁铁矿等中的铁钛被大幅度除去从而得到较好的蓝晶石精矿。

(3) 浮　选

浮选是分选蓝晶石最常用的方法，利用浮选能够有效去除石英与白云母等杂质，提高Al_2O_3含量，并且在处理细粒浸染矿石时，可获得高质量的产品。一般来说，蓝晶石的浮选可在酸性、碱性或中性介质中进行，分选时具体的选矿流程、浮选条件以及药剂制度等要根据所处理矿石的具体情况而定。同时，采用浮选法分选蓝晶石时，要注意磨矿细度、脱泥效果、浮选时间、浮选药剂、金属离子等因素对浮选的影响。

① 在酸性介质中浮选蓝晶石应注意以下问题。在酸性介质中选别又称为酸法，采用酸法浮选蓝晶石通常使用磺酸盐类捕收剂，抑制剂一般采用水玻璃、蚁酸或乳酸，利用硫酸或氢氟酸调节酸度，pH值为3.5~4.5最佳。王磊对邢台卫鲁地区某低品位蓝晶石矿进行了选矿试验研究。根据矿石性质，采用酸法工艺处理磁选后的精矿。经过试验确定了最佳磨矿细度-0.074mm占65%以及0.020mm适宜脱泥粒度下限，然后利用石油磺酸钠作为粗选捕收剂，最终通过开路试验流程，得到Al_2O_3品位为58.37%、回收率为56.02%的最佳分选指标。

河北邢台卫鲁地区某蓝晶石矿通过弱磁—强磁选后，除去了大部分含铁矿物,而蓝晶石则基本进入了磁选尾矿中。根据该矿石性质,张晋霞等利用酸法对该磁选尾矿进行了详细的浮选试验研究。试验在pH值为3.5左右时,选用新型药剂LJ2作为捕收剂,并在精选阶段加入硫酸,最终通过1次粗选、4次精选的单一浮选工艺后,获得了Al_2O_3品位为60.06%、产率为11.61%、回收率为37.71%的高纯蓝晶石精矿,为今后该类型蓝晶石矿的开发利用提供了试验依据。

对于一般的蓝晶石矿,酸法选别的技术相对成熟,药剂制度简单,且流程结构稳定,能够高效地选别蓝晶石,是目前分选蓝晶石的主流选别流程。吴燕妮等针对内蒙古某蓝晶石矿进行了可选性试验研究。根据矿石性质,分别对脱泥—碱性介质浮选—磁选和脱泥—磁选—酸性介质浮选两种工艺流程进行开路、闭路试验。试验结果表明,相对于在碱性介质中浮选,在酸性介质中浮选,其可选性好,富集比大,回收率较高。最终采用脱泥—磁选—酸性介质浮选工艺流程,得到了Al_2O_3品位为56.16%、回收率为69.30%、SiO_2品位为40.62%的蓝晶石精矿。在酸性介质中,对产于土耳其比特利斯·马西弗(Bitlis Massif)的蓝晶石矿采用"三段浮选"工艺,即云母浮选—氧化铁浮选—蓝晶石浮选工艺对矿石中的蓝晶石进行选矿富集。试验结果表明,在最佳浮选条件下,获得了Al_2O_3品位为56.6%、回收率为51.14%的蓝晶石精矿,其中含SiO_2、Fe_2O_3、TiO_2、Na_2O、K_2O和MgO分别为39.01%,0.8%,0.18%,0.09%,0.1%和0.02%。

② 在碱性介质中浮选蓝晶石应注意以下问题。在碱性介质中选别蓝晶石时,一般以皂类或脂肪酸及其盐类作为捕收剂,以碳酸钠为酸性调整剂,矿浆的pH值保持在6~8为最佳。采用该流程具有减少药剂用量、结构流程简单的优点,且相对于酸法而言,对设备的损害较小,能提高设备的利用率,但其选别过程不稳定,脂肪酸及其盐类捕收剂受温度影响较大,不利于最终选别指标。在采用碱性流程处理江苏某低品位难选蓝晶石的强磁尾矿时,以油酸钠为捕收剂、水玻璃为抑制剂,最终通过1次粗选、4次精选的浮选流程,得到了Al_2O_3品位为55.13%、回收率为61.67%的最终精矿,达到了工艺指标要求。该试验利用简单的选矿流程,便得到了合格的精矿,极大地降低了选矿成本,为选厂带来了较为可观的经济效益。

在处理某些储量小的蓝晶石矿时,利用碱法可较好地保护设备,降低选矿成本。例如,针对新疆某尚未开发且储量小的蓝晶石矿,经综合考虑后,决定在碱性介质下对该矿石进行选矿试验。试验首先对矿石进行浮选作业,采用脂肪酸药7#作为蓝晶石捕收剂，得到了较好的精矿回收率和品位，然后利用磁选降低浮选精矿中的含量。通过试验，最终获得了Al_2O_3含量超过58%、Fe_2O_3含量小于1.41%的蓝晶石合格精矿产品，为该地的蓝晶石矿提供了技术支持。

③ 在中性介质中浮选蓝晶石应注意以下问题。在中性介质中浮选蓝晶石相对于酸性或碱性而言，在环境污染、设备腐蚀、成本高等问题上有着显著的改善。在河北邢台卫鲁地区某蓝晶石矿选矿流程中强磁选后的非磁性产品中，蓝晶石质量分数为35%~45%，云母质量分数为20%~25%，石英质量分数为20%~25%，其他质量分数为5%~10%。针对该蓝晶石强磁尾矿性质，采用了中性条件下浮选的工艺方法对其进行处理。试样经脱泥后，在磨矿细度为-0.074mm占65.00%的最佳磨矿细度条件下，选用十二胺盐酸盐作为捕收剂、柴油作为辅助捕收剂，最终获得产率为14.28%、Al_2O_3品位为60.31%、蓝晶石品位为96.16%的高纯蓝晶石精矿。在保证精矿产品质量的同时，延长了设备的使用寿命，也使当地环境免于破坏。

目前，在中性介质中浮选蓝晶石的研究已得到国内外专家的高度重视，在关键技术上的突破以及新型药剂的研发等方面取得了许多成果。中国地质调查局郑州矿产综合利用研究所对甘肃复杂大型蓝晶石矿进行了综合利用研究。该团队针对原矿石性质，研发了在中性条件下分选蓝晶石的关键技术及新型浮选药剂Z-401，最终通过原矿—破碎—干磁抛尾—磨矿—螺旋溜槽抛尾—再磨—蓝晶石浮选—磁选除铁的工艺流程，得到精矿产率7.15%、Al_2O_3品位为58.74%、Al_2O_3回收率为20.97%、蓝晶石矿物含量为95.26%、矿物回收率为75.53%的蓝晶石精矿。该试验有效地避免了酸性条件下分选带来的酸耗量大、设备腐蚀、污染环境等种种问题，且指标稳定，促进了蓝晶石选矿技术的进步。

除了矿浆pH值对蓝晶石的影响，其他因素的影响及其机理如下。

① 磨矿细度对蓝晶石矿浮选的影响。浮选最佳粒度与颗粒形状、密度及疏水程度有关，浮选过程中会因粗颗粒的脱落而造成蓝晶石回收率的损失。晶粒较粗的蓝晶石矿物-0.074mm含量一般为30%~40%，对于细粒嵌布和混合型矿物，磨矿细度一般为：-0.074mm占70%~90%。

根据浮选理论，单位质量的矿物颗粒与气泡间接触面积的大小对颗粒与气泡的黏着强度有着重要影响，蓝晶石磨细后仍呈针状、长条状，而气泡又常与面积较小的晶体端面相接触，蓝晶石的相对密度又比伴生的大部分脉石矿物如石英、黑云母等大，因此造成粗颗粒蓝晶石易于从气泡上"脱落"。

大量选矿实践结果表明,能否获得高品位的蓝晶石精矿,与能否将粗颗粒蓝晶石捕收进泡沫产品有关。国内外许多精矿筛析数据均表明,精矿中粗粒级品位高,但粒级回收率低;而细粒级品位低,但粒级回收率高,选择性差。同时,脉石矿物石英和黑云母因粒度变细而浮游能力提高,分选效率也会降低。根据研究结果发现,较粗粒级蓝晶石适合在酸性条件下浮选,而细粒级蓝晶石则适合在碱性条件下浮选,因为碱性条件下细粒级矿物能充分分散,有利于捕收剂的选择性吸附。因此,如何能够达到既让蓝晶石和其他矿物单体解离,又不至于过磨,是确定工艺流程时一个很重要的问题。

② 脱泥对蓝晶石矿浮选的影响。有关学者对蓝晶石矿泥的研究资料表明,70%以上的矿泥成分为绢黑云母、高岭石、叶蜡石等,这些矿泥质量小,比表面积大,消耗的选矿药剂多,并且对蓝晶石矿物颗粒罩盖,阻碍捕收剂对蓝晶石的吸附,在浮选过程中影响蓝晶石与脉石矿物的分选,降低浮选精矿的品位及回收率,因此在选别前首先要进行充分的脱泥除杂。

③ 抑制剂对蓝晶石浮选的影响。蓝晶石浮选常用水玻璃、柠檬酸、纤维素、焦磷酸、淀粉及乳酸等抑制脉石矿物。它们以分子或离子的形式吸附在石英、白黑云母等表面,增加其亲水性。同时,磷酸和乳酸也是络合剂,络合水中的Ca^{2+}、Mg^{2+}、Al^{3+}、Fe^{3+}等金属阳离子,防止它们活化脉石矿物;水玻璃虽然不是络合剂,但也能兼起上述类似作用。采用上述抑制剂在弱碱性介质中抑制作用较明显;但在强碱性介质中,OH^-会从矿物表面挤掉硅酸根等阴离子,削弱它们对脉石矿物的抑制作用。

④ 金属离子对蓝晶石浮选的影响。在不同pH值的介质中,硅酸盐矿物表面发生金属离子的选择性溶解,从而改变了矿浆中的离子组成,这些金属离子在水解早期生成羟基络合物,而这些羟基络合物会再次吸附于硅酸盐矿物表面,影响浮选过程和药剂在矿物表面上的结合,从而对不同矿物的阴离子浮选产生活化或抑制作用。例如,Ca^{2+}、Mg^{2+}、Al^{3+}、Fe^{3+}等阳离子对蓝晶石和白黑云母都有活化作用,这些离子的存在对分选不利。

(4) 联合工艺

重选—浮选联合选别工艺是目前分选蓝晶石的一种重要工艺,主要用于处理粗粒嵌布或混合型的蓝晶石矿石。原理是:首先将矿石分成粗细两个粒级,再利用重选对粗粒级进行富集,细粒级则用浮选法回收。通过两种工艺的联合,充分发挥自身优势,实现优势互补,进一步提高精矿品位,以较经济的方式获得最大的利益。混合型蓝晶石矿在破碎时，矿石中粗粒级蓝晶石时常出现过粉碎现象，从而降低蓝晶石的回收率，而利用重选对粗粒进行富集，可有效解决这一问题。

3.2.1.6 分选实践

蓝晶石矿石中的各化学成分含量会直接影响蓝晶石制品的各项指标。以蓝晶石在耐火材料中的应用为例，原料中的 Al_2O_3、Fe_2O_3、TiO_2、SiO_2、K_2O 及 Na_2O 等含量均有比较苛刻的要求。但不同行业对蓝晶石原料的要求不同，因此可根据市场需求制订不同的蓝晶石提纯工艺以保证经济效益的最大化。各个国家根据用途及工艺技术条件对其质量要求并不相同。目前，我国蓝晶石最新的行业标准为《蓝晶石 红柱石 硅线石》（YB/T 4032—2010），标准中蓝晶石主要化学组成的各项指标见表3-3。因此，在蓝晶石矿的分选实践中，应当使分选产物尽可能地满足所能达到等级的指标要求。

表3-3 我国行业标准中蓝晶石主要化学组成的各项指标

项目	普型				精选			
	LP-54	LP-52	LP-50	LP-48	LJ-56	LJ-54	LJ-52	LJ-50
$w(Al_2O_3)/\%$	≥54	≥52	≥50	≥48	≥56	≥54	≥52	≥50
$w(Fe_2O_3)/\%$	≤0.9	≤1.0	≤1.1	≤1.3	≤0.7	≤0.8	≤0.9	≤1.0
$w(TiO_2)/\%$	≤1.9	≤2.0	≤2.1	≤2.2	≤1.6	≤1.7	≤1.8	≤1.9
$w(K_2O+Na_2O)/\%$	≤0.8	≤0.9	≤1.0	≤1.2	≤0.4	≤0.5	≤0.6	≤0.8
灼减/%	≤1.5				≤1.5			
耐火度 CN	≥180		≥176		≥180		≥176	
水分/%	≤1							
线膨胀率/%（1450℃）	必须进行此项检测，测定时的牌号、粒径由供需双方协商决定							

蓝晶石的主要生产国有美国、俄罗斯、印度、南非、法国、加拿大、澳大利亚等，专门用于处理蓝晶石矿的选矿厂并不多，主要集中在美国。我国对蓝晶石矿的分选研究始于20世纪70年代末，目前只有少数几个矿山建有选矿厂。我国河北卫鲁蓝晶石矿区的蓝晶石赋存于石榴黑云斜长片麻岩中。根据矿石的基本性质及矿物成分，矿石可分为3个基本自然类型：含石榴黑云斜长片麻岩；含石墨蓝晶黑云斜长片丁岩；含石榴蓝晶黑云变质岩。其中，含石榴黑云斜长片麻岩为本区主要的矿石自然类型。该选厂采用磁选—浮选流程，原矿磨

至-0.20mm，脱泥后进行磁选作业，磁选精矿进入重选(摇床)作业，获得铁铝榴石精矿，磁选尾矿作为浮选蓝晶石原料。浮选是在常温下用石油磺酸钠作为捕收剂、硫酸作为pH值调整剂(pH值为2~3)的。经一粗一精选别作业，再经脱泥后得到蓝晶石精矿。

下面以印度拉普索(Lapso)蓝晶石矿选矿厂和我国南阳隐山蓝晶石矿选矿厂为例介绍蓝晶石的分选实践。

(1)印度拉普索蓝晶石矿选矿厂

印度拉普索矿是含石英和云母的蓝晶石矿，其矿石的矿物组成如表3-4所示，化学组成如表3-5所示。该矿的商品精矿是生产耐火级蓝晶石精矿，因此必须将云母、石英、电气石、石榴子石、氧化铁和金红石等有害杂质降低到所要求的限度。由于重选法没有获得满意的分选效果，因此该矿采用浮选法来分选蓝晶石。该矿采用先浮云母、后浮蓝晶石的浮选分离工艺，即选矿过程由两段浮选组成。先用阳离子捕收剂在酸性介质中浮选云母和伴生的少量硅酸盐矿物，再在酸性介质中(用硫酸调pH值至3~4)使用阴离子捕收剂石油磺酸钠浮选蓝晶石。浮选实践结果表明，在酸性介质中用阳离子捕收剂浮选可以改善粗粒云母的浮游性，而在碱性介质中则可增强石英的可浮性，在酸性介质中采用阴离子捕收剂浮选蓝晶石可抑制石英的浮选。

表3-4 印度拉普索蓝晶石矿的矿物组成

矿物	蓝晶石	石英	云母	电气石	石榴子石	氧化铁	金红石	其他(角闪石、绿泥石、十字石、青金石等)
大致质量分数/%	35	50	10	微量	微量	1	1~2	3~4

表3-5 印度拉普索蓝晶石矿的化学组成

成分	Al_2O_3	SiO_2	Fe_2O_3	TiO_2	CaO	MgO	Na_2O	K_2O	烧碱
品位/%	25.63	67.79	1.09	1.46	0.47	0.45	0.40	0.50	1.17

该矿石中主要矿物是蓝晶石、石英和云母，这3种矿物的晶体化学特征存在如下差异。蓝晶石、石英和云母分属3种不同结构类型的硅酸盐矿物，蓝晶石为岛状结构矿物，云母为层状结构矿物，而石英为架状结构矿物。石英解离时有大量Si-O键发生断裂，云母解离时只有少量Si-O键发生断裂，蓝晶石解离时Si-O键的断裂程度更小。云母沿{001}面能极完全地解理，蓝晶石也具有{100}面完全地解理，而石英无解理。云母结构中有部分Si被Al类质同象替

换,而其余两种矿物结构中的Si没有被Al所替换。在蓝晶石结构中,两个Al均以$[AlO_6]$八面体的形式存在,因而矿物解离时Al—O键发生大量断裂;云母结构中Al以$[AlO_6]$八面体和$[AlO_4]$四面体两种配位方式存在,故解离时Al—O键有少量断裂;石英结构中不存在Al。蓝晶石与石英、云母相比,结构中高价金属阳离子Al^{3+}的相对含量最高;而云母结构中由于存在O^{2-}和F^-,阴离子的相对含量较高;石英结构中主要由Si和O构成,因此结构中阴离子O^{2-}的含量也很高。

由于3种矿物在晶体化学性质上存在上述差异,因此致使蓝晶石、石英和云母的表面特征存在如下差异:石英、云母具有很强的负电性,零电点很低,而蓝晶石表面负电性比石英和云母要小得多,零电点相对较高;表面多价金属阳离子与阴离子的相对密度($\sum M^{n+}/\sum O^{2-}$)蓝晶石最高,云母次之,石英最低;蓝晶石解离后表面含有相对含量较高的Al^{3+},而云母解离后表面暴露了一些大半径、低电价的金属阳离子如K^+等,高价金属阳离子Al^{3+}也有部分暴露,同时表面还暴露了大量的阴离子O^{2-}和F^-,石英解离后表面含有大量的Si和O;相对比较而言,石英在矿浆中键合羟基的能力最强,云母和蓝晶石也都有一定的键合羟基能力;云母表面暴露了一些低电价、大半径的阳离子,易溶解于水中,而蓝晶石和石英不存在这样的金属阳离子。

根据以上蓝晶石、云母和石英晶体化学特征和表面特性的差异,结合对矿物的浮游性研究,可以判断出3种矿物的可浮性存在如下差异。在阳离子捕收剂的浮选体系中,云母、石英在很宽的介质pH值范围(pH值为2~13)内均具有很好的可浮性,而蓝晶石具有高可浮性的介质pH值范围相对较窄(pH值为5~11)。在阴离子捕收剂的浮选体系中,蓝晶石具有很好的可浮性(pH值为3.5~8.5),而石英和云母的可浮性较差。在阴离子捕收剂的浮选体系中,在强碱性条件下,Ca^{2+}对石英具有很强的活化作用,而对蓝晶石和云母的活化作用一般,Pb^{2+}对蓝晶石和云母具有很好的活化作用,而对石英的活化作用一般,HF、Na_2SiF_6可活化石英的浮选,且能抑制云母和蓝晶石的浮选。在阳离子捕收剂的浮选体系中,在酸性条件下,Fe^{3+}对蓝晶石具有很好的抑制作用,但对云母和石英的抑制作用一般,淀粉及其与Ca^{2+}、Pb^{2+}对蓝晶石和石英均具有很好的抑制和协同抑制作用,但对云母的抑制作用很差;在酸性条件下,单宁对蓝晶石具有较好的抑制作用,但对石英和云母的抑制作用很差。由以上3种矿物可浮性的差异,可对印度拉普索蓝晶石矿的浮选工艺作如下解释:由于在阳离子捕收剂的浮选体系中,云母在很宽的介质pH值范围内均具有很强的可浮性,而蓝晶石具有高可浮性的区域相对较窄，因此强酸性条件下用阳离子捕收剂可使绝大部分云母和部分石英优先浮出，达到与蓝晶石分离的目的。另外，由于在阴离子捕收剂的浮选体系中，在pH值为3.5~8.5的介质范围内蓝晶石具有很好的可浮性，而此时石英的可浮性较差，因此在酸性条件下用阴离子捕收剂可实现蓝晶石和另一部分剩余石英的浮选分离。综上所述，该矿所采用的原则浮选流程，从硅酸盐矿物浮选原理上分析是合理的。

同样的，针对我国江苏韩山蓝晶石矿的特点(矿物组成复杂，粒度较细，蓝晶石含量一般为10%~25%，石英含量为60%~80%，黄玉含量小于5%，金红石含量为1%~3%，磷钙铝石含量为1%~3%)，也选择采用浮选法进行处理。在浮选蓝晶石前分别以浮选手段分离出易浮的云母、叶蜡石矿物、磷钙铝石矿物以及金红石与褐铁矿等钛铁矿物，随后以碳酸钠调浆至pH=9.5，采用癸脂作为蓝晶石矿物捕收剂，以硫酸铜作为活化剂、硅酸钠为脉石矿物抑制剂的单一浮选流程，如图3-4所示。最后得到蓝晶石精矿中Al_2O_3品位为55.39%，Fe_2O_3品位为0.84%，TiO_2品位为0.97%，Al_2O_3回收率为65.44%，Fe_2O_3回收率为5.79%，

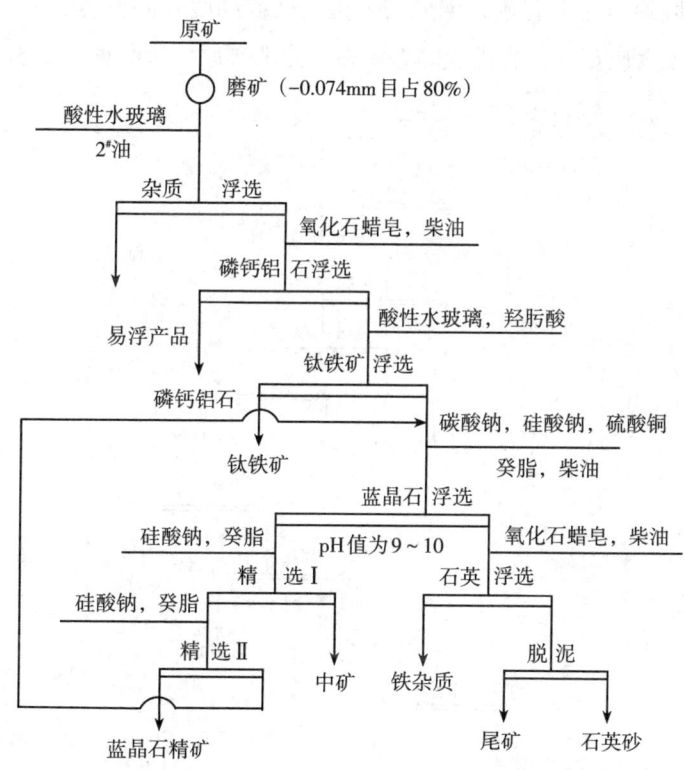

图3-4 我国江苏韩山蓝晶石矿选矿厂浮选工艺流程

TiO_2回收率为13.95%。达到了原冶金部部颁的产品质量标准。

总的来说，对于非常普遍的细粒嵌布或粗细不均匀嵌布的矿石来说，通用的选矿工艺流程是：破碎—磨矿—反浮选—正浮选—磁选—精矿产品。反浮选的对象有两类：①石墨、云母等易浮选物；②黄铁矿、金红石或钛铁矿等金属矿物。磁选有干式磁选和湿式磁选之分。磨矿之前有洗矿，反浮选或浮选之前脱泥也是很常见的。对于粗粒嵌布的矿石而言，重介质分选是经济有效的。

(2)我国南阳隐山蓝晶石矿选矿厂

南阳隐山蓝晶石矿石的矿石类型有蓝晶石石英岩型、片状绢云母蓝晶石石英岩型、片状褐铁绢云母蓝晶石石英岩型、块状蓝晶石岩以及块状蓝晶黄玉岩等。矿石中蓝晶石矿物含量为15%~20%，石英含量为60%~70%，绢云母含量为3%~10%。TiO_2主要来自金红石，金红石含量约1%，其结晶嵌布粒度细小，50μm以下的占80%，10~20μm的约占50%。一部分细小金红石在蓝晶石晶体中呈包裹体，增加了降低精矿中TiO_2的难度。对耐火材料高温性能影响较大的K_2O和Na_2O赋存在云母类矿物中，这些矿物可选性较好。蓝晶石被高岭石化、绢云母化、叶蜡石化较普遍，因此需要提高磨矿细度。矿石中黄玉和蓝晶石难分选，增加了选矿难度。隐山蓝晶石矿石碱法选矿原则流程见图3-5。

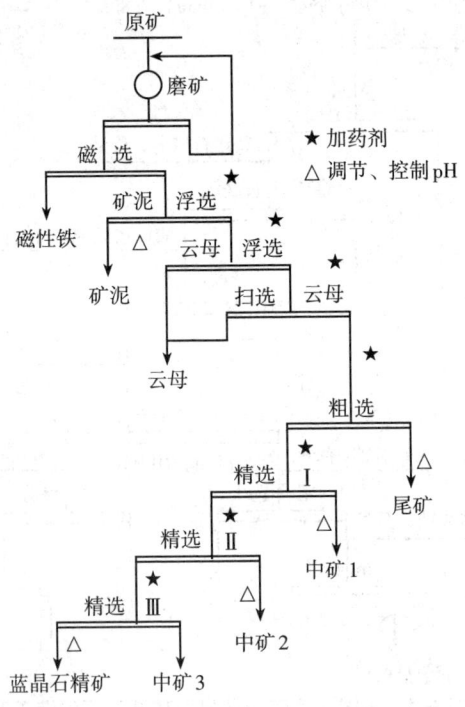

图3-5 南阳隐山蓝晶石矿选矿原则流程

除隐山选厂外，美国C-E公司的格雷斯蓝晶石矿选矿厂、蓝晶石矿业公司的东岭(East Ridge)蓝晶石选矿厂(其工艺流程见图3-6)，以及我国河北卫鲁蓝晶石矿选矿厂均采用浮选—磁选(或磁选—浮选)的联合工艺流程。

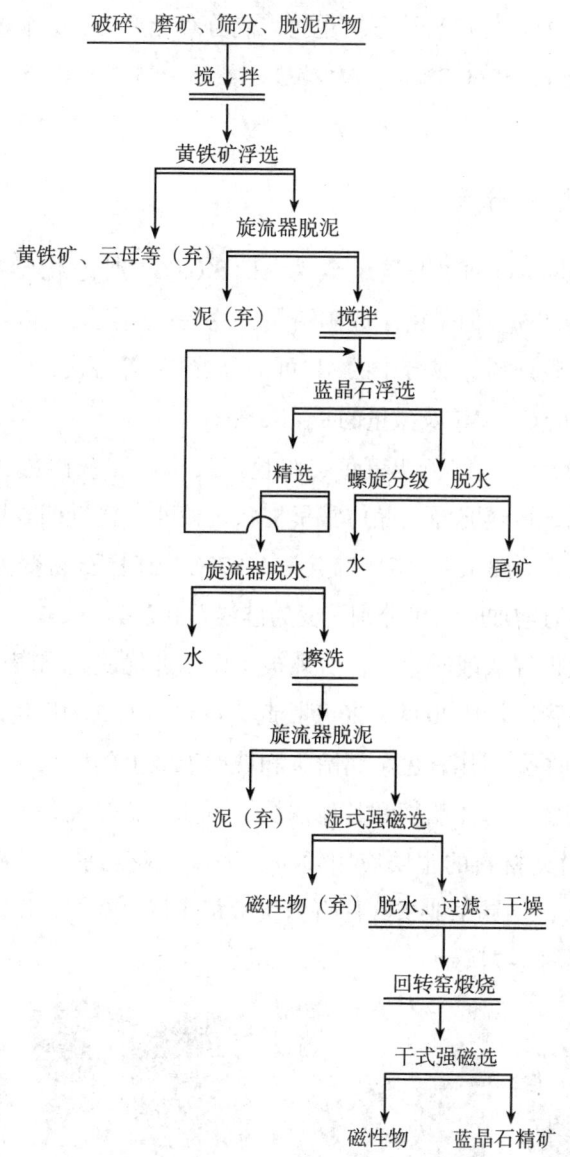

图3-6 美国东岭蓝晶石选矿厂工艺流程

综上可知，对于细粒嵌布的蓝晶石矿石，主要采用浮选方法。粗粒级嵌布蓝晶石矿石包括粗粒级和细粒级结核状矿石，合理的选矿工艺是重选或重选—浮选联合。首先将矿石分成粗细两个粒级，粗粒级用重选摇床处理，细粒级用浮选法回收。例如入选粒度：粗粒0.25~0.5mm，细粒-0.25mm。流程的最大特点是避免了粗粒蓝晶石的过粉碎，提高了回收率，同时也保证了精矿中大于0.25mm的蓝晶石矿物粒度。混合型蓝晶石矿石包括粗粒嵌布和细粒嵌布两种类型的矿石，可采用重-浮联合流程。也可采用分级浮选法，选矿流程为：脱泥后的物料分成+0.25mm和-0.25mm两个粒级，然后分别进行浮选，其优点是粗粒蓝晶石回收率高。

3.2.2 红柱石分选

红柱石（andalusite）的化学组成为 $Al_2[SiO_4]$，理论化学组分：Al_2O_3 占 63.1%，SiO_2 占 36.9%。但是由于成矿结晶、蚀变、风化等原因，晶格中常含有 Ag、Fe、Ti 等一些杂质，成分中的 Al^{3+} 可部分被 Fe^{3+} 等替代，Si^{4+} 可少量被 Ti^{4+} 替代，还可含少量的 Ca、Mg 及微量的 K、Na 等。

红柱石呈粉红色、红色、紫色、绿色、红褐色、灰白色、灰黄色及浅绿色，无色者少见；玻璃光泽；晶体常呈柱状，横断面接近四方形；莫氏硬度为 6.5~7.5；相对密度为 3.13~3.16；熔点为 1587°C。红柱石易变为绢云母、白云母，在温度与压力增加时，可分别转变为硅线石和蓝晶石。

早在第一次世界大战时，红柱石即被用作制造优质高温陶瓷、发动机火花塞和高温计保护管等。从20世纪20年代起，红柱石发展为以生产耐火材料为其主要用途。早期主要用作有色金属冶金和玻璃工业上的耐火材料，少量用在黑色金属冶炼、陶瓷、海洋船舰和其他锅炉、石油加工等设备上。近年来钢铁工业已成为这种耐火材料的主要应用领域，钢铁工业几乎消耗红柱石产量的一半。1960年以来，钢铁工业上红柱石消费量每年以10%的速度增长。红柱石的工业用途举例如图3-7所示。

(a) 制备不定型耐火材料

(b) 红柱石耐火砖

(c) 用于硅铝合金

(d) 红柱石宝石

图3-7 红柱石的主要工业应用举例

3.2.2.1 资源情况

现已探明的世界上红柱石矿物储量共计约1.75亿吨，其主要分布见表3-6。20世纪90年代前，世界主要生产红柱石国家的历年产量见表3-7。南非和法国等国储量较多。南非是红柱石矿物储量最多的国家，年产量近25万吨。据南非矿产资源与统计部(The Department of Mineral Resources and Statistics)公布的数据，2013年南非红柱石总产量为22万吨，比2012年增长10%，其中，伊迈雷斯(Imerys)子公司的丹奈恩安金矿产耐火陶瓷(Denain-Anzin Mineraux Refractorie Ceramique-Damrec)为世界上最大的红柱石生产企业，占总产量的70%。德兰士瓦省内的3个地区是南非国内红柱石矿床的主要集中地：利丹伯吉、撒巴齐亚和格罗特马里库。值得一提的是，世界上已探明的最大的红柱石生产矿山就位于南非撒巴齐亚地区附近的泰姆鲍尔矿山，并且这个地区红柱石的质量最好。

表3-6 世界各地区红柱石资源储量

国家或地区	红柱石探明资源储量/万吨	占世界总储量的百分比/%
南非	9150	52
前苏联	7200	41
法国	>1000	6
加纳	60	<1
美国	59	<1
世界总计	>17469	100

表3-7 世界主要红柱石产地历年产量   单位：万吨

年份	1978	1979	1980	1981	1982	1983	1984	1985	1986
南非	11.2	13.4	19.6	18.1	15.9	11.7	16.5	17.5	18.0
法国	3.0	3.0	3.0	3.0	3.0	4.5	5.2	5.0	—
西班牙	0.51	0.54	0.64	0.65	0.6	0.5	—	—	—

法国的红柱产量仅次于南非，为世界第二大红柱石生产国。法国红柱石矿床主要集中在布里特尼矿山。矿石为红柱石片岩结构，含红柱石15%左右。精矿红柱石产品有KA：Al_2O_3 59.0%，KB：Al_2O_3 53%。法国达姆莱克公司的露天红柱石矿位于布里特尼的格罗梅尔，年处理红柱石原矿60万吨。年产红柱石精矿6.5万~7.0万吨，产品主要供应耐火材料行业。此外还有巴西的米纳斯吉拉

斯、奥地利的蒂罗尔州、西班牙的安达卢西亚等地矿石储量也非常可观。别的国家如蒙古、澳大利亚、韩国、津巴布韦、利比亚等国也有少量。

我国的红柱石资源勘探相对较晚，在吉林珲春首次发现矿床之后，又在北京周口店、辽宁岫岩、山西繁寺等地陆续发现了较大的红柱石矿床。直到20世纪末，一批国家重点试验项目的投产与建设，加大了我国对于红柱石资源开发和利用的研究力度。据不完全统计（内蒙古、西藏、新疆大部分和中国台湾未统计），我国约有红柱石5.6亿吨，主要分布在辽宁岫岩—凤城，河南西峡，新疆拜城、库尔勒，四川川西，陕西眉县等，其中，新疆的红柱石资源储量居全国首位。

到目前为止，我国已经在河南、陕西、吉林、新疆、辽宁、四川、甘肃、青海等10多个省区发现了红柱石矿区（如表3-8所示），矿石储量可观。不过我国红柱石矿石硬度较高，与基质矿物不易分离。矿石品位较高的有河南西峡、吉林珲春、新疆库尔勒、辽宁岫岩等地。我国红柱石资源大部分为致密原生矿，杂质矿物主要分布在红柱石晶体之间，或呈微粒包裹在红柱石晶体中，达到单体解离较困难，杂质含量偏高。若达到单体解离，产品的粒度就很难满足市场的需要（其大部分产品粒度小于0.5mm，而市场需要的产品粒度多为1~3mm或更大的粒度）。我国现有的产品中能够达到粒度要求的，只有河南西峡，但其杂质含量偏高。

表3-8 我国红柱石矿产分布

省、自治区、直辖市	位置	省、自治区、直辖市	位置
吉林	珲春、二道甸子	甘肃	年木耳
辽宁	岫岩、凤城	新疆	拜城、库尔勒
北京	门头沟、房山、周口店、西山	浙江	瑞安、温州、诸暨
山东	五莲	江西	铅山
河南	西峡	广西	灵山
陕西	眉县、太白	湖南	安东
四川	川西	青海	互助

3.2.2.2 矿床特性

红柱石是地质变质作用形成的矿物，形成时受一定的温度、压力严格控制。红柱石常产于浅变质地层中，主要赋存于富铝的泥质或泥质岩石与中酸性侵入体接触变质的角岩、板岩、片岩或次生石英岩中。它形成压力较低，在600~800MPa以下，温度较高，在550℃以下，是典型的由热接触变带及区域变质所产生的。根据地理位置的差异，下面分别介绍我国主要的几大红柱石矿区特点。

(1) 辽宁红柱石矿区

以辽宁岫岩—凤城红柱石矿为例，该矿区的矿石类型主要有红柱石黑云母片岩、红柱石碳质板岩和石榴石红柱石黑云母片岩3种类型。矿石中的主要矿物为红柱石、绢云母、石英、石墨等。该矿区矿石位于红柱石黑云母片岩、红柱石碳质板岩中。含矿层由泥质岩的沉积岩和碎屑岩发生类变质而形成。该矿区红柱石储量很大，属于大型矿床。矿石的平均品位达到12%~14%。

(2) 新疆红柱石矿区

新疆的红柱石类矿产成矿条件十分优越，矿产资源非常丰富，目前确定的主要矿床类型包括以下几种：区域变质型红柱石矿、接触变质型矿床、热液交代型矿床等。其中，以热接触变质型矿床为主，即在近地表部位的封闭条件下，中酸性岩浆岩与富铝沉积岩、火山岩接触，岩浆岩顶部和周边的围岩在热流的作用下，发生热流变质，形成各种含红柱石的高温热接触变质岩，高温热接触变质岩的变质程度一般不高，多为各种板岩和角页岩。矿物组成也比较简单，有用矿物主要为红柱石，次要矿物为黑云母、石英、绢云母、绿泥石、炭质及磁铁矿和褐铁矿，往往呈面状分布，矿床的形态和规模受侵入体的制约，其面积一般几平方千米至几百平方千米。接触变质型矿床可以单独存在，也往往与区域低角闪岩变质相带重合，两者相互叠加，变质矿物组合复杂，红柱石可能更加富集。成矿带的时空分布比较广阔，各个地质时期都形成了红柱石含矿带，在各地质时期的成矿带中，晚古生代和中生代的成矿带中红柱石矿化比较发育，最具有找矿潜力。

以新疆拜城—库尔勒红柱石矿区为例，该矿区矿石的主要类型为含堇青石的黑云母红柱石型。主要矿物成分为红柱石、堇青石、黑云母、白云母以及少量碳质物等。该矿区矿石出露在碳酸盐岩和浅海相碎屑岩经变质形成的片岩内。矿体东西长约12km，储量十分可观。矿体中D级红柱石矿石储量达到334.2万吨，而D+E级红柱石矿石储量更高达1212.2万吨，属于国内比较少见的特大型红柱石矿床。

(3) 陕西红柱石矿区

目前，陕西省开发利用的红柱石矿主要有眉县四沟红柱石矿和太白县浑水沟红柱石矿，下面以眉县四沟红柱石矿床为例加以说明。

眉县四沟红柱石矿床位于陕西省眉县城南直距15km，行政区划属眉县营头镇管辖。该矿是陕西省地质矿产勘查开发局第八地质队在1993年勘查探明的，同年提交了《陕西省眉县四沟红柱石矿地质普查报告》，累计探明红柱石矿石量66.69万吨，红柱石矿物量21.06万吨，平均品位(红柱石矿物含量)31.58%。矿体产在下古生界斜峪关群(也有资料认为是前震旦系秦岭群双水磨组)绢云母石英片岩夹透明状石英岩、绢云母化红柱石岩等变质岩中。矿区周围有大量的花岗岩、花岗闪长岩体出露。矿区共有两条矿体(K_1、K_2号矿体)，其中，K_1号矿体长400m，平均厚19m，矿体呈似层状-透镜状、网脉状，有分枝复合现象(矿体内夹石较多)，矿体产状与地层产状基本一致，倾向190°~200°，倾角60°；K_2号矿体长200m，平均厚16m，矿体呈透镜状，产状与地层产状基本相同，倾向190°~200°，倾角60°。矿石中主要矿物成分为红柱石，呈细晶状，平均含量为31.58%；石英呈细粒状，含量为30%~40%；云母呈细小的鳞片状，含量为20%~30%。

(4)河南红柱石矿区

相对于前面介绍的3个省份的红柱石矿区，河南西峡红柱石矿区的桑坪红柱石矿床赋存于秦岭褶皱束内，含矿地层为晚元古代二郎坪群小寨组底部，矿床断裂构造极不发育，混合岩化极不明显；含矿岩石主要为片岩类，岩石组合简单；矿体规模较大，呈层状、似层状；矿石类型随矿物组合及其含量不同，可分为四类，但其结构构造较简单；矿床的蚀变主要表现为绢云母化、绿泥石化，且不太强烈，共生的非金属矿主要为石墨。

该矿区矿石类型比较单一，主要矿物成分为红柱石、石英、石榴石、绿泥石、碳质物等。矿床类型为区域变质红柱石片岩型。赋存于上元古界片岩中，这个矿区的矿体厚度达十米，长度达千米，垂直延伸可以达到200~300m，属于大型矿床。2017年，由河南省地矿局地质勘查院地质1分队承担的"河南省西峡县杨乃沟东部红柱石预查"项目获重大突破，在勘查区内探获一个大型红柱石矿床，初步估算矿物远景资源量大于500万吨，是预期的5倍。晶型粗大、发育良好，在国内外均属少见。但该矿区矿石的缺点是晶体内含有"黑十字"碳质包体，并且多数含有少量的十字石、黑云母、石英以及石榴石等杂质。该矿区矿石选矿流程中难度最大的是基质与红柱石斑晶镶嵌十分紧密，单体解离相当困难。

3.2.2.3 矿石结构构造特性

红柱石是岛状结构无水铝硅酸盐矿物，属于斜方双锥晶系。对称型为 mmm；柱状，横断面近于正四边形(见图3-8)。生长过程中俘获炭质和黏土并定向排列时，横断面见黑十字，纵断面见黑色纵纹，称为空晶石。集合体为粒状和放射状，后者称为菊花石。双晶面{101}，少见，{110}面中等解理。

红柱石多数呈斑状变晶结构。斑晶内含有碳质、石英、云母、金属矿物、石榴石和电气石等。有些伴生矿物如石榴石、碳质等可通过选矿加以回收。

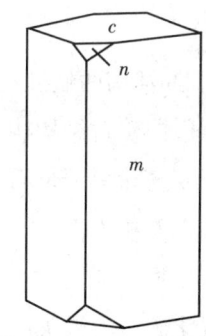

图3-8　红柱石晶体形态

斜方柱 m{110} 和 n{101}；平行双面 c{001}

(1)辽宁岫岩—凤城红柱石矿

矿石结构为变斑状鳞片，花岗变晶结构，矿石构造为板状、层状及显微眼球状。

矿石矿物为红柱石，脉石矿物为石榴石、黑云母、绢云母、白云母、石英、石墨等。各矿物的含量如下：红柱石14%~15%，石英30%，黑云母30%，绢(白)云母5%，微晶石墨3%~5%，堇青石1%~2%，石榴石1%~2%，此外，还有少量的十字石、电气石、锆石、绿泥石、磷灰石等。

在红柱石晶体中有石英连晶，或包裹一些炭质和石墨，或有石榴石、黑云母、石英、十字石包体。在红柱石边缘或内部往往还有黑云母或绢云母(白云母)片状晶体，另有部分红柱石边部含有大量石英、炭质以及云母等脉石矿物，少量红柱石被晚期的白云母(绢云母)化。因此，矿物解离难度较大。

岫岩—凤城红柱石属大型矿床，储量丰富。但矿物连生、嵌布、包裹、包体等较复杂，单体解离较难。矿石平均品位不算太高，红柱石晶体较小，一般为 $(1~2)mm \times (0.3~0.6)mm$，故其精矿粒度在0.5mm以下会较多，更宜用作耐火材料基质部分或添加剂。

(2)陕西眉县红柱石矿区

眉县红柱石矿床的矿石类型主要有3种：红柱石岩型，占总储量的20%；绢云母化红柱石岩型，占总储量的65%；硬绿泥石岩型，占总储量的15%。矿石结构主要为花岗变晶结构，次为包嵌结构。矿石的构造简单，主要为致密块状构造，少量为绢云母化红柱石岩，砾状构造。

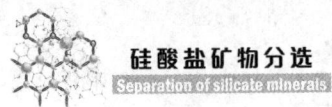

太白县浑水沟红柱石矿石多呈自形晶（柱状）结构，晶体以粗1.0mm左右、长4~8mm居多，也有呈细晶结构。矿石多呈块状构造、斑状构造，斑晶为红柱石。

(3) 河南西峡红柱石矿区

根据矿石结构构造和主要矿物成分划分，西峡红柱石有两种矿石类型：红柱石变斑状黑云母石英片岩和红柱石变斑状二云石英片岩。这两种类型中，变斑晶以红柱石为主，其次为石榴石、十字石，基质为石英、黑云母及炭质物。矿石以原生矿为主，含量在80%以上。原生矿为灰白色，致密坚硬。而氧化、半氧化矿石为褐灰色，岩性较疏松。

矿石结构主要有斑状变晶结构、鳞片花岗变晶结构、包含变晶结构等。斑状变晶结构主要由红柱石，次为少量的十字石、石榴石、黑云母等矿物组成。花岗变晶结构主要由片状矿物黑云母及粒状矿物石英组成，包含结构：主要有红柱石变斑晶，包含细粒的石英、石榴石、十字石、炭质、黑云母、绢云母等矿物，其中炭质多呈黑十字分布；其次有十字石变晶，包含细粒的石英、炭质等。少数黑云母变斑晶也包含炭质物、石英等。

矿石构造以斑点构造和片状构造为主。斑点构造是柱状红柱石晶体呈斑状分布（在横断面上），片状构造是以黑云母为主的片状矿物定向排列。

3.2.2.4 矿物晶体的化学特性

红柱石（$Al_2[SiO_4]O$）理论化学组分Al_2O_3占63.1%、SiO_2占36.9%，Al可被Fe^{3+}（≤9.6%）和Mn^{2+}（≤7.7%）类质同象置换。属于斜方晶系，含[AlO_6]链-岛状结构，空间群D_{2h}^{12}-$Pnnm$，$a_0=0.778nm$，$b_0=0.792nm$，$c_0=0.557nm$；$Z=2$。

红柱石的晶体结构（见图3-9）中，阳离子Al^{3+}有两种配位。有一半的Al的配位数为6，组成[AlO_6]八面体，另一半的配位数为5。八面体以共棱方式联结，沿c轴方向呈链状，链间以配位数为5的Al和[SiO_4]四面体相联结。阴离子有两种配位，一个O与1个Si和2个Al相联结，它参与[SiO_4]四面体，另一个O则只与3个Al相联结，未参与[SiO_4]四面体。红柱石晶体呈斜方柱形，与[AlO_6]八面体链延伸方向一致。红柱石结构中有半数的Al做5次配位，使得红柱石的原子排列紧密程度最差，因此红柱石在该族所有铝硅酸盐矿物中具有最低的密度（3.13~3.16g/cm³）。

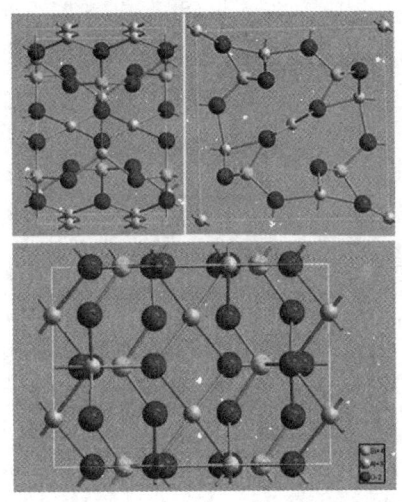
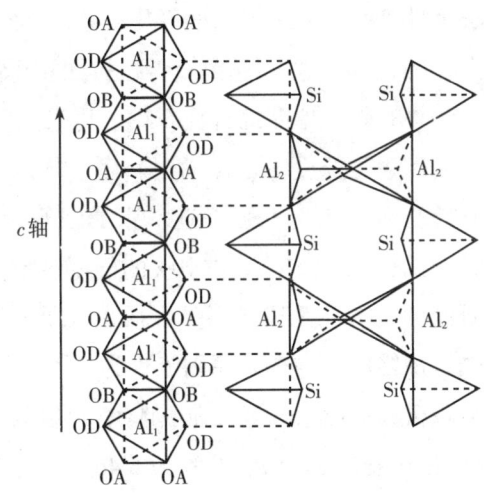

图 3-9　红柱石晶体结构投影及其骨架结构

红柱石的解离一般也是在 Al^{3+} 占优势的区域产生的，断裂面上主要是电价不平衡的 Al^{3+}，而 Si^{4+} 的相对含量不高，所以红柱石破碎表面正电性强，在水溶液中零电点较高，因此红柱石表面在酸性环境下有较强的正电性，零电点为 5.0（也有关文献报道红柱石的零电点为 5.2、7.2、6.0），且红柱石表面有较强的亲水性。红柱石沿 {001} 面有不明显的裂理，因此在这个方向上不易受到破坏。

3.2.2.5　分选理论与试验研究

红柱石矿的分选工艺取决于红柱石及其共生矿物的物理性质差异，即基岩的脆性及晶体与基岩之间的自然解离度、红柱石与基岩之间的相对密度及硬度差别、红柱石与含铁矿物之间的比磁化系数差异以及红柱石与其他非目的矿物间的可浮性差异等。红柱石矿由于其红柱石斑晶及脉石矿物的赋存特点，用单一的选矿方法往往难以获得理想的选别指标而须多种选矿方法联合使用。采用联合流程各个作业先后顺序主要取决于矿石性质，但应该遵循的原则是：粗粒红柱石精矿提早获得，尾矿提早抛除，以减少流程的循环负荷，提高选别指标。

(1) 选择性碎磨—分级是粗粒红柱石预富集的较经济手段

红柱石与其他脉石矿物的硬度、脆性或形状不同，其碎磨后与其他脉石矿物的粒级范围也就不同，通过分级可以把粗粒红柱石从矿石中富集出来。如河南西峡用选择性碎磨筛选为后续的重介质选矿提供了较为纯净的给矿，也可采用磨擦洗矿—重选获得粗粒（不小于 0.5mm）精矿。在选择性碎磨时，硬度大的红柱石保持不变，通过筛分就能将粗粒的红柱石与细粒的其他矿物分离。对于

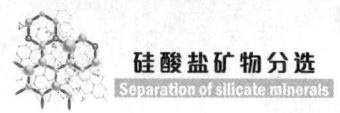

选择性碎磨—分级工艺设备及参数,不同的矿石各不相同,需试验确定。

(2) 重选—强磁选是获得粗粒红柱石精矿和预富集的有效手段

含有较大单晶的红柱石矿,可采用重选—强磁选流程富集。赵瑞敏和董恩海使用强磁选设备 2-RGC 对新疆巴州益隆红柱石进行了除铁研究,工艺流程为破碎分级—重选—强磁选。张成强等人对河南某红柱石矿进行了选矿工艺研究,试验以-0.074mm 占 90% 的硅铁微粉作为重介质,采用中国矿业大学(徐州)研制的三产品无压给料重介质旋流器对+0.5mm 粒级的粗精矿进行一粗一扫分选,最终确定的选矿原则流程为"干式强磁选抛尾—重介质粗选—分级—干式强磁精选—摇床—湿式强磁选",可以获得作为耐火制品骨料使用的优质颗粒状红柱石精矿,其总产率为 5.46%,总纯度为 97.11%,红柱石总回收率为 65.95%。李九鸣和谭玉芝对西峡县杨乃沟伟晶状难选红柱石矿进行了选矿工艺研究,其脉石密度大,比磁化系数低。矿石经过预选、重选(摇床)、强磁选作业,可以生产出符合标准要求的 3 个粒级红柱石精矿:(-3.2+1.6)mm、(-1.6+0.5)mm、-0.5mm,该试验研究解决了细粒级红柱石重磁选不易回收的选矿难题。姚燕燕、谢建宏和张治元等针对眉县红柱石矿石的特点,采用重选—强磁选、反浮选—强磁选工艺进行了选矿试验,在磨矿细度-0.074mm 占 45% 的情况下,采用摇床—强磁选工艺,可获得产率为 49.14%、精矿 Al_2O_3 品位为 59% 的精矿。该精矿钾、钠含量较高,主要原因是粗、中粒云母在重选时难以从精矿带中分离,采用反浮选—强磁选工艺流程,可以有效地降低精矿中钾、钠的含量。王林祥、孙敬锋等对内蒙古某红柱石矿进行了选矿试验研究,试验采用摇床—重液—强磁选联合流程,分别获得了粗粒[(-1.0+0.074)mm]和细粒(-0.074mm 占 90%)两种红柱石精矿产品。试验中用摇床分别对-3mm 原矿试样、-1mm 原矿试样进行分选,所得粗精矿再用密度为 $2.9g/cm^3$ 的重液分离,分别得到的红柱石精矿再经强磁选抛除磁性物,得到 Al_2O_3 含量达 58% 的最终精矿。朱惠娟、赵新奋等详细研究了新疆霍拉沟红柱石矿的矿物工艺特征。应用跳汰粗粒抛尾—干式强磁精选工艺流程,获得了产率为 9.61%、Al_2O_3 含量 57.03%、红柱石矿物含量为 95.69%、回收率为 69.73% 的优良红柱石精矿,工艺简单可靠,可作为红柱石分选的创新工艺技术。

(3) 浮选是细粒红柱石选矿和获得高品级精矿的主要手段

浮选是红柱石矿物的重要选别工艺,尤其是细粒红柱石选矿和获得高品级精矿的主要手段,在国内外得到了广泛的应用。浮选可在酸性、中性、碱性介质中进行。充分脱泥是优化浮选的重要环节,一般原生矿泥在破碎阶段即可考虑通过洗矿除去,磨矿后的次生矿泥在浮选前采用重选尽可能地脱去。有时为了进一步净化红柱石浮选过程,在红柱石浮选前添加少许起泡剂优先浮出已泥化的易浮产物,或采用阳离子捕收剂反浮选云母等杂质矿物。胡志刚、袁来敏等对辽宁某红柱石矿进行了研究,通过试验确定在磨矿细度为-0.074mm占70%时,在酸性矿浆(pH值为2~3)中,利用M50等为红柱石的捕收剂、MCA为脉石矿物抑制剂,经过1次粗选和4次精选可以获得品位达91.02%的红柱石精矿。聂红彪对内蒙古某红柱石矿进行了选矿试验研究,在细粒级浮选中,用H_2SO_4调pH值至3~4,在石油磺酸钠与JE组合药剂的作用下,可获得较佳的指标。樊绍良、黎燕华介绍了甘肃漳县红柱石矿的工艺矿物学研究及浮选工艺研究,结果表明,采用脱泥—酸性浮选—强磁选工艺流程可以获得红柱石矿物含量为90.25%、Al_2O_3含量为56.62%、Fe_2O_3含量为1.46%的红柱石精矿。

对于红柱石分选的理论研究,则主要侧重于重选和浮选两个方面。

一是红柱石重选理论研究。随着红柱石应用重介质旋流器进行分选,关于重介质旋流器和重介质本身的研究有所加强。张一敏、杨大兵等对还原铁粉废粉作为红柱石重介质分选加重剂的相关特性进行了研究,如还原铁粉废粉悬浮液的稳定性、还原铁粉废粉悬浮液的流变黏度等。确定了还原铁粉加重剂及其悬浮液的适宜的特性参数,并在此基础上获得了较理想的红柱石重介质分选指标。

二是红柱石浮选理论研究。罗清平研究了红柱石和石英在有无多价金属离子存在的条件下的浮选行为及它们浮选分离的可能性。结果表明,在理想条件下,用油酸钠作为捕收剂,红柱石和石英容易实现浮选分离。Al^{3+}、Mg^{2+}、Ca^{2+}、Fe^{3+}难免对石英产生活化作用,在它们的活化区域内,红柱石和石英浮选行为趋于一致,矿物分选困难。吴力中等研究了石油磺酸钠对红柱石的作用机理,通过红外光谱研究得出,石油磺酸钠是红柱石的优良捕收剂。其在红柱石表面的固着是物理和化学吸附并存,且以化学吸附为主;而在石英、黑云母表面的吸附则是借助于库仑力和碳氢基的缔合作用的物理吸附。两者吸附强度的差异是实现红柱石与石英、黑云母等分选的前提。李莜晶等选用了十二烷基硫酸钠、十二烷基磺酸钠、磺化醚、油酸钠、羟肟酸钠、十二胺盐酸盐等捕收剂在单泡管和浮选机中研究了红柱石的浮选特性,研究结果表明,油酸钠是红柱石的最佳捕收剂。同时采用红外光谱和紫外光谱法对油酸钠在红柱石表面的吸

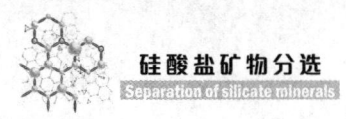

附产物进行解吸研究得出，油酸钠与红柱石表面的作用以化学吸附为主、物理吸附为辅。化学吸附的产物为油酸铝、油酸铁，物理吸附的产物为油酸。

针对红柱石浮选中抑制剂的作用机理，吴力中等在研究石油磺酸钠对红柱石的作用机理时，在酸性条件下(pH值小于3.5)，以1∶2组合使用HDF（阴离子改性淀粉）和Na_2SiO_3(组合用量为1200g/t)为抑制剂，明显改善了红柱石与石英、黑云母等的分选效果。进一步研究结果表明，HDF的去活作用，是由于它取代了浮选系统中的Fe^{3+}、Al^{3+}离子，而形成了新的化合物。董宏军、陈荩研究了4种金属离子在红柱石上的吸附行为及其对红柱石可浮性的影响，发现Fe^{3+}对红柱石-十二烷基磺酸钠浮选体系具有活化作用，而Al^{3+}、Mg^{2+}、Ca^{2+}离子对红柱石的浮选起抑制作用。认为金属离子吸附在矿物表面是其具有活化作用的前提条件。提出用吸附沉淀百分数（PAP）表示金属离子对矿物的活化能力，PAP越大，活化能力越强，PAP小到一定程度，金属离子就起抑制作用。长沙矿冶研究院在对西峡红柱石的碱性浮选研究中也进行了金属离子影响的研究。在多价金属盐存在的情况下，从介质pH值对矿物可浮性的影响可看出，当pH值接近相应阳离子形成水化物的pH值时，多价金属盐的活化作用达到最大值，而且对所研究的矿物无选择性；在对天然矿石进行浮选时，由于离子组成和捕收剂种类及用量的不同，多价离子对浮选的影响更加复杂，这就要求选择合适的调整剂，来调节矿浆中的阳离子组成，抑制多价金属离子对脉石矿物的活化作用，提高分选的选择性。

3.2.2.6 分选实践

对于红柱石的分选实践，其分选流程通常可以归纳为以下几种情况。

① 对于细粒嵌布或粗细不均匀嵌布矿石来说，通用的分选工艺流程是破碎—磨矿—反浮选—正浮选—磁选，获得最终精矿。反浮选的对象有两类：一是石墨、云母等易浮矿物，二是黄铁矿、金红石或钛铁矿等金属矿物。为了除去磁性矿物，磁选（干式或者湿式）也是必不可少的。磨矿之前可能有洗矿，浮选（反浮选）之前脱泥也是很常见的。晶体较小的红柱石多采用浮选-强磁选的工艺流程，在酸性或弱酸性矿浆中富集，再经磁选除铁，采用此生产工艺选矿的有辽宁、吉林等地。

② 对于嵌布粒度较粗的矿石而言，重介质选矿是经济而有效的。如果红柱石斑晶粗大，可采用粗粒分级抛尾，即预选脱去0.2mm的细泥，提高入选红柱

石的品位，继而用强磁脱去岩屑，再进行浮选。原则流程为破碎—脱泥—磁选脱尾—磨矿—脱泥—浮选。

③ 粗晶体的红柱石采用洗矿—手选—重选—强磁选工艺流程，重选方法为摇床、跳汰、重介质等，最后磁选除铁。采用此生产工艺的有河南西峡红柱石矿、新疆库尔勒矿等。对于某些片岩型红柱石，也可以采用破碎—磨矿—脱泥—浮选—强磁选方案。

④ 由于红柱石经常伴生锰矿物和钛矿物以及晶体结构中铁的存在，所以分选流程中常含有磁性除杂工序。通常情况下，强磁选往往是作为排除最终浮选精矿中磁性矿物的最后一道分选工序，而被置于全流程的尾部。这一流程结构的最大优点在于，可大大减少磁选机的处理负荷，磁选效果较好。但当原矿中含铁、钛矿物较高时，产生的大量游离金属离子将大大活化石英及云母类矿物，使得浮选过程恶化，影响最终浮选结果。在这种情况下，强磁选置于浮选之前效果较好。

综上可知，浮选可以提高矿石的选矿效率，是红柱石的主要选矿方法之一。具体分选工艺的选择主要还是看矿石的类型和物质组成。

下面以我国甘肃某红柱石选矿厂和河南西峡红柱石矿石选矿厂为例介绍红柱石矿石的分选实践。

(1) 甘肃某红柱石选矿厂

该红柱石矿为红柱石黑云母角岩，主要有用矿物为红柱石，脉石矿物为黑云母、石英、长石、绢云母、绿泥石、黏土矿物和炭质及少量的金属矿物钛铁矿、磁铁矿、褐铁矿等。红柱石的含量在18%左右，结晶粒度较粗，主要粒度分布在0.5~1.0mm，约占57.0%；而-0.2mm的红柱石仅占总量的1.13%。矿石中主要矿物组成的含量见表3-9。

表3-9 矿石中主要矿物组成的含量

矿物名称	红柱石	黑云母	绢云母	石英	绿泥石	斜长石
含量/%	22	38	8	10	5	8.5
矿物组成	黏土矿物	钛铁矿	炭质	磁铁矿	褐铁矿	
含量/%	13	1.3	0.3	<1	少量	

该矿石主要以自形结构、斑状变晶结构和残留结构为主，矿石构造主要为块状构造和片状构造。该红柱石主要分为两类，一类为粗粒的斑晶状的红柱石，另一类是维晶状的红柱石。大部分红柱石晶体中包含着数量不等的石英、绢云母、

钛铁矿等包裹体,部分红柱石被炭质物包裹,包裹体厚度在0.005~0.04mm之间,形成了红柱石的特殊结构——外包内裹结构。属难解离、难分选矿物。

根据矿石的工艺特性及参考以往红柱石选矿试验研究,中国地质科学院郑州矿产资源综合利用研究所对该矿石进行了选矿工艺流程探索试验,最终确定了原矿—破碎—磨矿—脱泥—浮选(酸性条件)—中矿再磨返回粗选—浮选—精矿磁选的工艺流程。原矿磨至-0.074mm占70%,脱去-0.025mm的矿泥,+0.025mm的磨矿产品经一粗一扫四精浮选流程,中矿集中再磨返回粗选;获得的浮选粗精矿经强磁选除去磁性矿物,非磁性矿物即为红柱石精矿。并确定了如图3-10所示的分选工艺流程。

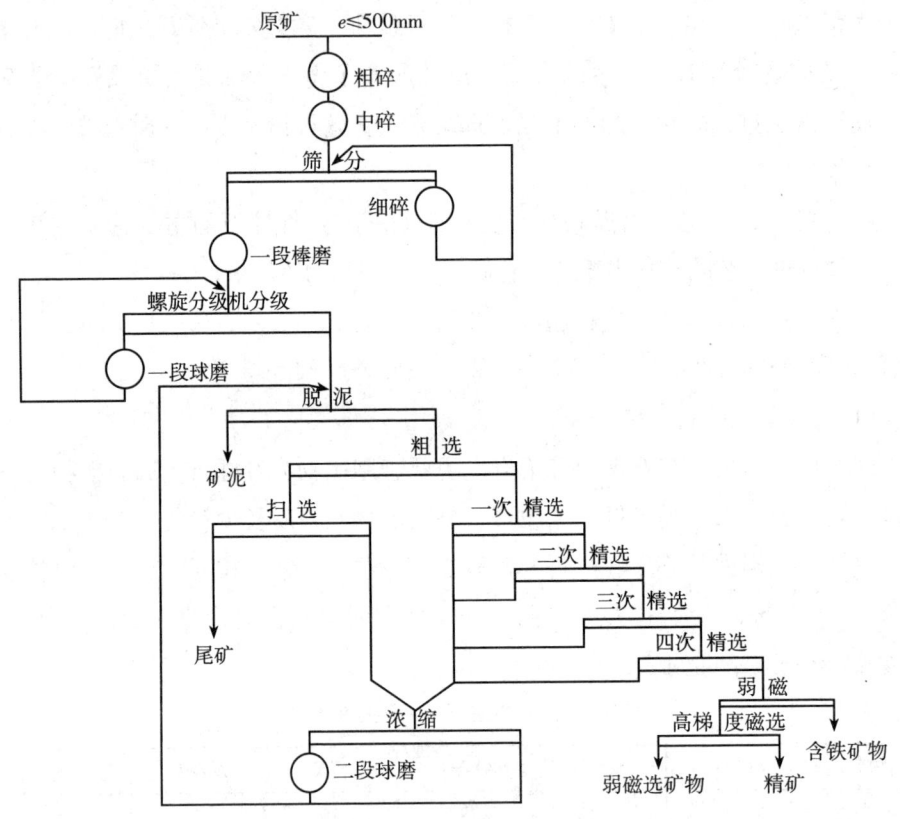

图3-10 红柱石选矿厂分选工艺流程

工艺技术参数:选矿厂设计规模处理原矿矿石1000t/d,采出原矿红柱石品位为21.06%,含Al_2O_3品位为22.56%。产品方案为红柱石精矿,日产红柱石品位为92.51%、Al_2O_3品位为55.00%的精矿粉100t。精矿中红柱石的回收率大于51%,Al_2O_3的回收率大于27%。

(2)河南西峡红柱石矿石选矿厂

河南西峡红柱石矿石选矿厂位于西峡杨乃沟,矿石类型为红柱石变斑状黑云母石英片岩,矿石中红柱石、石榴石、十字石呈变斑晶产出,石英、黑云母构成基质。矿石以斑状变晶结构为主,红柱石斑晶与基质镶嵌坚实,呈外裹内包,难以单体解离;在红柱石内均有十字炭质包裹体,而此黑十字部分比磁化系数与红柱石相近;红柱石与脉石矿物的相对密度也相近。以上诸因素增加了选矿难度。但矿石物质成分简单,红柱石晶体粗大,呈自形柱状。采用洗矿-手选-重选-强磁选工艺流程,原则流程见图3-11。

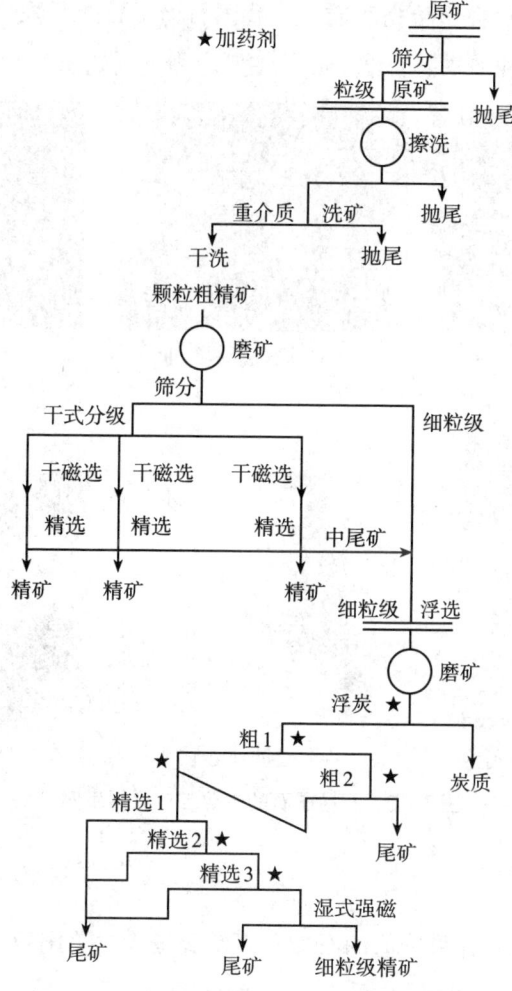

图3-11 河南西峡红柱石矿石选矿原则流程

3.2.3 石榴子石分选

石榴子石(garnet)是物理性质和结晶习性相近的一类石榴石族矿物的总称，并非单一种矿物。它最初是作为装饰用品受到人们的重视，现在也正在开发特殊颜色和结晶的石榴子石作为宝石的原料。石榴子石是一种应用量不大，但应用领域宽、应用效益高的非金属矿产。石榴子石性能优异，在砂喷(或称砂吹或喷砂)、研磨磨料、水力切割、过滤水、填料、公用建筑、精密仪器、宝石开发等方面均有不少应用。石榴子石是一种天然磨料矿物，无疑要和其他天然及人工磨料竞争，其焦点在于价格和质量。我国石榴子石的开采、加工、应用、出口均有良好的机遇和前景。石榴子石的主要应用举例如图3-12所示。

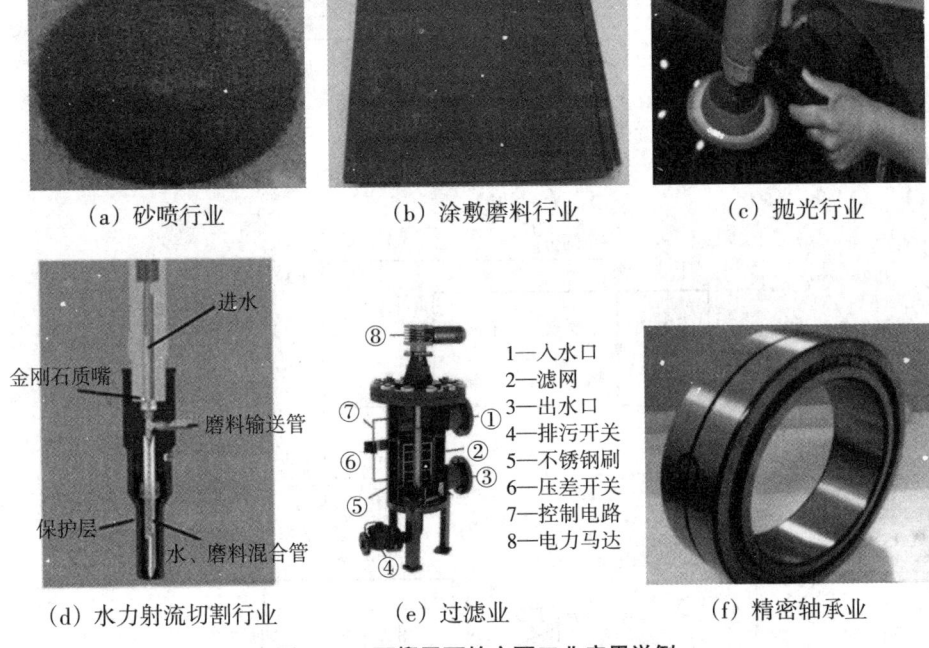

图3-12　石榴子石的主要工业应用举例

3.2.3.1　资源情况

在世界范围内有开采价值的石榴子石资源较少，美国爱荷华州的石榴子石矿山早在100多年前就率先开采，目前美国石榴子石资源已近枯竭。现在，世界范围内发现在采的石榴子石矿山主要分布在澳大利亚帕斯、印度西南部沿海和中国等地。全球主要石榴子石生产国家储量见表3-10。

表3-10 世界主要石榴子石生产国家储量　　　　　　　　单位：万吨

国别	美国	澳大利亚	中国	印度	其他	总计
储量	500	100	2626	650	650	7000
基础储量	2500	700	5400	650	2000	14000

石榴子石根据化学成分的不同可构成不同的石榴子石矿物，主要可分为以下6个种类，详见表3-11。典型的石榴子石化学成分列于表3-12。

表3-11 石榴子石的分类

组别	类别	化学式	颜色
铝石榴子石组	镁铝榴石	$Mg_3Al_2(SiO_4)_3$	深红至近黑等
	铁铝榴石	$Fe_3Al_2(SiO_4)_3$	深红、橙红等
	锰铝榴石	$Mn_3Al_2(SiO_4)_3$	橘黄、紫红等
	钙铝榴石	$Ca_3Al_2(SiO_4)_3$	绿、棕、红、黄等
铁石榴子石组	钙铁榴石	$Ca_3Fe_2(SiO_4)_3$	红、黄、棕、绿、黑等
铬石榴子石组	钙铬榴石	$Ca_3Cr_2(SiO_4)_3$	绿色

表3-12 典型石榴子石化学成分列表　　　　　　　　单位：%

产地	澳大利亚	美国爱荷华州	美国纽约州	俄罗斯萨哈林	中国内蒙古	中国陕西	中国江苏	中国四川
岩类	海滨砂矿	冲积矿	硬岩		风成堆积	冲积砂矿	榴辉岩	片岩
SiO_2	36.1	38.0	38.0	36.3	39.81	37.1	38.58	35.4
Al_2O_3	20.4	26.0	26.0	18.8	19.0	21.5	20.69	20~28
FeO	29.8			31.7		29.3	20.34	25~27
Fe_2O_3	1.7	30.0	30.0	2.8	36.8	5.1	4.47	5~10
TiO_2	1.8		1.0		0.6	0.4	0.55	
MnO	1.05	2.0	1.0	2.5		1.1	0.13	1.5~2.5
CaO	1.55	2.0	1.0	6.4	2.1	2.3	9.64	1.5~5
MgO	6.0	2.0	1.0	2.6	1.6	2.8	5.31	0.5~2.2
K_2O					0.2		0.02	
Na_2O					0.1		0.05	

我国石榴子石资源十分丰富，已在新疆、甘肃、青海、陕西、辽宁、吉林、黑龙江、内蒙古、山西、河北、河南、山东、江苏、浙江、福建、江西、湖北、湖南、广东、广西、贵州、四川、云南、西藏24个省（自治区）发现石榴子石矿藏，其中一部分达到了宝石级要求。根据中国国土资源部资料，据2009年底的统计数据，我国石榴子石矿物查明资源储量约为5400万吨，主要矿床分布在湖北（2598.4万吨）、山东（494.5万吨）、四川（139.8万吨）、河北（117.2万

吨)、内蒙古(60.5万吨)、陕西(37.8万吨)、吉林(26万吨)、山西(13.9万吨)等。石榴子石常以副产物产于多种岩石中,石榴子石有砂矿和原生矿两类。我国主要石榴子石的矿石类型及主要矿物组成见表3-13。

表3-13 我国主要石榴子石的矿石类型及主要矿物组成

矿石类型	主要矿物组成	典型矿区
榴辉岩型	石榴子石、绿辉石、金红石、钛铁矿、角闪石、绿泥石、白云母、蓝晶石	江苏东海
蛇纹岩型	镁铝榴石,有时伴生红刚玉、黑色铬尖晶石	江苏东海
斜长角闪岩型	石榴子石、斜长石、角闪石、蓝晶石	河北邢台
绢云母石英片岩型	绢云母、铁铝石榴石、石英、少量蚀变铁矿物、电气石和十字石	内蒙古明星
榴闪岩型	石榴子石、金红石、钛铁矿、角闪石、黑云母、石英、钠黝帘石	湖北枣阳
黑云母片麻岩型	石榴子石、硅线石、长石、石英、少量黑云母、磁铁石	陕西丹凤
砂矿型	石榴子石常与钛铁矿、金红石、锆石等重矿物共生	四川茂汶
矽卡岩型	钙铁榴石、脉石矿物多为碳酸盐矿物	新疆哈密

3.2.3.2 矿床特性

天然石榴子石的生成大致可分为原生矿床和次生矿床两大类。原生矿又分为榴辉岩型、片麻岩和片岩型、火山岩型、伟晶岩型和接触交代矽卡岩型等。石榴子石大量存在于片麻岩、片岩、接触变质岩和变质晶体石灰石中。次生矿床为砂矿石榴子石,按产出位置可分为风化残坡积砂矿、河湖沉积砂矿和滨海砂矿3种类型。在世界许多地方石榴子石存在于重矿砂和砾石矿床中。目前国际贸易中主要石榴子石交易品种是铁铝榴石和钙铁榴石,这两种石榴子石质硬而重,工业用途较广。

石榴子石除了是矽卡岩中常见的交代矿物外,还可产在岩浆岩、沉积岩和其他变质岩中,生成条件极为多样,并以成分复杂和形成广泛的类质同象系列为特征。我国产出石榴子石的主要矿床类型有榴辉岩型、矽卡岩型、伟晶岩型、砂岩型和片岩型等。

在我国,榴辉岩型在江苏、湖北均有产出,如江苏榴辉岩中,块状榴辉岩含石榴子石48%~60%,粒度多为0.78mm;片状榴辉岩含石榴子石53%;块状石榴子石颗粒粒度一般为0.1~0.8mm,莫氏硬度为7.0~7.3,相对密度为3.52~4.04。石榴子石有红色、橙红色、粉红色、深红色、浅玫瑰色等多种。矿物成分为:镁铝榴石22.2%、铁铝榴石47.1%、锰铝榴石1.8%、钙铝榴石15.0%、钙铁榴石

13.9%。榴辉岩矿石经重—磁—重或磁—重—磁联合选矿流程选矿，石榴石精矿品位分别为94%或89.8%；产率均为45.2%。已用于砂喷、精磨和抛光，并开拓了作为宝石的应用。

伟晶岩型是宝石级石榴子石的主要来源，一般作为副产矿物产出，新疆、江苏、内蒙古、四川均有这类伟晶岩。

矽卡岩型的规模仅次于片岩型，大部分产于长江中下游地区，四川也有产出，如西昌崔家营矽卡岩中含石榴子石达35%。

砂矿与其他重矿物共生，目前开发得较少。

片岩、片麻岩和变粒岩（其中以片岩为主）是我国已知石榴子石矿床中比例最大的一类，开采、加工条件好，在我国石榴子石生产中占主要地位，尤以四川汶川龙溪沟最有代表性。四川汶川石榴子石产于石榴子石二云母片岩和石榴子石石英片岩中，属单一铁铝榴石，保有储量达55万吨以上，含矿层长600m、宽280~300m、矿体平均厚3.28m，石榴子石呈紫色、玫瑰色菱形十二面体单晶，粒度3~5mm，最大可达8mm，其中5mm粒径的占80%~90%，莫氏硬度为6.5~7.5，最高达8.7。

3.2.3.3 矿物晶体的化学特性

对于硅酸盐成分的石榴子石的化学成分可以用$X_3Y_2(Z_3O_{12})$来代表，X可以是Ca、Mg、Fe或Mn等2价元素，Y可以是Al、Fe或Cr等3价元素，Z则是Si和少量的Al。在人工合成的石榴子石中，其成分可以是$A_3B_2(C_3O_{12})$，这时所有的阳离子都是3价元素，例如石榴子石$Y_3Al_2Al_3O_{12}$。

石榴子石属于等轴晶系，空间群为Ia3d，其结构特征为：孤立的$[ZO_4]$四面体在晶体内部呈岛状分布构成骨架，以3价阳离子为中心离子的$[YO_6]$八面体连接$[ZO_4]$四面体，$[ZO_4]$四面体与$[YO_6]$八面体间形成$[XO_8]$十二面体空隙，2价阳离子占据其中，可将此空隙视为畸变立方体，具体结构如图3-13所示。

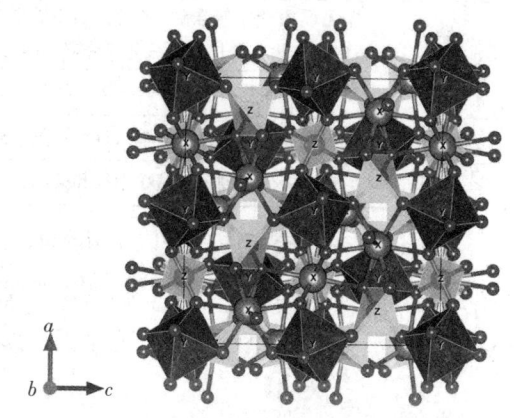

图3-13 石榴子石矿物的晶体结构
（●表示氧原子）

石榴石常呈完好晶形(见图3-14),菱形十二面体晶面上常有平行四边形长对角线的聚形纹。有时可见到感应面,集合体常为致密粒状或致密块状。

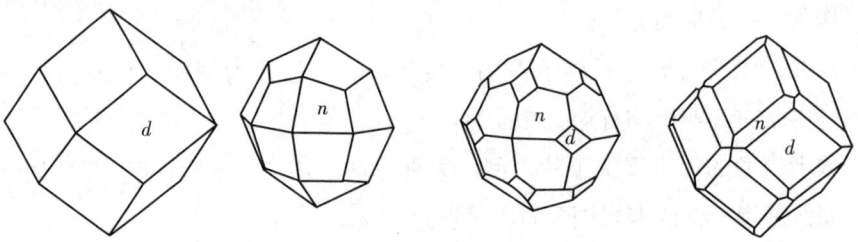

图3-14 石榴子石矿物的典型晶体

(菱形十二面体$d\{110\}$;四角三八面体$n\{211\}$)

3.2.3.4 分选理论与试验研究

我国的石榴子石常以副产物产于各种岩石中,常与各种有用矿物与脉石矿物共生。石榴子石的分选工艺随其矿石产出特征及共生矿物的不同而有所差异,通常以采用重选和磁选方法为主,或重选、磁选与浮选,静电分离等联合流程进行分选,且多为几种分选方法的联合工艺。用于石榴子石矿石分选的方法及其所适用的矿石范围列于表3-14。在确定选矿工艺流程时,这些方法如何组合使用,视具体矿石的可选性质而定。

表3-14 石榴子石矿石的理论分选方法及应用

选矿方法	应用范围
重选	摇床:使石榴子石与长石、云母、石英、硅线石等分离;螺旋溜槽:使石榴子石得到初步富集
磁选	弱磁场磁选:使强磁性矿物(如磁铁矿)与石榴子石分离;强磁场磁选:使石榴子石(弱磁性矿物)与长石、石英等分离,使石榴子石与金红石、锆石分离
电选	使非导体矿物石榴子石与导体矿物磁铁矿、钛铁矿、褐铁矿、金红石等分离
浮选	使石榴子石与金红石、绢云母、石英分离;脱除石榴石精矿中残留的硫化物
化学浸出	用酸浸降低石榴子石精矿中铁和磷的含量

常见的石榴子石矿主要有以下几种联合加工工艺流程:①磁选—重选—磁选原则工艺流程,如图3-15所示;②浮选—磁选原则工艺流程,如图3-16所示;③重选—磁选—重选原则工艺流程,如图3-17所示。

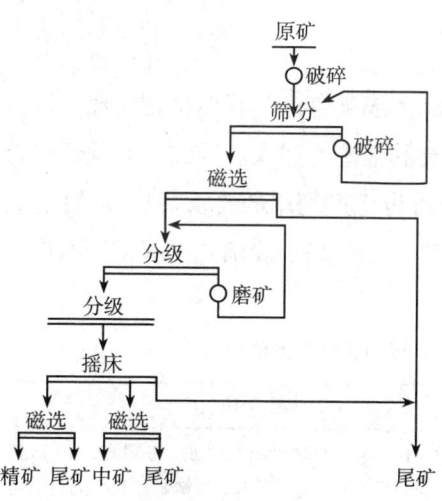

图3-15 石榴子石磁选—重选—磁选典型联合工艺原则流程

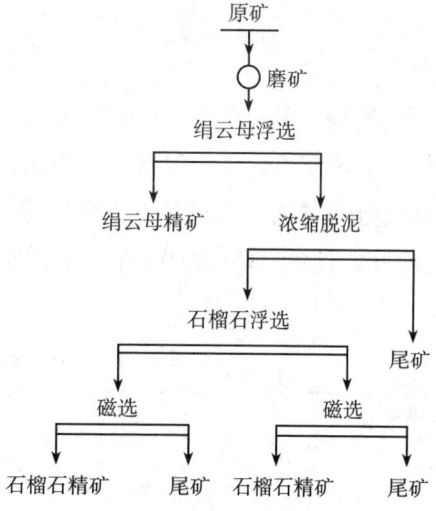

图3-16 石榴子石浮选—磁选典型联合工艺原则流程

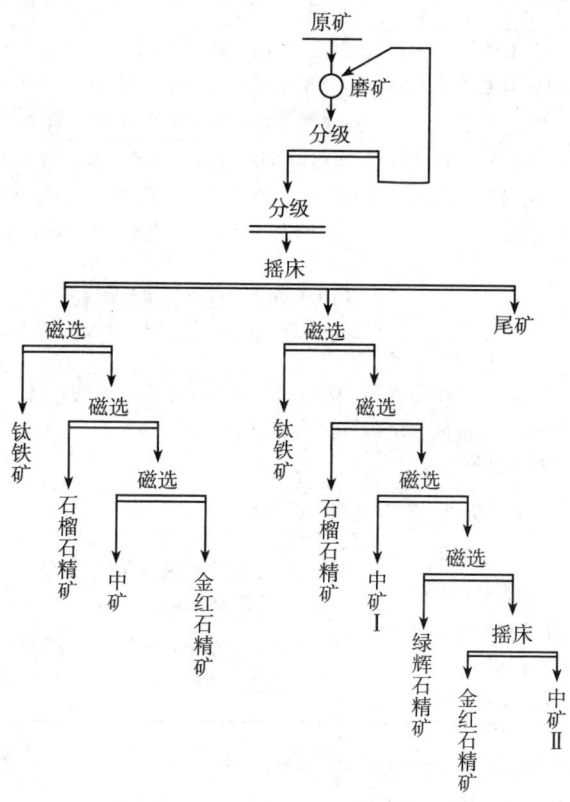

图3-17 石榴子石重选—磁选—重选典型联合工艺原则流程

3.2.3.5 分选实践

自然界中的石榴子石矿床由石榴子石晶体或集合体与其他矿物组成，而且这些晶体或集合体一般发育很不完全，常有其他矿物嵌入。因此，必须经过合适的分选方法使石榴子石得到富集，才能符合生产利用的要求。世界范围内，典型的石榴子石分选加工生产方法和实例列于表3-15，我国几个石榴子石矿山举例列于表3-16。

表3-15 石榴子石主要选矿应用实例和方法

选矿加工方法	原理	应用实例或应用范围
重选	利用石榴子石与脉石矿物的密度差异进行分选	陕西丹凤矿用摇床选石榴子石粗级别一次粗选、一次精选，就能获得石榴子石含量大于92%的精矿。摇床能有效地从石榴子石中除去长石、石英、云母、硅线石等低密度矿物。美国巴顿公司石榴子石矿山采用重介质选矿方法从石榴子石中除去角闪石、长石、辉石和黑云母等，并用跳汰机作为精选设备
浮选	利用石榴子石与脉石矿物的表面性质的差异进行分选	内蒙古明星矿采用十二胺作为捕收剂，氟化钠作为活化剂，在pH值为5.5的介质中，浮选石榴子石，实现石榴子石与石英的分离。也可采用阴离子捕收剂高级脂肪酸分离钙铁榴石和白钨矿
磁选	利用石榴子石与脉石矿物的比磁化系数的差异进行分选	主要作为精选作业，陕西丹凤矿用弱磁场磁选从石榴子石精矿中除去磁铁矿，中磁场磁选分离出钛铁矿及少量石英、长石。此外采用干式强磁选可预选出大量干尾矿
电选	利用石榴子石与脉石矿物的电性的差异进行分选	用于石榴子石精矿的进一步提纯除杂
化学选矿	采用工业盐酸，经过酸浸后，把含铁矿物变化为可溶性盐溶液多次水洗涤脱酸即可	用于石榴子石精矿除铁，陕西丹凤矿用此方法除去石榴子石精矿中的含铁矿物
超细磨工艺	采用振动球磨机磨矿	用于石榴子石精矿的细磨和超细磨
超细分级工艺	采用湿式连续筛分分级及水力淘析法分级	用于-45μm以下粒级的石榴子石精矿分级
热处理工艺	通过加温烘烤来增强石榴子石的硬度、柔性、断口和颜色等性质	用于清除在石榴子石颗粒表面的不纯物质，并使产品的颜色一致，接近天然红色

下面以我国内蒙古乌拉特后旗明星矿选矿厂和陕西长安大峪石榴子石矿选矿厂为例介绍石榴子石矿的分选实践。

(1)内蒙古乌拉特后旗明星矿选矿厂

乌拉特后旗位于内蒙古自治区西北部，属巴彦淖尔市管辖，是内蒙古自治

表3-16 我国典型石榴子石矿山基本情况介绍

序号	矿山名称	石榴子石品位/%	规模
1	江苏东海（榴辉岩）石榴子石矿	平均55	大型
2	河北邢台（斜长角闪岩）石榴子石矿	平均不小于8	
3	内蒙古乌拉特后旗明星（绢云母石英片岩）石榴子石矿	15~24.2	大型
4	陕西商南楼房沟（黑云母石英片岩）石榴子石矿	10~15	
5	湖北枣阳大阜山（榴闪岩金红石矿）伴生石榴子石矿	6.52~11.20	大型
6	陕西丹凤（含黑云母硅线石正长片麻岩中硅线石矿）伴生石榴子石矿	10~70	
7	江西铅山永平（铜矿）伴生石榴子石矿（尾矿砂中）	32	大型

区19个少数民族边境旗县之一。北与蒙古国接壤，南距巴彦淖尔市所在地临河区50千米。

内蒙古乌拉特后旗明星矿区石榴子石矿石类型为绢云母石榴子石石英片岩。矿石呈鳞片状变晶结构，片状结构。矿石的矿物组成为：绢云母45%~50%，铁铝榴石15%，石英35%，蚀变铁矿物、电气石、十字石5%。采用浮选—磁选联合工艺流程处理该矿石（见图3-18）。

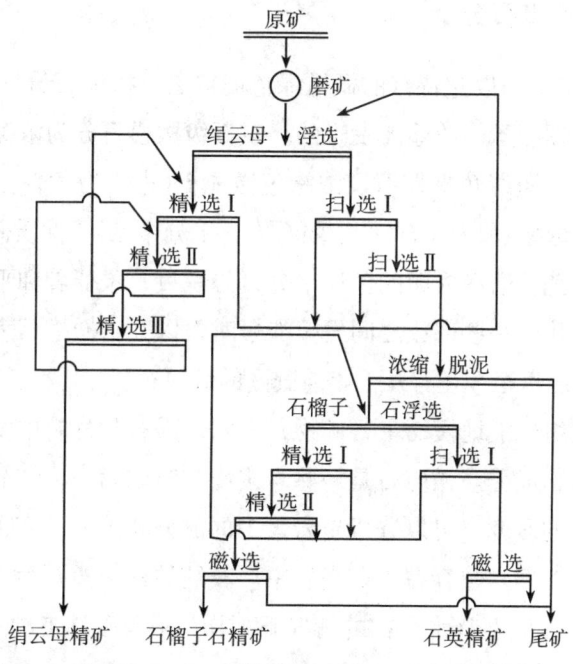

图3-18 内蒙古明星矿石榴子石浮选—磁选原则流程

该矿以回收石榴子石和绢云母为主，同时综合回收石英。用浮选法按绢云母、石榴子石、石英的次序分别回收。绢云母浮选，硫酸作为pH值调整剂，十二胺作为捕收剂，水玻璃、硅氟酸钠作为矿泥分散剂。浮选绢云母后，脱泥，用硫酸调整pH值至5.5，氟化钠活化石榴石，十二胺作为捕收剂浮选石榴石，尾矿即为石英精矿。通过浮选可获得绢云母含量为90.13%的高品位绢云母精矿。石榴子石精矿和石英精矿还需进行磁选。最终获得石榴子石含量为92.22%的石榴石精矿，石英精矿的石英含量为97.47%。

(2)陕西长安大峪石榴子石矿选矿厂

陕西长安大峪石榴子石矿床为变质矿床，矿石类型为片麻状石榴子石硅线石石英岩及角闪云母硅线石石英岩，原矿石榴子石含量约为20%，硅线石约为35%，长石和石英约为28.4%，云母约为4.9%，钛铁矿约为3.6%，还有少量磁黄铁矿及微量磁铁矿，其中，硅线石生成形态为毛发状集合体，横向直径小于0.01mm。陕西省地矿局西安测试中心采用磁选—重选—浮选联合流程进行石榴子石、硅线石选矿试验，浮选综合回收硅线石试验因其单矿物Al_2O_3含量低及其嵌布形态为细小毛发状集合体而未能取得应有的分选指标。磁选—重选联合流程选别石榴子石，获得石榴子石精矿品位为93.21%，回收率为55.76%。

3.2.4 橄榄石分选

橄榄石(olivine)以它特有的橄榄绿色而得名。橄榄石最早大约是3500年以前，在古埃及领土圣·约翰岛发现的。宝石级橄榄石分为浓黄绿色橄榄石、金黄绿色橄榄石、黄绿色橄榄石、浓绿色橄榄石(也称为黄昏祖母绿或西方祖母绿、月见草祖母绿)和天宝石(产于陨石中，十分罕见)。优质橄榄石呈透明的橄榄绿色或黄绿色，清澈秀丽的色泽十分赏心悦目，象征着和平、幸福、安详等美好意愿。古代的一些部族之间发生战争时常以互赠橄榄石表示和平。在耶路撒冷的一些神庙里至今还有几千年前镶嵌的橄榄石。

橄榄石是组成上地幔的主要矿物，人们在陨石和月岩中发现橄榄石竟也是其中的主要矿物成分。橄榄石是一些岩浆冷却时的第一个结晶矿物，因此，科学家通过对它的研究，可以分析出岩浆中的成分和浓度。富含铁的橄榄石在正长岩中很普遍，偶尔也存在于花岗岩中。较纯的镁橄榄石存在于变质的石灰岩和白云岩中。在低温有水存在的情况下，橄榄石会受水热蚀变，变成蛇纹石、绿泥石、磁铁矿或滑石。普通橄榄石能耐1500℃的高温，可以用作耐火砖。完全蛇纹石化的橄榄石通常用作装饰石料。橄榄石主要用于一般铸造和精密合金铸造、炼钢出钢口填料、引流砂和各种耐火材料制品等，透明而色泽鲜艳、无瑕疵的橄榄石晶体则可选作宝石（见图3-19）。

（a）橄榄石用于铸造行业

（b）橄榄石引流砂

（c）橄榄石耐火砖

（d）橄榄石宝石

（e）橄榄石用于制取硫酸镁

图3-19 橄榄石的主要工业应用举例

3.2.4.1 资源情况

优质橄榄石的著名产地有我国吉林敦化意气松林区，缅甸抹谷地区，意大利的维苏威火山，挪威的斯纳鲁姆，德国的艾费尔地区，美国的亚利桑那州、新墨西哥州等。除此之外，橄榄石还有一些其他知名的产地，如肯尼亚、坦桑尼亚、斯里兰卡。中国吉林、河北、山西等省份均发现了宝石级橄榄石。橄榄石是地幔岩的主要组分，广泛产自各种基性或超基性岩和镁质碳酸盐的变质岩中。世界上大部分橄榄石产在碱性玄武岩深源包裹体、尖晶石二辉橄榄岩中。我国河北、吉林所产橄榄石均属此产状，另有少量的橄榄石呈脉状产在橄榄岩中。

河北省的橄榄石主要产于张家口地区，是我国宝石级橄榄石的重要产地之一。宝石级橄榄石（主要为镁橄榄石）赋存于新世纪的碱性橄榄玄武岩中。其颜色主要呈深浅不等的黄绿色，少量为绿色；呈玻璃光泽至油脂光泽，透明度好，质量甚佳。1979年发现了一颗重约236.5Ct（克拉，1Ct = 200mg）的大粒橄榄

石，被命名为"华北之星"。吉林省蛟河市大石河一带也是我国宝石级橄榄石的重要产地之一。矿体赋存于晚第三纪碱性玄武岩中，也属镁橄榄石。粒径5~8mm，大者可达20~50mm。呈黄绿、草绿及翠绿色，透明至半透明。质量较好，含矿率较高。

我国已开发利用的橄榄石资源主要有以下3处，由于品种和质量不同，其用途多异。

① 辽宁省营口大石桥市的苦闪橄榄石，储量约3000t。主要用途是经燃烧后作为耐火材料使用。

② 河南与陕西交界的商洛山区也产钙镁橄榄石，储量约5亿吨。由于硬度低，原矿中CaO、Al_2O_3含量多，易吸水等，因而不适用作为耐火材料。经水洗处理后可作为复用性差的铸钢用砂，或当作高炉炼铁的添加剂用。

③ 湖北宜昌太平溪的纯镁橄榄石岩，已探明总储量约5亿吨。由于原矿中Mg_2SiO_4成分含量高、硬度高、影响耐火度的有害杂质含量极低，因而是一种优质的合金钢造型砂材料和良好的耐火材料。也可当作高炉炼铁的添加剂。1995年开始出口韩国，被指定为"质量免检原料"。

3.2.4.2 矿床特性

橄榄石矿床矿体产于由碱性橄榄玄武岩、橄榄玄武岩和拉斑玄武岩组成的玄武岩岩系中，也有橄榄石与火山灰伴生。矿体二辉橄榄岩长几百米，最宽几十米，最厚处几米至几十米。矿石块状构造，粗粒结构，由橄榄石组成，含矿率大于70%，脉石矿物为辉石。其中，偶含宝石级橄榄石，浅黄、黄绿色，粒径5~40mm。

典型的橄榄石矿床如河北万全大麻坪、吉林蛟河大石河橄榄石矿床。国外最大的橄榄石矿床为挪威阿海姆橄榄石矿床，其次为瑞典北部的汉德尔橄榄石矿床、美国华盛顿州的华康-斯卡吉"孪生姊妹"橄榄石矿床。

橄榄石的产出包括两种最主要的矿床类型：产于玄武岩中的橄榄岩包体型和产于超基性岩（橄榄岩）中的脉状充填热液型。前者如河北万全大麻坪和吉林蛟河橄榄石矿床。后者见于埃及红海Zabarget岛橄榄石矿床。

① 产于玄武岩中的橄榄岩包体型：呈橄榄绿色、黄绿色，粒状，粒径一般4~5mm为多，5~7mm次之，小于7mm少见，已知最大者为20mm；密度3.253g/cm³，莫氏硬度6.5~7.0，折光率N_g = 1.691，N_m = 1.670，N_p = 1.651；肉眼观察无杂

质,偶见绵纹,在高倍显微镜下可见原生或假次生包裹体,不影响质量。

② 产于超基性岩(橄榄岩)中的脉状充填热液型:呈黄绿、淡绿、翠绿色,玻璃光泽,多色性弱;折射率 N_g = 1.6855, N_m = 1.6445, N_p = 1.6482;有的晶体可见有尖晶石、磁铁矿包裹体或串珠状 CO_2 气液包裹体,粒径 3~8mm,少数大于 10mm;莫氏硬度 6.675,密度 3.372g/cm³。

3.2.4.3 矿物晶体的化学特性

橄榄石化学式为 $(Mg,Fe)_2SiO_4$,主要是由 Mg_2SiO_4 和 Fe_2SiO_4 两个端员组分形成的完全类质同象混晶体。在富铁的成员中有时有少量的 Ca^{2+} 及 Mn^{2+} 置换其中的 Fe^{2+},而富镁的成员则可有少量的 Cr^{3+} 及 Ni^{2+} 置换其中的 Mg^{2+},此外还可含有微量的 Fe^{3+}、Zn^{2+} 等。镁橄榄石端员 MgO 含量为 57.29%,SiO_2 含量为 42.71%;铁橄榄石端员 FeO 含量为 70.51%,SiO_2 含量为 29.49%。此系列中偏于富镁的中间成员,一般称为橄榄石,在自然界中最常见。

橄榄石属于斜方晶系,单岛状结构,其晶体如图 3-20 所示,O^{2-} 平行于 (100) 近似六方紧密堆积,Si^{4+} 充填其 1/8 的四面体空隙,Mg^{2+} 和 Fe^{2+} 充填其 1/2 的八面体空隙;空间群 $D_{2h}^{16}-Pbnm$,其中,镁橄榄石 Mg_2SiO_4 的 a_0 = 0.4754nm,b_0 = 1.0197nm,c_0 = 0.59861nm;铁橄榄石 Fe_2SiO_4 的 a_0 = 0.48261nm,b_0 = 1.0478nm,c_0 = 0.6089nm,Z = 4。对称型为 $2/mmm$,柱状或厚板状,如图 3-21 所示。常见他形粒状集合体,或呈散粒状分布于其他矿物中。

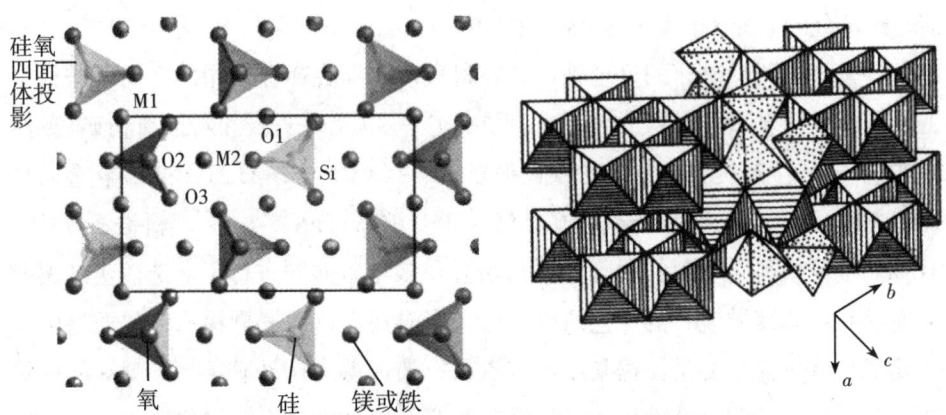

(a)图中,晶体原胞投影用黑色矩形表示 (b)以配位多面体形式表示的橄榄石晶体结构

图 3-20 橄榄石的晶体结构(沿 a 轴视角)

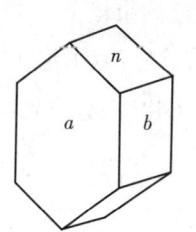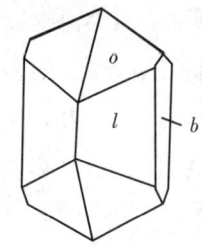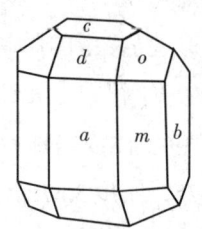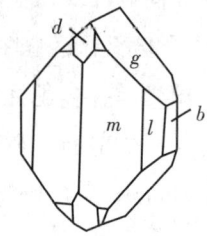

图 3-21 橄榄石的晶体形态

平行双面 $a\{100\}$，$b\{010\}$，$c\{001\}$；斜方柱 $m\{110\}$，$l\{120\}$，$d\{101\}$，$n\{011\}$，$g\{021\}$；斜方双锥 $o\{111\}$

在橄榄石的晶体结构中，氧离子占据3种不同的位置(在图3-20中被标记为O1、O2和O3)，金属离子占据2种不同的位置(M1和M2)，但是硅离子只占据1种位置。O1、O2、M2和Si均处于镜像对称的对称面上，M1处在对称中心上，而O3的位置不具有特殊的对称性。

3.2.4.4　分选理论与试验研究

橄榄石常作为脉石矿物存在于其他金属矿矿床中，如铁矿矿床、硫化镍矿床等。经过对目的矿物的分选处理后，脉石矿物大部分被直接堆放或舍弃。众所周知，橄榄石可作为生产耐火材料的原料。为了实现对矿物资源的综合利用，现阶段人们开始对尾矿中存在的可回收组分进行富集研究，提高有效成分回收的圆满程度与多元化，从而获得新型的非传统有价产品。然而，截止到目前，这部分的研究工作报道实际上并不多。

科夫多尔斯克矿床的复合铁矿，在科夫多尔斯克矿业公司的选矿厂进行加工。其选矿工艺规定连续选出铁矿(磁铁矿)，以及磷灰石和斜锆石精矿(见图3-22)。选矿生产提供的尾矿含镁橄榄石38%~48%、方解石21%~30%、金云母10%~11%，以及未回收的磁铁矿2.5%~3%、磷灰石6%~6.5%、斜锆石0.3%~0.6%。俄罗斯科学院科拉科学中心与该公司多年来共同进行了从选矿生产尾矿中提取并富集镁橄榄石的工艺研究。由于当时还没有对镁橄榄石精矿质量的硬性规定，该研究主要是根据某些已有资料，使获得的产品满足生产耐火陶瓷原料或耐火砖的质量要求(耐火陶瓷生产要求：MgO含量48%~50%，CaO含量≤1.5%，Fe_2O_3含量6%~7%)。具体包括：用于生产耐火砖的镁橄榄石精矿，其技术要求应符合以下条件：MgO含量：SiO_2含量不小于1∶2，Fe_2O_3含量不大于6%，CaO含量不大于1.5%。对科夫多尔斯克矿尾矿原料中镁橄榄石的分析结果表明，其化学成分具有不稳定性，主要成分 MgO 的含量波动范围为 47.75%~52.00%。其他成分的波动范围分别为：CaO 0.32%~3.00%，MnO 0.09%~0.42%，SiO_2 38.08%~41.11%，FeO 3.47%~6.98%，Fe_2O_3 0.09%~0.82%。这些资料证实，原则上有可能将之用作生产耐火陶瓷的原料。

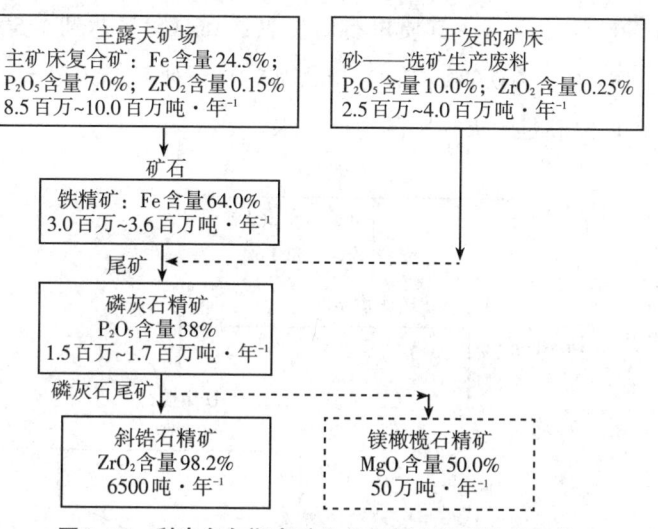

图 3-22　科夫多尔斯克矿业公司复合铁矿选矿工艺

科夫多尔斯克矿业公司的磷灰石-斜锆石工厂生产流程分析结果表明，磷灰石和磁铁矿选出后所剩余的尾矿，可以作为浮选镁橄榄石用的原料。它们包括磷灰石浮选的尾矿和斜锆石重力选矿的中间产物。具体分选工艺流程包括镁橄榄石粗选和精矿再选工艺。

由磷灰石浮选尾矿提取镁橄榄石时的流程如图 3-23 所示。

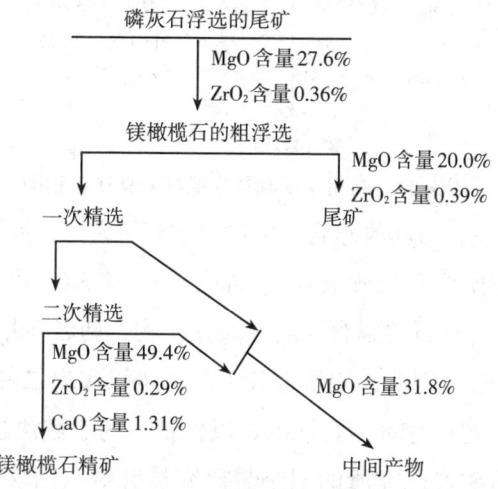

图 3-23　由磷灰石浮选的尾矿制取镁橄榄石精矿的流程

针对重力选矿中间产物浮选镁橄榄石时，为了降低CaO含量，对镁橄榄石精矿进行了电磁分选(见图3-24)。在磁场强度低的时候($24×10^4$A·m^{-1})，磁性部分分选出的主要是石榴子石。在磁场强度比较高时($40×10^4$A·m^{-1})，镁橄榄石转入磁性部分。非磁性部分主要是斜锆石、磷灰石和碳酸盐矿物。用电磁分选方法精选精矿的结果是，其质量有所提高：MgO含量达到了50.9%，ZrO_2含量为0.2%，CaO含量为0.6%，Fe_2O_3含量为5.1%。研究结果表明，试验获得的镁橄榄石精矿可以满足耐火材料的生产要求。

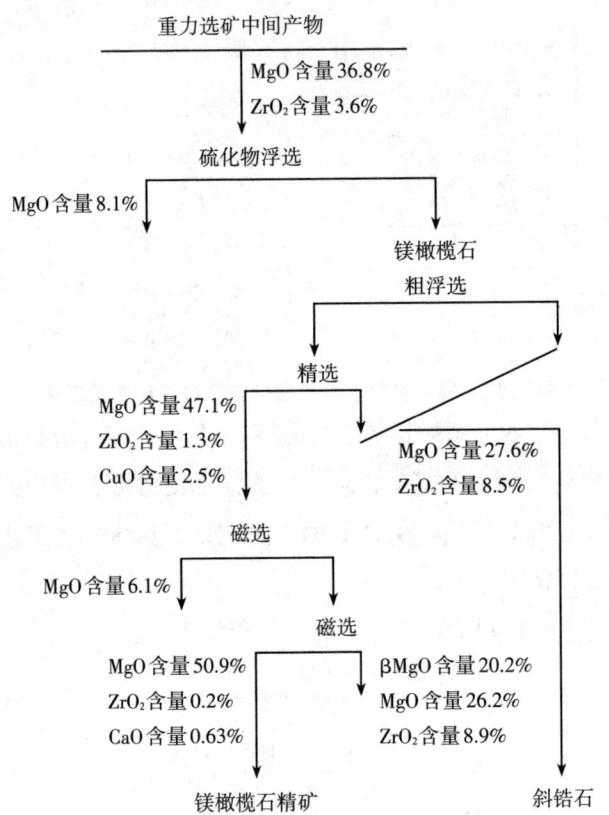

图3-24 利用尾矿制取镁橄榄石精矿流程图

目前，关于橄榄石与其他硅酸盐矿物的分离研究也偶见报道。

有学者针对镁橄榄石与顽火辉石(enstatite，$MgSiO_3$)的分选特性进行了研究。镁橄榄石与顽火辉石均属含镁的硅酸盐矿物，两者在相对密度、磁化率等物理性质上颇为接近，因此，用重选和电磁选难以实现二者的分离。如果在双目镜下人工挑选，既费时间，质量也难以保证。为了解决这两者的分离问题，原地质部西安地质矿产研究所的刘小慧研究员针对我国陕西松树沟SW-16和

SW-4号样品进行了反复试验研究。先用一般方法除去其他矿物，然后根据浮选原理，选用H_2SO_4作为调整剂、月桂胺作为捕收剂，从而使镁橄榄石与顽火辉石分离。经磨制粉薄片检查，纯度达95%以上。另据化学元素分析结果，进行了矿物含量的计算，结果表明，镁橄榄石的纯度达94.13%~96.40%，顽火辉石的纯度达97.22%~98.43%，证明分离效果良好，可满足单矿物浮选研究的要求。矿物分离流程如图3-25所示。

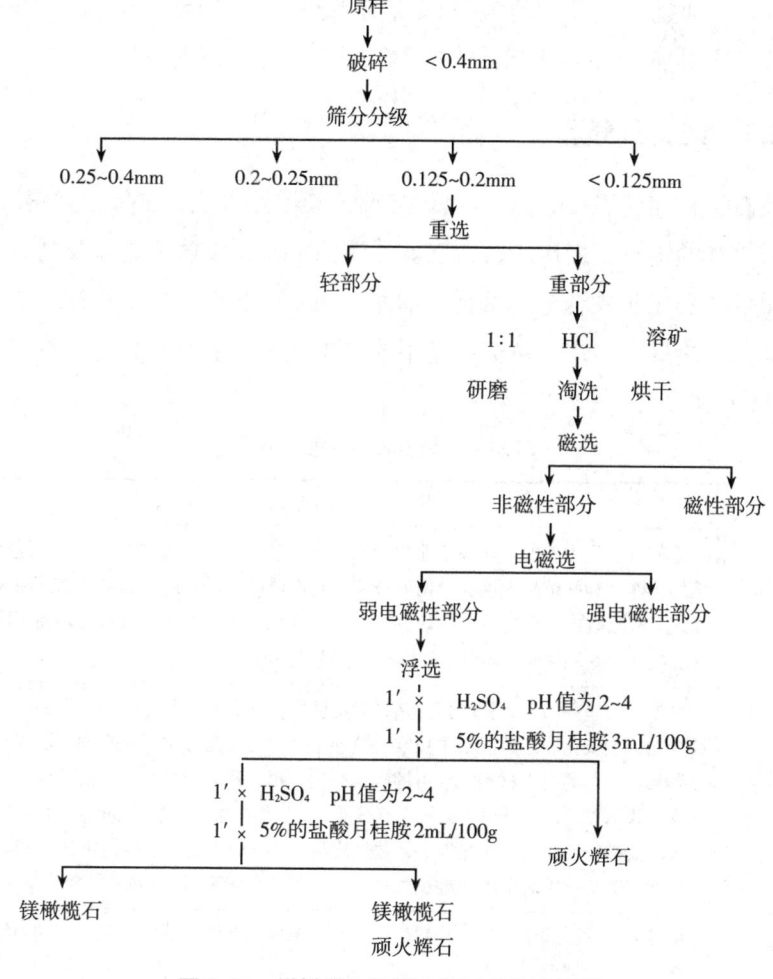

图3-25 镁橄榄石与顽火辉石分离流程图

在本试验流程中，需要注意以下几点。

① HCl溶矿时间：在所分选的样品中，橄榄石通常均具有不同程度的蛇纹石化，因此，为获取较高纯度的橄榄石样品，需采用盐酸溶矿，溶矿时间一般为冷溶4h；如果放在70~80℃的水浴上热溶，时间设定为10min左右。由于橄

榄石蚀变程度不同,所以每次溶矿之前要做时间条件试验,确定合理的溶矿时间,其原则是:既保证橄榄石不被腐蚀,又能够除去氧化铁等杂质,溶矿后进行研磨,可使镁橄榄石与蛇纹石分离。

② 电磁选过程:电磁仪角度,前倾角20°,侧倾角10°。电流由0.1A逐渐调到0.5A左右,排除其他强电磁性部分的矿物。

③ 浮选过程:在酸性介质中,用月桂胺作为捕收剂,镁橄榄石在不同程度上均可浮选,通过实验,pH值为2~4是最佳条件,药剂用量一般为每100g样品需加5%的盐酸月桂胺2~3mL(单槽浮选机,容积1L),浮选温度设定在25℃左右。

3.2.5 锆英石分选

锆英石又称为锆石(zircon),极耐高温,其熔点可达2750℃,并耐酸腐蚀。世界上有80%的锆石直接用于铸造工业、陶瓷工业、玻璃工业以及制造耐火材料,少量的锆石用于铁合金、医药、油漆、制革、磨料、化工及核工业,极少量的锆石用于冶炼金属锆。锆英石应用的主要方面列于表3-17,常见工业制品如图3-26所示。

表3-17 锆英石的主要用途

应用领域	主要用途
玻璃、陶瓷工业	锆英石可作为玻璃、陶瓷工业中的添加剂和遮光剂。加入20%的ZrO_2可提高玻璃纤维的抗碱性和纤维的强度。含锆的玻璃折光指数高,可取代铅玻璃使用。加入锆的陶瓷还具有吸收放射性功能。钛釉中加入1%~3%的锆英石可提高抗碱性能而不降低其抗酸功能。含锆的陶瓷耐高温、高压及具有特殊强度
冶金工业	以ZrO_2为基料的耐火材料强度高,稳定性好,并具有耐酸性,有较好的抗钢液的侵蚀性能,在氧化和还原气氛中稳定、热导率低,可做高温炉衬材料和高温真空冶炼贵金属和合金用的坩埚材料。也可铺砌熔炼铝、铅、铋等合金熔炼炉的炉底。由细粒的锆英石和细粒的方英石组成的锆方英石可广泛用作电熔炉的炉顶的耐火材料。 天然锆砂粒度均匀,吸热性好,散热均匀,加热时不发生多型转化(α-β转化),因此可做铸造工业用的型砂。锆砂磨细后涂于铸型件内部,可提高铸件成品率
原子能工业	锆合金是原子能工业中应用较广的材料,主要用在原子能发电站、核动力舰船及潜艇等的核反应堆中
化学工业	锆具有优异的抗腐蚀性能,用于化工设备中,如用含锆材料制成的阀门、排气机零件,以及在反应槽、蒸馏釜中的轧板均使用含锆材料
其他工业	含锆的涂料具有绝缘性,可做绝缘玻璃涂料,也可做防焦结涂料,难熔绝缘涂料、绝热涂料。锆英石与含铝矿物配合可制成锆-铝磨料。含锆鞣料可鞣制优质白色皮革。用锆化合物浸渍过的织物具有防水性、耐热性及防腐性。氧化锆陶瓷纤维可用于生产合成纸,这种纸具有抗热性能、化学惰性、绝热和隔声性能

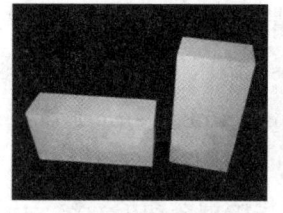

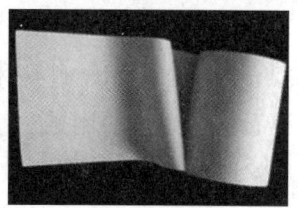

（a）玻璃熔窑用锆英石砖　　（b）N36锆合金　　（c）锆耐火纤维纸

图3-26　锆英石的主要工业应用举例

含ZrO_2 65%~66%的锆英石因其耐熔性（熔点2500℃以上）而直接用作铸造厂铁金属的铸型材料。锆英石具有较低的热膨胀性、较高的导热性，而且较其他普通耐熔材料有较强的化学稳定性，因此，优质锆英石和其他各种黏合剂一起有良好的黏结性而用于铸造业。锆英石也用作玻璃窑的砖块。而锆英石和锆英石粉与其他耐熔材料混合还有其他用途。

锆英石和白云石一起在高温下反应生成二氧化锆或锆氧（ZrO_2）。锆氧也是一种优质耐熔材料，虽然其晶形随温度而变。稳定的锆氧还含有少量的镁、钙、钪或钇的氧化物，稳定的锆氧熔点接近2700℃，它抗热震，在一些冶金应用中比锆英石反应差。稳定的锆氧导热性低，在工业锆氧中，二氧化锆做耐熔物使用是无害的。

斜锆石主要由含少量矿物杂质的二氧化锆组成，它和锆氧的一些性质类似。

具有多种用途的锆化合物是从二氧化锆中制取的。这些化合物有多种用途，例如铁合金、瓷釉、塑料、油漆、药剂、磨料、防水剂、制革和蜡制品等。

3.2.5.1　资源情况

自然界中锆矿物至少有20种，最多的是锆英石（$ZrSiO_4$），少量的如斜锆石（ZrO_2），异性石是潜在的锆资源。几乎所有的锆英石都有放射性，浅色锆英石放射性元素含量低，随着锆英石颜色变深，放射性元素含量增高，粉色锆英石放射性元素含量属于中级水平，棕色锆英石放射性元素含量高。具有经济开发价值的锆矿资源主要是锆钛砂矿，锆英石常常与钛矿等重矿物共伴生。据Roskill资料，艾禄卡等12家公司占有锆英石资源量9418万吨，矿产地分布在澳大利亚、南非、莫桑比克、美国、乌克兰、斯里兰卡、肯尼亚和塞拉利昂，其中前3个国家锆英石资源最丰富。

澳大利亚的锆钛砂矿床沿东海岸至西南海岸分布，主要在尤卡拉、帕斯和默瑞三大盆地，其中，默瑞盆地横跨新南威尔士州、南澳大利亚洲和维多利亚

州，面积达3万平方千米，钛铁矿和锆英石等重矿物储量1亿吨。艾禄卡资源公司拥有多个大型锆钛砂矿床，其中，Jacinth和Ambrosia矿床位于尤卡拉盆地，锆英石占重矿物的比重达50%；Kulwin、Woornack、Rownack和Pirro矿床位于默瑞盆地东南地区；Tutunup和Eneabba矿床在帕斯盆地。阿斯创公司拥有Jackson(WIM200)和Donald(WIM250)两个锆钛砂矿床，位于默瑞盆地中南部，Donald矿床矿砂量40.4亿吨，重矿物含量4.8%，重矿物资源量达1.94亿吨，但是矿砂泥含量高达15.1%，重矿物颗粒细、难选，且放射性元素铀和钍的含量约$1000×10^{-6}$（超过$500×10^{-6}$的锆英砂国际标准）。赛福地公司的6个锆钛砂矿位于帕斯盆地Eneabba地区，其中，McCalls矿床推测资源量44亿吨，重矿物含量1.2%；康宁盆地Dampier矿床推测资源量13.74亿吨，重矿物含量达6.1%。莫铭锆英石公司（东方锆业股份占65%）拥有Mindarie和WIM150两个锆钛砂矿，WIM150矿床位于默瑞盆地西南地区，矿砂资源量7.27亿吨，重矿物含量3.9%，锆英石资源量1264万吨，矿物粒度很细，很难分选；Mindarie矿床位于默瑞盆地南澳洲小桉树地区，锆英石资源量115万吨。见表3-18。

南非钛锆砂矿床主要分布在夸祖鲁-纳塔尔省、东开普省、西开普省和北开普省。在夸祖鲁-纳塔尔省，理查兹贝的Dunal砂矿床矿砂储量7.7亿吨，重矿物含量10%；Zulti北矿区和南矿区锆英石储量556.2万吨（见表3-18）；Fairbreeze矿床锆英石储量85万吨。东开普省Xolobeni重矿物砂矿床矿砂资源量3.46亿吨，重矿物含量5.14%。西开普省Tormin重矿物砂矿床锆英石储量7.6万吨，Namakwa砂矿床锆英石储量340万吨。

莫桑比克锆矿资源潜力巨大。在马普托北180km希布托和赛赛之间绵延数十千米的砂丘长廊内有10个锆钛砂矿床，砂矿量166亿吨，重矿物平均含量5.3%，但是含泥量很高，其中一个最大的矿床砂矿量26.72亿吨，重矿物含量达7.39%，锆英石资源量987.5万吨。在莫马地区，有多个锆钛砂矿床，矿石量74亿吨，重矿物含量2.9%，锆英石资源量1200万吨。皮班锆钛砂矿床位于克利马内市东北140km处，探明资源量8100万吨，重矿物含量高达10%，推测资源量2.5亿吨，重矿物含量达5%。摩贝斯和那布瑞矿床位于克利马内市东北210km，多个矿体矿砂总量20.21亿吨，重矿物含量平均为3.55%，锆英石占重矿物的4.7%~5.6%。

表3-18 主要公司拥有的锆英石资源量　　　　　　　　　　单位：万吨

公司名称	矿床地理位置	所属国家	储量	资源量
艾禄卡(Iluka)资源公司	Eulca盆地、Perth盆地和维多利亚	澳大利亚	476.8	1592
	弗吉尼亚	美国	19.9	67
	普特拉姆	斯里兰卡		225
理查湾矿产公司(RBM)	Zulti北和Zulti南	南非	556.2	
特诺(Tronox)公司	Namakwa, Fairbreeze, Hillendale	南非	426.2	
	Cooljarloo, Dongara, Jurien	澳大利亚	96.7	
科斯特(Cristal)采矿公司	Ginkgo, Snapper, Ludlow Gwindinup, Tutunup	澳大利亚	29	
		巴西		
钛锆(TiZir)公司	Grande Gote	塞内加尔	175	223
肯梅尔(Kenmare)资源公司	Moma	莫桑比克	46.4	1200
莫铭锆英石公司(东方锆业股份占65%)	Mindarie, WIM150	澳大利亚		1378
MZI资源公司	Keysbrook	澳大利亚		99
Image资源公司	Perth北	澳大利亚		183.5
阿斯创(Astron)公司	唐纳德Donald	澳大利亚	520	3550
赛福地(Sheffield)公司	Dampier, McCalls, Eneabba	澳大利亚		1862

资料来源：Roskill，DERA。

历经100多年的勘查和开采，全球锆矿探明储量不断增加。1985年世界锆矿储量2073万吨（ZrO_2，下同），2016年增加到7452万吨（见表3-19）。澳大利亚、南非、印度和莫桑比克4个国家锆矿储量合计6632万吨，占全球的89%；美国、乌克兰、斯里兰卡、越南、印度尼西亚及俄罗斯等国家锆矿储量820万吨，占全球的11%。艾禄卡、理查湾矿产、特诺、阿斯创、肯梅尔和钛锆6家公司拥有锆英石储量合计1185万吨，占世界锆矿储量的16%。

表3-19 2016年主要国家或地区锆矿储量和储量基础

国家或地区	储量/万吨	比重/%	国家或地区	储量/万吨	比重/%
美国	50	0.67	莫桑比克	92	1.23
澳大利亚	4800	64.41	中国	50	0.67
南非	1400	18.79	其他	720	9.67
印度	340	4.56	合计	7452	100.00

资料来源：USGS "Mineral Commodity Summaries" 2017。

3.2.5.2 矿床特性

世界上主要锆石资源产于澳大利亚和南非。澳大利亚东海岸锆石砂矿为太古代基岩风化形成的中-新生代沉积砂矿。矿床中主要矿物为石英砂,几乎不含长石和云母;重矿物以锆石、金红石、钛铁矿为主,局部矿砂中的重矿物含量多达70%。重矿物中锆石含量约30%,金红石含量较锆石更高一些。含矿石英砂分布面积达200多平方千米。最厚之处约200m。锆英石矿床的工业要求见表3-20。

滨海砂矿是目前我国生产锆石及其他有用矿物如钛铁矿、独居石、金红石等的主要矿床类型之一。辽东半岛、山东半岛、福建、广东、海南诸省沿海都有分布,大中型矿如海南万宁、广东陆丰等地,已开发利用。我国广东某锆英石滨海砂矿的矿床为一综合滨海砂矿床,锆、钛、独居石等稀土金属相伴生。矿床位于华南地块的闽浙活化地盾之西南边部。矿区外围主要为燕山期粗粒黑云母花岗岩,其次为中粒或细粒黑云母花岗岩。矿区位于滨海砂坝上,砂坝上分布着与海岸线平行的砂堤,其高差不超过20m。矿区内第四纪地层有表土,细砂层,中、粗砂层,黏土层,泥炭层等。矿体长5500m,宽475~1400m,矿体平均厚度3.4m。该矿床的工业要求见表3-21。

表3-20　锆英石矿床的工业要求

矿床类型	边界品位		工业品位	
	ZrO_2/%	锆石密度/(kg·m^{-3})	ZrO_2/%	锆石密度/(kg·m^{-3})
滨海砂矿	0.04~0.06	1~1.5	0.16~0.24	4~6
风化壳矿床	0.3		0.8	
内生矿床	3.0		8.0	

最小开采厚度:滨海砂矿为0.5m,风华壳矿床和内生矿床为0.8~1.5m。

表3-21　广东某锆英石滨海砂矿的工业要求　　　　　　　　　　单位:kg·m^{-3}

矿石类型	边界品位	工业品位
锆石砂	1	2
钛铁矿(富矿)砂	20	30~40
钛铁矿(贫矿)砂	10	15
独居石砂矿	0.25	0.50

砂矿是印度尼西亚的特色矿种,海砂和河砂中都蕴藏着丰富的矿产资源,如锆英石、磁铁矿、铬铁矿、钛铁矿、砂金矿等,在印度尼西亚都极为丰富。印度尼西亚某研究区地处低地平原,地势均较低平、宽广,河曲发育。堆积物由含石英和其他矿物的沙砾等组成,局部植被不发育。该处的锆英石砂矿主要沿西加里曼丹最大的河流卡普阿斯河(印度尼西亚语)作流域分布,由东向西沿赤道流经整个西加里曼丹省,全长1010km,河流宽度几百米至千余米,流域面

积25.9万平方千米。河流上游有较多富含锆英石的花岗闪长岩等侵入岩,为锆英石砂矿提供了丰富的物质来源;河流宽缓,水流量大,沿河流两侧3~10km范围内,分布有大量冲积形成的第四系石英砂沉积层,为锆英石砂矿形成提供了良好的赋矿层位,与之伴生的重矿物有钛铁矿、金红石、自然金等,在有利部位形成富集层。

3.2.5.3 矿物晶体的化学特性

锆英石的晶体(见图3-27)属四方晶系,$a_0 = 0.662$nm,$c_0 = 0.602$nm;$Z = 4$。在结构中,[SiO_4]四面体呈孤立状,彼此借助Zr相联结,且二者在c轴方向相间排列。Zr^{4+}的配位数为8,呈由立方体特殊畸变而成的[ZrO_8]配位多面体。整个结构也可视为由[SiO_4]四面体和[ZrO_8]多面体联结而成。锆英石一般晶形较好,呈正方形短柱状,少数呈长柱状晶体、双锥晶体,也有简单的柱状及复杂的柱状和不规则的粒状等,晶体属四方晶系的岛状结构硅酸盐矿物。晶体形态呈四方柱、四方双锥或复四方双锥的聚形组成的短柱状晶形,集合体呈粒状。其中,主要单形:四方柱m、a,四方双锥p、u,复四方双锥x,如图3-28所示。

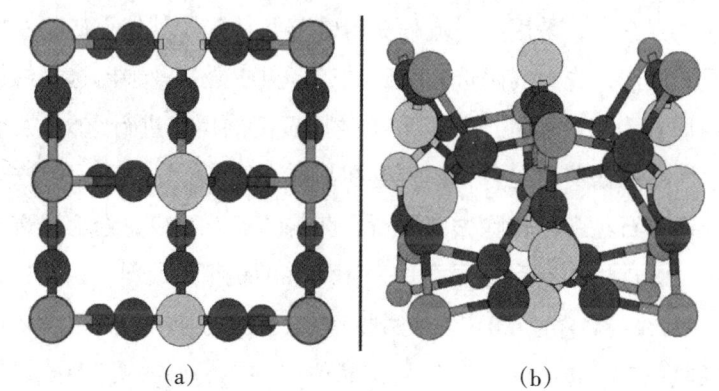

图3-27 锆英石的晶体结构示意图 (●-O; ●-Si; ●-Zr)

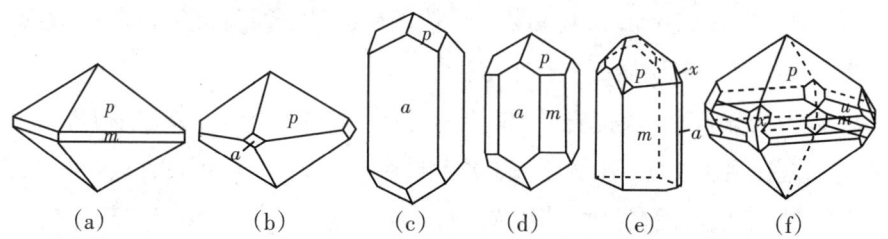

图3-28 锆英石的晶体形态

($m\{110\}$, $a\{100\}$, $p\{111\}$和$u\{331\}$, $x\{311\}$)

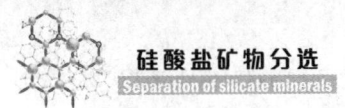

锆石的形态具有标型性,如在碱性岩中,锆石的四方双锥{111}很发育,在酸性岩中,锆石的四方双锥和四方柱{100}、{110}均较发育,晶体外形呈柱状;在基性岩、中性岩或偏基性的花岗岩中,锆石的柱面发育而锥面相对不发育,有时甚至不出现,但有时可出现{311}的复四方双锥。此外利用锆石晶体长宽比、磨圆度也可判断形成条件。

3.2.5.4 分选理论与试验研究

锆英石常分为岩矿和砂矿,但目前世界锆英石产品主要从海滨砂矿中开采,在海滨砂矿中,锆英石常与钛铁矿、金红石和独居石共生,因此,锆英石往往是作为钛矿物和稀土矿物开采加工的副产品获得的。含锆英石砂和钛矿物及稀土矿物的重矿物砂通常用斗式挖泥船式采矿机采出或用海上浮动抽吸法采出,然后根据其密度、比磁化系数及浮游性的差别,采用重选、磁选、浮选或其组合方法分选出锆英石、钛矿物和稀土矿物。钛铁矿、独居石和锆英石的比磁化系数分别为$(100\sim300)\times10^{-6}$、$(14\sim30)\times10^{-6}$、$2\times10^{-6}cm^3/g$;钛铁矿磁场范围为318~477kA/m,独居石为955kA/m,而锆英石基本属非磁性矿物。因此,在一份砂矿选别方案中,采用如下流程获得锆英石精矿及其他重矿物:原料砂矿采用直接湿式磁选,先经弱磁选除去磁铁矿,再中磁选及强磁选又继续选出以钛铁矿及独居石为主的两种产品,分出独居石后的尾矿进行重力(摇床)选矿,分出混有独居石的锆英石混合精矿,再在高碱介质下浮选锆英石除去残留钛矿物,浮出的锆英石经强磁选除去独居石,获得锆英石精矿。经上述选矿可将含TiO_2 28.78%、ZrO_2 2.33%和独居石REO 0.99%的粗精矿原料,选出钛铁矿精矿品位TiO_2 49.97%、P含量0.017%、回收率87.38%;副产锆英石精矿品位ZrO_2 65.11%、回收率44.16%,另一种锆精矿品位61.52%、回收率27.08%(锆英石总回收率71.24%);独居石精矿品位REO 65.56%、回收率60.45%。可见从海滨砂矿中锆英石总是生产钛矿物和稀土矿物的副产品,说明当今锆英石的生产很大程度上与钛矿物和独居石生产密切相关。

最近为从海滨砂矿中优先浮选锆英石从而与钛矿物分离,发现用磷酸盐作锆英石的高选择性捕收剂、用腐殖酸或其盐类作含钛矿物的抑制剂有良好的分选效果,其分选pH值范围宽、回收率高、精矿质量好、矿浆预处理时间短、常温浮选和工艺简单,可广泛用于各种含锆海滨砂矿和含锆矿石中锆英石的优先浮选。

分选方法需重、磁、浮、电等方法联合使用。如果没有选择性高的特殊药剂，单一的浮选方法很难获得合乎工业要求的精矿产品。

① 重选法。锆英石多赋存在钛铁矿中，并往往伴生有赤铁矿、铬铁矿以及石榴子石等重矿物，因此富集锆英石在最初阶段往往采用重选法，如用摇床先将重矿物与脉石（石英、长石、黑云母）等分开，然后再用其他选矿手段与其他重矿物分离。

② 浮选法。浮选常用的捕收剂为脂肪酸类，如油酸、油酸钠；矿浆调节以碳酸钠为主，pH值为7~8；抑制剂为硅酸钠；活化剂为硫化钠和重金属盐类如氯化锆、氯化铁，也有用草酸调节矿浆至酸性，用胺类或胺类衍生物作捕收剂。

③ 电选法。电选法是利用矿物导电性差异将钛铁矿、赤铁矿、铬铁矿、锡石、金红石等导电矿物与锆英石、独居石、石榴子石、磷灰石等非导电矿物分离。电选前应预先脱泥分级，烘干加热及加药处理。

④ 磁选法。重矿物中磁性矿物有钛铁矿、赤铁矿、铬铁矿、石榴石、黑云母、独居石等；锆英石为非磁性矿物或弱磁性矿物（某些矿床中锆英石中含有铁则为弱磁性）。磁选方法分干式和湿式两种。干式磁选需将入选物料加热干燥、分级等预处理而后才能进行分选。而湿式强磁场磁选机其分选粒度较宽、粒度下限可达20 μm，因此当锆英石粒度细时采用湿式磁选机较为适宜。

3.2.5.5 分选实践

下面以我国广东陆丰甲子锆矿选矿厂和海南万宁乌场钛锆砂矿选矿厂为例介绍锆英石的分选实践。

(1) 广东陆丰甲子锆矿选矿厂

陆丰县甲子锆矿位于我国广东省陆丰县境内，是一个以含锆英石为主的海滨砂矿矿床。该矿区资源发现于1957年，1958年开始筹建矿山，当年投产。1958—1961年，靠土法进行生产，粗选采用三角槽、轮胎螺旋选矿机、土摇床等设备进行，精选也只有两台单盘磁选机和几台上摇床。1961年至1965年底曾一度因故停产，1966年初恢复生产，并从1967年开始采用水枪开采、砂泵运输、广东Ⅰ型跳汰机及摇床进行粗选，精选厂也增添了电选机、磁选机等设备，开始进入了机械化生产阶段。由于广东Ⅰ型跳汰机对本矿区矿石分选效果不够好，于1974年开始采用轮胎螺旋选矿机作为粗选设备。为进一步提高粗选效果，经试验又于1978年用塑料螺旋溜槽取代了轮胎螺旋选矿机。历年来在采选厂工艺和设备不断改进和完善的同时，精选厂的工艺技术水平也得到了相应的提高。至目前为止,精选厂已形成了重选、磁选、电选及浮选等联合工艺流程,使精选厂技术经济指标及综合回收能力都有了一定程度的提高,除主产品锆英石外,可综合回收钛铁矿及金红石、独居石、锡石等副产品。

甲子锆矿矿床属海滨堆积砂坝砂矿。矿体沿甲子湾东西走向,基本与海岸线平行,平均长度5500m,平均宽度870m,平均厚度3.64m,占储量91.8%的矿体出露地表,矿石粒度比较均匀,含泥量较少,开采条件较好。

该矿主要有用矿物为锆英石,其次为钛铁矿,其他可综合回收的矿物有白钛石、金红石、锡石、锐钛矿、独居石等。其他金属矿物有磁铁矿、钛磁铁矿、赤铁矿、褐铁矿、黄铁矿等,由于含量很少,无回收价值。脉石矿物以石英为主,含量占总矿物量的95%以上,其他脉石矿物有绿帘石、石榴子石、电气石、长石、绿泥石、云母及磷灰石等。矿石中各种矿物绝大多数呈单体存在,有用矿物粒度较细,锆英石、锐钛矿、金红石多富集在0.125~0.063mm粒级中,而钛铁矿则富集在0.25~0.063mm粒级中,相对而言,钛铁矿粒度较粗。矿石密度2.66t/m³,松散密度1.534t/m³。该矿原矿矿物含量、多元素分析、几种单矿物简项分析及粒度组成分析分别见表3-22~表3-25。

表3-22 广东陆丰甲子锆矿矿石各矿物含量

名称	钛铁矿	白钛矿	锐钛矿	金红石	锆石	独居石	磁铁矿	赤铁矿
含量/%	1.7949	0.3032	0.0089	0.0621	0.5930	0.0604	0.0759	0.0311
名称	褐铁矿	电气石	黄玉	绿帘石	石英	其他		
含量/%	0.0121	0.1219	0.0778	0.0118	98.8386	0.0212		

表3-23 广东陆丰甲子锆矿矿石多元素分析结果

成分	TiO_2	ZrO_2	SiO_2	P	Sn	Fe_2O_3	Al_2O_3	CaO
含量/%	1.20	0.5	91.60	0.017	0.0038	2.95	2.22	0.26
成分	MgO	Nb_2O_5		ThO_2	S	合计		
含量/%	0.02	0.0067		0.001	0.008	98.3365		

表3-24 广东陆丰甲子锆矿矿石中几种单矿物简项分析结果   单位:%

名称	TiO_2	ZrO_2	Nb_2O_5	Ta_2O_3	FeO	备注
钛铁矿	52.86	0.195	0.135	0.04	40.38	—
白钛矿	73.89	—	0.36	0.076		
锆英石	0.15	66.64	—			内HfO_2 1.15

表3-25 广东陆丰甲子锆矿矿石粒度组成分析结果

筛级/mm	产率/%	品位/%		占有率/%	
		TiO_2	ZrO_2	TiO_2	ZrO_2
>0.32~5.0	26.64	0.13	0.05	2.79	2.83
>0.20~0.32	17.50	0.82	0.06	4.51	2.23
>0.16~0.20	25.09	0.50	0.09	10.00	4.80
>0.10~0.16	20.69	1.66	0.39	27.65	17.16
0.06~0.10	3.65	15.04	7.29	44.19	56.57
-0.06	6.43	2.08	1.20	10.77	16.47
合计	100.00	20.23	9.08	100	100.00

陆丰甲子锆矿原矿采用砂泵给入选矿流程，综合回收独居石、钛铁矿、锆英石、金红石等，分选锆英石采用磁选和电选法。其流程分粗选流程和精选流程，详细的生产工艺流程及技术指标如下。

① 采选厂——粗选阶段。甲子锆矿采选厂采用水采—水运，螺旋溜槽选别的工艺流程。原矿浆入采选厂首先进行预先筛分，筛除粗砂、贝壳及杂草等异物，筛下产品分级入螺旋溜槽粗选，丢弃尾矿。粗选精矿再经一次螺旋溜槽精选，获得供精选厂用精矿，精选尾矿返回至粗选给矿再选。甲子锆矿粗选工艺流程见图3-29，1982—1984年粗选技术经济指标见表3-26。

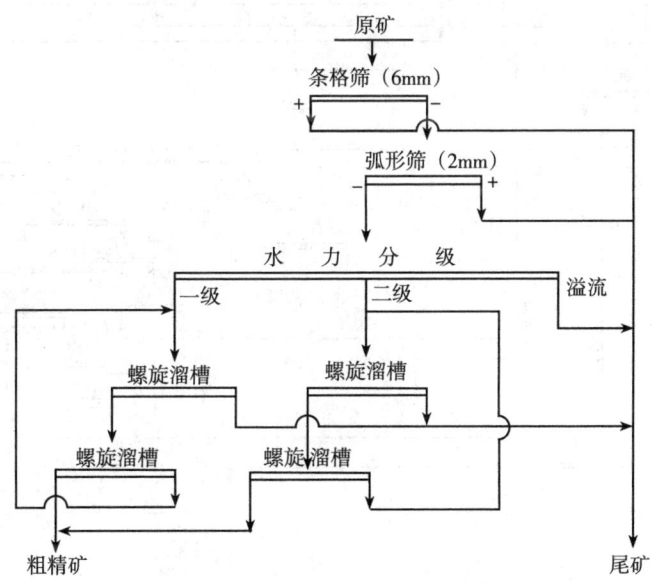

图3-29 广东陆丰甲子锆矿粗选工艺流程

表3-26　广东陆丰甲子锆矿1982—1984年粗选技术指标

年度	品位/%				回收率/%	
	原矿		粗精矿			
	ZrO_2	TiO_2	ZrO_2	TiO_2	ZrO_2	TiO_2
1982年	0.356	0.928	9.92	31.52	57.68	48.05
1983年	0.200	0.601	8.22	18.42	47.49	36.35
1984年	0.349	0.840	8.85	20.76	57.21	55.94

② 精选厂——精选阶段。粗精矿入厂后首先采用摇床重选，进一步丢弃低密度脉石，精矿分成富含独居石、锡石及富含钛铁矿、锆英石、金红石的两组产品，分别采用重选、电选、磁选及反浮选联合流程，获得独居石、锡石和钛铁矿、锆英石、金红石等精矿。甲子锆矿精选工艺流程见图3-30，技术指标见表3-27。

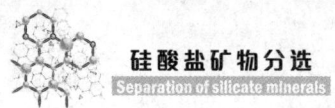

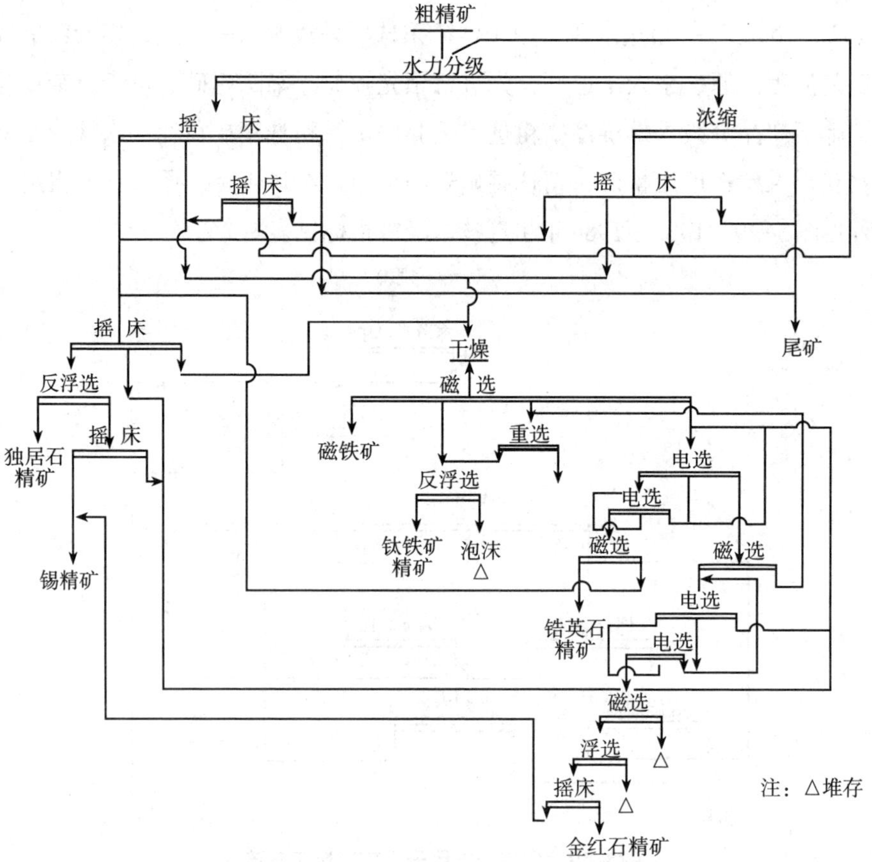

图3-30　广东陆丰甲子锆矿精选工艺流程

表3–27　广东陆丰甲子锆矿1982—1984年精选技术指标　　　单位：%

年度	锆英石 品位 ZrO_2	回收率	钛铁矿 品位 TiO_2	回收率	金红石 品位 TiO_2	独居石品位 $xT_2O_3 + ThO_2$
1982	61.95	85.47	49.82	66.34	85.37	55.00
1983	61.70	83.45	49.39	65.59	85.01	60.06
1984	61.81	83.07	48.76	62.52	85.00	57.85

(2)海南万宁乌场钛铁矿选矿厂

万宁县乌场钛铁矿精选厂地处海南省，为我国规模较大的选钛铁矿及伴生有益矿物的选矿厂。现有生产能力为钛精矿2.5万t，同时，还生产回收锆英石、独居石、锡石等有用矿物。矿区贮量大，开采条件较好。采选厂工艺技术水平及装备水平在我国海滨砂矿生产厂矿中居领先地位，综合回收效果好。乌场钛矿目前开采矿区属保定矿区，矿床位于大塘岭至牛庙岭之间，是一个沿海岸线分布的含钛铁矿及锆英石为主并伴生有多种有价矿物的综合性海滨砂矿矿床，矿区火成岩出露较少，属海滨地貌，第四纪地质以海相沉积为主，矿体全长18km，平均宽度有230m，海平面以上矿体平均厚度9.5m，矿体出露地表，呈沙堤状，无覆盖层。矿石粒度均匀松散，含泥量少，开采条件较好。

该矿为海滨砂矿，矿石中有用矿物以钛铁矿、锆英石为主。钛铁矿呈扁圆柱状和浑圆粒状。颜色为黑色，具有金属、半金属光泽或油脂光泽，为磁性矿物，用磁选机回收，其品位为56%左右。除主要矿物外，还有独居石、金红石、磁铁矿、锡石及微量黄金等。锆英石在原矿中占4%左右。脉石矿物以石英为主外，还含有少量长石、云母等。矿石粒度均匀，含泥量少，有用矿物单体解离好，因此可选性较

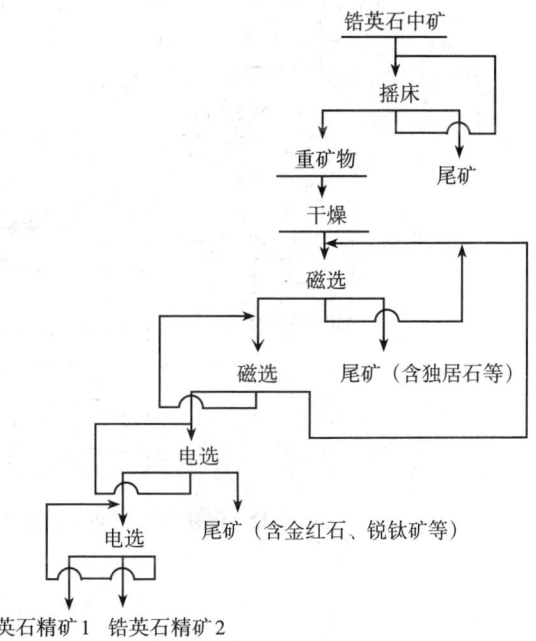

图3–31　海南万宁锆英石分选精选工艺流程

好，原矿多元素分析见表3-28，分选流程见图3-31。

表3-28 海南万宁乌场钛铁矿矿石多元素分析结果

元素名称	SiO_2	Fe_2O_3	Al_2O_3	CaO	MgO	V	P_2O_5
含量/%	81.00	1.14	2.20	1.13	1.07	0.0032	0.199
元素名称	Mn	TR_2O_3	TiO_2	ZrO_2	Ta_2O_5	Nb_2O_5	
含量/%	0.039	0.036	1.04	0.088	0.0016	0.0033	

通过研究，对目前万宁县锆英石选别流程做了改进，其方法是粗细粒锆英石分级选别，改进后锆英石选矿工艺如图3-32所示，改进流程的锆英石精矿指标见表3-29。

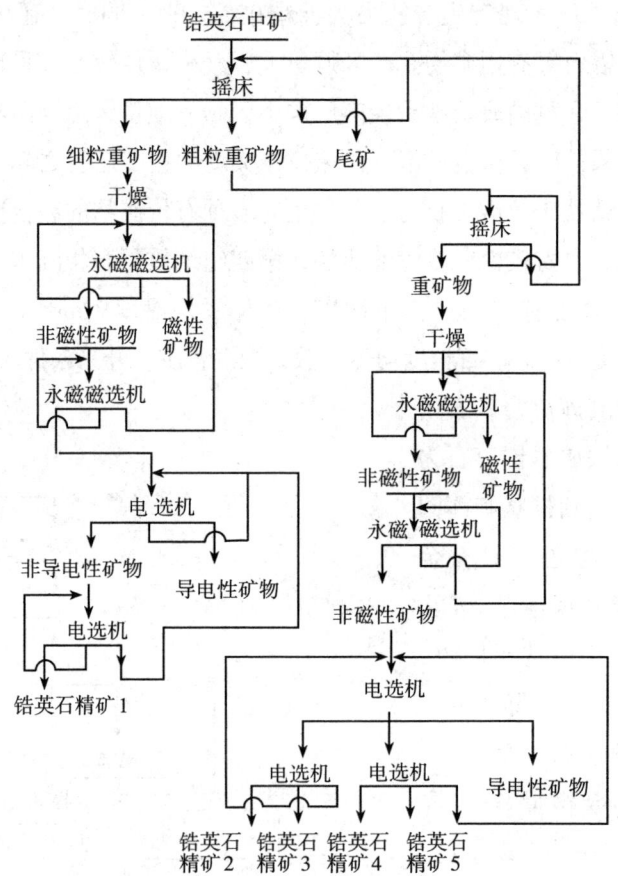

图3-32 海南万宁锆英石分选改进的精选工艺流程

表3–29　海南万宁锆英石分选改进后的分选指标　　　　　　　单位：%

精矿	指标		
	品位	占总产品的比例	回收率
锆英石精矿1+2	65.37	37.65	83.50
锆英石精矿3+4	63.54	42.37	
锆英石精矿5	60.27	19.98	

3.2.6　绿帘石分选

绿帘石(epidote)是一种具有岛状结构的含水钙铝硅酸盐类矿物，因成分中常含锰、镁、铬、钠、钾等各种微量元素，故有多种类质同象替代物，如富含锰为红帘石，含铬为铬绿帘石，钙被镁置换成镁绿帘石等。绿帘石因含多种致色元素，故其颜色有灰、黄和黄绿、绿褐或绿黑等各种不同色调，并随含铁量的增加颜色会变深，随含锰量的增加又显现不同程度的粉红色，同时其晶体具有明显的多色，为绿、黄绿和褐色三种颜色。绿帘石的弱点是韧性差，易碎，遇盐酸会部分溶解。玻璃光泽，底面解理完全。莫氏硬度为6~6.5，相对密度3.38~3.49且随铁含量的增加而增大。

绿帘石是典型的变质矿物，广泛分布于变质岩、接触交代矽卡岩以及热液蚀变岩脉中，常与石榴子石、阳起石、绿泥石和石英等矿物伴生。世界上绿帘石的著名产出国有奥地利、瑞士、法国、美国、巴西、俄罗斯、意大利和肯尼亚等。此外，缅甸出产一种祖母绿色的绿帘石，称为铬绿帘石，也叫"度冒石"(tawmawite)，是一种罕见的宝石。

3.2.6.1　矿床特性

我国绿帘石的产地主要在陕西、安徽等地。绿帘石可以是变质成因的，多见于绿片岩中，在接触交代成因的矽卡岩中，绿帘石往往由早期矽卡岩矿物如石榴子石、符山石等转变而成，也可以是围岩蚀变的产物。绿帘石的形成与热液作用(主要相当于中温热液阶段)有关，主要形成绿帘石化，即原来的岩浆岩、变质岩、沉积岩受热液交代后形成的一种围岩蚀变。广泛分布于变质岩、矽卡岩和受热液作用的各种火成岩中，也可从热液中直接结晶。在伴有动力破碎的后退变质作用中，Ca^{2+}可以从斜长石、辉石和角闪石中析出而形成绿帘石族矿物，在区域变质岩中的绿片岩相中也广泛发育。此外，绿帘石也为基性岩浆岩动力变质的常见矿物。

3.2.6.2 矿物晶体的化学特性

绿帘石的化学成分为 $Ca_2FeAl_2[SiO_4][Si_2O_7]O(OH)$，属于单斜晶系，成分中3价铁可被铝完全代替，成为斜黝帘石，形成绿帘石-斜黝帘石完全类质同象系列；斜黝帘石的正交（斜方）晶系同质多象变体称为黝帘石。含锰高的绿帘石称为红帘石，单斜晶系，$C_{2h}-P2_1/m$，$a_0=0.888\sim0.898nm$，$b_0=0.561\sim0.566nm$，$c_0=1.15\sim1.030nm$；$\beta=115°25'\sim115°24'$；$Z=2$。绿帘石的晶体结构为：结构中 $[AlO_5(OH)]$ 八面体以共棱方式联结成沿 b 轴方向延伸的链，此链又与 $[FeO_6]$ 八面体共棱相连而成折状链；链间通过孤立四面体 $[SiO_4]$ 及双四面体 $[Si_2O_7]$ 联结起来，链之间的大空隙由 Ca^{2+} 充填，呈不规则的八次配位的多面体。斜黝帘石与绿帘石晶体结构的区别是 Fe^{3+} 所占据的八面体空隙全部由 Al^{3+} 所取代。

绿帘石晶体的结构特点见图3-33，结构中包括有两种 AlO_6（或 MO_6）八面体链，皆平行于 b 轴延伸，一种简单的 $Al_{(2)}$（或 $MO_{(2)}$）八面体由 $Al_{(2)}$ 八面体彼此共二棱联结而成，见图3-33(b)；另一种为中部 Al（或 $MO_{(1)}$）八面体和边部 $Al_{(3)}$（或 $MO_{(3)}$）八面体共四棱和共二棱相连而成为一复合的折线形链，见图3-33(c)。此两种链由双四面体 $[Si_2O_7]$ 和孤立四面体 $[SiO_4]$ 联结成平行 {100} 的链层，链层与链层之间所构成的较大空隙为较大的阳离子 $Ca_{(1)}$ 和 $Ca_{(2)}$ 所充填，因此链层之间的结合较弱，容易沿链间断裂，形成解理。配位数分别为6或7和8或9。在 $[AlO_6]$ 八面体中 Al-O 键键长为0.19nm，在 $[AlO_4]$ 四面体中 Al-O 键键长为

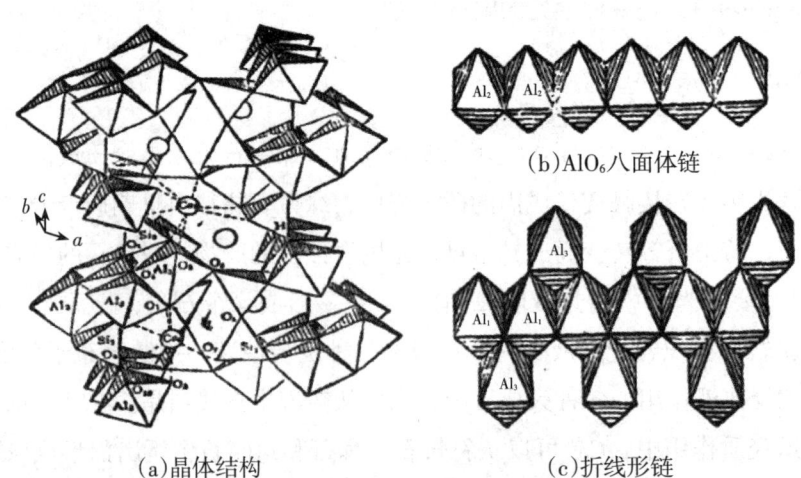

(a)晶体结构　　(c)折线形链

图3-33　绿帘石的晶体结构和 AlO_6 八面体链、折线形链

0.1716nm，在岛状硅酸盐中Si-O键键长平均为0.163nm，因此铝原子的化学活性较硅离子高，与之相连的氧原子的化学活性也比与硅原子相连的氧原子高。

晶体常呈柱状，延长方向平行于b轴（见图3-34）。平行于b轴晶带上的晶面具有明显的条纹。可依$\{100\}$成聚片双晶。绿帘石之所以经常出现延长方向平行于b轴、$\{100\}$较发育的板状晶体，与结构中平行于b轴延伸的八面体链及其所构成的平行$\{100\}$的链层有关。另外常呈柱状、放射状、晶簇状集合体。

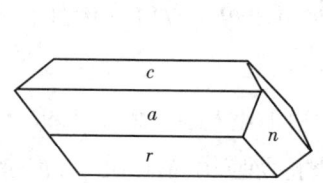 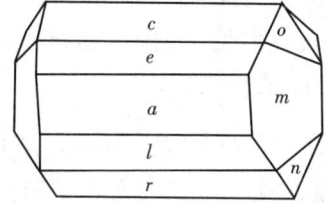

图3-34 绿帘石的晶形

平行双面：$a\{100\}$，$c\{001\}$，$l\{101\}$，$r\{102\}$，$e\{101\}$；斜方柱：$m\{110\}$；$o\{111\}$，$n\{111\}$

3.2.6.3 分选理论与试验研究

绿帘石与有用矿物金红石之间的分离较为困难，分析结果表明，两种矿物具有部分相同的晶体结构，导致其矿物表面性质差异较小，但通过调整药剂制度，可增加二矿物之间的表面差异，实现金红石与主要脉石绿帘石的分离。在理论研究结果的指导下，岳铁兵进行了实际矿石浮选试验研究，试验结果表明，通过调整药剂制度，可以扩大金红石与绿帘石的表面性质差异，实现对金红石选择性浮选，对二氧化钛含量为4.79%的金红石重选粗精矿，采用新的浮选药剂制度进行浮选分离，可获得二氧化钛含量为22.49%的金红石和赤铁矿混合精矿，实现金红石与表面性质接近的硅酸盐矿物之间的分离。

绿帘石为岛状铝硅酸盐结构，呈柱状或板状生长，解理平行$\{001\}$完全，其晶体较金红石更为复杂，二者具有许多相似的特点，如绿帘石中也含有八面体结构，配位数为6等，且链层与链层之间所构成的较大空隙为较大的阳离子所充填，因此链间之间的结合要弱，容易沿链间断裂，形成解理，其表面阳离子容易与溶液中的发生离子交换而进入水中，使矿物表面留下带负电的空穴，吸附水中的氢离子或其他阳离子，表面剩余的阳离子吸附水中的氢氧根离子，使矿物表面形成一定的电荷。金红石和绿帘石结构的相似性，使二者之间的分离较为困难。金红石表面形成较多的晶体缺陷，而绿帘石表面上有较多的台阶，其矿物表面的不均匀性影响了矿物表面的吸附性质和吸附能力,对它们的可浮性均会产生一定的影响。

本章参考文献

[1] 李湘洲. 蓝晶石及其选矿现状[J]. 化工矿物与加工,1995(4):57-60.

[2] 孔建河,姚书长. 我国蓝晶石选矿工艺及流程研究[J]. 国外金属矿选矿,1997(7):40-42.

[3] 胡熙庚. 浮选理论与工艺[M]. 长沙:中南工业大学出版社,1991.

[4] 张晋霞,牛福生. 蓝晶石矿中性浮选理论及应用[M]. 北京:冶金工业出版社,2016.

[5] Jin J,Gao H,Chen X,et al. The separation of kyanite from quartz by flotation at acidic pH[J]. Minerals Engineering,2016,92:221-228.

[6] 金俊勋. 红柱石族同质多象体矿物浮选行为与机理研究[D]. 武汉:武汉理工大学,2016.

[7] Roskill. Global Industry Markets & Outlook[R]. 13th ed. 2015.

[8] 尹丽文. 全球锆英砂生产能力远大于需求[J]. 国土资源情报,2017(9):42-47.

[9] 李战强. 中国氧化锆生产现状及发展前景[J]. 无机盐工业,1995(1):21-23.

[10] Finch R J, Hanchar J M. Structure and chemistry of zircon and zircon-group minerals[J]. Reviews in Mineralogy and Geochemistry,2003,53(1):1-25.

4 环状结构硅酸盐矿物的分选

与岛状结构硅酸盐矿物相比，自然界中环状硅酸盐矿物产出有限，主要以绿柱石、堇青石和电气石最为常见。另外，四方环状包头矿在我国内蒙古地区可见产出。环状结构硅酸盐矿物多见柱状外观，环状络阴离子间主要以阳离子Al^{3+}、Be^{2+}、Mg^{2+}等联结，相对较牢固，具体表现在矿物具有较大的硬度和化学稳定性。但因在环中有很大的空隙，所以环状结构硅酸盐矿物的密度普遍不大。矿物中的空隙连成通道，还能容纳各种离子和分子。

本章以典型的环状结构硅酸盐矿物为基础，从该类矿物的资源情况、矿床特性、矿石结构和构造、矿物晶体化学特性、矿物分选理论与试验和分选实践等方面详细介绍环状硅酸盐矿物的性质及其分选特点。借助典型环状结构硅酸盐矿物的分选实例，阐述硅酸盐矿物环状骨干结构特点等与分选工艺实践的关系。

4.1 环状结构硅酸盐矿物的分选特点

在含环状结构硅酸盐矿物的矿石分选中，单一分选技术很难获得理想的分选指标，往往需要将两种或多种分选方案联合使用。矿物分选方案的确定，需要充分了解矿床特征、矿石组成、结构构造和晶体结构等性质。例如，含绿柱石矿石的分选以重选和浮选为主，一般也使用手选、磁选、放射性选矿等方法。又如黑电气石，其一般都具有一定的磁性，因此可采用干式或湿式磁选的方法与石英、长石、白云母等矿物进行分离。但不管是怎样的分选技术，均有一定的限制使用范围，常常需要在联合多种分选技术的情况下才能获得较理想的技术指标。具体适合的分选特性还需根据矿床、矿石等的性质而确定。在各种分选技术中，浮选技术被认为是目前最有应用前景的技术手段。根据环状结构硅酸盐矿物的结构特点,其在解离时一般沿由金属阳离子连接的环间断裂,同时环也有一些破坏,因此解离表面暴露了一些金属阳离子。另外,由于有少许Si—O键断裂,表面还暴露一些Si^{4+}和O^{2-}。一方面,Si^{4+}能键合水中的OH^-;另一方面,起充填作用的阳离子溶解,使阳离子与水中的H^+吸附在原来与充填阳离子相联结的O^{2-}上。以上这两种因素导致矿物表面带负电,因此与岛状结构硅酸盐矿物相比,零电点更低,一般在pH值为3~4的范围内。表现在采用浮选工艺时,环状硅酸盐矿物能用阳离子捕收剂进行浮选;同时,由于其金属阳离子区域的存在,选用阴离子捕收剂浮选时也具有一定的可浮性。

4.2 典型环状结构硅酸盐矿物的分选

4.2.1 绿柱石分选

绿柱石(beryl),又称为"绿宝石"、祖母绿、祖母绿猫眼、星光祖母绿、达碧兹。绿柱石是铍-铝硅酸盐矿物,其莫氏硬度为7.5~8.0,相对密度为2.63~2.80。纯净的绿柱石是无色的,甚至可以是透明的。但大部分为绿色,也有浅蓝色、黄色、白色和玫瑰色的,有玻璃光泽。它的几个变种颜色不一,有淡蓝色的[称为海蓝宝石,见图4-1(a)],有深绿色的[称为祖母绿,见图4-1(b)],有金黄色的[称为金绿柱石,见图4-1(c)],有粉红色的[铯绿柱石,也叫摩根石,见图4-1(d)],等等,蜜黄色的比较常见。绿柱石一般为六方柱形晶体,呈现的颜色一般多为各种绿色。绿柱石是炼铍的主要矿物原料,色泽美丽者是珍贵的宝石,如祖母绿、海蓝宝石。

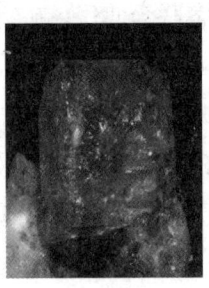

(a)海蓝宝石　　　　(b)祖母绿　　　　(c)金绿柱石　　　　(d)摩根石

图4-1　不同颜色的绿柱石

4 环状结构硅酸盐矿物的分选

在欧洲古代用透明的绿柱石做成球来占卜，好的绿柱石是珍贵的宝石，用作饰物。绿柱石作为矿物主要应用于提取金属铍(见图4-2)。金属铍的化学性质活泼，能形成致密的表面氧化保护层，即使在加热时，铍在空气中也很稳定。铍既能和稀酸反应，也能溶于强碱，表现出两性。铍的氧化物、卤化物都具有明显的共

图4-2　金属铍产品

价性，铍的化合物在水中易分解，铍还能形成聚合物以及具有明显热稳定性的共价化合物。铍在自然界中主要存在于绿柱石矿中，可由电解熔融的氯化铍或氢氧化铍而制得。

目前，世界上从矿石中提取氧化铍的仅有中国(如水口山六厂)、美国的布拉什-威尔曼公司和哈萨克斯坦的乌尔宾斯基冶金工厂等为数不多的数家企业，主要的生产方法为硫酸法和氟化法。

(1)硫酸法(见图4-3)

硫酸法仍是现代氢氧化铍与氧化铍生产中广泛应用的方法之一，其原理是利用预焙烧破坏铍矿物的结构与晶形，再采用硫酸酸解含铍矿物，使铍、铝、铁等酸溶性金属进入溶液相，与硅等脉石矿物初步分离，然后将含铍溶液进行净化除杂，最终得到合格的氧化铍(或氢氧化铍)产品。

早在20世纪40年代，德国德古萨公司就采用硫酸法(即德古萨工艺)流程生产氢氧化铍。随后，美国的布拉什铍公司对该流程进行了改进(即布拉什工艺)。1969年，美国的布拉什-威尔曼公司建成了一家结合萃取技术(即酸浸-萃取工艺)处理低品位硅铍石与绿柱石的工厂。至今，硫酸法已经过了不断改进和完善。

① 德古萨工艺：适合于处理含铍较高的绿柱石矿物。由于绿柱石不能直接被硫

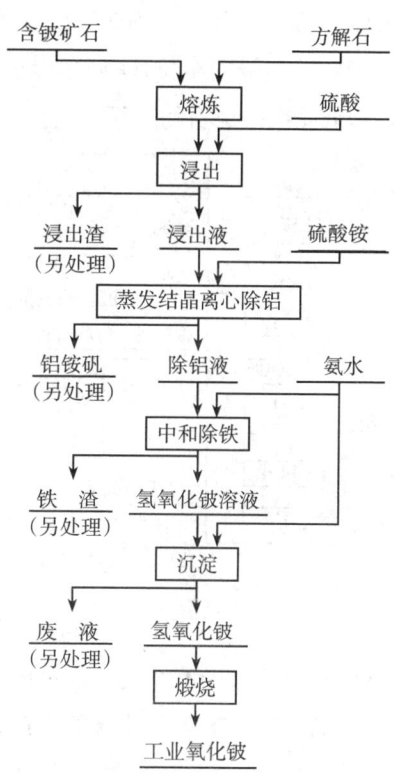

图4-3　硫酸法生产工业氧化铍的流程

酸分解，必须加入碱熔剂或经热处理改变其晶形或结构，增加反应活性后才能酸解，其反应为：

$3BeO \cdot Al_2O_3 \cdot 6SiO_2 + 2CaO \longrightarrow CaO \cdot Al_2O_3 \cdot 2SiO_2 + CaO \cdot 3BeO_2 \cdot SiO_2 + 2SiO_2$ （4-1）

加入的熔剂可以为碱性氧化物如纯碱、石灰等，也可以为氯化物如氯化钙、氯化钠等。其中，石灰具有价格与环保优势，焙烧时配料比($m_{石灰}/m_{绿柱石}$)通常控制为1~3，焙烧温度一般为1400~1500℃。

② 布拉什工艺：免除了添加熔剂步骤，直接将绿柱石在电弧炉中加热到1700℃熔化，然后倾入高速流动的冷水中，得到粒状的铍玻璃，再在煤气炉中加热至900℃使氧化铍析出，粉碎后与93%的硫酸混合成浆状，将料浆于250~300℃下酸解，矿石中铍的浸出率可以达到93%~95%。过程的主要反应如下：

$BeO + H_2SO_4 \longrightarrow BeSO_4 + H_2O$ （4-2）

$Al_2O_3 + 3H_2SO_4 \longrightarrow Al_2(SO_4)_3 + 3H_2O$ （4-3）

$FeO + H_2SO_4 \longrightarrow FeSO_4 + H_2O$ （4-4）

③ 酸浸-萃取工艺：美国矿物局于20世纪60年代采用酸浸-萃取工艺处理犹他州的硅铍石（Be_2SiO_4，也称"似晶石"）和北卡罗来纳州金斯山的绿柱石。1969年，美国的布拉什-威尔曼公司在犹他州的德尔塔建立了用硫酸-萃取工艺处理低品位硅铍石的工厂，所采用的原理如图4-4所示。

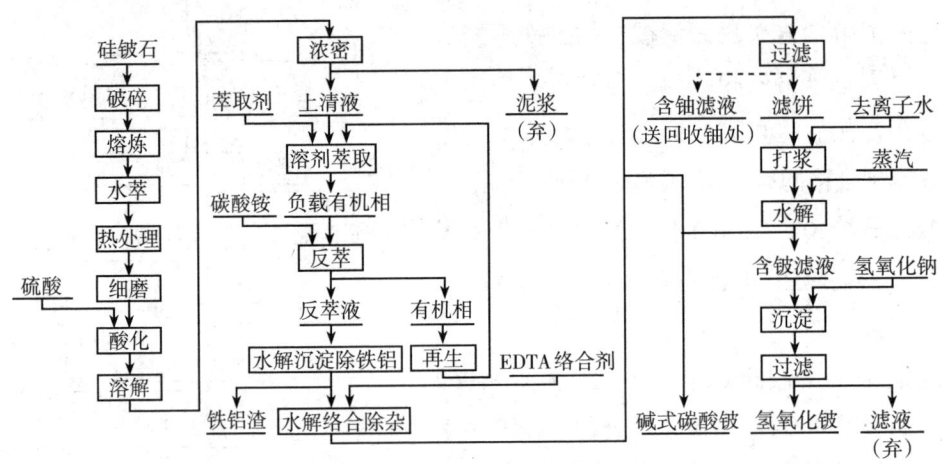

图4-4 硫酸酸浸-萃取工艺流程

④ 水口山提铍工艺：水口山六厂所采用的提铍生产流程为改进的德古萨工艺。该厂于1958年开始铍的生产，是国内主要的铍冶炼厂，素有"中国铍业一枝花"之称。该厂以硅铍石为原料提取氧化铍，经过60多年的实践，工艺日趋

完善,具体流程如图4-5所示。

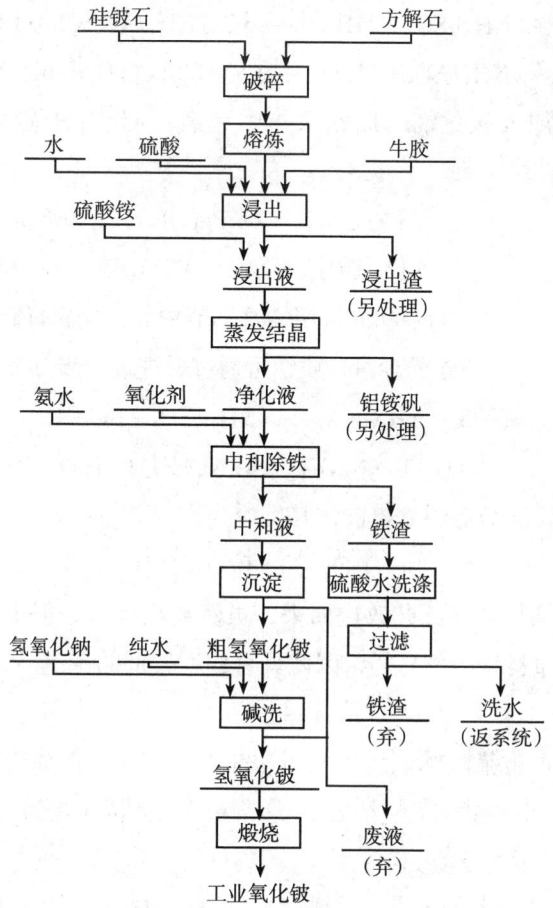

图4-5　水口山六厂提铍生产工艺流程

将硅铍石与方解石经配料混合,装入电弧炉,在1400~1500℃下进行熔炼,熔体经水淬成为高反应活性的铍玻璃体,其反应为:

$$3BeO \cdot Al_2O_3 \cdot 6SiO_2 + 2CaO \longrightarrow CaO \cdot Al_2O_3 \cdot 2SiO_2 + CaO \cdot 3BeO_2 \cdot SiO_2 + 2SiO_2 \quad (4-5)$$

湿磨后的细铍玻璃与浓硫酸混合后,剧烈反应可使温度升至250℃左右,过程中硅酸脱水,析出SiO_2,然后用水浸取,液固分离后得到含铍的浸取液。过程的主要反应如下:

$$4H_2SO_4 + CaO \cdot Al_2O_3 \cdot 2SiO_2 \longrightarrow Al_2(SO_4)_3 + CaSO_4 + 2SiO_2 + 4H_2O \quad (4-6)$$

$$4H_2SO_4 + CaO \cdot 3BeO_2 \cdot SiO_2 \longrightarrow 3BeSO_4 + SiO_2 + 4H_2O \quad (4-7)$$

浸出液中含铁、铝等杂质,经浓缩后,添加硫酸铵,再冷却结晶,铁、铝形成硫酸亚铁铵和硫酸铝铵矾渣,液固分离后得到含铍的除铝液。过程的主要反应如下：

$$Al_2(SO_4)_3 + (NH_4)_2SO_4 + 24H_2O \longrightarrow 2[(NH_4)Al(SO_4)_2 \cdot 12H_2O] \quad (4-8)$$

$$FeSO_4 + (NH_4)_2SO_4 + 6H_2O \longrightarrow (NH_4)_2Fe(SO_4)_2 \cdot 6H_2O \quad (4-9)$$

向除铝液中加入氧化剂，以氨水作中和剂，调节pH值为5左右沉淀铝、铁，其反应如下：

$$Fe^{3+} + 3OH^- \longrightarrow Fe(OH)_3 \quad (4-10)$$

$$Al^{3+} + 3OH^- \longrightarrow Al(OH)_3 \quad (4-11)$$

液固分离后得到含铍的中和液。用氨水调节中和液的pH值至7.5，氢氧化铍即从溶液中完全沉淀，所含的少量杂质铝可通过碱洗进一步分离，其反应如下：

$$BeSO_4 + NH_4OH \longrightarrow (NH_4)_2SO_4 + Be(OH)_2 \quad (4-12)$$

$$Al(OH)_3 + NaOH \longrightarrow NaAlO_2 + 2H_2O \quad (4-13)$$

将氢氧化铍煅烧即得到氧化铍，其反应为：

$$Be(OH)_2 \longrightarrow BeO + H_2O \quad (4-14)$$

此工艺由德国德古萨工艺改进而来，虽然流程较长，但金属回收率、产品质量较高，化工原料均廉价易得，因此具有成本较低的优点。

(2) 氟化法

氟化法建立在铍氟酸钠能溶于水而冰晶石不溶于水的原理之上。将绿晶石与硅氟酸钠混合，于750℃下烧结2h，烧结块经湿磨至粒径为0.074mm，室温下用水3次浸出，其主要反应如下：

$$3BeO \cdot Al_2O_3 \cdot 6SiO_2 + Na_2CO_3 \longrightarrow 3Na_2BeF_4 + Al_2O_3 + CO_2 + 8SiO_2 \quad (4-15)$$

$$3BeO \cdot Al_2O_3 \cdot 6SiO_2 + 2Na_2BeF_4 \longrightarrow 3Na_2BeF_4 + Al_2O_3 + Fe_2O_3 + 6SiO_2 \quad (4-16)$$

氟化法获得的浸出液比硫酸法的纯度高，不需要专门的净化处理就可以直接用氢氧化钠沉淀出氢氧化铍，其反应为：

$$Na_2BeF_4 + 2NaOH \longrightarrow Be(OH)_2 + 4NaF \quad (4-17)$$

过滤氢氧化铍后的滤液中含有NaF，需进行回收，先用硫酸调节滤液的pH值至4，在不断搅拌的情况下加入硫酸铁，以得到铁氟酸钠（可将其返回烧结配料），其反应为：

$$Fe_2(SO_4)_3 + 12NaF \longrightarrow 2Na_3FeF_6 + 3Na_2S \quad (4-18)$$

氟化法的流程比较简单，防腐蚀条件好，并且还适合处理含氟高的原料，但产品质量稍逊于硫酸法。该法处理低品位矿时，除辅助剂耗量增加外，钙和磷的增加将降低烧结料中水溶铍的含量，影响回收率，且"三废"处理时还会带来氟处理的问题。

4.2.1.1 资源情况

世界上最优质的祖母绿产自南美洲的哥伦比亚，一般认为穆佐矿山的祖母绿品质最佳，契沃尔、科斯凯斯特矿山居次。除哥伦比亚外，祖母绿的产地还有俄罗斯的乌拉尔山、津巴布韦的桑达瓦纳、印度的拉贾斯坦邦以及巴西、赞比亚、奥地利、澳大利亚、南非、坦桑尼亚、挪威、美国、巴基斯坦等。20世纪90年代，我国在云南文山州找到了祖母绿矿床，但宝石学价值并不大。世界上优质的海蓝宝石主要产自巴西，占世界海蓝宝石产量的70%以上，迄今为止世界上最大的重达110.5kg的海蓝宝石晶体就产于巴西。俄罗斯的乌拉尔山也是优质海蓝宝石的重要供应地。此外，海蓝宝石的产地还有中国、美国、缅甸、南非、津巴布韦、印度等。除祖母绿和海蓝宝石外的其他绿柱石宝石在世界许多国家均有分布，但主要产地有巴西、马达加斯加、纳米比亚、美国、中国等。我国是盛产绿柱石的国家，在新疆、云南、四川、湖南、内蒙古等地均有发现和开发绿柱石的报道，但能够作为宝石资源开发利用的绿柱石却相当少。

4.2.1.2 矿床特性

绿柱石主要产于花岗伟晶岩、云英岩及高温热液矿脉中。我国内蒙古、新疆、东北等地花岗伟晶岩中均产出绿柱石。在未受交代的伟晶岩中，绿柱石成分基本不含碱，常与石英、钾长石、微斜长石、白云母共生。受晚期钠质交代作用形成的绿柱石，成分中含碱，最高可达7.23%，这种绿柱石常与钠长石、锂辉石、石英、白云母等矿物共生。

由于绿柱石的铍元素主要分布于岩浆成因的Ⅰ型花岗岩中，因此，过去人们多认为绿柱石矿物的形成主要与这类花岗岩直接或间接相关，实际的情况也大致如此。研究结果发现，多数绿柱石产于岩枝状的花岗岩中，这种岩枝状岩体是岩浆活动晚期的气液充填围岩的裂隙形成的，由于有充分的结晶时间，因而结晶单晶体都很大，地质上称它们为伟晶岩，这意味着在其中的矿物晶体都具有很大的尺寸。但这些巨大晶体被石英、长石等包裹着，并由于各种原因而使之成为连绵的碎片，很少具有能作为宝石的清洁区。然而，若在伟晶岩中存在气体空隙，在它们里面形成的绿柱石晶体可以成为透明的和少瑕疵的，从而使之具备了作为宝石的质量。

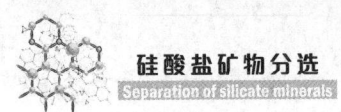

世界各地有着无法计数的花岗岩分布区，但仅在巴西、阿根廷、阿富汗、非洲、印度、马达加斯加、中国和美国等国家的少数伟晶岩中才有绿柱石矿化。同时，尽管已从这些成矿区开采了数以千吨的伟晶岩型绿柱石矿物，但其中能作为宝石用的却比较稀少。因此，绿柱石类宝石比较稀罕，并且随着接近地表的伟晶岩体逐渐被采完，这种宝石将更为罕见。

漂亮的绿柱石晶体（尤其是海蓝宝石和金色绿柱石）亦产于脉络状岩体内，这种岩体不能被列为伟晶岩。有时这些矿脉是沿着围岩裂隙形成的，形成的是地质上被称为云英岩（greisens）的岩体，在俄罗斯、乌克兰和蒙古等地区，都从这种岩体中发现了有美丽而透明的宝石级海蓝宝石和金色绿柱石。

如上所述，目前为止发现的绿柱石类宝石的确大多数与伟晶岩有关。但过去的采矿实践结果证明，绿柱石类宝石的骄子——祖母绿——却很少与伟晶岩有关。祖母绿晶体常产于富铁基性岩和酸性岩之间接触带的扁平沉积岩体或扁透镜状矿体中。接触带上的热和压力将原来存在的矿物转化成处于变质过程中的新矿物品种，例如，存在于伟晶岩和扁平沉积岩中的绿柱石被分解，并在变质作用下，它的成分进入云母片岩中。在那里重新结晶时，如果母岩中同时还存在微量的铬或钒，绿柱石就形成为祖母绿，即是说，在片岩型的祖母绿里，铍的矿化是由一侧的原生花岗岩岩浆提供的，而它的致色元素则归因于接触带另一侧的基性岩。片岩型矿床形成的祖母绿只能是小块的，且形态不佳，较破裂，并充满包裹体。

另外还有产自流纹岩中的绿色绿柱石，它发现于美国犹他州，后来在新墨西哥州也有发现，还有产在与富铁超基性岩结合的白云石大理岩中的绿柱石。

我国绿柱石矿床主要有以下3种成因类型：① 伟晶岩型，如新疆阿勒泰可可托海和库威、湖南幕阜山；② 云英岩型，如云南麻栗坡、四川平武；③ 石英脉型，如江西、广东等地。

新疆绿柱石宝石品种丰富，成因类型多样。新疆绿柱石族宝石成因类型主要有花岗伟晶岩型、气成热液型及相关的砂矿型，主要矿床类型及特征见表4-1。

表 4-1　新疆绿柱石宝石矿床成因类型

成因类型		围岩	产出宝石品种	共生矿物	特征	产地
内生矿床	伟晶岩型	交代作用较弱的钠长石微斜长石伟晶岩晶洞	海蓝宝石、绿色宝石、金黄色绿宝石、海蓝猫眼石等	电气石、石榴子石、黄玉、水晶、锂辉石等	晶洞大，晶体一般较大，反之较小；原生型宝石晶体较大，交代型一般较小	阿勒泰、哈密等地
		交代作用较强的锂辉石微斜长石晶洞	玫瑰色绿柱石	碧玺、锂辉石等		青河
		含宝石稀有金属斜长石伟晶岩	海蓝宝石（原生），黄色绿宝石、绿色宝石（交代而成）	碧玺、石榴子石、磷灰石等		阿勒泰
		含宝石稀有金属斜长石伟晶岩	玫瑰色绿柱石	碧玺、锂辉石等		青河
	气成热液型	脉体及接触带	海蓝宝石	电气石、石英、白云母等	交代型，一般晶较小	阿勒泰、哈密等地
		方解石石英脉、碳酸盐方解石脉	祖母绿	石英、黄铁矿等		南疆某地
外生矿床	砂矿型	砾石、砂石层	祖母绿、海蓝宝石及各色绿宝石、少量海蓝猫眼石		质量佳，晶体较小，有一定的磨圆	南疆某地、阿勒泰、哈密等地

4.2.1.3　矿物晶体的化学特性

绿柱石，化学式为 $Be_3Al_2(SiO_3)_6$，其中含有氧化铍（BeO）13.96%、氧化铝（Al_2O_3）18.97%、氧化硅（SiO_2）67.07%，有些绿柱石可含 Na、K、Li、Cs、Rb 等碱金属。碱金属含量与交代作用有关。六方晶系，晶体呈六方柱形，柱面有纵纹，晶体可能非常小，但也可能长达几米。富含碱的晶体则呈短柱状，或沿 $\{0001\}$ 发育成板状。常见单型：六方柱 $m\{100\}$，平行双面 $c\{0001\}$，其次为六方双锥 $s\{111\}$、$p\{101\}$、$o\{112\}$ 和六方柱 $a\{110\}$ 等。柱面上常有平行 c 轴的条纹，不含碱者比含碱的绿柱石柱面上的条纹明显。

晶体结构中，a_0 = 0.9188nm，c_0 = 0.9189nm；Z = 2。基本结构由 $[SiO_4]$ 四面体组成的六方环垂直 c 轴平行排列，上下两个环扭转 25°，由 Al^{3+} 及 Be^{2+} 连接；Al^{3+} 配位数为 6，Be^{2+} 配位数为 4，均分布于环的外侧，因而在环的中心平行 c 轴有宽阔的孔道，以容纳大半径阳离子 K^+、Na^+、Cs^+、Rb^+ 以及水分子（见图 4-6）。绿柱石由于具有独特的六方环路(loops)或环(rings)，传统上将其划归为环状硅酸盐，但其四面体骨架的三维联结性使之与真正的环状硅酸盐如电气石相区别。

该矿物解离时Be-O、Al-O键及Si-O键也有断裂，因此解离后矿物表面暴露了一些金属阳离子，同时Si和O键也得到了部分暴露；解离时由于环发生部分断裂，使充填在环中心的大半径阳离子K^+、Na^+、Rb^+、Cs^+也得到了暴露，这些阳离子易溶解于水中，与水中的H^+产生交换，使H^+吸附在矿物表面的氧区。另外，矿物表面暴露的金属阳离子Be^{2+}、Al^{3+}、Si^{4+}都能键合水中的OH^-。

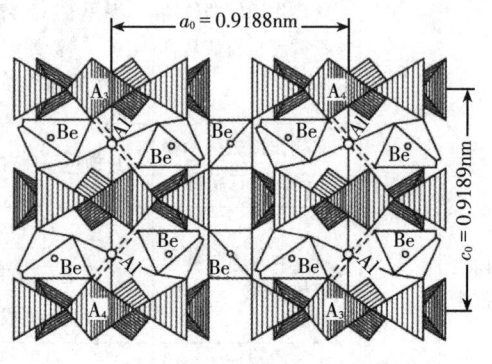

图4-6　绿柱石晶体结构（平行c轴投影）

4.2.1.4　分选理论与试验研究

(1) 手选法

手选法（见图4-7）是根据绿柱石与伴生脉石矿物间在外观特征（颜色、光

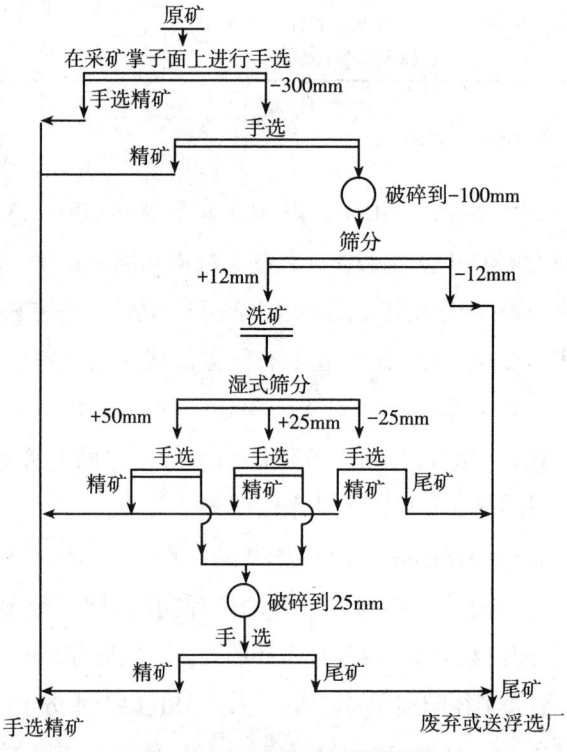

图4-7　绿柱石手选原则流程

泽、晶形)上的差异进行人工拣选得出绿柱石精矿的一种选别方法。手选常在慢速运动的皮带上进行。选别的矿石粒度通常大于10~25mm，其粒度下限的确定，主要取决于经济效果。为了提高手选效率，矿石在手选前常需预先筛分，必要时还需选矿，且工作区应有良好的照明。

手选法在国内外绿柱石精矿的生产中一直占有很重要的地位，是生产绿柱石精矿的主要方法。20世纪50年代，我国新疆、湖南、江西和广东等省区开始用手选法从伟晶岩或石类脉矿中生产绿柱石精矿，1959年仅新疆、湖南两省区手选生产出的绿柱石精矿就达2800t。1962年世界绿柱石精矿总产量为7190t，手选精矿占91%。但是，手选劳动强度大，生产效率低，选别指标差，资源浪费大，它正逐渐地为其他机械分选方法所取代。然而，伟晶岩中绿柱石晶体粗大、易选，手选仍为生产绿柱石精矿的重要方法之一。

(2)浮选法

浮选是选别低品位、细粒嵌布绿柱石矿的重要方法，国内外选矿工作者对此进行了广泛深入的研究，提出了拉姆法(Lamb)、拉比德西蒂法(Rabitd City)、朗克法(Runke)、卡尔冈法(Calgon)、艾格列斯法(Eigeles)等许多浮选绿柱石的方法。实践结果表明：无论使用阳离子捕收剂还是阴离子捕收剂，都能使绿柱石上浮，但如果没有选择性的调整剂相配合，都不能实现绿柱石与伴生脉石的有效分离。因此，绿柱石浮选前必须添加调整剂预先处理，根据预先处理时介质的酸碱度，人们把绿柱石的浮选流程划分为两类：一类为酸法流程，另一类为碱法流程。

① 酸法流程。酸法流程是预先用氢氟酸(或氟化钠+硫酸)处理矿浆，活化绿柱石，然后加捕收剂和起泡剂浮选绿柱石。

根据绿柱石在流程中选出的顺序，酸法流程又可细分为酸法混合浮选流程和酸法优先浮选流程两种。前者如丹佛(Denver)公司推荐的流程(见图4-8)：先在酸性介质中用胺类醋酸盐和起泡剂浮出云母，再加氢氟酸(HF)活化长石和绿柱石，用阳离子捕收剂混合浮选长石-绿柱石，混合精矿经洗矿(加次氯酸钙)、脱药后，用石油磺酸盐浮选绿柱石。丹佛公司处理含BeO为0.95%的原矿获得了含BeO达8.61%的绿柱石精矿，回收率为87.8%。

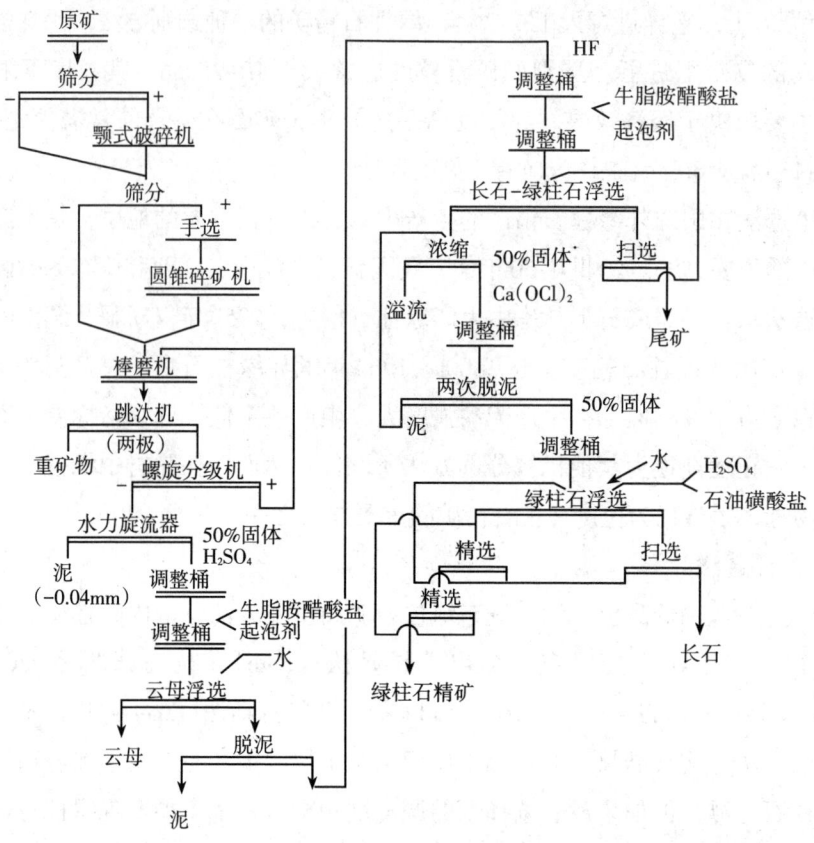

图4-8 丹佛公司绿柱石酸法混合浮选流程

酸法优先浮选流程则是用硫酸调浆，加阳离子捕收剂浮出云母，其后洗矿、浓缩，再加氢氟酸处理，在碳酸钠介质中用脂肪酸类捕收剂浮选绿柱石。美国某矿床的矿石含BeO 0.14%，磨到0.83mm，脱泥后加硫酸和阳离子捕收剂浮出云母，然后往浮选尾矿中添加氢氟酸以活化绿柱石，在碳酸钠介质中加油酸和中性油浮选绿柱石。浮选所得绿柱石精矿经磁选除去磁性矿物，最后得到含BeO 8.0%以上的绿柱石精矿，回收率达69%，同时还分别选出了纯度为93%~98%的云母、长石和石英产品，原则流程示于图4-9。

需要指出的是，上述浮选方法得到的绿柱石精矿品位不太高，常需用磁选、加温浮选或其他方法精选。当矿石中含有硫化物时，可用黄药将其首先浮出。如萤石较多，可在云母浮选后用少量水玻璃和阴离子捕收剂将它浮出，如矿石中含有较多强烈风化的长石，通常采用优先浮选可获得较好的结果。

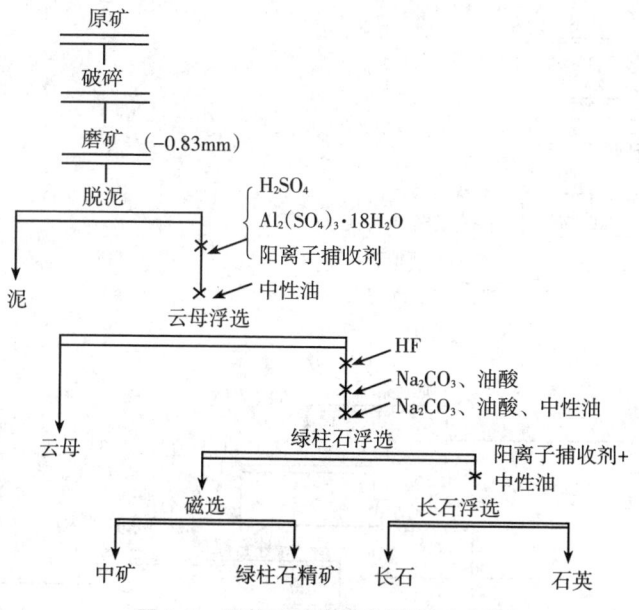

图4-9 绿柱石酸法优先浮选原则流程

国内外绿柱石浮选实践结果表明：矿石中与绿柱石伴生的某些重矿物（或称易浮矿物）如石榴子石、角闪石、电气石、磷灰石等对最终绿柱石精矿的质量影响颇大，应尽早排除。1963年，莫伊尔（Moir）等人提出了绿柱石精矿品位取决于原矿中重矿物含量的论点，强调了预先排除重矿物的必要性，并制定出先选重矿物的酸法绿柱石优先浮选流程。莫伊尔等人用BeO品位为0.2%的原矿成功地完成了连续试验，获得了BeO品位为10.9%的绿柱石精矿，回收率高于75%，连续试验流程示于图4-10。

② 碱法流程。碱法流程就是矿石在磨矿或浮选前用碱处理并洗矿、脱泥，然后加入脂肪酸类捕收剂和起泡剂浮选绿柱石。拉姆制定出碱法流程并对一伟晶岩绿柱石矿进行了试验，从含有1.3% BeO的原矿中选出了BeO品位为12.2%的绿柱石精矿，回收率为74.7%，原则流程示于图4-11。

我国早在1960年就开展了绿柱石碱法浮选流程的研究，采用了$NaOH$-Na_2S-Na_2CO_3或$NaOH$-Na_2CO_3调浆后直接浮选绿柱石的不脱泥、不洗矿的碱法正浮选简易流程，取得了工业试验的成功。该工艺的突出优点是革除了国外绿柱石浮选前矿浆必须脱泥和洗矿的复杂工序。新疆可可托海选矿厂铍系列的生产流程就是我国研制成功的这种碱法流程，其细节将在实例中叙述。

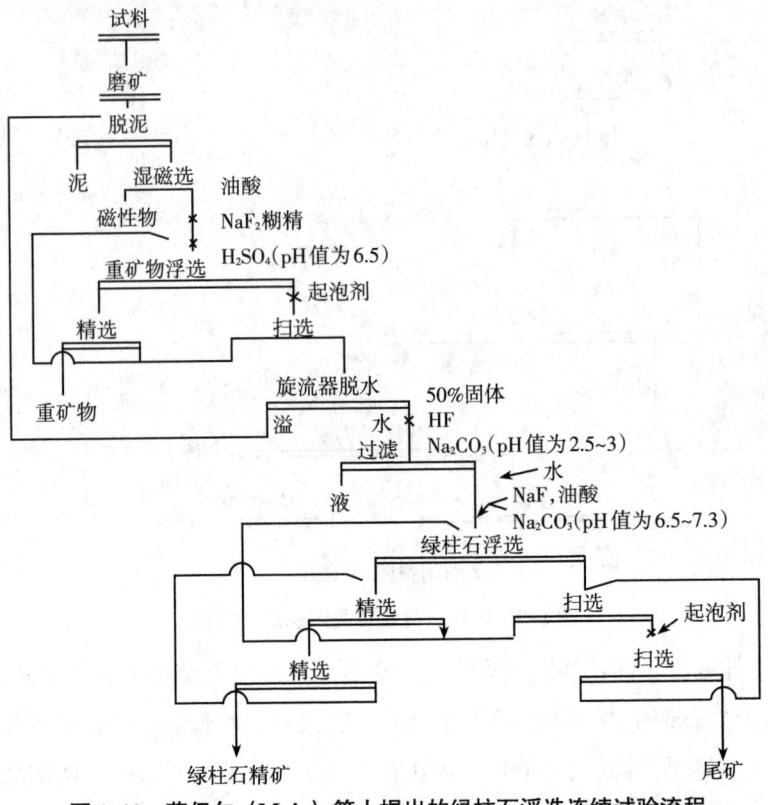

图4-10 莫伊尔（Moir）等人提出的绿柱石浮选连续试验流程

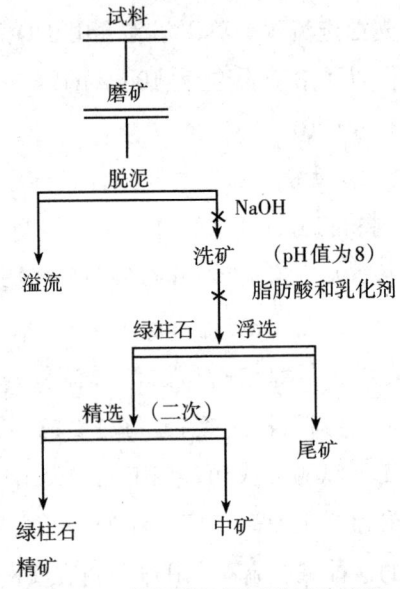

图4-11 拉姆绿柱石碱法浮选流程

针对手选法和浮选法，我国提出的精矿的工业指标见表4-2。

表4-2 绿柱石手选、浮选精矿技术指标分类

精矿种类	等级	BeO的质量分数/%	杂质的质量分数/%		
			Fe_2O_3	Li_2O	F
浮选精矿	1	≥10	≤2	≤1.2	≤0.5
	2	≥8	≤3	≤1.8	≤1.0
	3	≥8	≤4	≤1.8	≤1.0
手选精矿	1	≥10	≤4	≤1.5	≤0.5
	2	≥8	≤5	≤1.5	≤1.5

(3) 粒浮分选法

粒浮又称为柏浮或浮游重选，它是根据矿物表面物理化学性质上的不同，依靠表面张力的作用使疏水性矿物表面聚集许多小气泡结成团粒而浮于水面，亲水性矿物则沉于水底并按重选原理分选。粒浮在我国钨、锡矿选厂中应用较广，其主要设备为柏浮或溜槽。

粒浮法在选别绿柱石矿石中也获得了应用，20世纪50年代起，我国江西画眉场、荡坪、盘古山钨矿曾开展过试验并用于选别手选获得的低品位绿柱石精矿。其一般过程是：将手选低品位精矿闭路破碎到粒径2mm以下，脱泥后加入油酸钠、煤油等捕收剂调浆，然后静置2h左右，最后用溜槽进行粒浮。通常经一粗一扫可获得BeO品位为9%左右的绿柱石精矿，回收率为85%~90%。图4-12所示为江西某厂选别手选绿柱石低品位精矿的粒浮分选流程，最终精矿BeO品位为9.28%、回收率为90%。但由于此法劳动强度大、药耗高，应用范围有限。

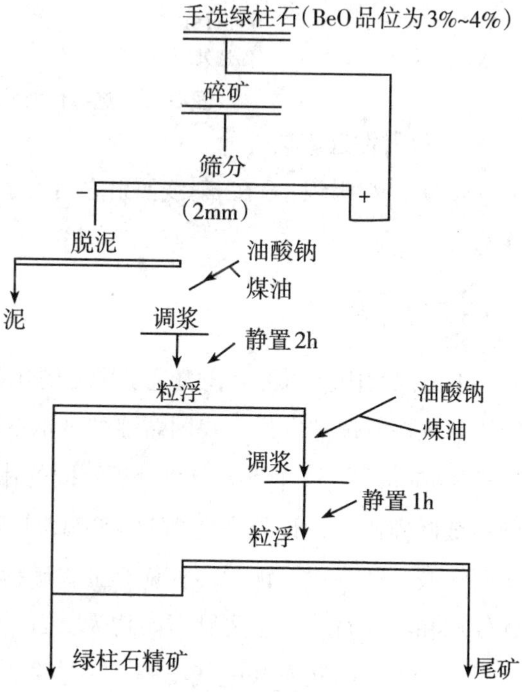

图4-12 粒浮分选流程

(4) 磁选法

此法仅用于分离出含绿柱石矿石中的某些磁性矿物（赤铁矿、磁铁矿）或弱

磁性矿物(石榴子石、黑云母、白云母、电气石、绿泥石等)时采用。

(5)选择性磨矿法

此法是根据绿柱石具有较高的硬度(莫氏硬度为7.5~8.0)，当它与较软的脉石矿物(如云母片岩、滑石等)在一起时，利用它们之间硬度的明显差异，采用选择性磨矿使易碎的脉石矿物磨细，而绿柱石仍保持较粗粒度，然后借助筛分可达到初步分离。其流程如图4-13所示。

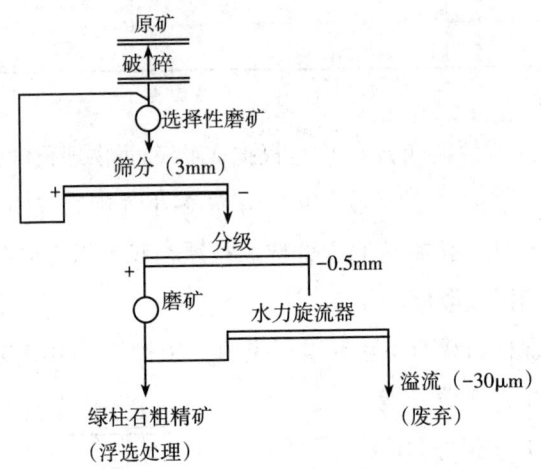

图4-13 选择性磨矿原则流程

(6)放射性选矿法

此法是利用绿柱石在γ射线照射之后发生放射性感应(放出中子)来进行自动拣选。

4.2.1.5 分选实践

下面以我国新疆可可托海选矿厂为例介绍绿柱石的分选实践。

可可托海选矿厂位于我国新疆维吾尔自治区境内。1976年建成投产，设计规模为750t/d，分3个系列分别处理不同的伟晶岩锂铍钽铌矿，其中一号系列选别高铍低锂矿，设计处理能力为400t/d，1977年正式投产。该厂处理的伟晶岩矿石含铍、锂、钽、铌等多种稀有金属矿物。有用矿物为锂辉石、绿柱石、钽铌铁矿和细晶石等；主要脉石矿物为长石、石英、云母，此外尚有少量石榴子石、角闪石、磷灰石和电气石等。一号系列处理的矿石含铍较高，但通常BeO含量不超过0.1%。

该厂破碎工段采用两段一闭路流程将原矿破碎到-20mm，然后经棒磨机粗磨后入旋转螺旋溜槽，选出钽铌粗精矿送精选车间处理，螺旋溜槽尾矿经球磨机和水力旋流器闭路磨到-0.1mm的占70%,然后浮选绿柱石。该厂设计时采用"三碱两皂一油"不脱泥碱法流程浮选绿柱石,即用Na_2CO_3、NaOH 和 Na_2S 作为调整剂,氧化石蜡皂、环烷酸皂和柴油为捕收剂组成的药剂制度,先浮出易浮矿物(石榴子石、角闪石、磷灰石等),然后进行绿柱石浮选和精选,产出绿柱石最终精矿。绿柱石浮选尾矿经 NaOH 活化并搅拌之后,加脂肪酸皂浮选锂辉石。1983年的生产流程示于图4-14。

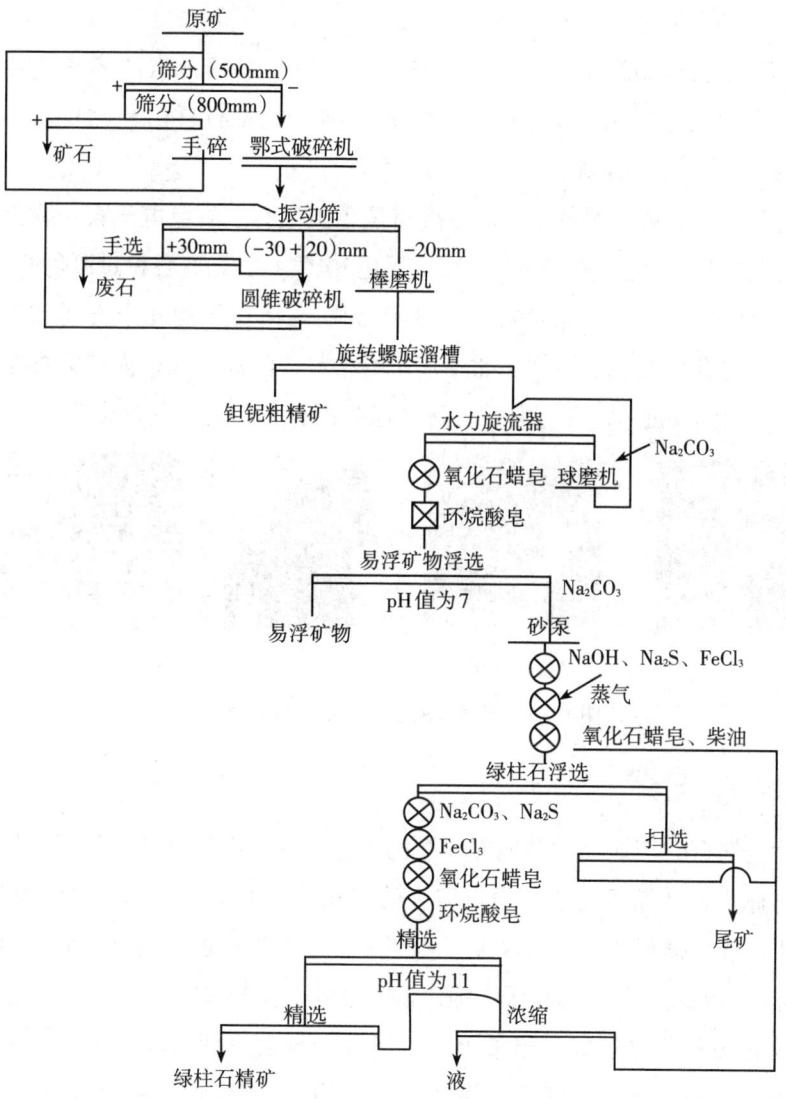

图4-14 新疆可可托海选矿厂一号系列绿柱石分选原则流程

4.2.2 电气石分选

电气石(tourmaline)俗称碧玺。由于电气石具有热电性及压电性(当均匀加热或者加压整个电气石晶体时，在晶体的对称轴两端会产生等量异号的电荷，从而在电气石表面附近存在静电场，具有电场效应)，容易因静电效应而带电，因而得名。N. Kamural 指出，电荷的产生有两个来源，一个是自发极化效应导致，另一个是受热振动或应力导致。

电气石是以含硼为主，还含铝、钠、铁、镁、锂等元素的环状硅酸盐矿物，主要化学成分为 SiO_2、TiO_2、CaO、K_2O、LiO、Al_2O_3、B_2O_3、MgO、Na_2O、Fe_2O_3、FeO、MnO、P_2O_5 等。

电气石成分复杂，颜色多变，主要有黑色电气石、红色电气石、绿色电气石、蓝色电气石、褐色电气石和灰色(或无色)电气石，还有各种过渡色调。

电气石的应用领域非常广泛，主要有如图 4-15 所示的几个方面。除此之外，电气石还有很多其他性能，如用作研磨材料、洗涤用品、人造纤维等，在环境保护、人体保健、电磁屏蔽、去污洗涤方面有着广阔的应用前景。

   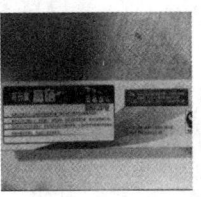

(a) 电气石陶粒　　(b) 电气石电磁屏蔽材料　　(c) 电气石偏光片　　(d) 电气石药膏

图 4-15　电气石的主要工业应用举例

4.2.2.1　资源情况

全球电气石的产地有许多地方，在巴西和非洲，电气石被大量开采作为宝石和矿物标本；在斯里兰卡，通过淘金的方式采集的电气石也适合作为宝石。除了巴西，在坦桑尼亚、尼日利亚、肯尼亚、马达加斯加、莫桑比克、纳米比亚、阿富汗、巴基斯坦和马拉维等地，都有电气石在开采。

我国电气石资源丰富，分布较广，资源量较大。到目前为止，全国除上海、天津、重庆、宁夏、江苏、海南及港、澳、台等地区外，其余省、自治区、直辖市都有电气石产出的报道，尤其是西部地区的电气石资源较丰富。在我国，电气石已知产地 150 多处，其中 80 余处有一定的规模。初步预计，我国的电气石储量在数千万吨，处在世界前列。根据我国陆地电气石矿产成因类型及产地分布，可大致划分9个相对集中的电气石产区：① 江西赣州安远、定南；② 江西婺源县；③ 云南及西藏东部地区；④ 新疆北部阿勒泰地区；⑤ 秦岭地区，河南三门峡；⑥ 山西太行山娘子关；⑦ 内蒙古大兴安岭带四王子旗；⑧ 黑龙江东部五大连池；⑨ 辽宁东部、吉林南部地区。

4.2.2.2 矿床特性

就目前已有资料，可将自然界中电气石的矿床成因归纳为花岗岩成因（包括伟晶岩中的电气石）、与花岗岩有关的热液交代成因、变质成因、热水沉积成因、蒸发沉积成因、碎屑沉积成因几种。从电气石矿物的成分可以反映矿床形成的环境，矿床中电气石的出现通常与交代作用有关，其中的硼或者来自外部来源（花岗岩浆），或者来自原地物质（如泥质岩、蒸发沉积岩）的淋滤。

电气石最重要、最常见的伴生矿床是与花岗岩有关的Sn-W矿床、层控W矿床和以沉积岩为容矿岩石的块状硫化物矿床，与层控和以沉积岩为容矿岩石的矿化有关的电气石被认为是裂谷环境下喷气活动的结果。例如，南非Sn-W矿床、新西兰南岛的Sn-W-Au矿床、北美哥伦比亚沙利文Pb-Zn矿床等，以及我国辽东地区的硼矿床和硫铁矿床、山西中条山铜矿床、广西大厂锡多金属矿床等。世界上许多大型、超大型贱金属、金、钨等矿床的电气石往往富镁或属于镁-铁连续固溶体系列，并与石英一起构成电英岩或电气石岩。Slack等认为，世界一些矿床中电气石岩和石榴子石石英岩的共生是硼喷气成因的证据，这种共生的电气石岩和石榴子石石英岩是以含较高的Fe、Mn、Zn和P为特征的，这种化学特征可作为一种找矿指示，形成的电气石岩也可作为时间-地层标志，可在勘查层状Pb-Zn-Ag矿床时使用，如澳大利亚布洛肯希尔的多金属矿床就属此类。与贱金属有关的富电气石岩或电气石岩，在成因上是由海底喷气作用形成的，或与其他热事件有关，一般形成于裂谷环境或大陆裂陷槽内，电气石岩不但可作为寻找该类矿床的重要标志，而且对其生成构造环境也有较好的指示意义。毛景文教授认为，与锡-钨多金属矿床和锂、铍、铌、钽矿床有关的花岗岩、伟晶岩、细晶岩及云英岩分别含有黑电气石和锂电气石-黑电气石固溶体系列。块状硫化物矿床和蒸发-萨布哈盐类矿床中的电气石为镁电气石-黑电气石固溶体系列，一般富镁。与花岗岩活动有关的矿床及矽卡岩中的电气石为黑电气石-镁电气石固溶体系列，通常相对富铁，偶尔有黑电气石和镁电气石。

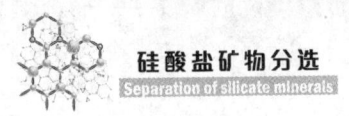

4.2.2.3 矿石结构构造特性

在电气石岩或矿体中，电气石矿石主要有层纹状、条带状、块状、团块状、斑杂状及浸染状等构造。电气石岩中的电气石含量一般大于20%，高者达90%，几乎全由电气石组成，如广西婺源电气石脉中的电气石含量大于60%；广西贵港龙头山金矿的矿石中，电气石含量达40%；广西大厂的纹层状电气石岩中在富含电气石的纹层中电气石含量达85%，在富含石英的纹层中，电气石含量为20%~30%；在辽东地区硫铁矿带中的纹层状电气石岩中，电气石含量一般为60%~85%，高者可达95%。黑龙江林口42号伟晶岩脉分异较差，以细粒结构带为主，在该带中，电气石含量为10%~15%，局部达25%~50%。

电气石岩中的电气石种类主要为黑电气石及镁电气石，或为铁镁电气石，锂电气石较少，主要出现于伟晶岩型电气石岩中；而在热水沉积岩型电气石岩中，镁电气石较发育。电气石晶形从自形、半自形、他形直到隐晶质的球粒状，一般伟晶岩型电气石晶体自形程度较高，花岗岩浆热液型次之，其余类型的电气石结晶形态较差，以他形及隐晶质为主。电气石晶体粒度也与成因类型密切相关，以伟晶岩型者粒度最大，如广西婺源地区伟晶岩中的电气石，常见0.6~30mm的短状柱晶体。花岗岩类热液型电气石的粒度次之，其余类型电气石的粒度一般均较细，如热水沉积岩型的电气石，广西大厂长坡-铜坑为2~8μm，辽东地区硫铁矿带中为0.1~0.2mm，山西中条山铜矿田中为0.01~0.05mm；山阳-柞水地区的硅质岩及钠长石岩中为5~50μm；又如火山-次火山热液型的贵港龙头山金矿中，部分电气石粒度为0.01~0.03mm。

4.2.2.4 矿物晶体的化学特性

电气石的化学式为$XY_3Z_6B_3Si_6O_{27}(OH,F)_4$，其中，X的位置主要被$Na^+$、$K^+$、$Ca^{2+}$占据，有时也会形成空位（此时可形成无碱电气石）；Y的位置主要被Li^+、Mg^{2+}、Fe^{2+}、Mn^{2+}占据，也可以被Cr^{3+}、Fe^{3+}、V^{3+}占据；Z的位置主要被Al^{3+}占据，也可以被Mg^{2+}、Fe^{3+}、V^{3+}占据；T的位置主要被Si^{4+}、Al^{3+}占据；V、W的位置则主要被OH^-、F^-、O^{2-}占据。电气石晶体结构（见图4-16）主要有两个基本结构层：第一层为由6个较规则硅氧四面体构成的$[Si_6O_{18}]$复三方环，配位数为9或10的X类阳离子位于其中心空隙（在环的中心空隙上方或空隙内，也有可能在空隙下方）；第二层为八面体层，包括中央含Y离子的大三重八面体（主要是

[Mg(Fe)O₅(OH)]三重八面体）；周围6个含Z离子的小八面体（主要是AlO₅(OH)八面体），且各大八面体间分布硼原子，共形成3个[BO₃]平面三角形。Y八面体与Z八面体共棱并共一顶角联结而形成水镁石结构，Z八面体共棱联结成平行于c轴的螺旋柱。阳离子质量浓度与离子半径是影响电气石晶格常数的主要因素；Fe和Mg元素对电气石晶格常数有较大影响，随Fe或Mg元素含量增加，晶格常数增大。不同种类电气石的晶格常数有较大差异，电气石的外观色泽与晶格常数对应关系良好。

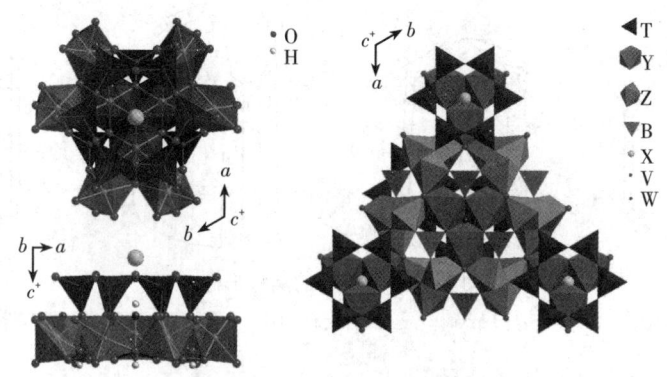

图4-16　电气石晶体结构

电气石结构复杂，其中也包含丰富的团簇结构，电气石岛状含硼硅酸盐定向团簇{X[SiO₄]₆[BO₃]₃[YO₆]₃}，主要是硅氧四面体六元环团簇结构、Y结晶学位置阳离子三八面体团簇结构和Z结晶学位置阳离子八面体团簇结构。这3个团簇之间并不是完全独立的，而是通过共氧连接在一起的。

电气石的团簇结构变化规律如下：电气石岛状含硼硅酸盐定向团簇{X[SiO₄]₆[BO₃]₃[YO₆]₃}，变化最明显的是在硅氧四面体六元环或复三方环结构，随着其化学成分的变化，其硅氧四面体六元环发生巨大的变化。在Y结晶学位置阳离子三八面体结构和Z结晶学位置阳离子八面体结构中，主要发生的结构变化是随着成分的变化，原子占位由Y结晶学位置阳离子八面体转移至小的Z结晶学位置阳离子八面体，导致Y、Z结晶学位置阳离子八面体的收缩，进而引起Y、Z结晶学位置阳离子八面体键长和键角的扭曲加大。

电气石是一种含硼的带有附加阴离子的环状硅酸盐类矿物，主要化学成分为SiO_2、FeO、Fe_2O_3、B_2O_3、Al_2O_3、Na_2O、MgO、Li_2O、MnO_2等。电气石属三方晶系，其矿物的晶体结构非常复杂，普遍认为其基本单元主要是硅氧四面体[SiO₄]₆的复三方环。复三方环中，每一个硅氧四面体同侧顶角方向一致，形成配位数为9的空隙，而钠、钙或镁等金属元素填充在此空隙中。

电气石晶体呈柱状，晶体两端晶面不同，因为晶体无对称中心。柱面上常出现纵纹，横断面呈球面三角形(见图4-17)，这是因为发育一系列高指数晶面引起的。至于为什么发育一系列高指数晶面，可能与表面能有关，因为从几何的角度来看，三方柱的表面能是比较大的，发育为球面三方柱会降低表面能，但球面三方柱必导致部分高指数晶面的发育。双晶依{101}或{401}发育，但较少见。集合体呈棒状、放射状、束针状，亦呈致密块状或隐晶质块状。

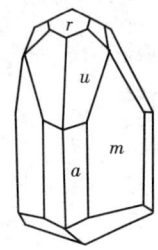 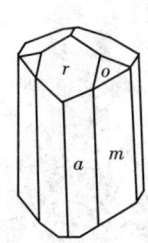 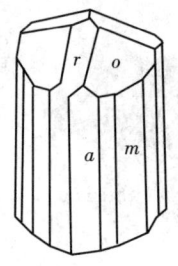 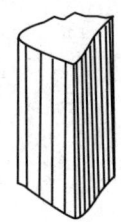

图4-17 电气石的晶体形态

(三方柱$m\{01\bar{1}0\}$；六方柱$a\{11\bar{2}0\}$；三方单锥$r\{10\bar{1}1\}$，$o\{02\bar{2}1\}$；复三方单锥$u\{32\bar{5}1\}$)

4.2.2.5 分选理论与试验研究

迄今为止，已发现的天然高纯度电气石资源很少，高纯度结晶完好的电气石可用作宝石材料。多数电气石矿石中不同程度地含有石英、长石、石榴石、云母等矿物。因此在某些工业用途方面要对电气石进行选矿提纯。

绝大多数应用领域要求对电气石进行粉碎加工。在功能纤维、涂料或涂层材料等中应用的电气石必须进行超微细或超细加工。目前电气石的细磨(加工43~104μm的细粉)主要使用悬辊式盘磨机(即雷蒙磨)。由于电气石的硬度高而且韧性大，超细粉碎主要采用湿法工艺。超细粉碎设备大多采用湿式搅拌磨、砂磨机或研磨剥片机。

对电气石选矿的研究始于20世纪40年代，是以提供硼酸原料为目的而进行的，为了使电气石B_2O_3的含量达到8%以上，对电气石进行了手选、重选、浮选和磁选方面的研究，浮选、重选和磁选结果见表4-3~表4-5。

表4-3 电气石浮选结果

试验单位	矿种	B_2O_3原矿品位/%	B_2O_3精矿品位/%	B_2O_3回收率/%
太平矿业大宫研究所	三菱尾平矿	7.32	9.00	70.00~80.00
上农矿山	伴生Au、Cu、Co的云母电气石石英片岩	2.00	7.00~8.00	70.00~80.00

续表 4–3

试验单位	矿种	B_2O_3原矿品位/%	B_2O_3精矿品位/%	B_2O_3回收率/%
上农矿山	伴生 Au、Cu、Co 的云母电气石石英片岩	3.00	9.00	70.00~80.00
上农矿山	伴生 Au、Cu、Co 的云母电气石石英片岩	4.00	9.00~10.00	70.00~80.00
东邦产研	药王寺的电气石石英脉	5.19	8.12	70.00~80.00
朝鲜日矿矿山	日光矿山的电气石石英脉	2.30	8.73	70.00~80.00

表 4–4 电气石重选结果

试验单位	B_2O_3原矿品位/%	B_2O_3精矿品位/%	精矿粒度/mm	B_2O_3回收率/%
三菱尾平矿山	1.00	9.25	0.18	32.00
太平矿业大宫研究所	7.32	9.56		

表 4–5 电气石磁选结果

试验号	B_2O_3指标/%	精矿	中矿	尾矿
1	品位	8.2	6.1	2.7
	回收率	20.0	33.0	47.0
2	品位	7.9		2.6
	回收率	48.0		52.0
3	品位	7.6	6.1	3.9
	回收率	27.0	31.0	42.0

国内在电气石选矿提纯方面也进行了研究。张华等对陕西汉中的黑电气石进行了磁选提纯试验研究，通过粗粒干式永磁选与细粒湿式强磁选，电气石品位由50%左右提高到80%~90%。魏健等对电气石进行了浮选试验，采用油酸作为捕收剂，选别流程为一段磨矿、一次粗选、一次精选、一次扫选，获得了电气石原矿品位45.00%，精矿品位90%、回收率98%以上的良好指标。张开永等用塔尔油、氧化石蜡皂作为捕收剂进行浮选试验，采用一粗、一扫的流程，获得了电气石原矿品位43.28%，精矿品位90.00%、回收率79.27%的指标。

任飞采用化学分析、岩矿鉴定、X射线衍射分析、红外光谱分析、差热分析等分析测试手段对内蒙古电气石矿石性质、电气石类型及结构特征、电气石相变进行了研究，并确定了内蒙古电气石类型。研究了内蒙古电气石及其电气石陶粒对酸碱溶液、去离子水、自来水的影响，用pH值、电导率进行了表征，并进行了机理分析，结果表明，内蒙古电气石具有改变水溶液pH值并使之趋于7的功能，还可反复利用。提出了溶液的pH值的改变是受到矿物表面羟基化与电气石的电极反应影响的结果。首次确定了内蒙古电气石磁选分离工艺流程和条件，将原矿品位（电气石含量）70%的电气石提纯到95%以上。用扫描电镜、能谱和X射线衍射分析对内蒙古电气石表面性质进行了研究，并且首次用晶体化学和溶液化学理论对电气石的可浮性原理进行了分析。用等电点法、YSD（Yoon, Salman 和 Donnay）方程和晶体化学法对电气石零电点进行了计算，并与用电泳法测得的电气石零电点进行了比较分析，计算了电气石晶体结构中M—O键的键长、静电价强度、离子键成分、库仑力、相对键合强度、极性和键价。分析结果表明，电气石表面部分难溶的阳离子Fe^{2+}、Mg^{2+}、Al^{3+}与油酸根离子发生了化学吸附；另一方面，电气石晶体表面与水发生接触时，表面的Na^+、Ca^{2+}阳离子解离、矿物表面羟基化，电气石表面荷负电，又能与十二胺发生静电吸附。另外，提出了电气石浮选回收率的高低与捕收剂离子-分子缔合的浓度变化相关。确定了采用搅拌磨制备内蒙古电气石粉体的适宜工艺条件，并对电气石粉体进行了粒度分析和红外发射率、释放负离子浓度的测试及机理分析。用硬脂酸、硅烷偶联剂、硅油和钛酸酯偶联剂作为改性剂对内蒙古电气石粉体进行表面改性研究，获得了较好的改性效果；探讨了温度、时间和改性剂添加量等因素对内蒙古电气石改性效果的影响，用活化度进行了表征；红外光谱分析结果表明，改性机理为化学吸附。

4.2.2.6 分选实践

我国电气石属易采易选矿种，品位高、质量好，开发前景广阔。过去人们一直将电气石作为宝石矿物对待，对电气石的非宝石应用研究得较少，致使大量的不能作为宝石的电气石资源得不到开发利用，或者仅作为研磨材料的原料。与一些发达国家相比较，我国在电气石的研究与开发方面存在较大的差距，有关电气石综合性和基础性的研究报道及产品开发较少，应大力加强电气石作为工业矿物的深层次利用价值的研究。

电气石，尤其是黑电气石一般都具有磁性，因此可采用干式或湿式磁选的方法与石英、长石、白云母等矿物进行分离。由于目前市场的用量还较少，因此，主要以手选为主，尚未大规模地采用机械选矿工艺。

4.2.3 堇青石分选

堇青石（cordierite）的分子式为$2MgO \cdot 2Al_2O_3 \cdot 5SiO_2$，其理论组成为MgO含

量13.7%，Al_2O_3含量34.9%，SiO_2含量51.4%。实际上，堇青石的化学成分常与理论组成有一定的差异，Mg^{2+}离子的类质同相置换，最常见的是Fe^{2+}置换Mg^{2+}，其次是Mn^{2+}、Ca^{2+}等，Si^{4+}与Al^{3+}之间的类质同相置换导致了SiO_2/Al_2O_3比例的变化，同时必须有Na^+、K^+等碱金属离子进入通道以保持电价平衡。堇青石含铁较高时称为铁堇青石，含锰高时称为锰堇青石。

堇青石有3种晶型：α-堇青石，六边对称型结构，在温度区间1000~1300℃快速结晶形成；β-堇青石，斜方晶系，950℃下结晶形成，这也是天然堇青石中常见的晶相；μ-堇青石，菱形晶相，925℃下由堇青石玻璃相结晶形成，这种晶相也被称作一种铝镁硅酸盐。堇青石的晶体结构中因有较大的空隙，对称性较低且结构不紧密，当温度升高时，分子受热震动有足够的空间，故热膨胀非常小，因此堇青石有良好的抗热震性能和较低的热导率。堇青石具有热膨胀系数低、热导率小、抗热震性能好、介电常数低、介电损耗小、化学稳定性好等特点，但其机械强度较小，在某些领域限制其应用。天然堇青石大矿床至今还未被发现，工业上用的堇青石大都是人工合成的。

（1）热膨胀性

堇青石之所以得到越来越广泛的应用，最重要的原因是它具有很低的和可调节的热膨胀系数。接近理想成分的稳定态堇青石在受热时沿 c 轴产生收缩，沿 a 轴产生膨胀，而多晶集合体的热膨胀系数是这种膨胀与收缩的综合表现。

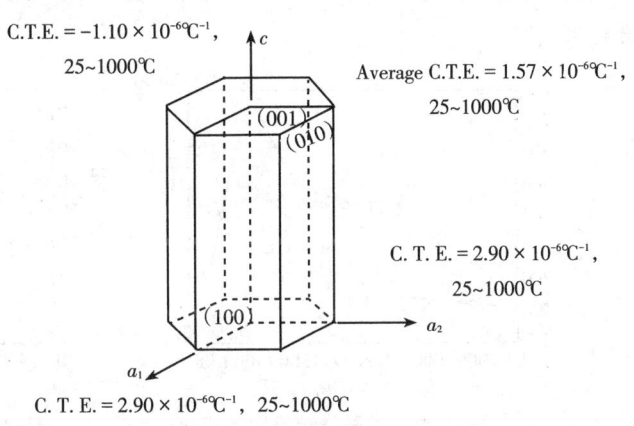

图4-18 堇青石晶体各轴的热膨胀系数

Fischer等人研究得出堇青石晶体各轴向的热膨胀系数C.T.E.(coefficient of thermal expansion)及其整体平均C.T.E.，如图4-18所示。堇青石的整体平均C.T.E.小于$2×10^{-6}$/℃(RT约为1000℃)。

堇青石单晶以及多晶烧结体的热膨胀系数随着成分的不同有很大的变化（见图4-19）。在400℃以下固相反应生成的堇青石 a 轴的热膨胀系数和 c 轴的线收缩系数都比由玻璃重结晶的大。这可能是由于成分的微小变化所致，也可能重结晶堇青石中包括了一些结晶度较低的晶核。

堇青石合成材料往往是众多微小单晶无定向排列的集合体,同时不同程度地夹有孔隙、玻璃质及其他晶相。因此,材料所表现出的热膨胀性往往与单晶所表现出的结果存在明显差异。

(2) 抗热震性

抗热震性被认为是高温结构陶瓷的一个重要性质。图4-20(a)表示了用水解微粉烧结的堇青石陶瓷的临界温度差ΔT_c随烧结温度的变化规律。从图中可以清楚地看出,由于在1100℃以下烧结体中的主晶相是μ-堇青石,因而抗热震性不好。当温度高于1100℃时,α-堇青石成为主晶相,因此,抗热震性有一个跳跃或增加。而在1400℃处,ΔT_c的峰值则是因为在过高的温度下烧结,晶体的快速生长抑制了坯体的收缩,从而使烧结体的密度较低所致。

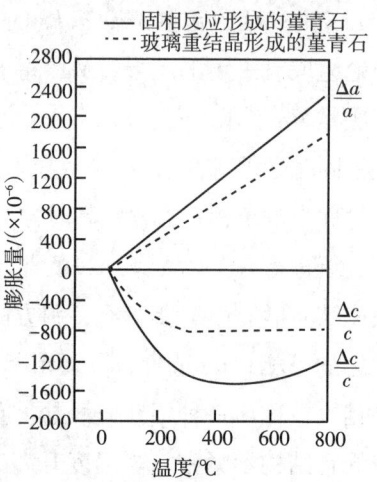

图4-19 固相反应形成的堇青石与玻璃重结晶形成的堇青石热膨胀曲线比较

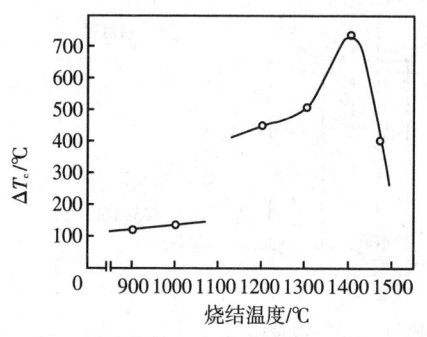

(a) 临界温度差随烧结温度的变化

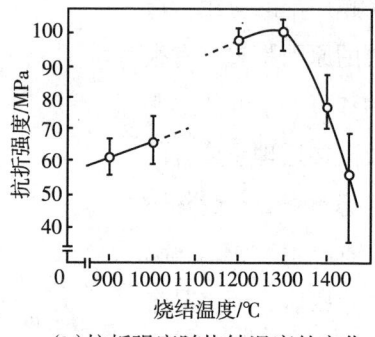

(b) 抗折强度随烧结温度的变化

图4-20 堇青石陶瓷材料临界温度差和抗折强度随烧结温度的变化

(3) 机械性能

堇青石材料的强度与其他氧化物(如ZrO_2、Al_2O_3)、非氧化物(如SiC、Si_3N_4、AlN)相比,算不上是一种高强结构材料,但其特有的低热膨胀系数使堇青石材料仍不失为一种重要的高温结构材料。堇青石的机械性能与合成方法有着密切的关系。图4-20(b)是Suzuki等用水解微粉等静压成型后无压烧结的堇青石陶瓷的抗折强度。

(4)电学性能

新一代计算机系统要求的高性能集成电路，使得低介电常数的陶瓷基片的发展得到了极大的重视。同时，这些陶瓷基片还必须具有足够大的电阻率以承受高的线路密度。传统的刚玉基片的介电常数为9.8。虽然近年来新发展起来的莫来石陶瓷基片的介电常数为6.7，比刚玉基片有较大进步，但人们还是希望开发出更低的介电常数的陶瓷基片，堇青石陶瓷基片便应运而生。表4-6比较了典型的堇青石基片与刚玉基片的各种物理性能。

表4-6 堇青石与刚玉基片物理性能比较

物理性质	堇青石	刚玉
电阻率/($\Omega \cdot cm^{-1}$)	$(3\pm1) \times 10^{15}$	$10^{11} \sim 10^{14}$
热膨胀系数/($\times 10^{-7} ℃^{-1}$)	15.5±1.5	65~70
介电常数(1MHz条件下)	5.35±0.15	10±
抗折强度/MPa	133±10	150±
热导率/($W \cdot m^{-1} \cdot K^{-1}$)	1.9±0.4	29±
密度/($g \cdot cm^{-3}$)	2.548	3.96±

注：据Bridge等，1985。

堇青石是一种具有多种用途的非金属矿物原料，被广泛应用于冶金、电子、汽车、化工、环境保护等领域，可用作优质的耐火材料、电子封装材料、催化剂载体、泡沫陶瓷、印刷电路板和低温热辐射材料等。堇青石既可单独作为材料使用，又可与其他材料进行复合，制备出复合材料。材料复合的设计思想和研究方法是，在单元组分材料的基础上，设计多相复合材料，利用各相优势互补，克服单相组成材料在性能上的局限，使材料的综合性能有较大的提高，从而拓宽材料的应用范围。主要应用举例如图4-21所示。

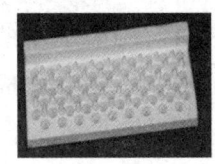

(a) 堇青石-氧化铝复合陶瓷　(b) 高炉用莫来石-堇青石复合耐火砖　(c) 堇青石蜂窝陶瓷　(d) 堇青石雷达天线罩透波材料

图4-21 堇青石的主要工业应用举例

与国外相比，国内对堇青石材料的研究起步较晚，无论是产品质量还是生产规模都与国外存在较大差距，尤其是作为汽车尾气净化触媒载体的堇青石质蜂窝陶瓷。据资料登载，比较好的成果有以下几例：1990年，李家驹等利用海城绿泥石和高岭土作为合成堇青石的主要原料，配料的化学组成（质量分级）为SiO_2 50.15%，Al_2O_3 34.04%，MgO 13.46%，于1320℃合成出膨胀系数为$1.8×10^{-6}/℃$（22~800℃）的堇青石；1997年，田惠英、郭海珠在研制堇青石-莫来石棚板时合成的堇青石材料$\alpha = 2.46×10^{-6}/℃$（20~800℃），显气孔率为27%；1998年，张效峰等在进行堇青石干法合成技术的研究中合成出堇青石相95%，$\alpha = 2.4×10^{-6}/℃$（20~1000℃）的熟料。此外，南京化工学院（今南京工业大学）的田雨霖采用废玻璃纤维和高纯Al_2O_3、SiO_2、MgO在常压下小于1200℃，4~8h人工合成了高纯堇青石。西安建筑科技大学的薛群虎、尹洪峰等对叶蜡石合成堇青石的工艺及堇青石质原料合成中的致密化等进行了研究。洛阳耐火材料研究院的黄万钛、中国科学院地球化学所的王辅亚等也对堇青石的性能进行了大量研究，探讨了结构状态、合成温度与热膨胀系数之间的关系，为国内堇青石制品的研制奠定了基础。

国内开展堇青石质材料研究的单位有上海硅酸盐研究所、山东工业陶瓷研究设计院、中科院建筑材料科学研究院中岩总公司、咸阳陶瓷研究设计院等。主要生产厂家有北京大华陶瓷厂、天津津林陶瓷有限公司、江苏宜兴无机非金属化工机械厂、浙江嘉兴八一电工陶瓷厂等，但大多处于小规模生产和试制阶段，生产的堇青石蜂窝陶瓷热膨胀系数（室温至800℃）为$2.0×10^{-6}/℃$左右，抗热震性一般为500~550℃。

4.2.3.1 资源情况

堇青石在自然界中分布较广，但很少富集成矿。天然堇青石中常含铁元素，但大部分堇青石是富含镁元素的。镁和铁可以进行同象替代，当镁含量高于铁含量时，称为堇青石，由于印度出产的富镁堇青石较为典型，所以又称为印度石；当矿物中铁元素含量高于镁元素含量时，称为铁堇青石。堇青石的主要产地为巴西、印度和斯里兰卡，我国只有台湾地区有少量发现。人工合成堇青石是现阶段堇青石制品的主要来源。

4.2.3.2 矿床特性

堇青石是由含铝量较高的岩石经过中度到高度热力变质作用形成的，多产于片麻岩内或含铝量较高的片岩中，在花岗岩或蚀变火成岩内也时有发现。堇青石晶体多呈短柱状，在晶体内偶尔含有硅线石、尖晶石、锆石、磷灰石、云母等包裹体，颜色一般呈浅蓝、深蓝或灰蓝色，部分为无色、白、灰、浅黄、浅紫或浅褐色，而经过风化的则略带绿色，若风化程度增加，堇青石可变为云母、绿泥石或滑石。天然的堇青石大矿床至今还未被发现，工业上用的堇青石大都是人工合成的。

具有开采价值的天然堇青石矿床较为少见。据报道，在美国怀俄明州的拉勒米(LaraiBie)有一处天然堇青石矿床，原矿是含70%~80%堇青石的特殊变质岩，储量据称有50万吨。我国新疆拜城红柱石矿床的堇青石-黑云母-红柱石型矿石中含堇青石5%~10%，但至今均未见有开采和使用。天然堇青石的产出状态有相当大的差别，但它们的化学组成却极为相似，常含有FeO，其含量随着MgO被取代而增加(Fe^{3+}可完全取代Mg^{2+}而成为铁堇青石——$2FeO·2Al_2O_3·5SiO_2$)，均含有2%左右的水。此种水存在于堇青石结构中6个[SiO_4]连接成的环状结构沿c轴方向呈筒状的空隙内，与结构本质并无直接关系，因而，天然堇青石仍可以看成是无水的岛状结构硅酸盐。

4.2.3.3 矿物晶体的化学特性

堇青石的晶体结构见图4-22，而实际上，堇青石的化学成分常与其理论组成有一定的差异，首先是M^{2+}离子的类质同象替换，最常见的是Fe^{2+}替换Mg^{2+}，其次是Mn^{2+}、Ca^{2+}等。Si^{4+}与Al^{3+}之间的类质同象替换导致SiO_2/Al_2O_3的变化，同时必须有Na^+、K^+等碱金属离子进入通道以保持电价平衡。当堇青石中含铁较高时，又称为铁堇青石；当含锰较高时，又称为锰堇青石。存在于堇青石结构通道内的挥发分主要为H_2O和CO_2，其他挥发分如He、Ar、CO、N_2、O_2、Ne、H_2S也有发现。大多数天然堇青石中H_2O和CO_2的质量分数不超过2.0%。但用实验方法，Johannes等能够得到每个分子中含有1mol H_2O或CO_2的堇青石(2.99% H_2O或6.99% CO_2)。

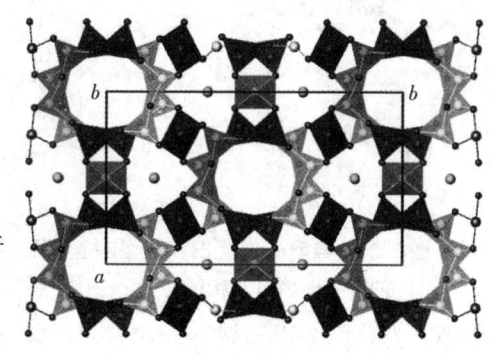

- 镁原子
- 氧原子
- 硅原子或铝原子

图4-22 堇青石的晶体结构

董青石的晶体结构类似于绿柱石，即绿柱石结构中的Al被Mg所取代，而Be被Al所取代。电荷的不平衡导致在环状网络阴离子里有一个硅氧四面体被铝氧四面体置换。在高温条件下，六联环中的[AlO_4]四面体作无序分布，即Si-Al无序替代，因此，高温下成六方晶系，也称为印度石。在低温条件下，Si-Al之间变成有序替代。[AlO_4]四面体只能位于六联环的一个特定位置上，这样使董青石成为斜方晶系。此外，其间还有过渡型存在。为了鉴定和区分董青石的结构类型，日本的都成秋穗等人定义了一个被称为畸变度的量Δ，即$\Delta = 2\theta_{31}-(2\theta_{511}+2\theta_{421})/2$。W. Schrery认为，用$\Delta$值作图来表示董青石的这种结构变化是很方便的。他将过去称为印度石($\Delta=0$)的相定为高温相董青石。后来，W. Schrery等人又引入了峰宽指数$W_{1/3}$来描述董青石的结构变化，并认为峰宽指数比Δ值更能灵敏地反映董青石的结构变化。人们通过红外光谱研究，特别是近期的核磁共振谱研究，更清楚地表明，在从高温相到低温相转变的过程中，先出现短程有序，后出现长程有序。Δ值和$W_{1/3}$值仅反映长程有序的变化。用红外光谱的分裂指数表示短程有序的变化较为灵敏。最近，E. Salie等人又引入了一有序参数Q来作为相转变参数，并且用Landou理论进行分析，推断出董青石应有5个变体。但不管是自然界还是人工合成的，现在只发现了3种：六方、斜方和过渡型结构。

董青石也是一种被广泛应用的陶瓷和耐火矿物原料，目前发现它有3种变体，即高温型α相、低温型β相(如图4-23所示)以及亚稳态μ相。自然界中大量出现的董青石属斜方晶系，应归为β-董青石(属斜方晶系，空间群为$Cccm$，晶

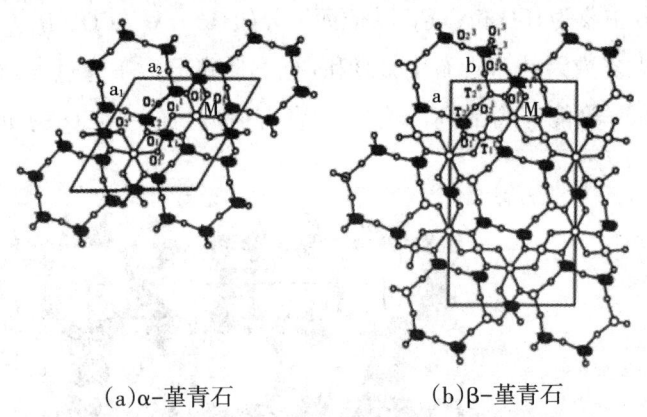

(a)α-董青石　　　　　(b)β-董青石

图4-23　典型α-董青石和典型β-董青石的结构比较

注：图(a)中，T_1是富硅的位置，T_2是富铝的位置；图(b)中，实心圆点的T_1、T_2原子为硅所占据，空心圆圈的T_1、T_2原子为铝所占据，较大圆圈M代表八次配位的二阶离子，较小圆圈为氧原子。

胞参数为：$a=1.708$nm，$b=0.974$nm，$c=0.934$nm）；而天然的α-堇青石因最早发现于印度Bokaro煤田的火烧岩(该岩层原为泥质沉积岩，由于下伏煤层自燃而发生高温低压的变质作用)中，故又称为印度石(Indialite，属六方晶系，空间群为$P6/mcc$，晶胞参数为：$a=0.980$nm，$c=0.934$nm）；μ-堇青石属亚稳态的矿物。在人工合成材料时，温度大于1150℃就会出现α-堇青石，若在1450℃以下保温，α-堇青石则会转化为β-堇青石。μ-堇青石则是堇青石的低温相在850~925℃发生重结晶时生成的矿物相，若在925~1150℃长时间保温，则可转化为α-堇青石或β-堇青石，但这种转化是不可逆的。相对于μ-堇青石，高温六方变体α-堇青石和低温斜方变体β-堇青石更为稳定，它们具有相似的架状结构。

本章参考文献

[1] 阮青锋,张良钜,张昌龙,等. 绿柱石的成因与特征的研究[J]. 矿产与地质,2008,22(3):265-269.

[2] 刘柳辉. 绿柱石浮选粉矿生产工业氧化铍的实践[J]. 稀有金属与硬质合金,2002,30(4):25-26.

[3] 周维志. 绿柱石优先浮选及其与锂辉石分离的研究与实践[J]. 金属学报,1980,16(3):249-262.

[4] 《选矿手册》编辑委员会. 选矿手册:第八卷第三分册[M]. 北京:冶金工业出版社,1990.

[5] 毛景文,王平安,王登红,等. 电气石对成岩成矿环境的示踪性及应用条件[J]. 地质论评,1993,39(6):497-507.

[6] Van Hinsberg V J, Henry D J, Marschall H R. Tourmaline:an ideal indicator of its host environment[J]. The Canadian Mineralogist,2011,49(1):1-16.

[7] Bejjaoui R, Benhammou A, Nibou L, et al. Synthesis and characterization of cordierite ceramic from Moroccan stevensite and andalusite[J]. Applied Clay Science,2010,49(3):336-340.

[8] 张巍. 堇青石综合利用现状与展望[J]. 矿物岩石地球化学通报,2015,34(2):426-442.

[9] Benito J M, Turrillas X, Cuello G J, et al. Cordierite synthesis: a time-re-

solved neutron diffraction study[J]. Journal of the European Ceramic Society,2012,32(2):371-379.

[10] Efremov A M, Bruno G, Wheaton B R. Texture coefficients for the simulation of cordierite thermal expansion:a comparison of different approaches [J]. Journal of the European Ceramic Society,2011,31(3):281-290.

[11] 孟彬,彭金辉,刘永鹤,等. 微波冶金用堇青石莫来石耐火材料制备及性能[J]. 材料科学与工艺,2011,19(3):32-36.

[12] Goren R,Gocmez H,Ozgur C. Synthesis of cordierite powder from talc,diatomite and alumina[J]. Ceramics International,2006,32(4):407-409.

[13] 倪文,陈娜娜. 堇青石矿物学研究进展Ⅰ:堇青石的结构与化学成分[J]. 矿物岩石,1996(4):126-134.

[14] 倪文,陈娜娜. 堇青石矿物学研究进展Ⅱ:人工合成堇青石的物理性质[J]. 矿物岩石,1997(2):110-119.

5 链状结构硅酸盐矿物的分选

链状结构硅酸盐矿物为金属元素与链状硅酸络阴离子形成的化合物。矿物中的阳离子主要有 Ca^{2+}、Na^+、K^+、Mg^{2+}、Fe^{3+}、Mn^{2+}、Ni^{2+}、Li^+、Al^{3+}、Cr^{3+}、Ti^{4+} 等。链状结构硅酸盐矿物呈柱状、针状及纤维状晶形,具有硬度中等、密度中等及具有两组解理的特征,它们形成的主要矿物包括锂辉石、硅灰石、硅线石、透闪石、透辉石、霓石等。本章将以这些典型的链状结构硅酸盐矿物为基础,从该类矿物的资源情况、矿床特性、矿石结构和构造、矿物晶体化学特性、矿物分选理论与试验和分选实践等方面详细介绍链状硅酸盐矿物的性质及其分选特点。借助典型链状结构硅酸盐矿物的分选实例,阐述硅酸盐矿物链状骨干结构特点与分选工业实践的内在联系。

5.1 链状结构硅酸盐矿物的分选特点

链状硅酸盐矿物主要由链状硅氧骨干组成,骨干内外分别以共价键和离子键为主,具离子晶格属性。矿物结构紧密,阳离子电荷高,莫氏硬度在5~6之间。常出现平行于链体的中等-完全解理,如辉石、角闪石等。含链状硅酸盐矿物的矿石性质和组分分布因矿床和产地的不同而存在明显差异,因此,其分选工艺也通常较复杂。

链状结构硅酸盐矿物解离时,充填或补偿电荷的大半径阳离子与矿物晶格中氧相联结的键易发生断裂,在水溶液中,这些阳离子与水中的 H^+ 发生交换,使 H^+ 吸附于矿物表面氧区。另外,Si-O 键断裂后所暴露出来的 Si 离子具有键合水中 OH^- 的能力,且联结链的高价小半径阳离子很少暴露,因此链状结构硅酸盐矿物的零电点很低,矿物表面带有更高的负电荷,所以该类矿物用阴离子捕收剂浮选时,可浮性很差;而用阳离子捕收剂十二胺浮选时,矿物具有很好的

可浮性。

目前,链状硅酸盐矿物分选的方法研究主要集中在浮选、磁选、重选、手选以及由多种分选技术组成的联合分选方法等,且在各分选方法的理论和试验结果方面均取得了一定的进展。例如,浮选法是锂辉石矿石最常用的选别方法,凡是具有工业价值的锂辉石矿基本上都可用浮选法。同锂辉石分选一样,硅灰石的分选同样可以根据实际的矿石性质差异分别采用手选、磁选、浮选、电选及联合分选工艺等。而对于硅线石而言,由于其密度与伴生矿物等差别较小,且无磁性,因此单独磁选或重选很难适应。所以,链状硅酸盐矿物的分选也常常需要在多种分选技术联合使用的情况下才能获得较理想的技术指标。具体适合的分选特性还需根据矿床、矿石等的性质而确定。在各分选技术中,浮选技术被认为是目前链状结构硅酸盐矿物分选最有应用前景的技术手段。

5.2 典型链状结构硅酸盐矿物的分选

5.2.1 锂辉石分选

锂(Li)是自然界中最轻的金属元素,具有极强的电化学活性。锂在自然界中丰度较大,居第27位,在地壳中约含0.0065%,但仅以化合物的形式存在。锂的矿物有30余种,主要存在于锂辉石(spodumene,$LiAl[Si_2O_6]$)、锂云母($K(Li,Al)_{2.5-3}[Si_{3-3.5}Al_{0.5-1}O_{10}](OH,F)_2$)以及透锂长石($(Li,Na)AlSi_4O_{10}$)和磷锂铝石($LiAl[PO_4][F,OH]$)中。在人和动物的有机体、土壤和矿泉水、可可粉、烟叶、海藻中都有锂存在。

锂产品在高能电池、航空航天、核聚变发电等领域具有重要的用途(见表5-1),因此,锂被誉为"21世纪的新能源金属",锂元素也被誉为"推动世界前进的重要元素"。随着科学技术的不断进步,锂已经成为重要的新兴产业资源,开始应用于航空航天、核工业、电子工业等高科技领域,特别是随着新能源汽车和移动能源等产业的飞速发展,以锂为原料的储能电池发展迅速。在全球气候变化的压力下,锂俨然成为绿色能源金属,具有重要的战略价值。

表5-1　锂产品的主要应用

应用领域	具体用途
电池行业	用于可充电电池和一次电池的正极材料，目前主要包括钴酸锂、锰酸锂、三元材料、磷酸铁锂等
玻璃行业	锂精矿或锂化物在制造玻璃时有助熔作用，添加到配料中能够降低玻璃熔化的温度和熔体的黏度，简化生产流程。此外，在玻璃中添加锂化合物还有利于改善玻璃产成品的各种性能
陶瓷行业	锂化合物对陶瓷具有助熔和降低热膨胀系数等作用；陶瓷中加入少量锂辉石，能够改善陶瓷的流动性和黏着力，提高陶瓷的强度和折射率，增强陶瓷的耐热、耐酸、耐碱、耐磨及耐热急变性能
润滑剂行业	锂基润滑脂具有抗氧化、耐压、润滑性能好、抗水性能好的优点，常被应用于航空、军工、火车、汽车、冶金、石油化工、无线电探测等设备上
冶金行业	与其他金属锻造合金，改善合金性能；同时也是有效的脱气剂，使金属或合金变得更致密，改善金属结构，提高其性能
医药行业	电池级碳酸锂可用于生产医用催眠剂和镇静剂等药物的基础原料，金属锂和丁基锂可以用作合成药物的催化剂和中间体
其他行业	金属锂在核聚变或核裂变反应堆中可用作冷却剂，锂及其化合物常被当作高能燃料用于火箭、飞机或潜艇上等

锂的产业链主要分为上游资源开采、中游冶炼提纯和下游终端消费三部分。上游锂资源主要分为固态和液态两种。目前，固态锂矿主要为伟晶岩型锂矿床和沉积型锂矿床，液体锂矿则是指卤水型锂矿床。中游的锂产品主要为氯化锂、氢氧化锂和碳酸锂等，经进一步提纯合成可得到各类锂深加工产品，应用于下游如电池、医药等消费领域。

从我国锂资源的开发进程看，目前主要从锂矿石中提锂，但总体采选技术落后、开采规模较小，这与我国锂矿石品位较低、采选成本高有较大关系。我国盐湖锂储量丰富，很多研究机构和企业也在积极开采盐湖锂资源。我国盐湖卤水虽然锂品位较高，但是类型独特、盐湖中镁锂比高，因镁锂离子半径接近，不易分离，与国外低镁锂比的盐湖卤水相比，开发加工难度大，提取工艺受到限制，这也导致我国目前仍然从国外进口较多的锂原材料。

5.2.1.1　资源情况

按美国地质调查局推算，2016年时锂矿的世界蕴藏量为1400万吨，总生产量约3.5万吨，其中，智利的储量达世界总储量的52%，中国以22%居次，阿根廷和澳大利亚分别占14%和11%。生产方面，澳大利亚通过矿石精制，南美洲则以费时的晾晒法提取盐湖中的锂，所以前者的生产效率比较高而生产量居世

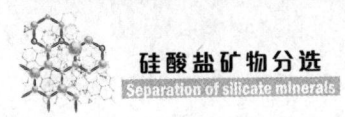

界之首，占41%；智利居次，为34%；阿根廷为16%，中国占6%。

锂矿资源在我国比较丰富，矿床多，规模大，是我国的优势矿产之一。据初步统计，我国锂资源储量320万吨左右。矿物型锂资源主要分布在新疆、四川、湖南和江西。截至2008年底，我国已查明的锂矿区（多数为锂、铍、铌、钽综合性的内生矿床）有42处，查明资源储量约为241.2万吨，其中，基础储量约为101.8万吨（包括储量81万吨），分布在9个省区，如表5-2所示。其中，资源储量排序较前的依次为四川省（占52.8%）、江西省（占24.1%）、湖南省（占15.0%）、贵州省（占2.9%）。新疆原为锂矿石资源大省，但因主要矿区经40多年的大规模开采，保有储量大量减少，目前保有资源储量仅占全国的2.4%。以上5省区合计占97.2%。已查明锂辉石矿区有6处，保有资源储量约为5.49万吨，其中，基础储量为2.24万吨，占40.8%。分布在3个省区，其中，江西占53.0%，新疆占45.5%。

表5-2 我国锂资源储量分布表　　　　　　　　　　　　　单位：万吨

产地	主要矿物	储量	基础储量	资源量	查明资源储量
四川	锂辉石	14.74	16.44	38.75	54.81
新疆	锂辉石	0.52	1.66	1.26	2.90
福建	锂辉石	—	—	0.20	0.20
山西	锂辉石	—	—	0.02	0.02
江西	锂云母	23.6	26.30	3.42	29.60
河南	锂云母	0.17	0.23	0.33	0.56
湖南	锂云母	0.06	0.09	16.72	16.66
湖北	地下卤水	—	—	50.54	50.54
青海	盐湖卤水	297.37	310.00		350.00
西藏	盐湖卤水	47.15	168.26		200.00
合计		383.61	522.98	111.24	705.29

四川甲基卡伟晶岩型锂矿床是我国最大的固体锂矿，探明氧化锂储量约90万吨。四川锂矿成矿条件优越，资源丰富，在全国乃至全世界都占有重要地位，其中，阿坝、甘孜两州探明储量大，具备大规模开发的条件，但矿山所在地自然环境恶劣，海拔高，基础设施配套差，开采和尾矿处理难度大，同时存在破坏环境的问题。江西宜春也是重要的锂云母矿产地，已开发多年，但开采规模较小，矿石品质较低，部分锂盐生产中的技术难题尚未获得突破，锂开发处于试生产阶段。

在盐湖方面，青海察尔汗盐湖是我国规模最大的锂资源产地。我国盐湖中潜在的锂资源量远远大于赋存在花岗岩或花岗伟晶岩中的锂矿资源，但因卤水具高镁锂比，开发方面存在较大难度。西藏扎比耶盐湖卤水中的锂以碳酸锂形态存在，易于提取，但是因交通、电力、能源等条件，限制了大规模开发。

5.2.1.2 矿床特性

到目前为止，自然界中发现的锂矿床最主要的有3种类型：卤水型、伟晶岩型和沉积岩型，整体还是以卤水型和伟晶岩型的锂矿为主，沉积岩型等新类型锂矿的比重很小。含锂卤水型矿床占全球锂资源的66%，伟晶岩型占26%，沉积岩型占8%。此外，黏土型(在黏土矿床中含有锂)和湖成蒸发岩型(在湖成蒸发岩中含有锂)也具有潜在开发意义。

我国锂矿床按成因类型可分为内生和外生两大类，内生型具体分为花岗伟晶岩型、花岗岩型、云英岩型和岩浆热液型，外生型包括盐湖型、地下卤水型和岩浆热液型。我国锂矿类型划分见表5-3。另外，也可能存在花岗岩风化壳型的锂资源，属于一种内生外成型锂资源。我国的锂矿资源主要集中于花岗岩型、花岗伟晶岩型(见表5-4)和盐湖型中，其他类型锂矿床的规模较小。

表5-3 我国锂矿类型划分

重要性	矿床类型	矿床式（类型）	典型矿床	主要分布地区
重要	盐湖卤水型锂矿	柴达木式硫酸盐型盐湖锂矿 扎布耶式碳酸盐型盐湖锂矿 花土沟式氯化物型油田水锂矿	青海台吉乃尔 扎布耶 花土沟	柴达木盆地 青藏高原 柴达木盆地
重要	硬岩型锂矿	宜春式花岗岩型锂云母矿 甲基卡式花岗伟晶岩型锂辉石矿 可可托海式花岗伟晶岩型锂辉石矿 湘源式云英石岩型锂矿	江西宜春414 四川甲基卡、可尔因 新疆阿尔泰 湖南道县正冲	华南 松潘-甘孜造山带 阿尔泰造山带 华南

表5-4 我国目前已知的伟晶岩型锂辉石矿山

矿山名称	矿石储量/万吨	Li_2O/万吨	采(探)矿权人	处理量
四川省康定甲基卡锂辉石矿	2899.5	41.23	甘孜州融达锂业有限公司	1000 t/d
四川省雅江县措拉锂辉石矿	1971.4	25.57	四川天齐盛合锂业有限公司	60万吨/年
四川省雅江县德扯弄巴锂矿	1814.3	24.32	雅江斯诺威矿业发展有限公司	
甲基卡矿床外围	4258.9	64.31	四川省地质调查院	勘查项目
四川省马尔康县党坝矿权锂矿	4919.0	66.09	马尔康金鑫矿业公司	1500 t/d
四川省金川县李家沟锂辉石矿	4036.2	51.22	四川德鑫矿业资源公司	500 t/d

表 5-4（续）

矿山名称	矿石储量/万吨	Li₂O/万吨	采(探)矿权人	处理量
四川省马尔康地拉秋锂矿	446.7	4.998	阿坝州浩普瑞锂业公司	
四川省金川县业隆沟锂多金属矿		36.6	金川县奥伊诺矿业公司	
四川省金川县太阳河口锂多金属矿			金川县奥伊诺矿业公司	
四川省马尔康县锂辉石矿			马尔康锂业技术发展公司	已停产
四川省金川县观音桥锂辉石矿	148.78	1.809	阿坝州安泰矿业有限公司	基本采完
新疆富蕴县可可托海 3 号脉	371.71	4.95	新疆有色稀有金属公司	已闭坑
新疆富蕴县柯鲁木特锂铌钽矿	166.9	0.97	新疆有色阿山矿业公司	已停产
新疆福海县库卡拉盖锂辉石矿	134.0	1.63		
新疆福海县卡鲁安稀有金属矿	783.4	6.4		
新疆和田县阿克塔斯稀有金属矿	580.66	8.57	新疆东力矿业投资有限公司	
新疆和田县大红柳滩锂辉石矿	19.74	0.30		
新疆哈密市镜儿泉锂辉石矿	11.27	0.15		
江西宁都河源锂辉石矿	47.48	0.51	江西西部资源锂业有限公司	6.6 万吨/年
江西广昌县头陂里坑锂辉石矿	16.31	0.16	江西西部资源锂业有限公司	

花岗伟晶岩型锂矿主要分布在新疆阿尔泰成矿带、川西松潘－甘孜成矿带，典型矿床为新疆可可托海锂铍铌钽铷矿床、川西甲基卡锂铍铌钽铷矿床。此类矿床的特点是品位高、易于开采。花岗岩型矿床是我国分布最广的锂矿类型，主要位于华南地区，以江西414、湖南正冲和尖峰岭、广西栗木等矿床最为典型，该类矿床具有品位较低、开发利用成本较高的特点。江西宜春414花岗岩型钽铌锂多金属矿床和宜丰同安霏细斑岩型的锂资源目前只能作为陶瓷被开发利用。

除表5-4中所列的锂辉石矿山，国内还有一些锂辉石矿山，如河南卢氏县官坡锂矿、小红沟锂矿，以及湖南道县湘源正冲锂铷多金属矿、临武香花铺尖峰山钽铌矿等，由于矿石储量较少或分散，以及氧化物(Li_2O)含量太低等原因已经停产多年。还有一些锂矿勘查项目正在进行中，例如，四川石渠扎乌龙锂矿勘查区，预计可新增氧化物(Li_2O)量68万吨；九龙白台山—洛木锂矿勘查区，预计可新增氧化物量34万吨。

盐湖型矿床主要分布在青海和西藏，具体可分为碳酸盐型、硫酸盐型和卤化物型3种，目前主要开发的盐湖卤水为碳酸盐型和硫酸盐型。前者以西藏扎布耶盐湖为代表，后者以察尔汗盐湖、西台吉乃尔盐湖、大浪滩、一里坪、南翼山等盐湖为代表。其中，碳酸盐型盐湖锂铷铯等金属易于提取，开发利用成本低。地下卤水型锂矿以四川自贡、湖北潜江地区的地下卤水为代表，该类资源开发利用的潜力大。

5.2.1.3 矿石结构构造特性

锂辉石属单斜晶系晶体，常呈断柱状、板状产出，也见有粒状致密块体或粒状、断柱状集合体。颜色灰白色，有时带微粒或微紫色调；玻璃光泽，半透明到不透明；莫氏硬度6.5~7，密度3.03~3.22g/cm³。单斜晶系的锂辉石在720℃时转变为正方晶系的高温型β-锂辉石，体积增加30%，是目前世界上开采利用的主要锂矿资源之一。

5.2.1.4 矿物晶体化学特性

锂辉石($LiAl[Si_2O_6]$)属链状结构硅酸盐矿物，$[SiO_4]$四面体以共角顶氧的方式沿c轴方向联结成无限延伸的硅氧四面体链；Al与O形成$[AlO_6]$八面体，并以共棱方式沿c轴方向联结成"之"字形的无限延伸的八面体链。2个$[SiO_4]$四面体链与1个$[AlO_6]$八面体链形成2:1夹心状的"I"形杆链，再借助Li连接起来。Li在M_2位置，Al在M_1位置，其晶体结构如图5-1所示。

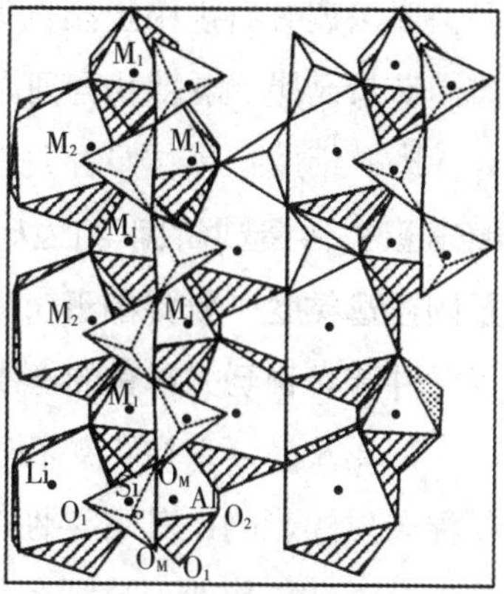

图5-1 锂辉石晶体结构

锂辉石破碎时，由表5-5的计算结果表明，Li-O键的键强远小Al-O键和Si-O键的键强，因此平行于c轴方向的Li-O键大量断裂。此外，垂直于c轴方向的Al-O键和Si-O键也部分断裂。由于Li易溶于水，与水中的H⁺发生交换吸附，Al^{3+}端和Si^{4+}端也能吸附OH^-，这两种作用的结果使锂辉石在水中表面键合大量的羟基，在广泛的pH值范围内带负电，而且零电点也低。

表5-5 锂辉石中化学键的计算结果

阳离子 M^{n+}	电价 Z	离子半径/nm	配位数 n	元素电负性	$M^{n+} - O^{2-}$ 平均键长/nm	$M^{n+} - O^{2-}$ 库仑力 F	$M^{n+} - O^{2-}$ 键的相对键合强度
Li^+	1	0.082	6	0.97	0.221	0.47	0.06~0.08
Al^{3+}	3	0.061	6	1.47	0.192	1.75	0.26~0.37
Si^{4+}	4	0.034	4	1.74	0.162	3.20	0.78~1.12

5.2.1.5 分选理论与试验研究

不同锂矿床和不同产地的锂矿石其组分和性质差别很大，因此，锂矿石分选工艺也较复杂。目前，锂辉石分选的试验研究主要集中在浮选、磁选、重选、手选法以及多种分选技术的联合分选等方法。在各分选方法的理论和试验结果方面均取得了一定的进展。

(1) 浮选法

浮选法是锂辉石矿石最常用的选别方法，凡是具有工业价值的锂辉石矿基本上都可用浮选法，因此，广泛应用于国内外锂辉石选矿。

关于浮选技术与工艺中可能的影响因素在锂辉石的浮选过程中也明显存在。影响锂辉石矿浮选指标的关键因素主要有磨矿细度、矿泥及易浮杂质、水质、矿浆搅拌、温度及合理用药等。

磨矿细度：粗粒难浮是锂辉石浮选的特点之一，有研究结果表明，粒度为 0.2mm 时，浮选回收率约为 60%；0.3mm 时，浮选回收率为 20% 左右。所以锂辉石的浮选粒度一般要小于 0.15mm。随着锂辉石嵌布粒度的变化，合适的磨矿细度对浮选起着至关重要的作用。

矿泥及易浮杂质：矿石表面常受风化污染或在矿浆中受矿泥污染以及一些易浮杂质的影响，其可浮性变坏。因此，生产实践中常设有脱泥作业或者优先浮出易浮杂质作业，这样不但使流程变得复杂，而且也加大了生产投入，降低了经济效益。

水质：浮选矿浆中 CO_3^{2-}、OH^-、Ca^{2+} 的浓度比，是影响浮选指标的关键因素之一，所用水的软硬不同，调整剂的用量及添加地点也有所不同。水中金属阳离子易使锂辉石及其他硅酸盐矿物得到活化，从而影响浮选分离的选别指标。

矿浆搅拌：浮选前的矿浆搅拌是保证浮选分离的基础作业，而设备条件和搅拌强度又是矿浆作业中必须重视的两大核心问题。有数据表明，在其他条件相同的情况下，柯鲁木特选厂即使在搅拌强度比可可托海选厂约低一倍的条件下，四槽串联搅拌的回收率仍然比两槽搅拌高 5.41%；可可托海选厂的矿浆搅拌强度比柯鲁木特选厂提高近一倍时，锂精矿品位和回收率分别提高 0.49% 和 7.85%。

温度：我国锂辉石矿主要分布于四川甘孜州及新疆的可可托海、阿勒泰等地，如高海拔寒冷地带的四川甲基卡锂铍矿，常年温度较低且空气稀薄，脂肪酸类及胺类捕收剂性能受温度影响较大，因此增加了锂辉石浮选的难度。针对海拔4000m以上的某锂辉石矿，伊新辉采用脂肪酸类捕收剂，在相同流程及药剂制度、不同温度的条件下进行了研究，结果表明：磨矿后水温10℃、搅拌浮选温度13~14℃时，锂精矿Li_2O品位为6.01%、回收率为32.62%；磨矿后水温16℃、搅拌浮选温度17~18℃时，锂精矿Li_2O品位为6.72%、回收率为64.49%。

合理用药：长期以来，锂辉石的浮选大都采用传统的"两碱两皂一油"的药剂制度，但是随着矿石性质的变化，传统的药剂制度已不能达到良好的浮选指标。不同捕收剂对锂辉石有不同的捕收性能，对于低品位锂辉石的选别，调整剂和活化剂也显得十分重要。

综上可知，锂辉石浮选主要受上述因素的影响。对于表面未受污染的锂辉石纯矿物，则很容易用油酸及其皂类药剂浮起，浮选矿浆中最适pH值为近中性的弱碱性。有研究发现，在用浮选法选别锂辉石时，锂辉石矿表面常受到矿浆中矿泥的污染，而且矿浆中一般存在一些熔盐离子（Ca^{2+}、Fe^{3+}、Mg^{2+}等），它们虽然能够活化锂辉石，但同时也将石英等脉石矿物活化，破坏锂辉石的浮选效果。所以，在浮选锂辉石前，一般要先加入Na_2CO_3消除矿浆中熔盐离子的影响并进行搅拌脱泥，并在加入NaOH所形成的高碱性介质中对锂辉石矿进行表面擦洗，锂辉石回收率随NaOH用量的增加而提高。

浮选药剂在锂辉石的浮选中起着十分重要的作用，下面重点针对锂辉石的捕收剂和调整剂进行介绍。

① 阴离子捕收剂体系。目前在阴离子捕收剂研究中以油酸钠为代表，经高价金属阳离子活化后，捕收剂与锂辉石矿物表面发生化学作用而吸附。用油酸钠浮选锂辉石，油酸钠主要通过Al^{3+}与油酸根COO^-离子发生化学作用而吸附在锂辉石表面，这种吸附具有不可逆性，吸附强度较高，通过分子间作用力，互相牵扯形成一种栅栏状吸附层，从而提高油酸钠在矿物表面的整体吸附强度。从分子动力学角度研究结果表明，锂辉石表面化学性质主要由两个晶面(110)与(001)控制，其中，晶面(110)比(001)易与油酸发生化学吸附，油酸分子在矿物表面形成单分子层使其疏水，生成的分子层越紧密，吸附性越强，接触角也越大。

② 阳离子捕收剂体系。目前在阳离子捕收剂研究中基本以十二胺为代表，捕收剂与锂辉石表面的相互作用，主要是阳离子RNH_3^+或$RNH_2 \cdot RNH_3^+$在矿物表面双电层依靠静电引力吸附在荷负电的矿物表面，但这种吸附较弱，需要适

宜的浓度使捕收剂在矿物表面形成半胶束吸附，使静电引力吸附和烃链间的范德华力共同起吸附作用。从能量角度和前线轨道能的角度进行分析，锂辉石与十二胺作用后，体系总能量和前线轨道能量均比和油酸钠作用后低，说明十二胺对锂辉石的捕收能力大于油酸钠。

现有的锂辉石捕收剂都存在捕收性能和选择性无法兼顾的问题，即当用阴离子捕收剂浮选时，可浮性普遍较差；当用阳离子捕收剂浮选时，选择性普遍较差。目前尚缺乏来源广、价格低的有选择性的高效捕收剂，而新型捕收剂的研制尚处于实验室阶段，因此针对锂辉石的新型高效捕收剂的研制与工业应用是重点和难点。

③ 新型捕收剂体系。锂辉石新型捕收剂主要为螯合捕收剂和组合捕收剂等。王毓华等研制了新型螯合捕收剂，使锂辉石与脉石矿物能够有效分离，明显降低了选矿成本，提高了锂辉石的选别指标。何建璋针对某花岗伟晶岩锂辉石矿，采用螯合捕收剂YZB-17，提高了锂辉石和绿柱石混合精矿的品位和回收率，实现了锂辉石和绿柱石的分离。范新斌针对新疆可可托海三号脉，在生产上使用新型捕收剂肟酸和氧化石蜡皂作为捕收剂，提高了药剂的捕收效果，获得了良好的技术指标，大大降低了药剂用量，使锂辉石选别达到先进水平。赵开乐等针对四川某锂辉石矿开展试验研究，采用新型组合捕收剂SD-5作为捕收剂，原矿氧化锂品位为1.42%，经过一粗两扫三精，可以获得氧化锂品位为6.12%、回收率为86.01%的精矿，与现场生产指标相比，回收率大幅提高，工艺流程简单，经济技术指标优异。冯木等针对四川某锂辉石矿，研究新型捕收剂HZ-1的捕收性能，并和常用的锂辉石捕收剂氧化石蜡皂和环烷酸皂进行对比，单一捕收剂试验结果表明，HZ-1选择性较好；将氧化石蜡皂、HZ-1、环烷酸皂两两复配进行组合捕收剂试验，结果表明，组合捕收剂比各单一捕收剂的捕收能力和选择性更好，机理研究也验证了组合捕收剂浮选效果更佳。

锂辉石常用的调整剂主要有金属阳离子调整剂、无机调整剂和有机调整剂。调整剂研究较多的为金属阳离子调整剂，其与锂辉石的作用主要是配合捕收剂使用起活化或者抑制作用。关于活化机理，主要有以下两种观点：一是Fuerstenau根据金属羟基络合物的氢氧离子结合矿物已吸附的氢氧离子并脱水，使金属阳离子吸附于矿物表面，提出"金属离子羟基络合物是主要活化组分"的假说；二是James等根据金属离子的吸附量测量和理论分析认为，金属氢氧化物在界面的溶度积小于在溶液中的溶度积，通过计算进一步证明了界面区域金属离子的浓度远大于溶液中金属离子的浓度，因此金属氢氧化物更容易在矿物表面生成氢氧化物沉淀，提出"金属氢氧化物表面沉淀是起活化作用的主要组分"的假说。抑制作用机理目前也有两种观点：一是金属离子吸附在矿物表面后提高了矿物表面的电性，减弱了捕收剂的静电吸附力；二是硅酸盐矿物在多价金属阳离子作用下，大大降低了矿物界面层内的捕收剂阳离子的浓度，使捕收剂对矿物的捕收作用减弱。有机调整剂因为其作用形式、作用效果及作用机理在复杂的浮选体系中十分复杂，有时还会出现相反的结果，因此其作用实质有待进一步系统深入地研究。

在花岗伟晶岩矿床中，锂辉石与绿柱石经常伴生，它们的分离曾一度被视作锂铍分选的难题之一，国内外对此进行过广泛研究，20世纪60年代初，我国选矿工作者制定出如下3种典型的锂铍分离流程。

一是优先浮选部分锂，然后锂铍混选再分离：用 NaF、Na_2CO_3 作调整剂，用脂肪酸皂优先浮选部分锂辉石，然后添加 NaOH 和 Ca^{2+}，用脂肪酸皂混合浮选锂辉石-绿柱石，最后将锂辉石-绿柱石泡沫产品用 Na_2CO_3、NaOH 和酸/碱性水玻璃加温处理后，浮选分离出绿柱石。原则流程示于图5-2。该工艺在1985年半工业试验成功后曾直接移交生产。

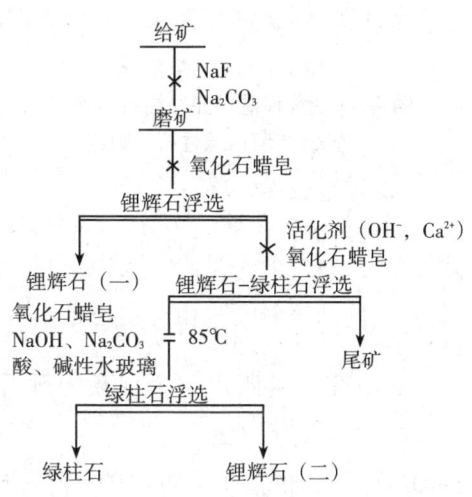

图5-2 部分优先混合浮选分离锂辉石-绿柱石原则流程

二是优先选绿柱石，然后再选锂辉石：先选易浮矿物，然后在 Na_2CO_3、Na_2S 和 NaOH 高碱介质中使锂辉石处于受抑条件下，用脂肪酸皂优先浮选绿柱石。绿柱石浮选尾矿经 NaOH 活化后，添加脂肪酸皂浮选锂辉石。原则流程示于图5-3。此工艺在后来设计可可托海选矿厂时用作一号系列生产流程。

三是优先选锂辉石，然后再选绿柱石：在 Na_2CO_3 碱木素（用碱溶解木素磺酸盐）长时间作用的低碱介质中，绿柱石和脉石矿物受到抑制，用氧化石蜡皂、环烷酸皂和柴油浮选锂辉石。此后加 NaOH、Na_2S 和 $FeCl_3$ 活化绿柱石并抑制脉石矿物，用氧化石蜡皂和柴油浮选绿柱石。原则流程示于图5-4。此工艺在后来设计可可托海选矿厂时用作二号系列生产流程。

20世纪60年代初制定的上述3种流程用可可托海伟晶岩锂铍矿进行了半工业试验，试验都获得了成功。

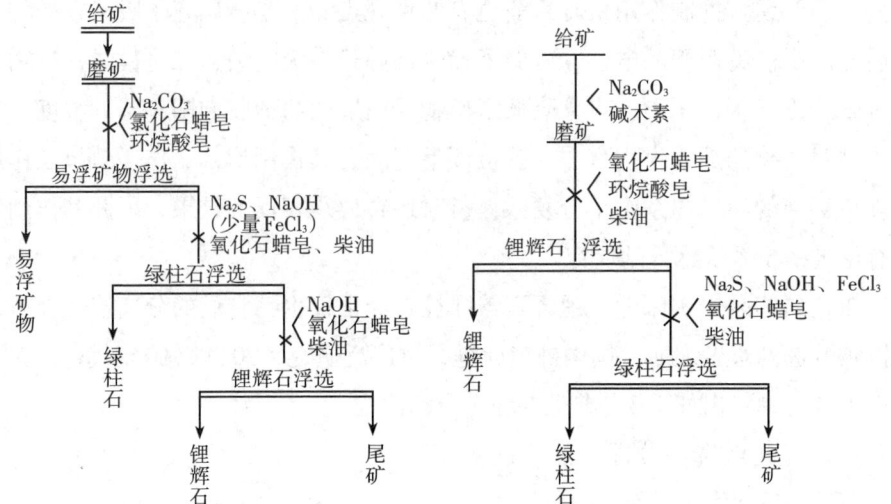

图5-3 优先浮选（先绿柱石后锂辉石）分离锂辉石-绿柱石原则流程

图5-4 优先浮选（先锂辉石后绿柱石）分离锂辉石-绿柱石原则流程

(2) 磁选法

锂辉石矿物中，只有铁锂辉石具有弱磁性，因此磁选法主要用于去除锂辉石矿中的含铁矿物以及综合回收其他有价金属，提高锂辉石精矿品位。工业上磁选法常与浮选、重选等方法联合使用。

有研究者对四川省金川县锂辉石矿进行了选矿试验。原矿中含 Li_2O 为1.33%、Fe_2O_3 为1.02%，通过不加温浮选锂辉石，获得了品位为5.53%、含 Fe_2O_3 1.44%的粗精矿。粗精矿再经过反浮选去除脉石后，精矿品位为5.91%。为去除精矿中的铁，采用SLon-1000立环脉动高梯度磁选机对精矿进行处理，最终获得 Li_2O 品位为6.15%、原矿回收率为65.93%、Fe_2O_3 为0.24%的低铁锂辉石精矿。

澳大利亚基瓦里（Gwalia）公司的格林普什（Greenbushes）锂辉石矿，原矿 Li_2O 品位较高，达4.01%，49%的脉石矿物为石英，主要含铁矿物为电气石。经过浮选—重选工艺获得的精矿给入湿式强磁选机去除电气石，得到精矿品位大于7.5%、含 Fe_2O_3 小于0.1%的锂辉石精矿。

(3) 重介质法

重介质法主要是利用锂辉石矿物和脉石矿物的密度差进行选别，用于嵌布粒度较粗的锂辉石矿的选别，具有投资少、生产成本低、精矿品位和回收率较高、易于后续锂的提取和加工等优点。其典型流程如图5-5所示。

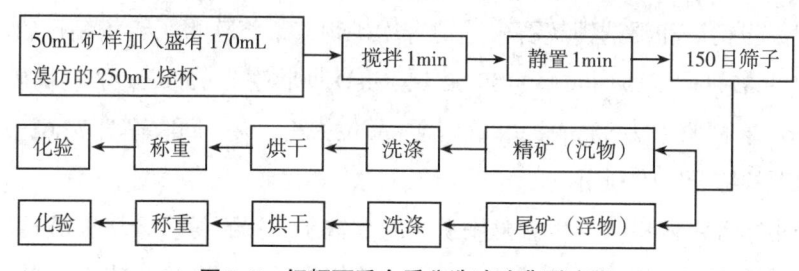

图5-5 锂辉石重介质分选试验典型流程

(4)手选法

手选法是利用锂辉石矿与脉石矿物之间颜色或外观等物理性质的差异进行人工分选的一种选别方法。手选法技术要求低，操作过程简单，不需要特别的场地和设备，只需要在简易的手选皮带或者手选操作台上即可进行。手选法可以初步地使矿石与脉石分离，提高矿石的入选品位，减少后续操作的矿石处理量，有利于后续简化选别工艺，获得较优的浮选指标。但是手选法劳动强度要求大、生产效率比较低、资源浪费较大、提高原矿指标有限，因而正在逐渐地被其他选矿工艺所取代。

(5)热裂法

热裂法工艺根据的是锂辉石在一定的高温条件下焙烧时，由原来的α型锂辉石转变成β型锂辉石，而脉石矿物却没有发生变化。β型锂辉石具有疏松的特点，可通过破碎、筛分或借助风力分选与石英等脉石分开，得到锂辉石精矿(用硫酸法提取锂)。

廖石林等用热裂法对甲基卡锂辉石矿进行了试验，在焙烧温度(1050±50)℃、焙烧时间30~40min、焙烧矿石粒度(-55+20)mm的条件下，获得了品位为6%、回收率为80%的锂辉石精矿。特别要注意的是，当矿石中存在钠长石、云母等具有热裂效应的杂质时，就会影响到锂辉石精矿的品位和回收率，很难获得合格的精矿，此时不适合使用热裂解的方法处理锂辉石矿。

(6)联合工艺

伴随着锂辉石资源的不断开采，贫、细、杂的锂辉石资源将不断增多，采用单一的选矿方法已经很难得到合格的精矿，必须采用联合选矿工艺，如浮选—重选—磁选联合工艺等，提高资源的综合利用水平。

李成秀等对四川某锂多金属矿进行了选矿试验研究。该矿有用矿物为铌钽

铁矿、锂辉石和锡石，主要脉石矿物为石英、钠长石。为了达到分离回收有用矿物的目的，采用"重—磁—浮"联合流程，即重选铌钽铁矿和锡石，磁选分离铌钽锡粗精矿和浮选锂辉石来选别有用矿物，最终获得了钽铌精矿（$TaNb_2O_5$ 品位为49.55%、Ta_2O_5 回收率为59.02%、Nb_2O_5 回收率为65.54%）、锡精矿（品位为52.16%、回收率为80.04%）和锂精矿（品位为5.53%、回收率为72.68%），实现了资源的综合回收利用。

汤小军等对四川某伴生有磁铁矿、钽铌铁矿、锡石等多金属锂辉石矿进行了选矿试验研究。根据磁铁矿显强磁性、铌钽铁矿显弱磁性、锡石无磁性的特点，采用重选—磁选回收这三类矿物，得到 Ta_2O_5 品位为3.01%、回收率为39.83%和 Nb_2O_5 品位为9.0%、回收率为53.0%的钽铌精矿。采用浮选—磁选得到 Li_2O 品位为6.37%、回收率为82.73%、含 Fe_2O_3 0.18%的低铁锂辉石精矿。采用重选—浮选对锂辉石尾矿中的石英和长石进行回收，获得含 Al_2O_3 18.75%、SiO_2 68.67%、K_2O 和 NaO 11.31%、Fe_2O_3 0.91%的长石精矿及含 SiO_2 94.32%、Fe_2O_3 0.11%的石英精矿。

在对锂辉石的选别中，浮选无疑是研究最多、最为成熟也是利用最多的工艺，但是选矿成本还是比较高的。重液、重介质法具有选矿总体投资少、生产成本低、所得精矿品位和回收率较高的优势，应该加大对重液、重介质法选锂辉石的研究，找到合适的重液和重介质，提高锂辉石的选别效益。随着锂辉石资源的不断开采利用，"贫、细、杂"的锂辉石资源越来越多，单一的选矿方法不能满足对锂辉石矿的选别要求，多种选矿方法相互联合已成为锂辉石选矿的发展趋势。应该针对矿山的锂辉石性质，拟定合理的联合选别方案，做到资源的综合回收。

5.2.1.6 分选实践

目前，在国内的锂辉石分选实践中，常见的分选工艺主要有手选工艺、浮选工艺、重选工艺、磁选工艺及联合分选工艺的使用。针对不同分选工艺，本节列出国内使用过或正在使用该技术的主要选矿厂及其代表性生产指标。

(1) 手选工艺

手选适合分选原矿中含废石较多的矿石，用于选别前的预选作业，目标矿物及脉石具备颜色、外观及光泽等方面易于认别的状态，通过人工拣出废石来提高后续选别作业目标矿物品位。手选一般在矿石粒度25~300mm的范围内进行，宽度不大于1200mm，且带速在0.2~0.4m/s的手选皮带两侧作业。手选法是锂矿生产史上最早使用的选矿方法，美国100多年前就将此法应用于南达科他州布莱克山地区伟晶岩矿床中的锂辉石选别。

我国新疆可可托海稀有矿采用过手选法生产锂辉石精矿，原矿Li_2O品位为1.5%~1.8%，手选Li_2O精矿品位为5%~6%，回收率为20%~30%。手选法由于劳动强度大、生产效率低、回收率低及指标制约因素较多等缺点，已普遍被浮选法取代。目前我国主要锂辉石产区内的锂辉石选矿厂已再无手选法应用实例。

(2) 浮选工艺

浮选工艺是目前锂辉石矿物选别的主要方法，当前常见的浮选流程由预浮→粗选→扫选→精选组成，其中，预浮主要用于脱泥和脱云母，为后续浮选作业创造适宜条件。我国四川阿坝州金川县、四川甘孜州甲基卡锂辉石矿区、新疆和田大红柳滩及新疆可可托海稀有矿等锂辉石选矿厂均采用此工艺作为主线工艺。

下面以我国新疆可可托海选矿厂和美国南达科他州布莱克山选矿厂的分选实践为例进行介绍。

新疆可可托海选矿厂（矿山及选厂详情具体请参见4.2.1.5节）二号系列（锂系列）处理该矿高锂低铍伟晶岩矿石，设计生产能力为250t/d，原矿经破碎、磨矿后用旋转螺旋溜槽选出钽铌粗精矿，此粗精矿送精选车间精选产出商品钽铌精矿，旋转螺旋溜槽之尾矿给到由水力旋流器和球磨机组成的闭路磨矿系统，在球磨机中加入Na_2CO_3、NaOH，旋流器溢流给到另一旋流器中，后者底流和溢流在不同尺寸和转速的调整桶中搅拌后，合并经圆形和方形调整桶搅拌调浆，最后进行锂辉石粗选、精选和扫选，产出锂辉石精矿。1983年生产平均指标为：原矿品位为1.32% Li_2O，精矿品位为5.97% Li_2O，回收率为86.5%，平均药耗为5.5kg/t。生产流程如图5-6所示。

原设计流程是在锂辉石浮选后用Na_2S、NaOH和氧化石蜡皂等药剂浮选绿柱石，但投产以来锂系列仅回收锂辉石，而绿柱石无法得到有效的回收。

美国南达科塔州布莱克山（Black Hill）地区于20世纪初开始开采锂辉石矿，在很长时间里是美国重要的锂原料基地。该区属大型伟晶岩矿床，其锂辉石嵌布粒度较粗，1906年开始手选提供锂辉石精矿，后来逐渐采用重选、浮选工艺。

在布莱克山的选矿厂中，有一个处理风化的锂辉石矿石选矿厂，采用油酸作捕收剂进行优先浮选，流程包括破碎、磨矿、脱泥擦洗和锂辉石浮选，调整剂一部分加入棒磨机，一部分加入脱泥后的搅拌槽，操作上强调高浓度下加NaOH擦洗，建厂初期的流程如图5-7所示，总药耗稍高于2kg/t，处理不同类型矿石的指标列于表5-6。

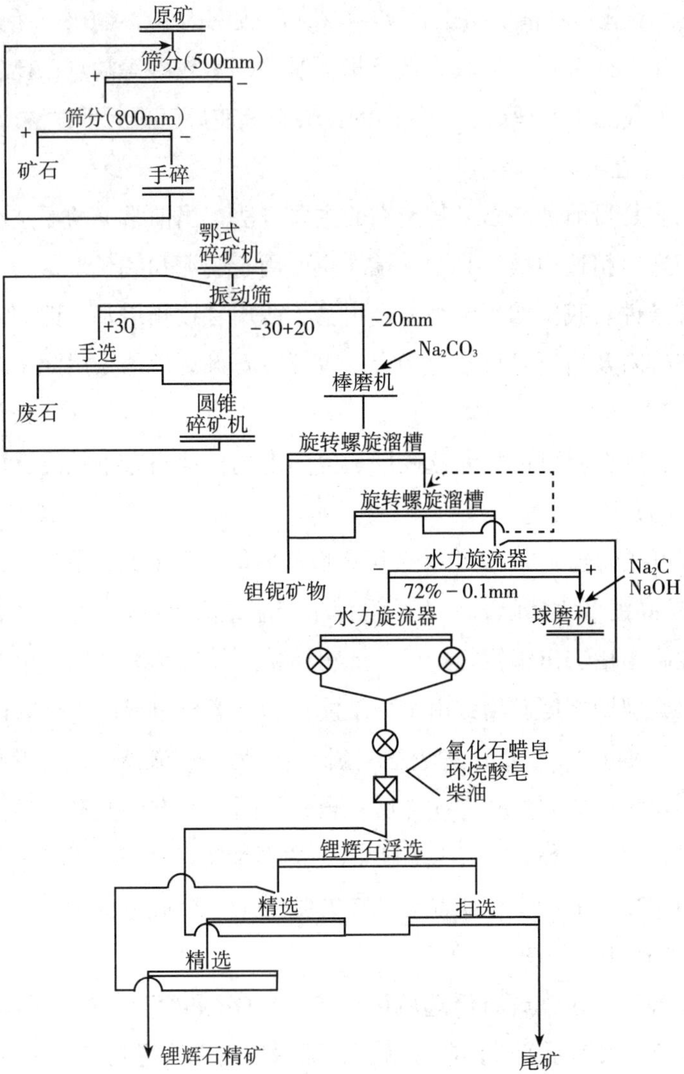

图5-6 可可托海选矿厂二号系列生产流程

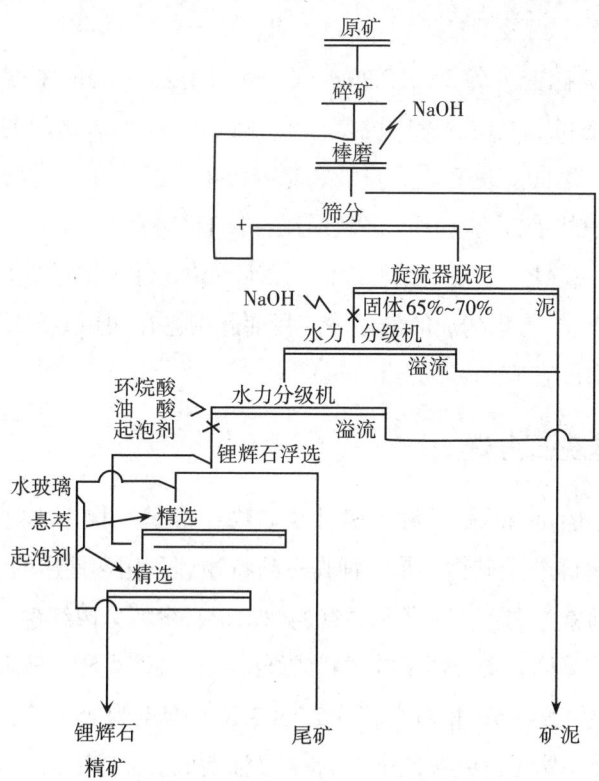

图5-7 布莱克山选矿厂生产流程

表5-6 布莱克山某选矿厂生产初期的指标　　　　　　　　　　　单位：%

矿石类型	产品名称	产率	品位	回收率
局部风化矿石	精矿	15.9	4.92	65.3
	矿泥	31.8	0.68	17.2
	尾矿	52.3	0.46	19.3
	原矿	100.0	1.26	100.0
强烈风化矿石	精矿	18.1	5.13	57.1
	矿泥	38.3	0.75	24.1
	尾矿	48.6	0.46	18.8
	原矿	100.0	1.21	100.0
新鲜矿（风化小）	精矿	14.2	8.94	66.4
	矿泥	20.4	0.53	12.6
	尾矿	65.5	0.27	21.0
	原矿	100.0	0.82	100.0

生产中发现很难获得含 Li_2O 高于6%的浮选精矿，一般精矿 Li_2O 品位仅为4.5%~5.0%，尾矿中锂的损失随矿石风化程度的强弱而增减。

(3)重介质分选工艺

锂辉石单矿物密度为 3.10~3.20g/cm³，而其脉石矿物的密度约为 2.6g/cm³，重介质工艺就是利用上述两者密度差，采用密度介于两者之间的重介质来完成矿物及脉石的分选的。重介质有重液和重悬浮液两类，由于重液的价格昂贵且常有毒，生产中几乎没有应用，多数应用在试验分析中。工业上应用的重介质都是重悬浮液。重悬浮液是由细粉碎的高密度固体颗粒(起到增加介质密度的作用，被称作加重质)与水构成的悬浮体。目前此工艺在四川省阿坝州及新疆福海县的锂辉石矿山已有应用。

5.2.2 硅灰石分选

硅灰石(wollastonite)是一种无机针状矿物，常呈片状、放射状、纤维状集合体，属于单链硅酸盐矿物，是一种具有独特物理和化学性质的新型矿物原料。硅灰石的颜色通常为白色或带灰和浅红的白色，有少数呈肉红色，少量黑色，条痕无色；细板状晶体，集合体呈放射状或纤维状；玻璃光泽，解理面上现珍珠光泽；莫氏硬度为 4.5~5.5；相对密度为 2.75~3.10；熔点为 1540℃。一般情况下耐酸、耐碱、耐化学腐蚀。吸湿性小于4%。吸油性低、电导率低、绝缘性较好。

目前世界上硅灰石消耗量最多的是陶瓷工业，其次是油漆、涂料工业。此外，硅灰石还在橡胶和塑料工业上作半增强填料。硅灰石也可以用于生产耐火材料、研磨材料、焊接材料、黏合剂和绝缘材料以及造纸和白水泥的生产中，见表5-7。

表5-7 硅灰石目前的主要用途

应用领域	主要用途
陶瓷	釉面砖、卫生瓷、日用瓷、美术瓷、电瓷、高频低损耗无线电瓷、化工瓷、釉料等
化工	油漆、涂料、颜料、橡胶、塑料制品、树脂填料等
冶金	冶金（铸钢）保护渣及隔热材料
建筑	替代石棉的辅助建筑材料，白水泥，耐酸、耐碱微晶玻璃的原料，玻璃的助熔剂等
电子	电子绝缘材料、荧光灯、电视机显像管、X射线荧光屏涂料
机械	优质电焊材料、磨具黏合材料及铸造模具
造纸	填料及代替部分纸浆（纤维）
汽车	离合器、制动器、车门把、保险杠等的填料
农业	土壤改良剂和植物肥料
其他	过滤介质、玻璃熔窑的耐火材料

5.2.2.1　资源情况

世界上硅灰石资源丰富，但分布不均衡，保守估计在9亿吨以上，但由于很多矿床还没有完全探明，所以具体数据还无法获得。目前硅灰石矿床主要集中分布在20多个国家，其中规模较大的矿床主要在中国、芬兰、印度、美国、墨西哥等国。此外，加拿大、智利、南非、哈萨克斯坦、西班牙、土耳其、乌兹别克斯坦和纳米比亚等国家也发现了硅灰石矿床。

芬兰是世界著名的硅灰石产地。该国的南部和东南部有若干硅灰石矿床，其中以拉彭兰塔矿床规模最大。近期在拉彭兰塔西北新发现一个硅灰石矿床，储量约2200万吨。印度硅灰石矿床主要分布在拉贾坦邦焦特布尔区，即贝尔卡帕哈尔硅灰石矿床，这是目前已知的世界最大的硅灰石矿床，已探明储量为5000万吨，远景储量可能为2亿吨。美国的主要产地是纽约州和加利福尼亚州。纽约州的威尔斯博罗地区，硅灰石开采总量约为1100万吨。墨西哥硅灰石矿床主要分布于恰帕斯州和萨卡特卡州，散布有许多中小型产地。主要矿床有两处：一是位于恰帕斯州皮丘卡尔乎城附近的圣菲硅灰石矿床，储量100万吨；二是拉布兰卡区硅灰石矿床，已探明的硅灰石储量为3000万吨，远景储量约为5500万吨。肯尼亚、纳米比亚、苏丹、新西兰等国家，虽有硅灰石矿床，但产量都很少。

硅灰石在工业中应用的历史较短，最早发现硅灰石是在我国湖北大冶，最早开发硅灰石的是美国。硅灰石矿产开发主要在中国、印度、美国、墨西哥和芬兰，在加拿大、摩洛哥、纳米比亚、朝鲜、巴基斯坦和土耳其也有少量硅灰石生产，世界硅灰石总生产能力超过60万吨/年。

我国硅灰石矿产资源丰富，是世界上最主要的原产地之一。1975年我国首次在湖北省大冶县小箕卜发现硅灰石矿并得到开发与应用。1980年吉林省梨树县大顶山硅灰石矿被发现，也得到了开发与应用，并在1982年广州春交会上首次进入国际市场。1983年在大顶山矿区内的铁汞山发现特大型硅灰石矿床以后，经过不断地努力勘探，先后发现在辽宁、浙江、安徽、湖北、湖南、江西、福建、河北、内蒙古等省（自治区）均有硅灰石矿床分布。现已探明储量在百万吨级以上的硅灰石矿点就达十多处，如浙江省长兴县硅灰石矿、安徽省广德县下寺硅灰石矿、湖北省常宁县硅灰石矿等，其总储量约占世界硅灰石总储量的40%左右，跃入世界前列。2013年全国矿产资源储量通报显示，查明硅灰石资源储量16009.95万吨。我国保有储量最多的是吉林省，占全国总保有矿石储量的40%；其余依次为云南、江西、青海、辽宁4省，共占全国保有矿石储量的49%；浙江、湖南、安徽、内蒙古、广东5省(自治区)共占全国保有储量的10%；江苏、广西、湖北、黑龙江4省(自治区)共占全国保有矿石储量的1%。

在全国保有储量的31个矿产地中，保有矿石储量据其品位换算成矿物储量后，按全国矿石储量委员会和硅灰石协会《硅灰石地质勘探规范》(试行)中硅灰石矿床规模划分标准，属于特大型矿的有6处，大型矿12处，中型矿5处，小型矿8处。其中：已开采利用的矿产地18处，包括特大型矿4处、大型矿8处、中型矿2处、小型矿4处，共计保有矿石储量7661万吨，占全国保有矿石储量的48%；可供近期利用的矿产地10处，包括特大型矿2处、大型矿3处、中型矿1处、小型矿4处，共计保有矿石储量4816万吨，占全国保有矿石储量的30%；由于与其他矿产共生而难以采选及开采条件差等原因，近期难以利用的矿产地有3处，包括大型矿1处、中型矿2处，共计保有矿石储量788万吨，占全国保有矿石储量的5%。表5-8列出了我国主要硅灰石矿山的矿石化学成分。

表5-8　我国主要硅灰石矿山的矿石化学成分　　　　　　　单位：%

产地	SiO_2	CaO	Al_2O_3	Fe_2O_3	FeO	MgO	TiO_2	MnO	K_2O	Na_2O	LOI
吉林磐石	50.96	47.01	1.94	0.30		0.37					1.02
吉林梨树	49.99	46.19		0.16		0.25	0.02		0.05	0.17	2.75
吉林龙井	44.88	45.54	0.53	0.06	0.34					0.05	8.05
吉林两口线	49.54	45.19	0.18	0.05	0.24	0.74	0.25	0.01	0.05	0.04	3.44
湖北大冶	50.23	44.90	0.46	0.82		1.00	0.01				2.47
湖北阳新	49.01	42.16	0.99	2.23		1.49					2.29
江西上高	41.34	47.81	0.67	0.18		10.71				0.16	1.73
青海都兰	51.58	38.35	5.35	0.28	0.99	1.63	0.14	0.16	1.30	0.26	
湖南常宁	59.00	39.00	4~5	1~3		1.60	<0.6		<0.2	<0.6	
云南腾冲	51.07	45.36	0.48	0.03	0.24	1.10	0.02	0.03	0.17	0.57	0.32

我国硅灰石加工采取择优勘探及择优扶持的政策。从吉林梨树开始，先后形成了吉林磐石、辽宁调兵山、湖北大冶、江苏浙(江)长兴一带、江西新余及上高、湖(南)广(东)东风连州一带、云南腾冲等8处生产基地，另在福建、广西、青海等地也在批量开采。由于以前我国硅灰石的加工大部分处于起步阶段，因而具有露天开矿的易开采、易搬迁、投资小的特点。据不完全统计，此

8处生产基地，有近百家矿山企业在开采及简易加工，其中只有少数企业形成了一定的生产规模。但随着改革开放、国有企业转制、政府激励等，已使一部分企业具有一定的实力。现阶段我国硅灰石主要以精块矿和普通粉产品为主，另外有一小部分深加工产品，该类产品具有高附加值且应用前景广阔，而对于针状粉的加工比例还远远不够。

5.2.2.2 矿床特性

硅灰石是一种典型的变质矿物，为构成矽卡岩的主要矿物成分，也见于某些深变质岩中。能够富集成具一定规模的硅灰石工业矿床(体)，主要赋存于中酸性、酸性侵入岩体与不纯石灰岩或钙质砂岩和硅质钙质页岩的接触带，或见于深层变质岩的钙质结晶片岩中。矿床受不同时代、不同类型的隆起构造控制，产于中浅—中深较高温接触变质或区域变质构造环境中，断裂构造发育，厚度中等的岩层封闭系统是其最优的储矿场所。区域成矿常与深断裂带有关，受一定的构造–岩浆活动带的影响，矿体往往表现出成群集中和成带分布的特征。与大部分矽卡岩体一样，硅灰石矿床通常分布于紧靠侵入岩体接触带一侧的碳酸盐围岩中，属外接触带矿床。矿体距侵入体一般为十几米至几十米，有些可达几百米，少数达1~2km。以接触交代变质成因为主的矿床，矿体距侵入岩体较近；以接触热变质成因为主的矿床，矿体距侵入岩体要远些。也有一些矿床分布在呈半岛状伸入侵入岩体内的碳酸盐岩楔状体中，或产于被包裹在侵入岩体内的碳酸盐岩捕虏体中，形成复杂的接触带。

硅灰石矿床的形成取决于地壳发展演化一定旋回中各类岩浆建造发育的程度和各时期碳酸盐岩的分布及构造条件等，其形成限于一定的时期。我国硅灰石矿床大多赋存在寒武纪以来的盖层建造中，主要产于石炭系和二叠系，其次为寒武系、泥盆系及志留系。与成矿作用有关的侵入岩主要是燕山期、印支期、海西期的中、酸性岩浆岩。

我国已知硅灰石矿床主要分布于3个地槽褶皱系：吉黑褶皱系是最重要的成矿构造单元，分布矿床多，规模大；其次为华南褶皱系和三江褶皱系；在扬子地台和华北地台边缘也有小规模分布。在这些构造单元内，岩浆活动频繁，侵入岩分布广泛，与成矿有关的中、酸性侵入岩主要有浅至中成花岗斑岩、斑状花岗岩、花岗闪长斑岩、正长闪长斑岩、石英斑岩等。成矿围岩一般为含燧石结核、燧石条带等硅质成分的海相碳酸盐岩沉积建造。

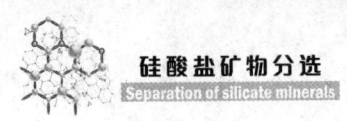

我国已知具有工业价值的硅灰石矿床,按其成因分为接触热变质型、接触交代变质型和区域变质型3种,以接触热变质型矿床为主,接触交代变质型矿床次之,区域变质型矿床较少。

我国硅灰石矿产地比较集中,主要分布在吉林、江西、青海、辽宁四省,其次分布在湖北、安徽、浙江、江苏、云南、福建等省。主要矿区有吉林梨树县大顶山-石岭硅灰石矿、磐石市长崴子-石嘴矿区;辽宁法库县城子山大型硅灰石矿、建平县富山大型硅灰石矿;江西新余市仁和乡曹坊庙大型硅灰石矿、长兴县李家巷大型硅灰石矿;青海都芸硅灰石矿;湖北小箕铺硅灰石矿等。我国硅灰石矿质量一般较好,如梨树产的硅灰石洁白、杂质含量低、晶体呈针状或纤维状、长径比大,是世界上少有的优质硅灰石矿。硅灰石矿石质量一般工业要求见表5-9。

表5-9 硅灰石矿石质量一般工业要求(DZ/T 0207—2002)

项目	矿石可手选矿床含矿率/%		矿石需机选矿床硅灰石矿物含量/%	
	露天开采	地下开采	露天开采	地下开采
边界品位	≥20~30	≥25~35	≥40	≥40
工业品位	≥25~35	≥30~40	≥45	≥50

5.2.2.3 矿石结构构造特性

硅灰石矿石主要类型分为以下两种。

① 矽卡岩型矿石:主要产于矽卡岩型矿床中,矿物组分复杂,硅灰石常与石英、方解石及透辉石、石榴子石等矿物伴生。

② 硅灰石-石英-方解石(大理岩型)矿石:该类型的矿石主要产于接触变质和区域变质型矿床中,矿物组分简单,又可分为硅灰石-石英、硅灰石-方解石、硅灰石-石英-方解石3种。

按矿石结构构造划分,可分为以下两种。

① 致密块状矿石:矿石具细粒花岗变晶或纤维变晶结构,呈致密块状构造。硅灰石呈细小粒状、柱状或纤维状集合体,个别极细粒致密者呈玉状。

② 粗晶硅灰石矿石:矿石具纤维变晶结构,呈块状、似角砾状、巨斑状或条带状构造。硅灰石晶体粗大,呈板柱状、束状或放射(菊花)状。

5.2.2.4 矿物晶体化学特性

硅灰石($CaSiO_3$)的晶体结构(见图5-8)的特点为,硅氧四面体链由一个双四面体[Si_2O_7]和一个单四面体[SiO_4]平行于 b 轴交替排列而成。其中一个硅氧四面体棱平行于链的方向。硅氧四面体链与[CaO_6]八面体链的配合形式与辉石不同。

硅灰石包括两种同质多相变体，即高温变体（β-$CaSiO_3$）和低温变体（α-$CaSiO_3$）。其中，高温变体β-$CaSiO_3$ 为环状结构硅酸盐，称为假硅灰石或环硅灰石，属三斜晶系。晶体结构由3个[SiO_4]四面体形成的[Si_3O_9]三方环与由[CaO_6]八面体层沿 c 轴交替排列而成。β-$CaSiO_3$ 形成温度高于1126℃，仅见于高温变质的岩石中。低温变体α-$CaSiO_3$ 有两种。一种为三斜晶系，称为硅灰石-Tc。另一种为单斜晶系，称为硅灰石-2M。晶体结构特点：以3个[SiO_4]四面体为一重复单位[Si_3O_9]的单链，且平行于 b 轴延伸。链与链平行排列，链间的空隙仅由 Ca 离子充填，形成[CaO_6]八面体。[CaO_6]八面体共棱联结成平行于 b 轴的链。[CaO_6]八面体与[Si_3O_9]硅氧骨干组成的复合单链，是 α-$CaSiO_3$ 的基本结构单元。由于这种结构单元的叠置方式不同，从而形成硅灰石-Tc 和硅灰石-2M。结构中[SiO_4]四面体的键长 Si-O 为0.152~0.164nm，Ca-O 为0.232~0.240nm。[CaO_6]八面体的棱长为0.37nm，[Si_2O_7]双四面体中，当 Si-O-Si 为直线时，高约0.41~0.42nm。

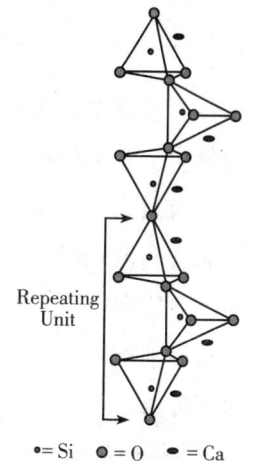

图5-8 硅灰石的晶体结构

硅灰石-Tc 与硅灰石-2M 十分相似，可根据晶胞常数等的值加以区别（硅灰石-Tc、硅灰石-2M 和假硅灰石的晶体参数见表5-10）。高温硅灰石和低温硅灰石的转变温度为（1125±10）℃。高温硅灰石除结构不同外，与低温硅灰石的差别是具有较高的双折射率。

自然界中硅灰石单晶极罕见，多呈针状、纤维状或放射状集合体。纤维的长度与直径之比可由（20~30）:1至（7~8）:1。这种针状或纤维状形态使其在工业上有许多用途。

表5-10 硅灰石-Tc、硅灰石-2M 和假硅灰石的晶体参数

硅灰石类型	a_0/nm	b_0/nm	c_0/nm	α	β	γ	Z
硅灰石-Tc	0.794	0.732	0.707	90°2′	95°22′	103°25′	6
硅灰石-2M	1.536	0.729	0.708	90°	95°24′	90°	12
假硅灰石	0.690	1.178	1.965	90°	90°48′	90°	24

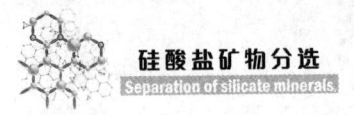

5.2.2.5 分选理论与试验研究

在自然界中品质很纯的硅灰石较少，多呈类质同象固溶体或与其他矿物共生或伴生。常见的伴生矿物有钙铁榴石、透辉石、方解石、石英、长石等，有时还见有黄铁矿、黄铜矿、磁铁矿等金属矿物与硅灰石伴生。硅灰石原矿石中硅灰石含量波动较大，而且矿物成分复杂，因此一般都须经合适分选富集后才能为工业所利用。

从目前国内外研究结果可知，硅灰石分选所采用的主要技术和方法包括手选法、磁选法、浮选法、重选法、电选工艺及联合分选法等。

(1)手选法

国外最早的硅灰石选矿是手选法。该法劳动强度大，经济效率低、资源浪费大，现仍作为一些富矿的主要选矿方法，一般矿则将它作为辅助选矿手段。例如，美国加利福尼亚里弗塞德郡的硅灰石矿，经手工捣碎，人工手选就可粗略与脉石矿物分离，手选精矿直接销售。我国吉林省梨树县大顶山硅灰石矿也曾采用手选法。

(2)磁选法

磁选法在国外硅灰石的选矿中占主导地位，一般多在分选的准备作业用以回收或脱去磁性物质，或用于精矿的再处理。美国纽约州的硅灰石矿，原矿含硅灰石55%~65%，伴生矿物为钙铁石榴子石，采用单一磁选，获得含硅灰石含量为75%的精矿；刘易斯硅灰石矿则采用强磁选生产硅灰石精矿。我国江西月光山大理岩型硅灰石矿也曾采用强磁选剔除硅灰石精矿中的透辉石，但不理想，后采用反浮选工艺；大冶硅灰石矿采用磁选法来生产硅灰石精矿。

(3)浮选法

芬兰是最早使用浮选工艺分选加工硅灰石的国家，1967年建立了世界上首座硅灰石浮选厂。浮选工艺为先用胺类捕收剂将硅灰石与伴生的硅酸盐矿一起浮出，然后用阳离子和阴离子混合捕收剂除去硅酸盐杂质，槽内为硅灰石精矿。

一般来说，浮选分离硅灰石与方解石、石英等矿物主要有两种方法。

① 阴离子捕收剂反浮选方案。方解石为碳酸盐矿物，而硅灰石和石英为硅酸盐矿物，可以根据二者的表面电性差异，通过改变矿浆介质的pH值，采用调整剂抑制硅灰石，浮选分离出方解石。然后浮选分离石英和硅灰石。一般用氧化石蜡皂作方解石的捕收剂，硅酸钠作硅灰石和石英的抑制剂。

② 阳离子捕收剂正浮选方案。此法主要是通过调节硅灰石与方解石矿物表面电性，使其带异号电位，从而用阳离子捕收剂通过静电吸附作用，优先浮出硅灰石，而方解石则作为尾矿留于浮选槽中。浮选作业分为两段：先用胺类捕收剂将硅灰石与硅酸盐矿物作为泡沫产品一起浮出，方解石则留于槽中；再用胺离子与阴离子混合捕收剂浮选硅酸盐杂质，而硅灰石作为槽中产品回收。

(4) 重选法

湖北小箕铺硅灰石矿属于透辉石、石榴子石含量高的硅灰石矿石，而含方解石少，利用其相对密度、粒度和形状的差异，对含硅灰石64.79%~65.30%的矽卡岩型硅灰石原矿采用一粗一扫一精的单一摇床重选流程，获得含硅灰石为50.75%~84.03%、硅灰石回收率为69.63%~77.03%的精矿，其Fe_2O_3含量小于0.5%，可满足陶瓷、化工、冶金、建材等工业的要求。

(5) 电选工艺

静电选矿是利用摩擦生电效应，使硅灰石、方解石、石英等互相摩擦，各自带上符号相反的电荷，从而在电选机中具有不同的运动轨迹来实现分选的。国外采用电选工艺获得了品位为75%~92%的硅灰石精矿和品位为95%~96%的石榴子石精矿。

(6) 联合分选法

江西新余一大型硅灰石矿的矿石矿物成分以硅灰石为主，其次为方解石、透辉石、石英等。分别采用手选—细磨和手选—细磨—强磁选工艺，可获得SiO_2含量为51.05%~51.29%、CaO含量为45.83%~46.22%、Fe_2O_3含量为0.164%~0.34%的白度、亮度高、成分较纯的涂料级硅灰石粉。国内其他硅灰石矿还有采用重选—浮选、手选—浮选和手选—重选等联合工艺流程的。

国外采用的联合工艺流程有磁选—浮选、电选—磁选—浮选、磁选—电选等。如乌兹别克斯坦科依塔什和波萨金的磁选—浮选联合流程，芬兰拉彭兰塔的光电选—浮选—磁选联合流程，巴萨克硅灰石矿的磁选—静电选联合流程等。

综上可知，大理岩型硅灰石一般铁杂质含量较低，脉石主要为方解石和石英及少量透辉石，这类矿石的选矿常采用浮选法，从矿石中分选出方解石和石英；矽卡岩型硅灰石矿石一般铁杂质含量较高，脉石主要为石榴子石、透辉石、方解石和石英，这类矿石的选矿一般采用强磁选法分离出石榴子石、透辉石，采用浮选法分离出方解石和石英。主要选矿方法和原则流程见表5-11。

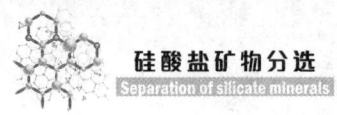

表5-11 硅灰石矿石的主要选矿工艺原则流程

主要选矿工艺技术	应用范围
手选	适用于品位高、含铁低的优质矿石,用于选别块矿
强磁选	适用于矿石中脉石矿物主要为石榴子石、透辉石等弱磁性矿物的分离,且方解石含量较少
浮选	适用于矿石中脉石矿物主要为方解石,或矿石中含有石英、长石等其他硅酸盐矿物的分离
磁选-浮选或浮选-磁选	适用于矿石中脉石既含有石榴子石、透辉石,又含有较多方解石或石英、长石等其他硅酸盐矿物的分离
磁选-电选干式选矿	在干旱缺水地区浮选分离硅灰石受到限制时采用
浮选-重选	适用于选铜尾矿中含有硅灰石,并含有粒度较大的石榴子石、透辉石等脉石矿物的分离

5.2.2.6 分选实践

硅灰石在工业中应用的历史较短。最早开发硅灰石的是美国,1933年开始开采加利福尼亚州克恩县柯德赛丁(Code Siding)硅灰石矿。其后,芬兰、墨西哥、前苏联、印度、土耳其等国也相继开发硅灰石矿,用作矿棉、涂料及电焊条药皮等。从20世纪60年代开始,作为一种快速烧成的理想材料,硅灰石在釉面砖和其他陶瓷制品的生产中得到广泛应用,世界硅灰石生产随即迅速发展,20世纪50年代的年产量为4万吨左右,至90年代已增长10倍。

我国开发硅灰石矿始于1975年,湖北非金属矿地质公司在大冶县下马林首次发现具有工业价值的小箕铺硅灰石矿床,探明储量9.5万吨,填补了我国硅灰石矿产资源储量的空白。1978年吉林省地质局发现吉林磐石县长崴子特大型矿后,又陆续发现数处大、中型甚至特大型矿,在其他省、自治区地质矿产部门也开展了普查工作,在不少地方相继发现硅灰石矿床,探明储量跃居世界前列。1979年湖北省大冶县硅灰石矿建成,我国开始生产硅灰石产品。1980年吉林省磐石县硅灰石矿投产,梨树县大顶山矿也由停采有色金属矿转为开采硅灰石。其后,吉林省磐石县南错草矿、梨树县铁汞山矿、龙井市细鳞河矿,辽宁省法库县城子山矿,浙江省长兴县李家巷矿等相继投产,还有遍布各地的众多小矿纷纷开采。几十年来,我国硅灰石矿的开发已粗具规模,产量迅速增长,1981年全国产量仅0.47万吨,1992年为11.08万吨,1995年达20万吨,为1981年产量的42倍,已成为世界上硅灰石重要的开采国家。

目前,硅灰石的分选方法比较成熟,选矿厂也比较多。经过分选富集处理后,硅灰石中的铁含量得到了降低,方解石也得到了有效分离。下面以我国吉林梨树县、湖北大冶小箕铺(下马林)硅灰石矿以及美国纽约州威尔斯鲍罗硅灰石矿为例进行介绍。

(1)吉林省梨树县大顶山硅灰石选矿厂

吉林省梨树县大顶山硅灰石矿床位于吉黑地槽褶皱系的西部,属接触热变质型矿床。该矿床矿区内在海西运动晚期,有大规模的花岗岩侵入,使原本分布广泛的石炭系地层被穿插、吞蚀而呈长1000m、宽500m的捕虏体。石炭系上统石嘴子组地层的主要岩性为结晶灰岩、大理岩、燧石条带大理岩或燧石结核大理岩,呈北西—南东分布,倾向南西。矿体分布于距侵入岩体20~1000m的范围内,侵入接触带的外带燧石条带大理岩,原岩为富硅质的碳酸盐岩,受侵入岩体热力作用,在成矿构造有利部位形成接触热变质硅灰石矿床。

矿体形态为层状、似层状。矿石具致密块状构造、纤维状、放射状变晶结构。矿石矿物组分主要为硅灰石,属三斜低温硅灰石,脉石矿物主要是石英、方解石、少量透辉石。矿石品位中等,含矿率平均为61.4%。矿石质地优良,矿物结晶好,杂质含量低,Fe_2O_3含量为0.1%。矿山已开采利用几十年,是我国硅灰石的主要产地之一。梨树硅灰石矿石中硅灰石含量为46.50%,方解石为41.23%,透辉石为3.49%,石英为6.67%。硅灰石晶体内有透辉石和石英包体,方解石则呈不规则状分布于硅灰石颗粒及裂隙之间。根据矿石性质,采用单一浮选流程(流程图见图5-9)。

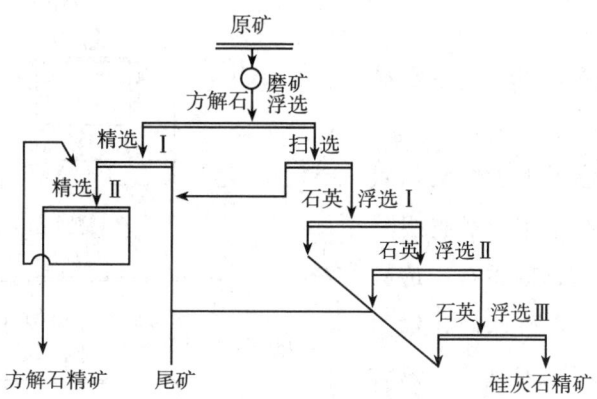

图5-9 梨树县大顶山硅灰石矿选矿试验流程

获得的方解石精矿含方解石达97.51%,产率为38.78%;硅灰石精矿含硅灰石87.20%,产率为44.48%。

(2)湖北省大冶市小箕铺(下马林)硅灰石选矿厂

该矿床属夕卡岩型矿床，位于湖北大冶—阳新一带的阳新岩体及东部的丰山洞小岩株侵入石炭系、二叠系、三叠系碳酸盐岩层中，在有利的构造部位，因为接触交代变质作用，形成了一系列矽卡岩型硅灰石矿床，常与成因不同的矽卡岩型铜矿在空间上伴生，小箕铺矿床就是其中之一。矿床位于龙角山倒转向斜东南倒转翼，阳新闪长岩体的西南缘。出露地层由二叠系下统栖霞组中、上部含燧石结核和条带灰岩与厚层灰岩组成，走向北东东至近于东西向分布，倾向南东，倾角72°。燕山期阳新花岗闪长岩的侵入，破坏了原来的地层面貌，使其变得支离破碎，有的形成捕虏体。侵入岩体的强烈影响，使得呈捕虏体产出的石灰岩普遍发生矽卡岩化，位于岩体边缘的捕虏体经充分交代形成接触交代型硅灰石矿体。

矿石矿物组成主要为硅灰石（含量50%~75%），脉石矿物主要有石榴子石（含量10%~20%）、透辉石（含量5%~10%），含少量方解石、蛋白石、石英、绿帘石、符山石等，并含有斑铜矿、黄铜矿、黄铁矿等金属矿物。硅灰石呈白色，部分为灰、棕色，晶体多为长柱状、放射状、纤维状及束状集合体，长一般为1~10cm，有的可达80cm，个别达150cm，短的仅有1mm，属三斜低温硅灰石。矿石结构一般为粗粒纤维状变晶结构，块状构造或部分为斑杂状或团块状构造。矿石化学成分中SiO_2平均占50.23%、CaO平均占44.9%，除部分矿石Fe_2O_3含量大于2%外，其他杂质含量较低。矿石含矿系数一般在64%~89%。矿床规模为小型矿，矿石质量较好，是我国发现和利用最早的硅灰石矿床。

(3) 美国威尔斯鲍罗硅灰石矿选矿厂

该选矿厂位于美国纽约州威尔斯鲍罗。矿石中主要矿物组分为硅灰石、钙铁石榴子石、透辉石、少量方解石。硅灰石含量为55%~65%，钙铁石榴子石和透辉石含量为10%~20%。根据矿石性质，采用单一磁选工艺流程使硅灰石和钙铁石榴子石及透辉石分离，其工艺流程见图5-10。

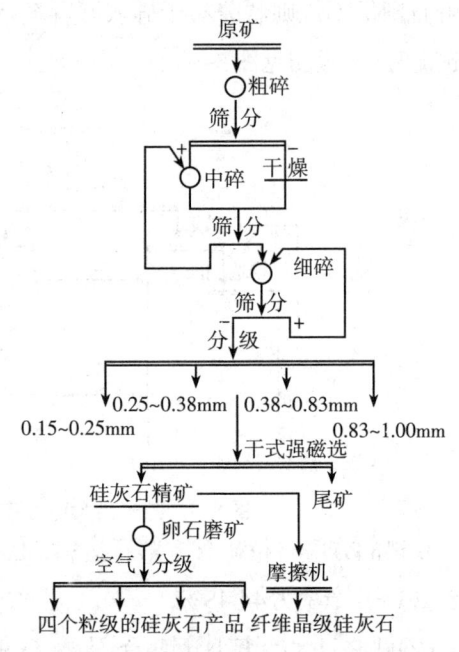

图5-10 美国威尔斯鲍罗硅灰石矿选矿工艺流程

5.2.3 硅线石分选

硅线石(sillimanite)也称为矽线石,是蓝晶石族高铝矿物,1824年以Benjamin Silliman教授的名字命名。硅线石的耐火度为1850℃,高温下一次性膨胀并转变为富铝红柱石,具有在高温下机械强度高、耐磨、耐化学腐蚀、耐温度急变等优良的热工性能,因此可广泛用于冶金、玻璃、陶瓷工业的耐火材料及技术陶瓷、硅铝合金、金属纤维的生产,还可作为配料生产耐火水泥,也是生产氧化铝的优质材料。色泽艳丽的硅线石是宝石的原料。硅线石的主要应用举例如图5-11所示。

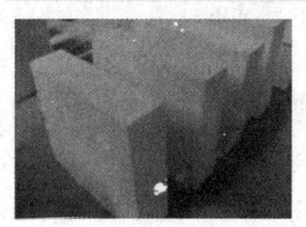 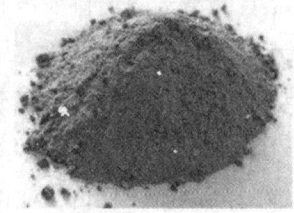 

(a) 硅线石复合砖　　(b) 硅线石不定型耐火材料　　(c) 硅线石用于合成莫来石

(d) 硅线石生产硅铝合金　　　　　(e) 硅线石涂料

图5-11　硅线石的主要工业应用举例

目前,硅线石多方面的应用中最主要的仍然是用于制造高铝耐火材料,而硅线石的性质、化学成分等与耐火材料制品的性能密切相关。① 精矿中Al_2O_3的含量与耐火材料的膨胀性、耐火度、荷重软化温度、蠕变性等高温性能密切相关,一般来说,Al_2O_3含量越高,上述高温性能越好。② Fe_2O_3、TiO_2是硅线石的主要杂质,在高温烧制过程中对材料的密度、导热性、高温抗折强度等性能有重要的影响,除直接影响制品的质量外,还与耐火材料的成品率密切相关。③ Na_2O+K_2O等杂质在硅线石制品高温烧成过程中由于熔点低,极易形成玻璃相物质,从而极大地降低产品的性能。根据硅线石的性能、用途,试验的最终精矿除了满足有用及杂质元素的含量外,还必须具备满足高温热性能的试验数据，才能确定其产品是否能够被工业部门所采用。因此，硅线石精矿必须进行高温热工性能试验。在高温热工性能试验中，耐火度和热膨胀率是最重要的参数，缺一不可，一般要求耐火度高于1750℃，线膨胀率为0.2%~1.0%。

5.2.3.1 资源情况

世界硅线石类矿物资源较为丰富，分布也比较广泛。主要生产硅线石的国家有美国、南非、印度、法国等，总生产能力可达70万吨。我国虽不是硅线石精矿的生产大国，但地质工作证实，我国硅线石的矿点也有广泛的分布（见表5-12），储量也超过了几千万吨。主要分布在我国东北地区的黑龙江省，其次为中部的河南省南阳地区、河北省的灵寿团泊口地区和西部的新疆等地。现已经形成工业规模供货的选矿地点有4~5个。其中开发最早的黑龙江省鸡西三道沟的硅线石矿的矿石平均品位为17.59%，经过浮选、磁选后，选矿精矿产品回收率可达56.54%。黑龙江林口、河北灵寿、河南内乡等地也先后利用当地的资源开采建立了硅线石选厂。黑龙江的鸡西、林口，河南镇平—内乡、西峡的硅线石精矿粒度主要是小于0.2mm的粒级。河北灵寿是以粒度小于0.074mm的矿石为主的精矿。块状硅线石分布在西藏、新疆北部，有待开发应用。

表5-12 我国硅线石矿床储量情况分布（2005年）

省份	矿区数	查明资源储量（矿物）/万吨
河北	2	158
黑龙江	4	715
安徽	1	14
福建	1	1.7
广东	1	241
陕西	1	41
全国	10	1170.7

随着我国冶金、建材（玻璃、陶瓷）行业引进设备和配套耐火材料的消化吸收，硅线石的应用领域逐步拓展，人们逐渐认识了硅线石原料及其相关产品，国内硅线石的生产厂也由一家变为十几家，年生产精矿能力近4万吨，对我国硅线石产品的开发起到了重要作用。

5.2.3.2 矿床特性

同蓝晶石族的其他矿物类似，按矿床成矿作用类型分，硅线石矿床可分为

5个成因类型，即区域变质、动力变质、热接触变质、热液蚀变和风化矿床。在上述成因类型矿床中，以区域变质形成的硅线石矿床规模最大、质量最好、最具工业价值。

高级变质片麻-片岩型硅线石矿床，均赋存于活动的地槽内，含矿建造类型为高角闪-麻粒岩相片麻岩-石英片岩型硅线石、红柱石建造及高角闪-高绿片岩相片麻岩-片岩-大理岩型硅线石建造。矿体形态一般为层状、似层状，少数为透镜状。含矿岩石主要为片岩类、片麻岩类。矿石类型以片岩型为主，次为片麻岩型，矿物成分为硅线石、石榴子石、石英、黑云母、斜长石、钾长石，次为白云母、石墨，副矿物为楣石、锆石、金红石、独居石。矿体与围岩呈渐变过渡关系，产状与围岩基本一致。成矿原岩为黏土质沉积岩。矿石品位为10%~60%。较典型的矿床为鸡西三道沟硅线石矿床、丹风硅线石矿床。

中级变质浅粒岩-片岩型硅线石矿床既可赋存于稳定的地台内，也可赋存于活动的地槽内，含矿建造类型为高角闪岩相硅线石石英浅粒岩型硅线石建造及中低角闪岩相白云母石英片岩-石英片岩型硅线石、红柱石建造。含矿地层为新太古界阜平群宋家口组、大别山群水竹河组及中新生代区域变质地层。矿体形态以层状、似层状为主，个别为透镜状、扁豆状。含矿岩石主要为片岩类、浅粒岩类。矿石类型以片岩型为主，次为浅粒岩型。矿物成分为石英、硅线石、白云母、钾长石、绢云母，还有黑云母、钛(磁)铁矿、高岭石、绿泥石等；副矿物有金红石、锆英石、楣石、磷灰石。矿体与围岩呈渐变过渡关系，产状与围岩基本一致，成矿原岩可能为富铝的泥砂质岩或铝土质黏土岩、富铝硅质沉积岩。矿石品位为10%~65%。较典型的矿床为河北平山罗圈硅线石矿床、安徽岳西回龙山硅线石矿床、福建莆田山柄-港里硅线石矿床。

5.2.3.3 矿物晶体化学特性

硅线石的化学组成为$Al[AlSiO_5]$，其中，SiO_2含量为37.07%，Al_2O_3含量为62.93%，成分比较稳定，常有少量的类质同象混入物Fe^{3+}代替铝，有时存在微量的钛、钙、镁等混入物。

硅线石为斜方晶系，D_{2h}^{16}-$Pbnm$，晶体结构见图5-12。硅线石有2种阳离子Al^{3+}、Si^{4+}。阳离子Al^{3+}有六次配位和四次配位2种，前者构成铝氧八面体$[AlO_6]$，后者构成铝氧四面体$[AlO_4]$。$[AlO_4]$四面体与硅氧四面体$[SiO_4]$交替排列，彼此共用1个氧离子形成链，而$[AlO_6]$八面体之间彼此共用2个氧离子(共棱)联结成另一种形式的链。在结构中共有5条链,4条分布在晶胞的4个角顶,1条在晶胞的中央。这些八面体联结的链又通过[SiO$_4$]与[AlO$_4$]四面体联结起来。

阳离子Si^{4+}的配位数是4,构成硅氧四面体[SiO$_4$]。但在结构中,[SiO$_4$]四面体之间彼此不联结,而是孤立存在的,它与阳离子Al^{3+}形成的[AlO$_4$]四面体彼此共用一个角顶,相间排列成链。在结构中共有4条[SiO$_4$]链,填充在5条[AlO$_6$]八面体链之间,相邻间隔的[SiO$_4$]链与[AlO$_4$]链排列顺序相反,即有两条链的排列是[SiO$_4$]-[AlO$_4$]-[SiO$_4$]-[AlO$_4$]…,另有两条链的排列是[AlO$_4$]-[SiO$_4$]-[AlO$_4$]-[SiO$_4$]…。上述两种链与[AlO$_6$]八面体形成的链平行排列,并相互衔接,原子间距Al-O为0.177nm,Si-O为0.161nm。根据格林伍德的研究结果,硅线石的晶体结构中,四次配位的Al和Si在[AlSiO$_5$]链中是无序的。

硅线石的结构决定了它具有平行于c轴延长的针状、纤维状的晶体形态及平行(010)的解理。图5-12(a)为以球棍形式表现的硅线石晶体结构,图5-12(b)为以配位多面体形式表现的硅线石晶体结构。

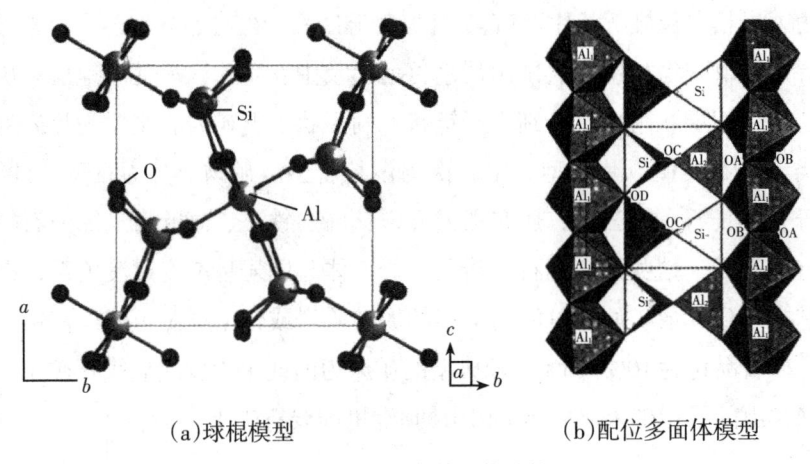

(a)球棍模型　　　　　　　　(b)配位多面体模型

图5-12　硅线石的晶体结构

5.2.3.4　分选理论与试验研究

硅线石主要为区域变质矿物,常与石榴子石、高岭石、石英、云母等矿物共生。我国硅线石矿物含量大部分为15%~20%,少数矿床矿物含量为30%~50%,极少数硅线石矿物含量大于80%,因而,必须提纯才能在工业中应用。研究结果表明,硅线石具有针状结构,密度与伴生矿物等差别不大,且无磁性,因此,单独磁选或重选很难将其分离、富集。

大量的研究报道指出,硅线石采用浮选有较高的分选效率。但硅线石与石英、微斜长石等脉石矿物都属于硅酸盐矿物,其共生关系复杂,嵌布粒度很细,表面氧化、矿泥干扰、固相溶解产生的各种化学组分等因素又降低了这种表面性质的差异,从而给硅线石分选造成了困难。

在中性或弱碱性介质中,以油酸钠为捕收剂难以分离硅线石和石英的主要原因是矿浆中难免有金属离子Fe^{3+}、Al^{3+}对石英起活化作用,降低了此两种矿物的可浮性差异。而柠檬酸可消除金属离子对石英的活化作用,扩大两种矿物的可浮性差异,实现二者的分离。在矿浆pH值为7~8、油酸钠体积浓度为$2.27×10^{-4}$mol/L、Fe^{3+}体积浓度为$3.18×10^{-5}$mol/L、Al^{3+}体积浓度为$2.15×10^{-5}$mol/L、柠檬酸体积浓度为$6.73×10^{-5}$mol/L时,获得的浮选精矿Al_2O_3含量为59.20%,硅线石回收率为91.29%。

有研究者以油酸钠为捕收剂,在矿浆pH值为6.5~8.0的条件下,实现了硅线石与微斜长石的有效分离。动电位测定结果表明,硅线石与微斜长石的零电点分别为6.8和1.8,在pH值为6.5~8.0时,硅线石表面主要以荷正电的形式(MOH_2^+)存在,微斜长石表面以负电组分(MO^-)的形式存在,二者表面电性的明显差别是它们实现浮选分离的前提;红外光谱分析结果表明,油酸钠荷负电的活性组分(离子-分子缔合物)与硅线石表面带正电的组分(MOH_2^+)以静电力作用,可形成半胶束吸附,同时还存在生成油酸铝的化学吸附。而此时微斜长石表面负电组分(MO^-)最大,与油酸钠不发生作用,这是硅线石与微斜长石实现选择性分离的本质原因。

事实上,硅线石提纯通常采用物理分选结合化学浸出处理的工艺。由于与其共生的矿物多为弱磁性的含铁矿物和其他硅酸盐矿物,因而分选工艺常采用磁选—浮选联合工艺流程,选矿产品化学处理不仅有助于除铁,而且有助于提高精矿的Al_2O_3含量和降低其他杂质矿物的含量。典型的硅线石传统提纯工艺流程见图5-13。

典型的工艺条件为:原矿破碎至

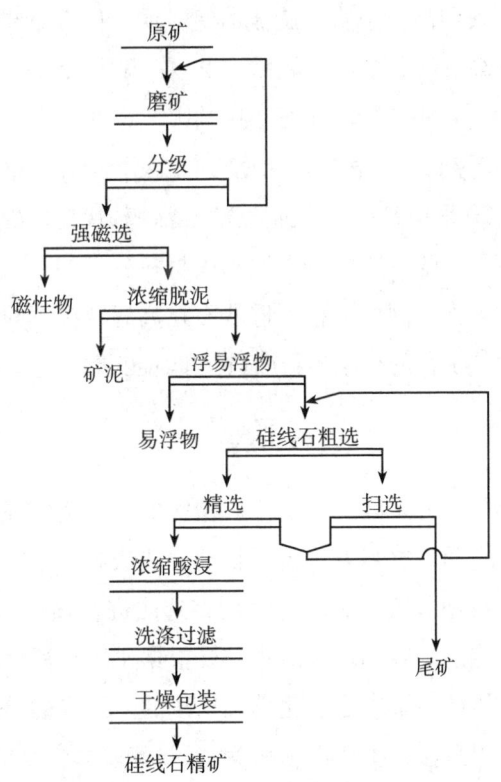

图5-13 典型的硅线石传统提纯工艺流程

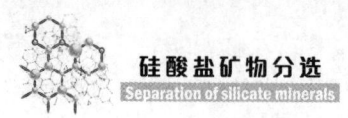

粒径15mm；磨矿细度为-0.074mm占60%~75%；强磁选磁强度为1000~1200kA/m；浮易浮矿物采用煤油等非极性捕收剂；硅线石粗选采用Na_2CO_3作为pH值调整剂、水玻璃作为脉石矿物的抑制剂、烷基磺酸或癸脂作为硅线石的捕收剂进行浮选；一般采用空白精选得到硅线石精矿。

传统的硅线石提纯工艺的缺陷之一是硅线石矿物回收率低，主要原因是：硅线石过粉碎泥化损失，根据其性脆的特点，在破碎磨矿过程中较其他杂质矿物更易泥化，特别是其相对密度较大，采用低效率的螺旋分级机造成其反复磨矿而过粉碎，加之氧化矿浮选对矿泥的影响极为明显，必须尽可能地脱除矿泥，因此硅线石在脱泥和浮选中损失率极大；工艺流程冗长而损失；酸浸液固比高，洗涤过滤细粒硅线石损失。缺陷之二为工艺流程不稳定，主要原因是：矿石组成成分变化；采用工业副产品的浮选药剂化学成分变化；浮选受外界环境因素如温度等的影响而变化。

本书针对传统工艺的缺陷进行了如下研究工作并提出了改进措施。① 在磨矿时采用选择性较好的棒磨机替代球磨机，采用筛分分级替代螺旋分级脱泥，采用高压小直径旋流器组脱泥。研究结果表明，采用上述措施可以大幅度地提高硅线石矿物回收率。② 采用硅线石直接浮选简化工艺流程，代替预先除杂浮选后才进行硅线石浮选的工艺。③ 采用化学成分稳定、对温度灵敏度低的浮选药剂。④ 根据相对密度的差异，采用重选预选也是提高回收率的有效途径。⑤ 采用新型干式强磁选机除铁替代化学处理。

随着我国对高铝耐火材料要求的日益提高，对硅线石产品的需求量也日益增大，因此，根据硅线石在高温状况下对产品质量的影响，针对传统硅线石提纯工艺的缺陷进行改进是非常必要的。

5.2.3.5 分选实践

天然硅线石由于矿物含量低、杂质高，必须经过提纯处理后才能在工业中应用。提纯方法包括物理分选法和化学浸出法。物理分选一般使用浮选和磁选两种方法，有时也采用重选法进行预选，常以浮选法为主。具体的选矿方法、药剂制度和选别流程，要根据矿床特征、矿石物质组成结构构造以及脉石矿物的性质来决定。化学浸出法的主要目的是除去硅线石中的铁、钛矿物，一般采用酸法，主要以硫酸为主，盐酸次之，同时又可以除去硅线石中的酸，可溶解矿物，从而有利于提高氧化铝的品位。随着技术的进步，高场强、高梯度强磁选机研制成功，硅线石化学提纯法将逐步被物理分选法所取代。

下面以我国黑龙江省鸡西三道沟硅线石矿和内蒙古兴和硅线石矿为例进行介绍。

(1) 黑龙江省鸡西三道沟硅线石矿选矿厂

黑龙江省鸡西三道沟硅线石矿是我国探明储量最大的硅线石矿床，已探明储量650万吨，隶属于黑龙江鸡西非金属矿工业公司。矿山于1985年建成了300t/a的硅线石工业性选矿试验厂，并于次年建成了我国第一条硅线石生产线，年产精矿4000t。原矿石中主要矿物有石英、硅线石、长石，其次为黑云母、石榴子石、白（绢）云母及钛铁矿、褐铁矿、石墨等。矿石组成简单，矿物嵌布粒度较粗，易单体解离。当磨矿细度为-0.20mm占88%时，硅线石基本单体解离。原矿中虽只含少量的石墨，但其自然可浮性高。此外，由于矿石遭受强烈风化，在原矿中含有较多的黏土矿物，并且褐铁矿、长石及云母等矿物在磨矿过程中又能产生大量的次生矿泥。它们不但消耗大量药剂，而且易附着在其他矿物表面，这样既降低了硅线石的可浮性，又使浮选失去选择性。所以必须在硅线石浮选前预先脱泥。硅线石浮选以M50表面活性剂作硅线石的捕收剂，在酸性（pH值<4）矿浆中浮选，精矿经强磁分离后，可以得到Al_2O_3含量为59.22%、硅线石回收率为76.46%的硅线石精矿。

(2) 内蒙古兴和硅线石矿选矿厂

内蒙古兴和硅线石矿产于花岗片麻岩中，为高温接触变质矿物，矿石中含石榴子石12.5%，硅线石4.0%。石榴子石为铁铝石榴子石$Fe_3Al_2[SiO_4]_3$，理论上含FeO 43.3%，Al_2O_3 20.5%，SiO_2 36.2%，部分FeO被MgO所置换，是富Al和Fe的岩石经变质形成的。硅线石$[Al_2SiO_5]$理论上含Al_2O_3 63.1%，SiO_2 36.9%，为富Al的泥质岩石经高级区域变质而成，它与铁铝石榴子石伴生，一起呈条带状分布在富含石英、长石、黑云母的结晶片岩或片麻岩中。原矿化学组成及物质组成见表5-13和表5-14。

表5-13 原矿主要化学成分分析　　　　单位：%

化学成分	Al_2O_3	SiO_2	CaO	MgO	Fe_2O_3	TiO_2	Na_2O	K_2O	C
含量（%）	16.43	69.73	0.65	1.27	5.06	0.40	1.48	3.83	0.13

表5-14 原矿矿物组成　　　　单位：%

矿物种类	含量	矿物种类	含量
硅线石	4	金红石	0.4

表 5-14（续）

矿物种类	含量	矿物种类	含量
石榴子石	12.5	石墨	0.1
石英	35.0	褐铁矿等	0.6
长石	38.0	高岭石	1.4
黑云母	6.0	合计	100.0
白云母、绢云母	2.0		

矿石中矿物的共同之处是化学成分都含有 SiO_2，除石英外，其他矿物都含有 Al_2O_3，它们的浮选特性有相近之处，但它们也有各自的特点。如石榴子石和黑云母为含铁矿物，有弱磁性，且它们的密度差异大；而硅线石、长石、石英均无磁性，但含 Al_2O_3 差异大，即可浮性存在较大差异。基于这些不同特性，选矿工艺采用强磁选—重选—浮选联合工艺流程，流程图见 5-14。即先采用强磁选出石榴子石和黑云母，再通过重选摇床分离得到石榴子石精矿；强磁选尾矿通过浮选分离得到硅线石精矿。

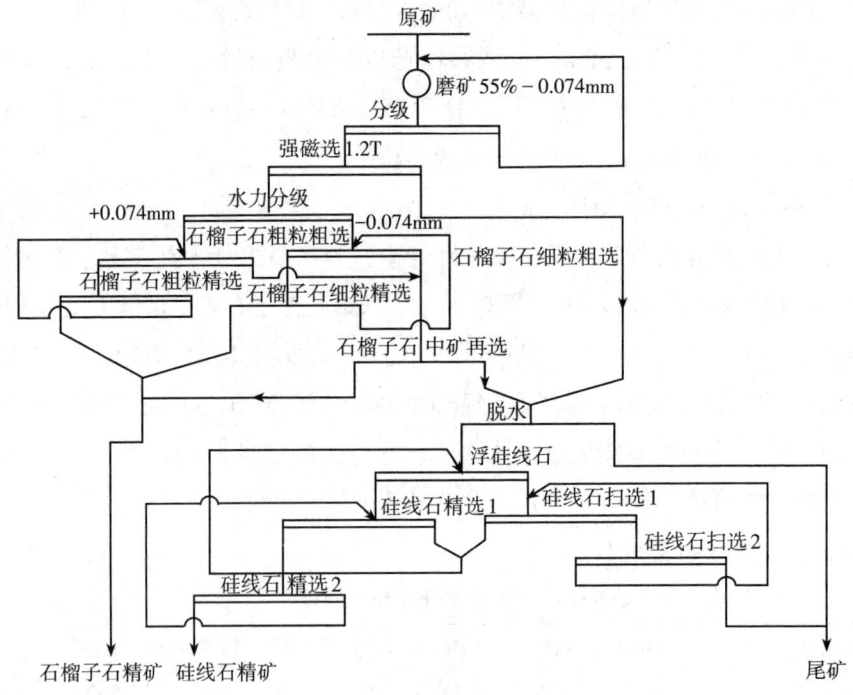

图 5-14 内蒙古兴和硅线石矿分选工艺流程图

硅线石经上述工艺选别后，尽管精矿 Al_2O_3 品位可达 55.60%，高于 54% 的国家标准，但由于矿石中的主要杂质是黑云母，因此影响了精矿质量。这些黑云母含铁量较低，且不均匀，有的磁性很弱，在强磁场 1.8T 的条件下进行强磁选，效果也很不理想。

由于云母的可浮性较好，磁选未除的云母大部分进入了浮选精矿，所以对这部分黑云母只能采取磁选以外的选矿方法除掉。鉴于黑云母呈片状，相对密度为2.65，较硅线石相对密度(3.24)小，试验采用摇床对浮选精矿进行再选，黑云母含量大大降低，硅线石精矿显著改善。运用于生产中，硅线石精矿品位(Al_2O_3)可达58.72%，较浮选精矿Al_2O_3品位提高了3个多百分点。摇床分选结果见表5-15。

表5-15 摇床分选结果 单位：%

产品名称	产率	Al_2O_3品位	Al_2O_3回收率
摇床精矿	83.90	58.72	88.47
摇床尾矿	16.10	39.50	11.53
浮选精矿	100.00	55.60	100.00

5.2.4 透闪石分选

透闪石(tremolite)为角闪石的一类，来自白云石和石英混合沉积后形成的变质岩。晶体常呈辐射状或柱状排列。其中的镁离子可被二价铁离子部分置换，与阳起石、铁阳起石形成系列混合矿物，同时颜色加深，直至深绿。在高温下转化成透辉石、方解石、石榴子石、滑石和蛇纹石等其他矿物，因而可用来判定形成变质的温度。透闪石矿石致密块状，颜色呈无色、白色至浅灰色、粉红色、浅绿色、褐色、淡紫色；玻璃-丝绢光泽，参差状断口；条痕为无色；莫氏硬度为5.5~6.0；密度为2.9~3.0g/cm^3，不溶于酸；晶体呈长柱状或针状，集合体呈放射状、纤维状或隐晶质。

透闪石具有绝缘性好，电导率低，耐碱，防腐，熔点、热膨胀系数低，易干燥，烧成温度与吸水率低，晶体呈纤维状等诸多独特的优异性能，广泛用于陶瓷、化工、冶金、电子、机械、核工业、造纸、汽车、复合材料以及宝玉石加工等行业(见图5-15)。

(a) 透闪石应用于陶瓷　　(b) 透闪石耐火砖　　(c) 透闪石应用于油漆、涂料　　(d) 透闪石应用于橡胶、塑料

 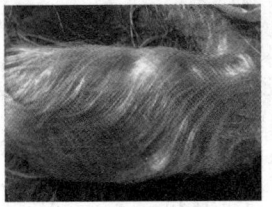 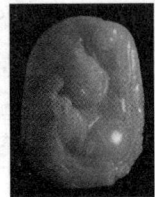

(e) 透闪石应用于造纸　　(f) 透闪石玻璃纤维　　(g) 透闪石软玉

图5-15　透闪石的主要工业应用举例

5.2.4.1　矿床特性

根据分析国内已知矿床成因、成矿条件，可将透闪石矿床初步归纳为变质岩类和岩浆岩类两个大类，并划分为区域变质型、接触热变质型、接触交代型和基性-超基性岩浆岩型4种矿床成因类型。

我国透闪石矿床的空间分布与区域性巨型构造—岩浆—变质带关系密切，主要矿床多产于天山—阴山东西向巨型构造带、昆仑山—秦岭东西向构造带、南岭东西向构造带及淮阳弧形构造带等大型构造体系中，这些巨型构造带都经历过长期强烈的构造变动，褶皱断裂发育，并控制着岩浆岩带和变质带的发育及展布，为透闪石矿床的形成提供了有利条件。地质时代分布大致以秦岭、大别山一线为界，分为南方和北方两大部分。从总体看，北方的赋矿层位主要为元古宇，而南方主要为古生界及元古宇。元古宇是我国重要的赋矿岩系，其出露范围广，区域变质程度不一，变质深者也可以形成各种片岩、片麻岩类。透闪石矿床多产于具有碳酸盐夹层的地层中，且区域变质程度较深或叠加了岩体热变质作用的部位。

目前我国已发现大型透闪石矿床19处，属于北方区域的有17处，如陕西商州分水岭透闪石矿床、辽宁庄河仙人洞透闪石矿床。其他省市的元古宇地层中，如山西的中条群等也是寻找该类矿床的有利层位。我国南方元古宇地层变质程度一般较浅，岩性多为变质砂岩、板岩类，碳酸盐夹层较少；局部地区的区域变质程度较深，碳酸盐夹层较多，并叠加了岩体热动力变质作用，也可以形成大型矿床，如产于板溪群的湖南城步透闪石矿。古生代地层的透闪石矿床多与岩体侵入有关，属接触热变质型和接触交代变质型矿床。北方地区较纯的碳酸盐地层，如华北的马家沟组灰岩一般只能形成与铁、铜等矿产有关的矽卡岩型矿床；而碎屑岩夹碳酸盐地层与岩体呈侵入接触时可以形成该类矿床，如产于石炭纪石嘴组的吉林扇车山透闪石矿床、产于奥陶系的陕西东平沟透闪石矿床和产于泥盆系的陕西勉县透闪石矿床。这些矿床规模一般不大，矿体长数十米至180m，最大长300m。华南沉积区碳酸盐层集中于晚古生界，区内岩浆活动强烈，形成一系列透闪石矿床（点），尤其是含硅质结核、硅质条带的二叠纪碳酸盐岩地层，受岩浆侵位烘烤和交代作用时易形成该类矿床。

与中酸性大岩体有关的矿床，成矿时代自前寒武纪至中生代，燕山期岩体占有重要地位。如陕西洛南—商县透闪石矿床，产于燕山期蛛岭黑云母花岗岩外接触带。

在地理位置上，我国透闪石矿床主要分布于天山、阴山、秦岭、辽东半岛、胶东半岛等地区的变质岩系中。据不完全统计，我国发现了各类型透闪石矿床（点）29个，分布于20个省、市、自治区，分布极不均匀，但相对集中。

5.2.4.2 矿物晶体化学特性

透闪石[角闪石变种，化学式为$Ca_2Mg_5Si_8O_{22}(OH)_2$]空间群为$C_{2h}^3 - 2/m$，晶胞参数随含铁量的增加而增加，晶体结构如图5-16所示。在透闪石中，$a_0=0.984nm$，$b_0=0.805nm$，$c_0=0.528nm$；$\beta=104°22'$；$Z=2$。透闪石晶体对称型为$2/m$，呈细柱状，常见单形为斜方柱{110}和{011}，平行双面{010}。集合体常呈柱状、放射状、纤维状，有时可见致密隐晶的浅色块体。可见(100)聚片双晶。

透闪石晶体结构中，[SiO_4]四面体各以2个角顶与相邻的[SiO_4]四面体共用，形成沿c轴方向无限延伸的单链[Si_2O_6]，硅氧四面体内部为极性共价键，

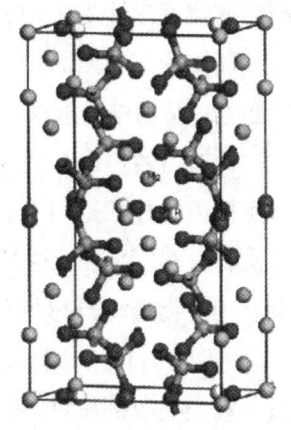

图5-16 透闪石晶体结构

链与链之间借助阳离子联结起来。链内Si-O键主要为共价键，链外阳离子(M)与氧的化学键(M-O键)主要为离子键。矿物解离时，矿物晶格中O与大半径阳

离子联结的键发生断裂,同时链也发生断裂,故部分Si-O键断裂。

5.2.4.3 分选理论与试验研究

透闪石常与方解石、云母、黄铁矿等共生,因此,与这些矿物的分离可采用浮选法中的反浮选技术。实验结果表明,用浮选方法可得到高质量的透闪石精矿。另外,对于含有强磁性矿物杂质(如磁铁矿)、弱磁性矿物杂质(如石榴子石、橄榄石、黄铁矿等)的原矿,粉碎至一定粒度后可采用磁选法去除。在矿物分离研究中,浮选法应用得最为广泛,但浮选方法目前在工业上还很少采用。

透闪石属于碱土金属硅酸盐矿物,在这一类别的硅酸盐矿物中,Si(Al)-O四面体骨架外的金属离子都是碱土金属离子。当矿物解离后有高价的金属阳离子暴露时,一方面,高价金属阳离子可以与阴离子捕收剂形成静电和化学作用;另一方面,高价金属阳离子键合水溶液中的羟基,从而使矿物表面荷负电。当矿物解离后有大量充填和补偿电荷的大半径阳离子暴露时,这些阳离子易与水中的H^+发生交换,而使其吸附在矿物表面氧区,使矿物表面荷负电。当矿物解离后大量Si和O得到暴露时,由于Si能结合水中的OH^-,而O能结合水中的H^+,使矿物表面荷负电。当矿物结构中部分Si^{4+}被Al^{3+}取代时,也可使矿物带上负电荷,用阳离子捕收剂十二胺浮选时,矿物具有很好的可浮性,但是选择性较差。在强碱条件下,透闪石可被油酸捕收。当以油酸钠为捕收剂时,硅酸盐矿物可浮性受矿物表面有无金属离子、金属离子性质的影响。透闪石表面的金属离子与硅四面体链尖氧及端氧成键,同时还受不与之成键但邻近的端氧的影响,从而结合油酸根能力差、可浮性差。

针对山西房山县透闪石矿的开发利用,进行了选矿试验研究。该透闪石矿石主要由针柱状透闪石(含量约65%)、粒状方解石(含量约30%)及少量片状变晶矿物滑石(含量约5%)组成。根据矿石物质组成可知,矿石矿物组成简单,主要有用矿物透闪石与脉石矿物方解石可浮性差别较大,因此分选试验采用浮选工艺(见图5-17),对影响试验指标的主要因素如磨矿细度、调整剂NaOH的用量、胺类捕收剂用量(采用一种新型胺类捕收剂)进行了条件考察试验。最终获得的浮选精矿产品的元素分析结果见表5-16。由此可见,该新型胺类阳离子捕收剂对透闪石的捕收效果明显,获得的精矿中透闪石矿物含量大于70%,证明了该透闪石矿具有开发利用价值。

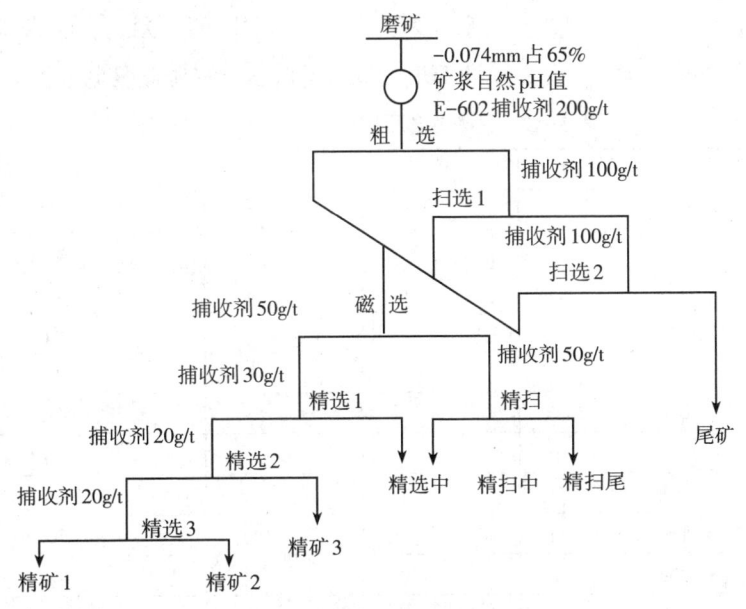

图5-17 透闪石浮选试验流程和条件

表5-16 透闪石浮选精矿多元素分析结果　　　　　　　　　　　　　单位：%

元素	SiO_2	Al_2O_3	CaO	MgO	透闪石矿物	酸溶 CaO	酸溶 MgO
含量	54.46	1.24	12.84	22.05	71.89	2.92	2.18

5.2.5 透辉石分选

透辉石(diopside)是辉石中常见的一种，是一种天然的钙镁硅酸盐，化学式为 $CaMg(SiO_3)_2$。透辉石化学成分组成为：CaO 占 25.9%，MgO 占 18.5%，SiO_2 占 55.6%。次要组分 Al_2O_3 一般为 1%~3%，部分可高达 8%；Al^{3+} 可替代 Mg^{2+} 和 Fe^{2+}，也可替代 Si^{2+}，若替代 Si^{2+} 超过 7%，则称为铝透辉石；若富含 Cr_2O_3，则称为铬透辉石，是金伯利岩的特征矿物之一。透辉石呈白色、灰绿、绿至褐绿、暗绿色和黑色，颜色随着 Mg^{2+} 被 Fe^{2+} 代替量的增大，由无色逐渐变为暗绿；条痕无色至深绿；玻璃光泽，透明-半透明。莫氏硬度为 5.5~6；相对密度为 3.22~3.56，随着 Fe^{2+} 量的增大而增大；熔点为 1391℃。

透辉石是具有独特功能和广阔应用前景的多功能材料，目前主要应用领域是作陶瓷原料，其次是玻璃原料、冶金保护渣、铸石、造纸、橡胶、涂料、填料等。

5.2.5.1 资源情况

我国透辉石储量大，分布广，已知矿产地集中于黑龙江（林口县、鸡西市）、吉林(通化)、辽宁、河北、北京、内蒙古、山东、陕西、湖北、江苏等省市。目前最常用的是江西、河北、陕西等地的低铁透辉石。资源储量见表5-17。

表5-17 我国透辉石矿区及资源储量分布统计

地区	矿区数	资源储量/万吨
北京	3	307.3
河北	1	89.7
吉林	1	185.1
浙江	1	258.6
安徽	1	6.9
山东	4	2413.3
湖北	1	241.6
陕西	4	31903.0
甘肃	1	1500.6
青海	1	401.7
全国	18	37307.8

5.2.5.2 矿床特性

我国透辉石矿床有4种类型，分别是区域变质型、接触热变质型、接触交代(矽卡岩)型、基性-超基性岩浆岩型。

(1)区域变质型矿床

该类矿床主要产于前震旦纪区域变质岩系中，由一套富含硅镁质碳酸盐岩夹层的沉积建造，在中-深度区域变质作用下形成透辉石矿床。透辉石矿床一般赋存于含矿建造的下部，规模巨大，层位稳定，矿体呈层状、似层状、透镜状产出、产状与地层一致，矿体长可达数千米，厚达数十米。该类矿床已知的有黑龙江鸡西中三阳、山东烟台福山、山东平度长乐、吉林集安等大型或特大型透辉石矿床。

(2)接触热变质型矿床

该类矿床产于岩浆岩体外接触热变质带中。富含镁硅的碳酸盐岩建造在岩浆热动力作用下形成透辉石矿床。含矿层位主要为元古界和晚古生界。矿体产状与地层一致，呈层状、似层状、透镜状产出，矿物共生组合较简单。以透辉石为主，含量为60%~98%，以80%~95%居多，次为方解石、透闪石、石英，含少量的蛇纹石、磷灰石、滑石、锆石、白云母、榍石、磁铁矿、钠长石、辉钼矿、黄铁矿等。矿石质量较好，含铁量一般小于2%。这类矿床规模巨大，国内已知的大型或特大型矿床有湖北宜昌红桂香、陕西洛南寺沟-商县分水岭、江苏镇江巢凤山和北京密云西湾子等。

(3) 接触交代(矽卡岩)型矿床

该类矿床产于中-酸性岩体外接触变质带中，由各时代地层中的碳酸盐岩建造经双交代作用和渗滤作用形成。矿体产出部位距岩体较近，矿物成分一般较复杂，含量变化大，较纯净的透辉石矽卡岩相带透辉石含量可大于95%。一般含有较多的石榴子石、符山石、透闪石、硅灰石、帘石类、石英、碳酸盐等矿物。透辉石含铁量较高，一般为1%~5%。有些矽卡岩的某个相带或距正接触界线稍远的部位，可形成较纯净的透辉石矽卡岩。该类矿床常含铜、铁、钨、锡和多金属矿产，多已被开发利用。作为伴生的透辉石可以综合利用。如河北邯郸铁矿、湖南绿紫坳铜矿等。

(4) 基性-超基性岩浆岩型矿床

有些基性-超基性岩体可形成较纯净的透辉石岩相带。该类矿床岩石化学成分复杂，含铁量一般大于5%，高者可大于10%，含铝量也较高，矿物共生组合除透辉石(含量为85%~90%)外，伴生透闪石、金云母、黑云母、普通辉石、普通角闪石、基性长石等基性造岩矿物和磷灰石、磁铁矿等矿物。分带明显的基性岩体会形成较纯净的规模巨大的透辉石矿床。

我国透辉石矿床的空间分布与区域性巨型构造—岩浆—变质带关系密切，主要矿床多产于天山—阴山东西向巨型构造带、昆仑山—秦岭东西向构造带、南岭东西向构造带及淮阳弧形构造带等大型构造体系中，这些巨型构造带都经历过长期强烈的构造变动，褶皱断裂发育，并控制着岩浆岩带和变质带的发育及展布，为透辉石矿床的形成提供了有利条件。

从地理分布上来看，我国透辉石矿床主要分布于天山、阴山、秦岭、辽东半岛、胶东半岛等地区的变质岩系中，地理分布极不均匀，但相对集中。据不完全统计，我国发现透辉石矿床(点)40余个，分布于16个省、自治区、直辖市。

5.2.5.3 矿物晶体化学特性

透辉石晶体结构(见图5-18)属单斜晶系，空间群 C_{2h}^6-C2/c，$a_0=0.9746$~$0.9845nm$，$b_0=0.8899$~$0.9024nm$，$c_0=0.5251$~$0.5245nm$；$\beta=105°38'$~$104°44'$；$Z=4$。透辉石晶体对称型为$2/m$，形态呈短柱状。[SiO$_4$]四面体以两角顶相连成单链，平行于c轴延伸，链间由中小阳离子M_1(Mg、Fe，6次配位)和较大阳离子M_2(Ca，有时有少量的Na，8次配位)构成的较规则的M_1-O八面体和不规则

的 M_2-O 多面体共棱组成的链联结。在空间上，[SiO_4]链和阳离子配位多面体链皆沿 c 轴延伸，在 a 轴方向上作周期堆积。在富铝的辉石中，6 次配位的 Al 将使晶格常数 a_0、b_0 减小，4 次配位的 Al 将使晶格常数增大。

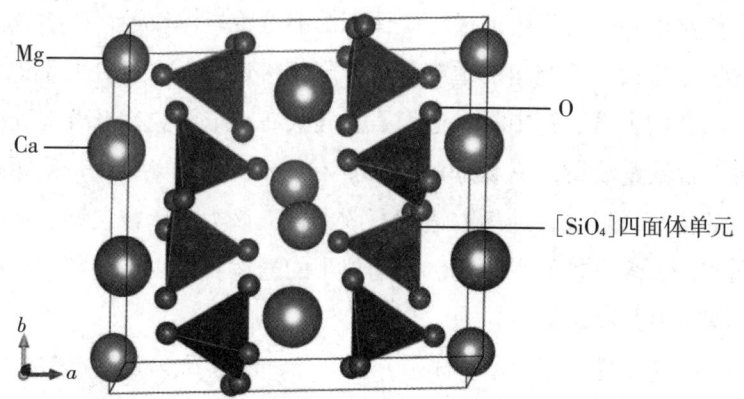

图 5-18　透辉石晶体结构

透辉石主要单形有平行双面{100}和{010}及斜方柱{110}和{111}，横断面呈正方形或正八边形。常依(100)和(001)成简单双晶和聚片双晶。集合体呈粒状或放射状。

5.2.5.4　分选理论与试验研究

透辉石原矿经选矿加工，可以进一步提高纯度，获得品质更加优良的制陶材料。目前透辉石资源正在得到越来越广泛的应用，开发透辉石资源，提高透辉石纯度，对于陶瓷工业意义重大。

(1)透辉石与硅灰石分选

硅灰石和透辉石同属于单链硅酸盐类矿物，具有近似的晶体结构，实现两种矿物的分离比较困难。国外一般采用磁选法分离，但国内研究结果发现，透辉石的磁性较弱，即使通过强磁选回收透辉石，也达不到预期效果。因此，有学者采用阳离子捕收剂十二烷基盐酸胺，配合使用单宁酸作为调整剂，研究了硅灰石与透辉石单矿物的可浮性，实现了硅灰石与透辉石的反浮选分离。研究结果表明，单宁酸对透辉石具有强烈的抑制作用，使其回收率几乎为零。而对硅灰石的抑制作用较弱，特别在 pH 值为 7.8~8.8 时，并不产生明显的抑制作用。在 pH 值为 8.3、单宁酸用量约为 $3.0×10^{-5}$ mol/L 时，硅灰石回收率可达 85% 左右。

(2)透辉石与方解石分选

西安里铁矿山为矽卡岩型矿山，矿石中除含有品位较高的磁铁矿外，还含有大量透辉石、方解石等非金属矿物。选厂从1980年开始回收矿石中的磁铁矿,年处理量50万吨,尾矿排放量为30万吨,现库存尾矿500万吨,主要为透辉石,山西省地质调查院以该选厂铁尾矿作为原料进行透辉石选矿试验。

透辉石密度为3.4g/cm³,一般脉石矿物为2.7g/cm³,存在一定差异,采用重选可能实现透辉石矿的富集。作为一种钙镁硅酸盐矿物,透辉石可被硅酸盐浮选用的捕收剂捕收,也可采用浮选工艺进行分选试验。纯净的透辉石比磁化系数为0.25×10^{-6}m³/kg,属于非磁性物质,不能用磁选回收。而研究结果发现,西安里透辉石有弱磁性,且磁选对透辉石的选择性较好,精矿品位较高。分析透辉石结构发现,部分Mg^{2+}被Fe^{3+}置换,形成类质同象,铁磁性物质Fe^{3+}的加入提高了矿石的比磁化系数。类似于一些含铁铝硅酸盐矿物,如云母、绿泥石、石榴子石等,这些矿物的比磁化系数常常与赤铁矿接近,说明Fe^{3+}的置换作用使其成为弱磁性矿物。为此,依据矿物比磁化系数不同,可以通过强磁选回收透辉石。

针对矿石的基本性质进行了分选方法探索试验,制订了试验方案:先通过弱磁选除去矿石中的强磁性矿物磁铁矿,再通过摇床富集,得到的透辉石精矿通过强磁选或浮选进一步提高透辉石品质,试验流程如图5-19所示。对最终精矿的岩矿鉴定及XRD分析可知,精矿中透辉石纯度从原矿中的40%提高到80%,可以作为优质的陶瓷材料,尾矿的资源利用率达到66.85%。

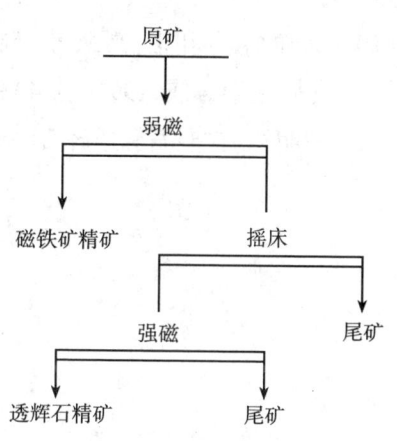

图5-19 透辉石分选富集工艺试验流程

本章参考文献

[1] 董栋,程宏伟,郭保万,等. 锂辉石选矿技术现状及展望[J]. 矿产保护与利用,2018(4):130-134.

[2] 巫侯琴,方帅,徐龙华,等. 伟晶岩型锂辉石矿石浮选药剂及工艺研究现状[J]. 金属矿山,2018(7):1-6.

[3] 刘若华,孙伟,冯木,等. 新型捕收剂浮选锂辉石的作用机理研究[J]. 有色金

属:选矿部分,2018(2):87-90.

[4] 徐龙华,田佳,巫侯琴,等. 复杂伟晶岩铝硅酸盐矿物晶体结构与表面特性和可浮性的关系[J]. 金属矿山,2017(8):12-19.

[5] 刘清高. 我国硅灰石资源开发与发展对策初探[J]. 矿产综合利用,1996,(3):31-35.

[6] 李承元,李勤. 国内外硅灰石开发应用现状[J]. 中国非金属矿工业导刊,2001(2):14-17.

[7] 赵平,卫敏,张艳娇,等. 硅线石矿物的提纯及应用[J]. 矿产保护与利用,2003(6):16-18.

[8] 付桂芹. 岫岩大甸子村透闪石矿及其开发利用[J]. 非金属矿,1994(1):8-9.

[9] 张克强,宋柏青,迟秀霞. 透闪石矿的综合利用[J]. 非金属矿,1986(3):15+13.

[10] 徐晓军,方和平,高卫勇. 硅灰石和透辉石表面化学特性及浮选分离研究[J]. 有色金属,1995(4):43-48.

[11] 曹明礼. 硅灰石和透辉石的浮选分离研究[D]. 武汉:武汉工业大学,1990.

6 层状结构硅酸盐矿物的分选

层状结构硅酸盐矿物作为地壳中分布最为广泛的矿物种类，其成分复杂、种类繁多，包括高岭石、蛇纹石、滑石、云母、绿泥石、蛭石、蒙脱石、叶蜡石、伊利石、凹凸棒石、海泡石等在内的硅酸盐矿物。由于其具有吸水膨胀性、分散性、可塑性、烧结性、触变性等特点，在纳米复合材料、陶瓷制造、化妆品、造纸、制药、建材、废水处理、土壤修复等诸多领域均有广泛的应用。

本章以典型的层状结构硅酸盐矿物为基础，从该类矿物的资源情况、矿床特性、矿石结构和构造、矿物晶体化学特性、矿物分选理论与试验和分选实践等方面详细介绍了层状结构硅酸盐矿物的性质及其分选特点。借助典型层状结构硅酸盐矿物的分选实例，阐述了硅酸盐矿物层状骨干结构特点等与分选工业实践的关系。

6.1 层状结构硅酸盐矿物的分选特点

层状结构硅酸盐矿物硬度很小，莫氏硬度为1~3（如蛇纹石、云母），这是由于层间键的联结力极弱所致。层状结构硅酸盐矿物一般化学成分及晶体结构较复杂，矿物解离后表面性质差异很大。如高岭石属两层结构硅酸盐矿物，由硅氧四面体层和铝氧八面体层组成，网层间依靠氢键相联结，矿物解离时主要沿层间断裂，因此，矿物解离后棱上主要存在Si^{4+}和O^{2-}；面间氢键发生断裂，因此，面上含有O^{2-}和OH^-，造成矿物表面亲水，天然可浮性差。对于三层结构的叶蜡石和滑石，三层夹心为电中性，而晶体由范德华力结合在一起。矿物解离时夹心破裂，使矿物表面仅有一些破裂的残余键，呈现非极性。因此矿物具有很好的疏水性，仅用起泡剂就能得到足够的上浮。云母族硅酸盐矿物也为三层结构硅酸盐，其结构中一些Al^{3+}类质同象替换硅氧四面体中的Si^{4+}，因此，夹心面带一个受单位层间阳离子补偿的电荷。层间依靠12配位的碱金属离子互相联系，键较弱且离子具有活性，因此，矿物解离后在水溶液中表面带有不依赖于pH值的较高负电荷，使其在低pH值时也可使阳离子捕收剂覆盖在负电荷区而使矿物疏水。蛇纹石族硅酸盐矿物结构中氢氧镁石层与硅氧四面体层以1∶1的形式连接成构造单元层，层间依靠范德华力联系在一起，矿物本身很松散。矿物解离发生在氢氧镁石层间，使其表面分布有大量镁和氢氧基团。因此，矿物可通过浮选法采用阴离子捕收剂浮选，但其表面水化作用强，可浮性较差。绿泥石型层状硅酸盐矿物也为三层结构，层中铝硅比的增加使其离子电荷充足，金属离子更适于在层间以键合配位形式存在，通过"水镁石型"层来达到键合的目的。在"水镁石型"层中有三分之一的Mg^{2+}已被Al^{3+}所替换，而产生一个带正电的层。该矿物解离后，表面存在水镁石层破裂的键，使矿物表面具有交错带电的碎面，从而使阴阳离子捕收剂更容易吸附。

具体适合层状结构硅酸盐矿物的分选方法仍需要根据矿床、矿石等的性质而定。在各分选技术中，浮选技术仍被认为是目前层状结构硅酸盐矿物分选最有应用前景的技术手段。

6.2　典型层状结构硅酸盐矿物的分选

6.2.1　高岭土分选

高岭土(kaolinite)是一种以高岭石族矿物(主要是高岭石)为主要成分、质地纯净的细粒黏土。其原矿含有少量蒙脱石、伊利石以及石英、云母、黄铁矿、方解石、有机质等杂质。其主要用途是制作日用陶瓷、工业陶瓷、搪瓷及耐火材料，也可以作为造纸、橡胶和塑料制品、涂料等的充填料或白色颜料等。高岭土的全球消费结构占比如图6-1所示，主要应用方面见图6-2。

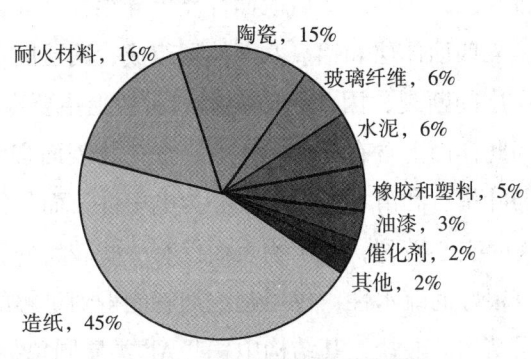

图6-1　高岭土的全球消费结构

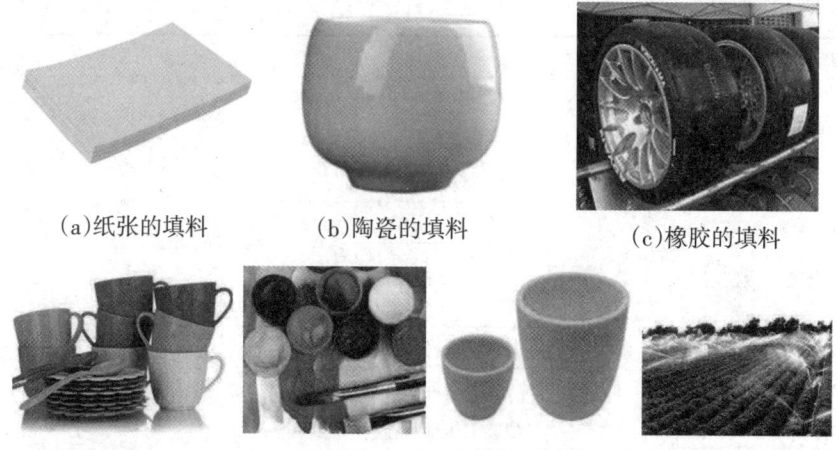

(a)纸张的填料　　(b)陶瓷的填料　　(c)橡胶的填料
(d)塑料的填料　　(e)高分散性应用于涂料行业　　(f)高岭土坩埚　　(g)农业方面的应用

图6-2　高岭土的主要工业应用举例

高岭土的应用除上述几方面外还有许多，例如，可利用纳米高岭土粉体对光的吸收显著增加这个特性，制作消光材料、高效光热和光电转换材料、红外敏感元件以及红外隐形材料等。同时还有更多纳米高岭土的新特性及其应用有待进一步研究。

我国高岭土矿储量丰富、品质优良，但优质产品相当少，每年仍需从国外进口大量的优质高岭土。在国内对优质高岭土需求日益增长的情况下，提高国内高岭土产品的质量、加快高岭土深加工技术的发展就成了当务之急，高岭土的纳米化是未来研究和应用的重点方向之一。

伴随高岭土应用领域的不断拓展和工业部门对其质量的要求愈来愈高，高岭土产品的质量标准也在不断修改。综合以上分析的主要用途，表6-1列出了国家标准《高岭土及其试验方法》（GB/T 14563—2008）中高岭土产品的类别及等级等。

表6-1　高岭土产品的产品代号、类别、等级及主要用途

产品代号	类别	等级	主要用途
ZT-OA	造纸工业用	优质高岭土	高级加工纸涂料
ZT-OB			
ZT-1		一级高岭土	加工纸涂料
ZT-2		二级高岭土	
ZT-3		三级高岭土	一般加工纸涂料
ZT(D)1		煅烧一级高岭土	加工纸涂料
ZT(D)2		煅烧二级高岭土	

表 6-1(续)

产品代号	类别	等级	主要用途
TT-0	搪瓷工业用	优质高岭土	釉料
TT-1		一级高岭土	
TT-2		二级高岭土	
XT-0	橡塑工业用	优级高岭土粉	白色或浅色橡塑制品半补强填料
XT-1		一级高岭土粉	
XT-2		二级高岭土粉	一般橡塑制品半补强填料
XT-(D)0		煅烧优级高岭土	白色或浅色橡塑制品半补强填料
XT-(D)1		煅烧一级高岭土	
XT-(D)2		煅烧二级高岭土	
TC-0	陶瓷工业用	优质高岭土	电子元件、电瓷、高档釉料及坯料等
TC-1		一级高岭土	电子元件、光学玻璃坩埚、砂轮、电瓷及高档陶瓷釉料和坯料等
TC-2		二级高岭土	电瓷、日用陶瓷、建筑卫生陶瓷坯料及高级钵料等
TC-3		三级高岭土	
TL-(D)1	涂料工业用	煅烧一级高岭土	高级涂料填料
TL-(D)2		煅烧二级高岭土	涂料填料
TL-(D)3		煅烧三级高岭土	一般涂料填料
TL-1		水洗一级高岭土	高级涂料填料
TL-2		水洗二级高岭土	涂料填料
TL-3		水洗三级高岭土	一般涂料填料

我国拥有高岭土相关企业 700 多家,高岭土原矿石开采能力达到 350 万吨/年以上,选矿能力达到 70 万吨/年以上。从 20 世纪 80 年代开始,高岭土已经由初层次加工向深层次加工转变,由生产简单产品向开发新型科技产品转变。同时,高岭土消费与利用范围也非常广泛,包括造纸、陶瓷、橡胶、化肥、化纤、电子、石油化工、化学玻璃、耐火材料及建筑材料在内的各个领域。如今,包括高岭土在内的非金属矿,其深层次加工技术之一便是改性处理,相应产品也在诸多领域应用广泛。因此,高岭土的继续开发与探究是其发展的方向。

6.2.1.1 资源情况

我国是世界上最早利用高岭土资源的国家,高岭土资源以储量丰富、质地优良、成因类型齐全闻名于世,已探明拥有储量为 35 亿吨,每年原矿生产量达 350 万吨,生产厂家 700 多家。我国高岭土资源分为煤系高岭土和非煤系高岭土

2种。其中,非煤系高岭土按高岭土矿石的致密性、可塑性和砂质的含量,又可以划分为硬质、软质和砂质3种工业类型的高岭土。硬质高岭土质硬,无可塑性,粉碎、细磨后具可塑性;软质高岭土质软,可塑性一般较强,砂质含量小于50%;砂质高岭土质松散,可塑性一般较弱,除砂后较强,砂质含量大于50%。

(1)非煤系高岭土

我国非煤系高岭土的资源储量居世界前列。截至2002年底,对全国21个省、自治区、直辖市220多处产地进行统计,已探明储量约15亿吨,其中以砂质高岭土为主,占总储量的62%;软质高岭土和硬质高岭土分别占总储量的6%和5%左右;其他未划分类型的高岭土,占总储量的27%左右。在全国高岭土储量中,造纸级占41.06%,陶瓷级占48.35%,其他合计仅占10.59%。我国高岭土矿床以中小型为主。据《高岭土矿地质勘探规范》矿床规模划分标准,在保有的208个矿产地中,矿石储量大于2000万吨的特大型矿共有10处,探明储量为:苏州中国高岭土公司观山矿3421.1万吨;福建龙岩东宫下西矿区5172万吨;江西贵溪县上祝矿2843.7万吨;江西兴国县上垄矿2167.4万吨;广东茂名山阁矿28633.3万吨;广东茂名大同矿5661万吨;广西合浦县十字路北风塘矿5294.1万吨;广西十字路区庞屋矿2578.1万吨;陕西府谷县海则庙段寨矿35105万吨;陕西府谷县沙川沟矿2012.7万吨。上述10处矿床,除苏州矿属热液蚀变型以外,其余成因均为风化残积型。

我国非煤系高岭土矿床相对集中分布在广东、福建、江西、陕西、云南、湖南和江苏,储量约为13亿吨,占全国总储量的85%,详见表6-2。

表6-2 我国非煤系高岭土的主要产出省份及储量

省份	广东	福建	陕西	江西	云南	湖南	江苏
矿区/个	17	40	6	31	6	24	10
储量/亿吨	4.40	1.8	3.8	1.1	0.4	0.9	0.5
占全国储量比例/%	29.3	9.3	25.3	7.3	2.6	6.0	3.3

最近几年,在福建的漳州、三明一带,江西的宜春,云南的大理、元江、临沧,河北的宣化相继发现了新的高岭土矿床,高岭土的质量较好,多数矿区的储量超过100万吨。

(2)煤系高岭土

我国煤系高岭土储量居世界首位。对18处矿区进行统计,探明储量为19.66

亿吨，远景储量及推算储量为180.5亿吨。主要分布在东北、西北的石炭-二叠系煤系中，以煤层中顶底板、夹矸或单独形成矿层独立存在，如山西大同、怀仁、朔州，内蒙古准格尔、乌海，安徽淮北，陕西韩城等地。准格尔永成矿区是世界上罕见的单独成矿的优质高岭土矿床。我国煤系高岭土的主要产出省份及储量详见表6-3。

表6-3 我国煤系高岭土的主要产出省份及储量

省、自治区	内蒙古	安徽	山西	河南	陕西
矿区/个	4	3	7	2	2
储量/亿吨	8.27	4.8	3.4	2.03	1.16

高岭土矿中常伴生的矿物有水铝英石、蛭石、叶蜡石、绢云母、明矾石、石膏、黄铁矿、石英、金红石、电气石等。

根据高岭土矿石的质地、可塑性和砂质的质量分数，高岭土分为以下3种类型(见表6-4)。

硬质高岭土：质硬，无可塑性，粉碎、细磨后具可塑性；

软质高岭土：质软，可塑性较强，砂质质量分数小于50%；

砂质高岭土：质松散，可塑性较弱，砂质质量分数大于50%。

表6-4 高岭土矿石工业类型(DZ/T 0206—2002)

矿石类型		化学成分的质量分数/%			工业主要用途
		Al_2O_3	$Fe_2O_3+TiO_2$		
			总质量分数	其中的TiO_2	
硬质高岭土	沉积型原矿	>30	<2	<0.6	陶瓷原料、耐火材料、造纸、涂料、橡胶填料、搪瓷釉料、白水泥原料
	热液蚀变型原矿	>18	<2	<0.6	
软质高岭土		>24	<2	<0.6	
砂质高岭土		>14	<2	<0.6	

6.2.1.2 矿床特性

我国高岭土矿床(分类及分布见表6-5)广泛分布于热液蚀变、风化和沉积的岩石中。根据高岭土矿床的成矿地质特征和成矿作用，高岭土矿床一般划分为风化型、热液型和沉积型。

表6-5 我国高岭土资源类型及分布

矿床类型		基本矿物	伴生矿物	主要分布区	典型矿床实例
风化型	风化残积型	高岭石、0.7nm多水高岭石、1.0nm多水高岭石、蒙脱石	水铝英石、伊利石、蛭石、褐铁矿、三水铝石	长江以南，特别是江西、湖南、湖北、福建、广东、浙江等省	江西景德镇高岭村、湖南衡阳界牌、广东潮安飞天燕
	风化淋积型	0.7nm多水高岭石、1.0nm多水高岭石、高岭石、蒙脱石	水铝英石、三水铝石、硬水铝石、明矾石、石膏、褐铁矿、针铁矿、菱铁矿、金属氧化物、磁石等	我国东部和西南部：江苏苏州、湖北均县、四川和云南交界处、山西阳泉、陕西白水江等地区	江苏苏州阳水、四川叙永、贵州习水、湖北均县、山西阳泉
沉积型	含煤建造沉积型	高岭石、多水高岭石	耐火黏土石、水铝英石、叶蜡石、三水铝石、一水铝石、黄铁矿、赤铁矿、菱铁矿、明矾石、石膏、磁石等	山东、河南、山西、河北、内蒙古等煤区	山东博山、河南巩义、山西大同、河北唐山、邯郸、峰峰、内蒙古大青山
	碎屑建造沉积型	高岭石、多水高岭石	伊利石、石英	广东、福建等地	广东清远、福建同安
热液型	热液蚀变型	高岭石、地开石、珍珠石	叶蜡石、绢云母、硬水铝石、明矾石、黄铁矿、石英	福建、浙江、河北、吉林	福建寿山、浙江青田、上虞、温州，河北宣化、吉林延吉、江苏苏州
	含硫温泉水蚀变型	高岭石、多水高岭石		海南、西藏	

(1) 风化型高岭土矿床

可分为风化残积型高岭土矿床和风化淋积型高岭土矿床两个亚类。

① 风化残积型高岭土矿床：富含铝硅酸盐矿物的岩石经强烈的化学风化作用，在原地残积而成的。矿体呈帽状、似层状、槽状、透镜状、囊状、楔状、脉状等，产于潜水滞流带上部。矿床具有明显的垂直分带，自上而下包括全风化带、半风化带、微风化带至新鲜岩石。湖南衡阳界牌高岭土矿床是该类型的典型矿床。

② 风化淋积型高岭土矿床：该类矿床是地下水垂直渗透或沿成矿原岩与下伏灰岩之间侵入，成矿原岩在硫酸的参与下分解，黏土矿物淋积在灰岩的溶蚀空洞内而成的。矿体一般具有明显的垂直分带现象，自上而下大致分为铁帽和杂色高岭土带、白色致密块状高岭土带、黑白相间的条纹状高岭土带、劣质高岭土带，通常很薄。四川叙永埃洛石矿床是该类型的典型矿床。

(2) 热液高岭土矿床

此处只介绍热液蚀变型高岭土矿床。该类矿床与火山活动关系密切，形成矿床的原岩一般为酸性火山岩和火山碎屑岩。矿体大致顺层分布，产于硅化高岭土化带中，呈似层状、层状及透镜状产出，产状与蚀变带一致。江苏苏州观山高岭土矿是该类型的典型矿床。

(3) 沉积型高岭土矿床

按沉积建造类型又可分为碎屑建造沉积型和含煤建造沉积型两个亚类。

① 碎屑建造沉积型高岭土矿床。矿石类型分为软质黏土和砂性高岭土，前者含砂量低，品片呈破裂状，矿层透水性差，铁质不易淋滤迁移。如广东清远、吉林水曲柳的高岭土矿床即属此类，大部分作耐火黏土使用。后者大多是含高岭土的长石、石英砂层或沙砾层。透水性好，沉积于盆地之后，又遭受了进一步的风化淋滤。若有腐殖质造成的酸性还原环境，则可生成结晶度较好的片状高岭石，含铁、钛低，白度高，是优质的造纸涂料。广东茂名、广西合浦的高岭土矿床即属此类。

② 含煤建造沉积型高岭土矿床，是在含煤岩系中由沉积作用形成的高岭土矿床。在我国是一种重要的高岭土类型，广泛分布于辽宁太子河流域和辽东半岛南部，以及广大的华北平原和华东地区的各煤盆地内，占全国各类黏土总量的2/3。高岭土在层位上具有广泛的对比性，与我国各个成煤时代的地层关系密切，常与耐火黏土、铝土矿共生。典型矿床为大同含煤建造沉积型高岭土矿床，为沉积成岩所形成的硬质高岭土矿床。矿区位于山西省大同市西南，呈北东—南西向分布，面积约2000km²，构造位置属云岗-平鲁构造盆地。含矿岩系是石炭系上统的太原组。其次是二叠系下统山西组。高岭石矿层与煤层紧密共生。矿石自然类型可分为粗晶高岭岩、细晶高岭岩、隐晶质及隐晶质含一水铝石的高岭岩、碎屑状高岭岩4种。矿石化学成分为硅低-铝高型。

6.2.1.3 矿石结构构造特性

高岭土的粒度成分以黏土级和粉砂级的颗粒最多。根据粒度成分不同，可将高岭土划分为土状高岭土和含砂高岭土，前者绝大部分由小于10μm的泥粒组成，后者由含5%~25%的砂和粉砂级颗粒组成。高岭土中常见的结构有：凝胶状结构，颗粒极细而致密；泥质结构，矿石中小于0.01mm以下的颗粒占绝大多数；粉砂泥质或砂泥质结构，含25%~50%的砂或粉砂；植物泥质结构，含有机质植物残体等；变余结构，蚀变高岭土中常有变余凝灰或变余斑状等结构。

高岭土中常见的构造有皱纹状或条纹状构造、角砾状和斑点构造等。

6.2.1.4 矿物晶体化学特性

高岭石的基本结构单元是由一层硅氧四面体和一层铝氧八面体结合而成的，为1∶1型层状硅酸盐矿物，其单位晶胞结构式为$Si_4Al_4O_{10}(OH)_8$，晶体结构如图6-3所示。

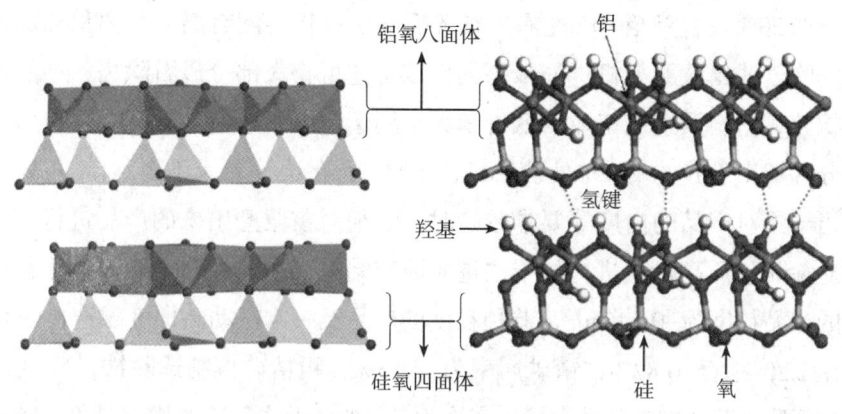

图6-3 高岭石晶体结构

高岭石晶格中硅氧四面体的六方网格排列，使其微晶呈现假六方片状形态。高岭石铝氧八面体中阳离子的分布情况和单位构造层的堆叠方式决定了其单斜对称和三斜对称。高岭石单位晶胞的三斜晶系是$a_0=0.515$nm，$b_0=0.895$nm，$c_0=0.739$nm，$\alpha=91.8°$，$\beta=104°\sim105°$，$\gamma=90°$。在高岭石晶格中缺乏同晶替换现象，因此，高岭石晶体整体呈现电中性，其层间域基本不存在可交换性阳离子，因此，高岭石被视为不可膨胀黏土矿物。由于高岭石的1∶1型层状结构，其层间域内具有化学性质截然不同的两个表面：铝氧八面体面和硅氧四面体面。铝氧面覆盖有一层反应活性较高的表面羟基，硅氧面上由氧原子组成的六元环组成。高岭石层间域内的氢键作用将高岭石片层聚合在一起，导致其不可膨胀性。即便如此，高岭石层间域内存在反应活性较高的内表面羟基，可作为氢键给体或氢键受体与有机小分子例如醋酸钾、尿素、二甲基亚砜等形成氢键作用，从而诱导小分子进入高岭石层间，使其层间域扩大。此外，高岭石的内表面羟基还可以与有机分子(甲醇、吡啶甲酸酯等)发生脱水反应形成化学键，从而使有机化合物嫁接在铝氧面上形成化学性质比较稳定的高岭石/有机复合体。因此，如果高岭石层间域能够被有效利用，可使其在高岭石/聚合物复合材

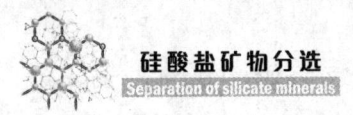

料领域具有广阔的应用前景。

6.2.1.5 分选理论与试验研究

高岭土的分选加工可分为干法和湿法两种工艺。

(1)干法分选工艺

干法一般是将采出的原矿经过破碎机破碎至25mm左右,加入笼式破碎机中,使粒度减小至6mm左右。吹入到笼式破碎机内的热空气将高岭土的水分由采出时的20%左右降至10%左右。粉碎后的矿石再经配有离心分离机和旋风除尘器的吹气式雷蒙磨粉机进一步磨细。该工艺可将大部分砂石除去,产品通常用于橡胶、塑料及造纸工业的低价填料。用于造纸工业时,该产品可作为填料层灰分含量小于10%或12%处的填料,此时产品的亮度要求不高。

当干法对产品的白度等要求较高时,必须对雷蒙磨出来的产品进行干式除铁。对徐州硬质高岭土进行的干法选矿研究结果表明,徐州硬质高岭土经雷蒙磨后的产品粒度为-0.045mm,此种粒度的产品经一次振动高梯度磁选,Fe_2O_3的含量由2.20%降至0.82%,精矿产率为86.13%,粗精矿再精选除铁,Fe_2O_3的含量进一步降低到0.72%,最终精矿产率为78.5%。干法工艺的优点是可省掉产品脱水和干燥过程,减少灰分流失,工艺流程短,生产成本低,适宜于干旱和缺水地区。但要得到高纯优质高岭土,还得靠湿法工艺。

(2)湿法选矿工艺

湿法工艺包括矿石准备、选矿加工和产品处理3个阶段。准备阶段包括配料、破碎和捣浆等作业。捣浆是将高岭土原矿与水、分散剂混合在捣浆机内制浆,捣浆作业可使原矿分散,为选别作业制备适当细度的高岭土矿浆,并同时去掉大粒的砂石。选矿阶段可能包括水力分级、浮选、选择性絮凝、磁选、化学处理(漂白)等作业,以除去不同的杂质。准备好的矿浆先经耙式洗箱、浮槽分级机或旋流器除砂,然后用连续式离心机、水力旋流器、水力分选器或振动细筛(-0.045mm)将其分为粗细两个粒级。分级机的细粒级送入HGMS(高梯度磁选机)除去铁、钛杂质,产品经搅拌、擦洗、剥离后进行氧化铁浸出,对亮度已足够高并具有良好涂层性能的黏土可不经磁选和剥离而直接送至浸出作业。浸出后,在矿浆中添加明矾使黏土矿物凝聚而便于脱水。漂白的黏土用高速离心机、旋转式真空过滤机或压滤机脱水,滤饼再分散成55%~65%固体的矿浆,然后喷雾干燥制成松散的干品。部分干品被混入到分散的矿浆中制成70%的固体，用船运至造纸厂。

不经选别的最终产品亮度较低，只有在流程中配置磁选、泡沫浮选或选择性絮凝作业才能获得高亮度的黏土产品。但这些独立的作业均具有各自的优势与缺陷，因而工业上通常采用2~3种这些工艺的联合流程，以便黏土资源的综合利用。

① 高梯度磁选。高岭土中的染色杂质（如赤铁矿等）具有弱磁性，因而可以利用高梯度磁选机将其除去。美国利用PEM-84型湿式高梯度磁选机，可使高岭土原矿中的Fe_2O_3含量由0.9%降至0.6%，TiO_2含量由1.8%~2.0%降至0.8%。这种高梯度磁选机用不锈钢毛作介质，场强为1.5~2.0T时，需耗电270~500kW。我国对湖南醴陵、耒阳、汨罗、衡山、界牌、溆浦、广东高州、茂名等多处高岭土进行了湿法研究，都取得了良好的试验结果，特别是用振动高梯度磁选脱除高岭土中的铁钛取得了非常好的试验指标。对湖南耒阳高岭土，用我国CLφ500型振动高梯度磁选机与美国PEM-84高梯度磁选机的对比试验结果列于表6-6。

由表6-6可以看出，从降铁、钛杂质含量，提高白度来看，我国的高梯度磁选机性能优于美国的。由于有些高岭土矿中部分铁杂质以硅酸盐形式存在，磁性非常弱，而钛以金红石的形式存在，则磁选方法很难奏效，因此流程中通常配以浮选、选择性絮凝等其他作业，以提高产品的质量。

表6-6 磁选机对比试验结果

试验设备	产品	Fe_2O_3		TiO_2		白度
		含量/%	脱除率/%	含量/%	脱除率/%	
CLφ500	精矿	0.36	49.23	0.63	61.09	81.7
	原矿	0.54	100.00	1.36	100.00	73.6
PEM-84	精矿	0.40	36.34	0.53	51.38	74.9
	原矿	0.58	100.00	1.01	100.00	64.3

近年来，超导磁选机已成功地应用于高岭土分选，不仅能耗减少，而且场强可以大大提高，高岭土精矿的质量也更高。Eriez超导磁选机具有迅速升磁的特点，可在60s内达到最高设计场强（5T），而且消磁时间短，这就大大缩短了负载循环期间从磁体中冲洗磁性杂质所需的时间；能耗低，比常规磁选机减少80%左右，处理量大，可达100t/h以上。英国试验过一种往复螺旋管超导磁系，其设计类似于常规的罐形磁滤器，所不同的是它在工作循环期间仍将超导

磁体保留在激磁状态，而无须开关控制，并可连续作业。德国洪堡公司设计的3048mm超导高梯度磁选机，结构简单，操作及维护费用低，同时具有较好的稳定性。

②泡沫浮选。浮选作业的目的是从高岭土中浮选出钛杂质。由于杂质颗粒极细，通常采用载体浮选工艺。载体矿物可以是方解石、硅砂等(-0.045mm)，载体矿物的用量一般为高岭土质量的10%~20%，载体的一部分经过回收可再利用。浮选过程中所用的药剂包括：分散剂——水玻璃，pH值调整剂——氢氧化铵和苛性钠，捕收剂——塔尔油、脂肪酸及石油磺酸钙。但载体浮选存在不少缺点，载体的疏水化需要大量的药剂，浮选过程只能在矿浆浓度较低时有效，从而增加了脱水费用；所加载体必须从黏土产品中尽可能地清除，并从泡沫产品中回收以循环使用。残留在黏土中的化学药剂及载体矿物对最终产品有害。

有研究者提出了一种不需载体的浮选工艺，直接从高岭土中浮出锐钛矿，其特点是在分散剂(如水玻璃)和pH值调整剂(常用氢氧化铵)存在的条件下进行高矿浆浓度(40%~60%的固体)擦洗，清除表面污物，同时擦洗也使锐钛矿和赤铁矿从高岭土矿物中解离出来，然后将少量的活化剂及脂肪酸类捕收剂一起加入矿浆，被捕收剂覆盖的锐钛矿在高剪切搅拌条件下形成选择性团聚，从而使颗粒尺寸显著增大，高剪切搅拌调浆后的矿浆浓度稀释至15%~20%进行浮选，高岭土中的明矾石也可用浮选脱除。

③选择性凝聚/絮凝。在pH值为8~11时，向高岭土矿浆中加入Ca^{2+}、Mg^{2+}等碱性金属离子可观察到铁、钛杂质的选择性凝聚，然后用弱阴离子聚合电解质进行选择性絮凝。该工艺要求矿浆浓度低于20%，因此必定有大量的水分要在后续作业中脱去，同时残留的絮凝剂对最终产品的质量也有影响。

用高分子絮凝剂对高岭土进行选择性絮凝，高岭土颗粒相互絮凝沉向底部，铁钛杂质则因颗粒微细而存在于上部的悬浮液中呈红褐色，将这上部的悬浮液脱去即可脱去大部分的铁钛杂质，再用别的作业(如磁选)加以处理即得到高品质的高岭土。苏州高岭土公司采用选择性絮凝新工艺取得了较好的指标。采用选择性絮凝加高梯度磁选处理醴陵干冲高岭土也获得了令人满意的指标。

④浸出。浸出是在弱酸性溶液(pH值为3~4)有还原剂($Na_2S_2O_4$)存在条件下进行的，可使溶解的铁保持Fe^{2+}状态，避免生成$Fe(OH)_3$，用水洗涤使之与高岭土分离。为了除去深色的有机质，可以用强氧化剂(过氧化氢、次氯酸钠等)进行漂白。苏州高岭土公司选厂采用氧化漂白法取得了优质的高岭土产品。据报

道，用微生物处理高岭土可以明显地提高产品的质量。

⑤脱水。选别后的黏土在贮浆桶内贮存6~8h，pH值调节到3~4，接近黏土的零电点，因而黏土颗粒容易团聚。在矿浆中添加明矾对黏土粒子的团聚有帮助，可促进脱水。圆筒过滤机为常用的脱水装置，它可使矿浆浓度增至55%~60%。过滤作业的重要作用之一在于除去黏土中的化学药剂。为强化此作业，常采用水喷雾。

喷雾干燥已成为黏土工业中十分有效的一种工艺，但其成本昂贵。近年来，出现了一种利用电场中荷电颗粒电泳特性的新型过滤工艺。高岭土粒子在pH值大于3时荷负电，其周围由带相反电荷的离子雾所包围而形成双电层。在电场中黏土粒子移向阳极，离子雾中配衡离子则移向阴极。当颗粒抵达阳极时，便用来保护电极阳极薄膜上形成的滤饼。阳极滤饼采用电渗法进一步脱水，多余水分按电渗原理用泵通过荷负电的滤饼毛细管抽出。

采用脱水剂使高岭土颗粒团聚成大颗粒，这样既可以加速颗粒沉淀速度，有利于脱水，又可以减少微细粒的高岭土损失，因此，高岭土新型高效脱水剂的开发也是其研究方向之一。

湿法加工工艺包括泥料的分散、分级、杂质分选和产品处理等几个阶段。一般流程为：原矿→破碎→捣浆→除砂→旋流器分级→剥片→离心机分级→磁选(或漂白)→浓缩→压滤→干燥→陶瓷级或造纸涂料级产品。煤系(硬质)高岭土加工的一般流程为：原矿→粉碎→捣浆→旋流器分级→剥片→离心分级→浓缩→压滤→内蒸干燥→煅烧→解聚→填料级或造纸涂料级高岭土。

目前我国高岭土加工技术取得了明显进步，如下所示。

水力开采：茂名高岭土矿石较疏松，为砂性土，再加上南方降雨量大，雨季时间长，因此采用水采。矿石在高压水枪的冲击下能基本解离，只要适当地控制分散条件和浓度，即可直接进入选矿作业，这样就可以缩短制浆及其他工艺环节，节省了投资和成本。实践结果证明，水采是一种低投入、低成本、高效率的采矿方法。今后应在实践的基础上，进一步完善工艺过程，提高技术经济指标，使砂质高岭土水采法日臻完善。

卧螺离心分级：精选工艺采用了卧螺离心分级技术，使90%以上的产品细度达到2μm以下，分级效率80%以上。特别配置了变频调速装置，根据不同的物料可随时调整工艺参数(如分离因素)，以保持产品质量的稳定性。茂名高岭土科技有限公司、中国高岭土公司等企业引进国外的技术与装备，通过不断消化吸收国外技术，使装备国产化，极大地提高了高岭土的分级技术水平。

压滤工艺：我国大部分高岭土企业过去采用低压过滤加工技术，效率比较低，能耗高。经过技术攻关，目前采用高压进浆，压力可达到 2～2.5MPa，确保产品水分低于35%，不仅提高了生产效率，而且节约了能耗。

漂白除铁技术：高岭土中有晶格铁和矿物铁两种赋存状态，尤其是由于地表铁质的淋滤污染，相当部分的为矿物铁。采用常规的物理选矿方法，虽可除去部分杂色矿物，但因染色物质粒度极细且共生复杂难以奏效，因此采用化学漂白的方法最为经济、有效，被广泛采用。

干燥新工艺：国内过去由于离心盘雾化器的加工技术和材料均未过关，所以大型离心式喷雾干燥塔均为进口的。目前通过技术攻关，国内一些厂商也能生产喷雾塔，使用后效果较好，改善了工人作业环境。

煤系高岭土煅烧技术：煅烧高岭土的特殊油墨吸收性和优良的光散射能力是它能够替代昂贵的钛白粉的基础和提高纸张涂层质量的原因。煅烧高岭土是一种重要的高岭土深加工产品，它作为橡胶塑料的填料，与一般高岭土填料相比，所得复合材料具有更好的强度、收缩性、阻燃性、吸湿性和电阻率。在油漆和其他涂料中，煅烧高岭土的添加，使产品具有较佳的不透明性、薄膜完整性及耐擦洗性。国外只有水洗煅烧高岭土，煤系高岭土煅烧技术是我国独有的加工技术。通过近几年的探索，现已形成一套完整的加工工艺，包括湿法超细、煅烧增白、打散解聚等。这些成果已经广泛应用于煤系高岭土企业。

6.2.1.6 高岭土改性技术

随着现代科学技术的不断发展，行业间对高岭土应用的要求越来越高，传统开采加工的高岭土的应用有了局限性，因此需要通过一定的方法对高岭土进行表面改性。目前高岭土表面改性的方法有煅烧改性、表面反应法改性、偶联剂改性及其他改性方法。

(1) 高岭土煅烧改性

煅烧改性是较常用的高岭土物理改性方法。经高温煅烧后，高岭土的白度增大，吸油值变大，比表面积增大，绝缘性和热稳定性等性能提高。高岭土在不同温度条件下煅烧时，会发生如下变化：

$$Al_2O_3 \cdot 2SiO_2 \cdot 2H_2O \xrightarrow{450\sim750℃} Al_2O_3 \cdot 2SiO_2 + 2H_2O$$
$$\text{高岭土} \qquad\qquad\qquad \text{偏高岭石}$$

$$2(Al_2O_3 \cdot 2SiO_2) \xrightarrow{925\sim980℃} 2Al_2O_3 \cdot 3SiO_2 + SiO_2$$
偏高岭石　　　　　　　　　硅铝尖晶石

$$2Al_2O_3 \cdot 3SiO_2 \xrightarrow{1050℃} 2Al_2O_3 \cdot SiO_2 + 2SiO_2$$
硅铝尖晶石　　　　　　　似莫来石

高温加热高岭土时，高岭土铝氧八面体中的羟基断裂，水和易挥发物脱去，铝原子的配位数由6变成4或5，从而使高岭土的晶体结构发生变化，化学反应活性增强。因此，可以通过控制不同温度来获得不同反应活性的高岭土，从而满足不同产品的应用要求。

(2)高岭土表面反应法改性

表面反应法指的是改性剂与高岭土表面基团(以羟基为主)通过化学反应，产生疏水基或者进一步产生疏水基团，引起高岭土表面性质发生改变。这种方法不仅可以降低高岭土的表面能，还可以改善其疏水性和反应性。改性剂既可以直接改性高岭土，也可以在其表面先反应生成离子，再通过离子交换的方式最终达到改性的目的，这种方法的主要手段有酯化、卤化、胺化等。在众多表面反应法中，以酸活化高岭土居多。高岭土经酸活化处理后，其表面或内部结构被破坏，孔径分布、孔体积和比表面积发生变化，反应活性增强。

有研究者用盐酸对高岭土进行酸活化，通过对比改性前后的高岭土，发现高岭土的孔体积和比表面积均增大，活性基团增多，表现出一定的L酸酸性，有利于制备FCC催化剂。

有研究者用柠檬酸溶液浸泡处理高岭土后，高岭土的晶体结构发生了变化，化学反应活性增强，应用于陶瓷烧制过程中可有效降低能耗，节约资源。

(3)高岭土偶联剂改性

偶联剂一般由疏水基团和亲水基团组成，其中，亲水基团可与高岭土表面的亲水活性基团发生化学结合，使高岭土表面由亲水疏油变为亲油疏水，更易于与有机物相容，增大填充量，从而改善聚合物基体的综合性能。常用于改性高岭土的偶联剂有硅烷偶联剂和钛酸酯偶联剂。

硅烷偶联剂的通式为Y-R-Si-X$_3$，可经水解变成硅醇基Y-R-Si-(OH)$_3$。水解后硅烷偶联剂中的羟基与高岭土中的表面活性基团反应生成氢键，进而缩合形成稳定的共价键。

有研究者用魔角旋转核磁共振技术对比研究了硅烷偶联剂改性前后的煅烧高岭土，发现高岭土上的 ^{27}Al 发生了化学位移，说明硅烷偶联剂与高岭土中的

^{27}Al 之间产生了化学键。

钛酸酯偶联剂的通式为$(RO)_{4-n}-Ti-(OX-R'-Y)_n$ ($n=2,3$)，其中，RO-为短碳链烷氧基，改性时，钛酸酯偶联剂在填料表面上形成均匀的单分子层，进而改变填料性能。

有研究者发现，高岭土经钛酸酯偶联剂(NDZ-105)改性后，与聚丙烯树脂熔融共混制备成复合材料，借助X射线、红外等测试技术，发现含改性高岭土复合材料的拉伸强度、屈服强度、冲击强度等性能明显优于含未改性高岭土的复合材料。

此外，偶联剂还有铝酸酯偶联剂、硼酸酯偶联剂、磷酸酯偶联剂、叠氮偶联剂、有机铬类偶联剂、锆类偶联剂及高级脂肪酸、醇、酯等。有研究者采用铝酸酯偶联剂对高岭土进行湿法改性，发现高岭土改性后的表面能降低，疏水性提高，提高了高岭土在大型防水表面涂层中的应用性。

(4)高岭土其他改性技术

除了以上几种常见的改性方法外，高岭土的表面改性技术还有包覆处理和化学接枝处理等。包覆处理是将改性剂包覆于高岭土表面，从而改进高岭土性能的一种方法。有研究者将二氧化钛包覆在煤系高岭土表面，发现其性能得到了极大的提升，可部分取代钛白粉。化学接枝处理则是利用高岭土表面的活性羟基在一定条件下能与其他单体或大分子链产生化学反应而实现表面接枝，从而提高高岭土的填充性能，通过选择合适的接枝体和不同的改性条件，可满足不同的改性要求。

6.2.1.7 分选实践

我国非煤系高岭土矿床主要为风化残积型矿床，需露采；少数热液蚀变型矿床，需坑采。加工方式主要有干法磨矿分级、水洗除砂、重力分级提纯、磁选除铁、化学除杂、煅烧增白和超细改性等。我国煤系高岭土矿床属含煤建造沉积型，采矿成本较低，加工方式主要有干法磨矿分级、超细磨矿、磁选除铁、煅烧增白和超细改性等。

本节以我国江苏苏州观山高岭土选矿厂和广东湛江市高岭土开发联合公司选矿厂以及英国沃维林·波钡公司(ECLP)高岭土选矿厂为例介绍高岭土的分选实践。

(1)苏州观山高岭土选矿厂

中国高岭土公司位于苏州徐家桥，有阳西、阳东两个矿区(苏州市西郊)，观山和浒墅关两个选矿厂。观山高岭土选矿厂的高岭土原矿来源于上述两个矿区，矿石属软质和砂质高岭土。主要矿物为高岭石、埃洛石(管状)，其次为蒙脱石，以及少量的石英、黄铁矿、明矾石、有机质等。

矿石有以下3种类型。

① 蚀变次生沉积型：SiO_2(35%~50%)、Al_2O_3(20%~40%)、Fe_2O_3(0.3%~2%)。

② 土状型：SiO_2(42%~60%)、Al_2O_3(18%~30%)、Fe_2O_3(0.3%~2%)。

③ 砂状型：SiO_2(66%~76%)、Al_2O_3(16%~24%)、Fe_2O_3(0.1%~0.2%)。

按设计生产能力，选矿厂年产量为5万吨。进入选矿厂原矿石的最大粒度为300mm，入捣浆机最大粒度为50mm，入选最大粒度为0.5mm，原矿品位Al_2O_3为26%~35%，尾矿品位Al_2O_3为20%~24%，选矿回收率为61%~62%，选矿比为2.5。选矿厂的工艺流程如图6-4所示。

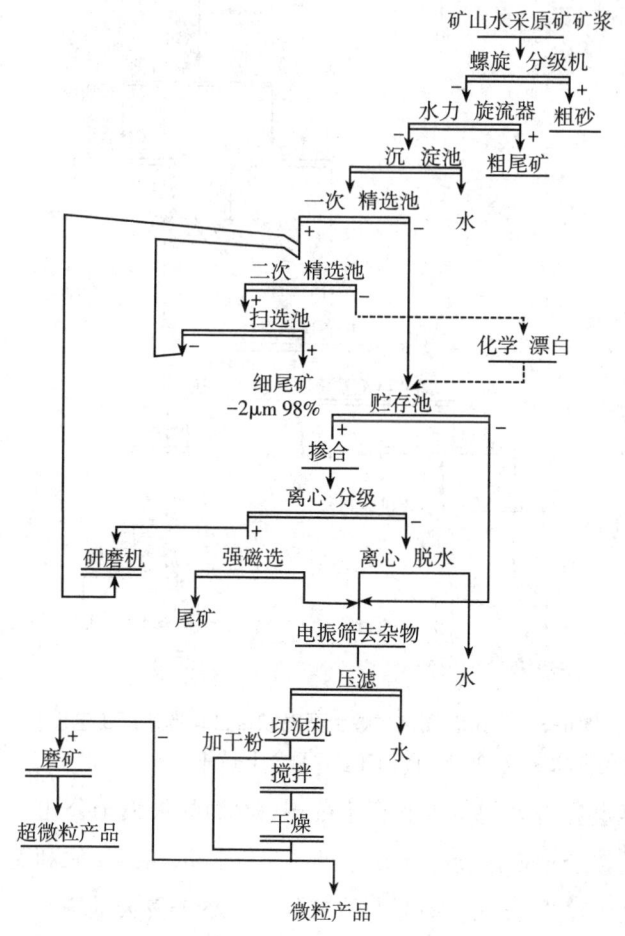

图6-4　江苏苏州观山高岭土选矿厂工艺流程

(2) 广东湛江市高岭土开发联合公司选矿厂

该公司于1989年10月建成投产，设计生产能力为43500t/a，年产造纸涂料1万吨、填料0.42万吨、陶瓷原料0.45万吨。

选矿厂处理原矿来源于湛江市山岱高岭土矿区，属风化残积型高岭土矿床，工业类型属砂型高岭土。原矿中高岭石含量为32%~33%，水云母为10%，石英为43%，长石为5%，白云母为6.5%~7%，以及少量的赤铁矿、褐铁矿、菱铁矿、白钛矿、钛铁矿、金红石等。选矿厂的工艺流程如图6-5所示。

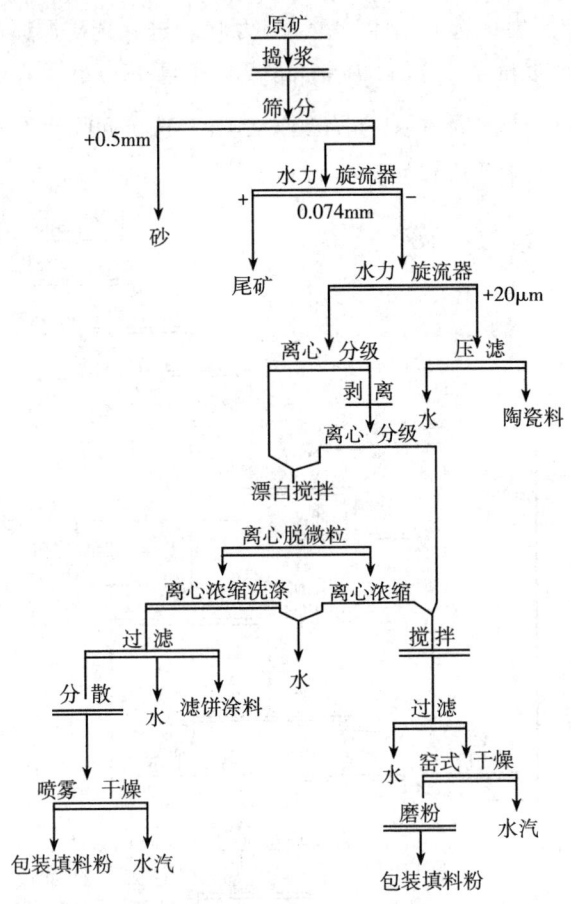

图6-5 广东湛江市高岭土开发联合公司选矿厂工艺流程

(3) 英国沃维林·波钡公司(ECLP)高岭土选矿厂

该公司是世界著名的英吉利瓷土公司(ECC)的最大子公司，主要生产造纸涂料和填料。该公司矿区位于康沃尔的圣奥斯特尔和德文的利莫尔两处。圣奥斯特尔矿区东西长约30km，南北宽约3km，有25个露天采场。

选矿厂处理的矿石所处的矿床属热液蚀变型高岭土矿床，矿石工业类型为砂质型，高岭石含量约为20%，脉石矿物主要是石英、云母及少量长石、少量或微量铁矿物。选矿厂的工艺流程如图6-6所示。

粗选采用螺旋分级机和水力旋流器分级，除去大量粗砂；精选采用直径为42m的沉淀池、直径为14~20m的分级池和离心分级机分级，严格控制粒度分布，并可根据各矿坑原矿质量特点和产品质量要求，分别采取化学漂白、高梯度磁选或剥片作业，以获得不同牌号的产品。

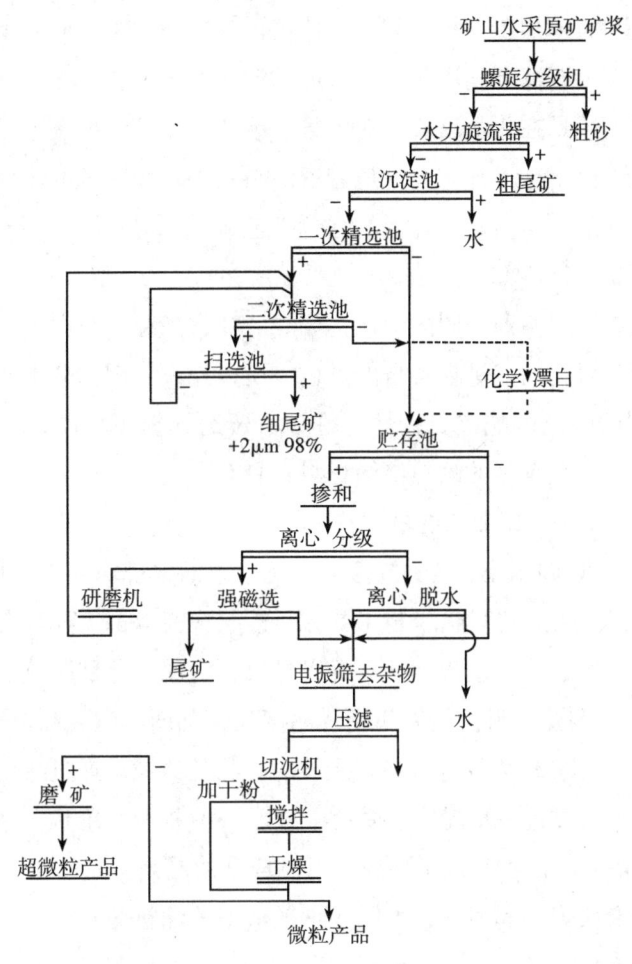

图6-6 英国沃维林·波钡公司(ECLP)高岭土选矿厂工艺流程

6.2.2 蛇纹石分选

蛇纹石(serpentine)是由橄榄石变质产生出来的绿色矿物，也是构成蛇纹岩的主要矿物，是重要的硅酸盐类矿物，包括5个主要的同质多象变体，分别称为正、斜、副纤蛇纹石，以及利蛇纹石和叶蛇纹石，它们的结构差异主要在于为协调四面体片与八面体片而实现的不同结构变形。蛇纹石的主要组分为 $Mg_6[Si_4O_{10}](OH)_8$,理论化学组成(质量分数)如下:MgO 为 43.6%,SiO_2 为 43.4%,H_2O 为 13.0%。Fe、Mn、Cr、Ni、Al 等元素常取代结构中的 Mg。莫氏硬度为 2.5~4.0,密度为 2.5~2.6g/cm³。

蛇纹石主要含有元素镁和硅,还伴生有少量的稀有金属,如镍、钯等。我国从 20 世纪 90 年代开始对蛇纹石矿进行开发研究,但进展缓慢,多数矿山主要是出售原块矿和简单加工的粗产品,价值极低,效益很差,同时也浪费了大量资源。目前,蛇纹石综合利用研究最普遍的湿法酸浸工艺,无论是在化学原料的选择及利用上还是在化学反应中对废气、废渣、废液的控制上,都明显与现代清洁生产和绿色工艺不甚相容。随着资源与各种环境问题的凸显,在蛇纹石的综合利用中探索一条高效、环保的绿色工艺流程,对资源、环境、经济、社会效益等的多赢十分必要。

蛇纹石还能呈现各种不同的颜色,如绿、黄、黑绿、灰白色。这是因为大多数金属和金属氧化物能呈现各自的颜色,所以蛇纹石因掺杂不同的金属离子而呈现出不同的颜色。蛇纹石韧性较好,可琢磨,但不易抛光,热敏感性较差,吸水率不大,是良好的耐热绝缘材料,具有一定的耐酸碱腐蚀能力。优良的性质使蛇纹石受到了工业上的极大青睐。

蛇纹石在工业中的用途主要包括如下几个方面(见图 6-7)。① 耐火材料。随着科学技术的发展,许多尖端技术如原子能、火箭等都需要具有特殊性能的耐火材料。唐山钢铁厂、重庆钢铁厂等以蛇纹石为原料分别制成了焦炉砖、镁橄榄石砖等。② 陶瓷原料。镁质陶瓷透明度高,釉面光润柔和、呈蓝绿色调,白度达 80% 以上。③ 作为提炼金属及金属氧化物的原料。通过活化煅烧或酸浸制取氧化镁,还可以进一步提炼金属镁、镍等。④ 提取纤维状非晶硅。从蛇纹岩中提取的非晶硅与碳在高温下反应,可制成硅的晶须、晶粉和晶体。⑤ 蛇纹石与磷灰石或磷块岩一起煅烧,可制成钙镁磷肥的配料等,如单独施用蛇纹岩

(a) 蛇纹石焦炉砖　　(b) 提炼金属镁　　(c) 提取非晶硅　　(d) 制造泻利盐

图 6-7　蛇纹石的主要工业应用举例

细粉，亦有一定肥效。特别是用于玉米、薯类、豆类以及块根、块茎类作物，效果较好。⑥蛇纹石还可作为医药工业制造泻利盐的原料。

6.2.2.1 资源情况

目前，世界上的蛇纹岩资源主要分布于俄罗斯、加拿大、巴西、津巴布韦、朝鲜、美国、新西兰、印度、英国、墨西哥和中国等20多个国家。而其中属中国的蛇纹石产地多、产量大、质量较好。另外，加拿大魁北克省东南角的蛇纹石矿在世界上占重要地位，这里延伸着一条240km长的蛇纹岩带，蕴有巨大的蛇纹石矿矿体。

蛇纹石资源在我国分布很广泛，探明储量达到15亿吨以上，也是一种优势矿产资源，主要分布在青海、江西、四川、河南、安徽、陕西等地，山东、江苏、内蒙古等地次之。全国保有储量中，西部地区占98%，其中可开采蛇纹石储量占总量的99%。蛇纹石储量最多的是青海省，占全国的62.76%；其次是四川省，占19.55%；陕西省占11.64%，居第三位。这三省的储量合计占全国的96%。

具体来说，我国蛇纹石的主要矿产地有江苏省东海县山左口、江西弋阳樟树墩、河南省信阳卧虎以及陕西省宁强县黑木林、略阳县煎茶岭、勉县安子山等。广东信宜县是我国南方重要的玉料基地，所产的南方玉呈翠绿、淡绿色，矿体呈透镜状夹于混合片麻岩中，矿物成分主要是蛇纹石和滑石。青海都兰县乌妥沟墨绿玉矿体赋存于超基性岩体中，墨绿玉为全蛇纹石化含闪石橄榄岩。四川会理县所产的会理玉，是一种外观似碧玉的暗绿色块状蛇纹岩。此外，新疆托里县、甘肃武山县等地也产优质蛇纹石玉。我国主要蛇纹石矿山矿石化学成分统计见表6-7。

表6-7 我国主要蛇纹石矿山矿石化学成分统计 单位：%

矿山名称	化学成分的质量分数						
	MgO	SiO_2	CaO	Fe_2O_3	Al_2O_3	NiO	烧失量
江苏东海	39.60	38.20	0.56	7.21	1.20	0.28	14.78
安徽歙县	37.21	36.41	1.24	8.85	0.36	0.23	14.60
江西戈阳	39.12	36.76	0.26	8.12	1.14	0.31	12.87
福建建西	37.45	41.35	1.25	6.61	0.81	0.24	11.34
河南信阳	33.95	39.96	2.75	8.35	2.35	0.24	11.75
四川彭具	37.21	36.41	1.24	8.85	0.36	0.23	14.60
湖北大悟	32.55	40.32	0.20	7.17	0	0.27	18.31
湖北蕲春	37.38	36.64	1.94	12.24	2.70	0	18.20

表 6-7(续) 单位：%

矿山名称	化学成分的质量分数						
	MgO	SiO_2	CaO	Fe_2O_3	Al_2O_3	NiO	烧失量
辽宁丹东	36.62	28.60	11.4	1.47	0.21	0	11.36
云南大理	38.20	38.66	0.47	6.50	1.70	0.6	23.10

6.2.2.2 矿床特性

蛇纹岩矿床类型有三种分类方法。按成因可将其划分为自变质和他变质两种类型。按用途也可把蛇纹岩矿床分为两类，一是蛇纹石质玉的特种岩体；二是蛇纹岩大理石，即饰面石材的总称。按原岩类型分为两类，一类为碳酸盐岩型，另一类为超镁铁质岩型。碳酸盐岩型蛇纹岩矿空间上主要和菱镁矿、滑石矿共生，超镁铁质蛇纹岩型矿空间上主要和温石棉矿床共生。

辽宁岫岩玉和丹东绿是碳酸盐岩型蛇纹岩矿床的代表。此类矿床的成因一般认为是在区域变质作用过程中富SiO_2的热液交代高镁碳酸盐矿物而成的。如辽宁省岫岩县前震旦系下辽河群大石桥组区域变质白云石大理岩中强蛇纹石化岩性段，矿体的直接围岩是蛇纹岩。矿体呈透镜状、扁豆状、似层状，产状和围岩一致，长几百至几千米，延深几十至几百米，厚几米，形成时代为古生代、震旦纪。矿体呈水平波状起伏，适宜露天开采。此类矿床在辽宁的宽甸、凤城、丹东和海城都有分布，开发潜力很大。

超镁铁质岩型蛇纹岩矿床在许多温石棉矿床中均可发现。矿床分布在岩体的顶部呈帽盖状或较大岩体的边部，较小的岩体往往全部蚀变成蛇纹岩。青海祁连玉就是这类矿床的代表，主要产于祁连山玉石沟超基性岩体中，在蛇绿岩套等构造环境中，是由超基性岩经中低温热液交代或中低级区域变质作用发生蛇纹石化而形成的。矿体似层状、透镜状、不规则带状，长几百至几千米，宽几百至几千米，厚几米至几十米，常与温石棉共生。成矿时代为元古宙和古生代。

我国超基性岩体较多，蛇纹岩成矿主要与超基性岩的分布有关，受构造及岩石类型的控制。蛇纹岩矿床是橄榄岩受蚀变的产物，所以橄榄岩矿床和蛇纹岩矿床的成矿母岩是一致的，只是蛇纹岩由岩浆期后热液交代所形成，形成于热液蚀变期。同时，根据构造特点、岩石类型及矿床分布等情况，分为两大成矿区域，以东经105°为界，西部成矿区以富镁质超基性岩、富镁铁质超基性岩为成矿特征，东部则是以铁质、钙镁铁质超基性岩为主的成矿区域。超基性岩体的分布特点基本表明了蛇纹岩矿床的分布特点,具有成带成群分布的特征。我国超基性岩体分布较广,岩石化学、构造条件、蛇纹石化条件较好,均是形成蛇纹岩矿床的有利条件。另外,有些地区的地质工作开展得不多,有待于发现新的蛇纹岩矿区。总之,超基性岩的分布区即是蛇纹岩的成矿远景区。

6.2.2.3 矿物晶体化学特性

蛇纹石为单斜晶系,TO型二八面体型层状结构,由"氢氧镁石"八面体片与[SiO_4]四面体片的六方网片按1∶1结合构成结构单元层。Cm,$C2$或$C2/m$空间群,$a_0 = 0.530$nm,$b_0 = 0.920$nm,$c_0 = n \times 0.731$nm(n为不同多型中的重复层数),$\beta = 90°$,$Z = 2$。蛇纹石理想的四面体片$b_0 = 0.915$nm,理想的八面体片$b_0 = 0.945$nm,a轴方向也表现出差异。

为了协调八面体和四面体片间的差异,可通过以Al^{3+}和Fe^{3+}代替八面体片中较大的Mg^{2+}、代替四面体片中较小的Si^{4+}这些方式形成板状结构的利蛇纹石。利蛇纹石八面体片横向收缩,厚度由0.211nm(水镁石)变为0.220nm。片的收缩使八面体中心的Mg构成的面变形,使Mg^{2+}在z轴方向处于两种高度,彼此相距0.04nm。与此相应,联结四面体片和八面体片的OH-O平面也发生变形,使OH^-、O沿z轴方向位移,脱离同一水平,彼此相距0.03nm。四面体片横向拉伸,厚度由理想的0.220nm减至0.215nm,底面氧不再位于同一平面上,而是沿z轴方向产生0.04nm的差距。利蛇纹石晶体结构如图6-8所示。

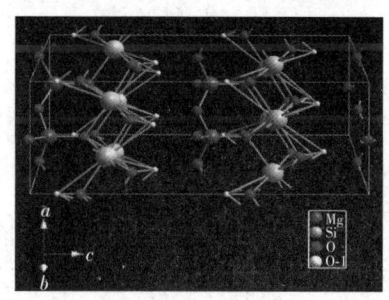
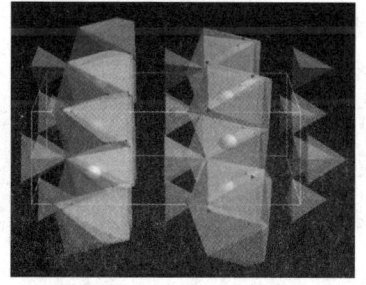

(a) 晶胞内原子构成　　　(b) 晶体内配位多面体构成

图6-8　利蛇纹石晶体结构

使八面体片和四面体片变形,可形成波状褶皱结构的叶蛇纹石;四面体片在内、八面体片在外卷曲,可形成管状结构的纤蛇纹石(见图6-9)。3个矿物种的结晶学特征如表6-8所示。

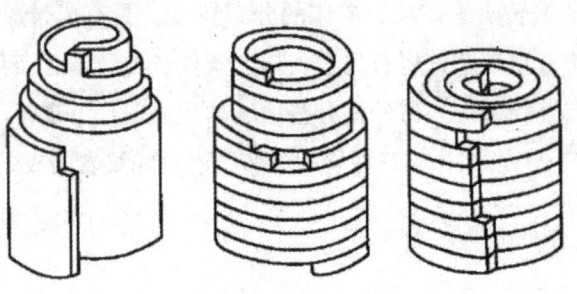

图6-9 纤蛇纹石的卷曲管状结构

表6-8 蛇纹石矿物种的结晶结构特征

矿物种		晶系	a_0/nm	b_0/nm	c_0/nm	β	单位晶胞内重复层数	纤维轴
利蛇纹石（1M）		单斜	0.513	0.920	0.731	≈90°	1	
（斜）叶蛇纹石		单斜	0.530	0.920	0.746	91°24′	1	
纤蛇纹石	斜纤蛇纹石（2M$_1$）	单斜	0.534	0.925	1.465	93°10′	2	//a
	正纤蛇纹石（2O$_1$）	斜方	0.534	0.920	1.463	90°	2	//a
	副纤蛇纹石	斜方	0.530	0.924	1.470	90°	2	//b

6.2.2.4 分选理论与试验研究

蛇纹石是一种很有开发前景的矿石资源，国外早在19世纪便开始研究蛇纹石开发和综合利用的生产工艺，至今在部分领域已经有了较为成熟完善的技术。我国在20世纪90年代开始对蛇纹石进行关注和研究，近年来，虽对于蛇纹石矿有较好的开发利用，但整体研究水平仍然处于初级阶段。

蛇纹石矿一般是选择富矿体进行开采。对原矿进行破碎、筛分，达到一定块度要求后即可出售。随着资源开发力度的提升，富矿体数量逐渐减少。为探索蛇纹石与其共伴生矿物的分离途径，也进行了蛇纹石分选特性的研究。对蛇纹石的处理方法大致可分为以下三类。

① 物理分选。物理选矿能耗低、工艺简单，但由于蛇纹石伴生矿物较多，黏度大，处理难度大，分离效率不高，利用率较低，仅通过物理选矿难以分选出高品位的精矿。

② 生物分选。生物选矿是指利用微生物的催化氧化作用，将矿物中的有价金属以离子形式溶解到浸出液中加以回收，特别适合于处理贫矿、废矿及难采、难选、难冶矿的堆浸和就地浸出。迄今为止，微生物浸矿实现产业化的主要领域是硫化矿的浸矿。生物选矿技术简单易行，条件温和，能耗小，污染少，但是尚处于摸索阶段，技术方面还不够成熟，难以得到高品位的精矿。

③ 化学分选。化学提纯可提高矿石利用率，国内外对蛇纹石的选矿和综合利用以化学提纯为主。总的来说，蛇纹石矿化学处理工艺可分为两大类：一类是火法，另一类是湿法。

火法工艺一般由高温碱熔、酸浸溶出和浸液沉淀处理三部分组成。

第一步是高温碱熔，即将蛇纹石矿粉与碱性钠盐按一定比例混合，在900℃左右的高温下熔融，使蛇纹石分解。主要反应式为（以碳酸钠为例）

$$3MgO \cdot 2SiO_3 \cdot 2H_2O + 3Na_2CO_3 == 3MgCO_3 + 2Na_2SiO_3 + 2NaOH + H_2O \quad (6-1)$$

第二步是对熔融物进行酸浸溶出，即在熔融物中加入酸性较强的无机酸至有白色沉淀（H_2SiO_3）析出，而 Mg^{2+}、Fe^{3+}、Ni^{2+}、Pd^{2+} 等以氯化物或硫酸盐的形式存在溶液中。主要反应式为：

$$MgCO_3 + 2HCl == MgCl_2 + CO_2\uparrow + H_2O \quad (6-2)$$

$$Na_2SiO_3 + 2HCl == H_2SiO_3\downarrow + 2NaCl \quad (6-3)$$

第三步是对熔融物酸解后的溶液和沉淀进行处理，可得镁系列产品、硅系列产品和稀有金属海绵钯等。

火法对于各种有效成分的利用率较高，但火法是在高温下进行碱融的，因此存在能耗高、投资大、工艺流程复杂等缺点，使其难以进行工业化生产。

湿法按浸出剂不同可分为酸浸法和碱浸法。碱浸法处理中，一般需要对原矿进行前处理，以便得到较高的二氧化硅浸出率。该工艺具有流程复杂、耗能大等缺点。与碱浸法相比，酸浸法主要是利用盐酸、硫酸等无机酸破坏蛇纹石矿的层状结构，其工艺简单，能耗低，浸出剂对镍、镁的浸出率较高，但对矿石中的杂质元素（如铁、铝等）也有较高的浸出率，因此，酸浸法的选择性较差。

有研究者用强酸浸取蛇纹石中的有价金属，再用氧化剂氧化浸出液，然后用 $NaOH - NH_3 \cdot H_2O$ 进行混合沉淀，得到了铁镍混合物。

有研究者采用常压硫酸浸出对含镍蛇纹石进行提取镍的研究，镍浸出率达到85.7%，浸出液经净化沉镍可得到含镍41.24%的 $Ni(OH)_2$ 镍精矿，沉镍回收率达到88.6%，综合回收率达到75.93%。

6.2.2.5 分选实践

目前我国蛇纹石的开发利用尚处于初级阶段，开发利用水平较低。大多数矿山主要是靠出售原块矿和简单加工的粗产品，即蛇纹石矿一般是选择富矿体开采，并对原矿进行破碎、筛分，达到一定块度要求后即可出售。

6.2.3 滑石分选

滑石(talc)是一种含水的硅酸镁,属层状构造硅酸盐矿物。以氧化物表示的分子式为 $3MgO·4SiO_2·H_2O$,即 $Mg_3Si_4O_{10}(OH)_2$,理论质量分数是 MgO 31.88%、SiO_2 63.37%、H_2O 4.75%,常含少许铁、铝、镍等。滑石质软,有滑感,对油类有强烈的吸附性,化学性质稳定,有高的电绝缘和耐热等性能。工业上所利用的滑石原料有两种状态,一部分是块滑石,而绝大部分是滑石粉。

块滑石主要用于制造块滑石瓷,其方法是在滑石碎料中加入黏合剂和配料,采用可塑成型法、注浆法、压制法等做成各种构型的陶坯零件,经过窑内1300℃高温烧结即可成瓷。这种块滑石瓷是一种高频电瓷绝缘材料,广泛应用于无线电接收机、电视、雷达、遥控工程等。含有杂质的块滑石锯成块或板块,可作炉衬或窑衬、绝缘电盘等,还可以雕刻成工艺装饰品。

滑石粉可用于陶瓷、油漆、油毡、纺织、橡胶、电缆等工业部门,用途较广。陶瓷工业上用滑石粉加入陶瓷配方中,生产出特种陶瓷,可大大改变陶瓷性能,扩大陶瓷的使用范围。造纸工业用滑石粉作为填充料,能使纸面光滑、坚固,并增强对油墨的吸附能力,用量占国内滑石生产量的70%。纺织工业用滑石粉作充填剂和漂白剂,可以增强织物的密度和抗热、抗酸碱性能并起漂白作用。在橡胶工业中,滑石粉作充填料及绝缘材料,加入滑石粉的橡胶制品,能够提高橡胶的坚固性,而且能够增大电绝缘性能。此外,在制造农药、日用化妆品、医药方面均需用滑石粉。滑石的主要工业应用举例见图6-10。

(a) 含滑石涂料

(b) 作为造纸填料

(c) 滑石用于陶瓷连接件

(d) 滑石塑料填充剂

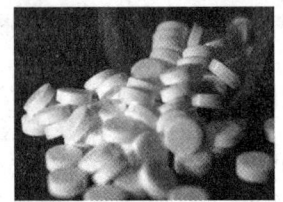
(e) 含滑石药片

图6-10 滑石的主要工业应用举例

近年来，国际市场对滑石粉的要求越来越严，如用作高级纸张的填料及涂料时，要求滑石粉的粒度在5μm以下呈滑石微粉，因为滑石微粉能够改进滑石粉的物理性能，如比表面积、不透明度、可弥散性和吸附性能等。

除上述用途外，滑石在编织材料中可作胶料成分和矿物充填剂，还可作为防腐剂、润滑剂、干粉灭火剂、漂白剂、谷物打亮剂、吸附剂、水过滤剂、杀虫剂载体及油墨添加剂等。

6.2.3.1 资源情况

全球滑石的远景储量在20亿吨以上，探明储量约8.13亿吨，遍及40余个国家。储量较大的国家有俄罗斯、中国、美国、法国、芬兰。世界上已发现的滑石矿床共有250座，其中有80座正在开采。在这80座中，有40座的年产量在5000吨以上。

滑石是我国优势矿产之一，素以资源丰富、品质优良著称于世。截至2014年，我国查明滑石资源储量2.7亿吨，同年滑石产量220万吨，约占世界滑石产量的30%，是世界最大的滑石生产、消费和出口国。辽宁、山东、广西、江西和青海五省(区)是我国主要滑石生产和出口基地。5个区域的滑石储量及特色如下。

(1)辽宁区域的滑石：粉红块、高白度

辽宁滑石探明储量为4569万吨，占全国总储量的18.3%。主要分布在海城、本溪、大石桥、桓仁、岫岩、宽甸、凤城等市(县)。除本溪连山关矿区外，其他矿区皆属碳酸型滑石矿床，成矿母岩为菱镁矿，经热液交代区域变质而形成。矿体形态多为大小不等的扁豆体、透镜体成群出现。矿石以粉色、白色、灰白色、青灰色块滑石为主，其次为片状滑石。

滑石矿物呈细粒鳞片集合体，可富集而成纯滑石，或与少量的伴生矿物如菱镁矿、石英、白云石、磷灰石等组成滑石岩。粉红色、白色纯滑石质纯、滑腻，白度高达95度以上。本溪连山关滑石是一种斜绿泥石矿床，在矿体边缘常伴生有较小的滑石矿透镜体，形成绿泥石-滑石矿床，称为绿泥石滑石，即所谓"灰绿色滑石"。

(2)山东区域的滑石：白色、烟色块、高白度

山东滑石探明储量为4443万吨，占全国总储量的17.8%。主要分布在平度、莱州、栖霞等市(县)，均属碳酸岩型滑石矿床。成矿母岩为菱镁矿和大理岩，经热液交代区域变质形成。矿体为似层状、透镜状。矿石以白、灰白、浅

绿、灰绿块滑石为主，其次为片状滑石，部分为粉末状滑石和黑滑石，以及致密细腻的白色、灰白色纯滑石。

(3) 广西区域的滑石：灰白、淡绿软滑石

广西滑石探明储量为3187万吨，占全国总储量的12.8%，主要分布在龙胜、上林、环江等县。龙胜滑石为碳酸岩型软滑石，成矿母岩为白云石大理岩，经岩浆期后热液交代形成。矿体厚大似层状、透镜状，间隔式分布。矿石以灰白、淡绿、灰绿块状、片状软滑石为主，其次为"灰绿色滑石"，矿物成分主要为滑石，有的还含少量斜绿泥石、方斜石、石英、黄铁矿。

(4) 江西区域的滑石：沉积黏土型黑滑石

江西滑石探明储量为7402万吨，占全国滑石总储量的29.6%。主要分布在于都、广丰、高安等地，为高镁质沉积黏土成岩型黑滑石矿床，层位稳定，分布范围较大。矿体形态为层状、似层状、透镜状，成群出现。矿石为灰色、紫灰色、黑色，土状，有滑感。矿物成分以滑石为主，伴生矿物多为方解石、石英、海泡石、蒙脱石、有机碳质等，白度较低。熔烧后，可褪色变白达70~85度。

(5) 青海区域的滑石：共生滑石矿

青海滑石储量为4117万吨，占全国总储量的16.4%。主要包括2个矿床，一是茫崖特大型纤蛇纹石石棉-滑石共生矿床，二是祁连小型滑石-菱镁矿共生矿床。目前开发利用程度较低。

我国几个主要的滑石矿山有辽宁海城市范家堡滑石矿、山东栖霞李博士夼村滑石矿、江西广丰县溪滩滑石矿、青海茫崖滑石矿、广西龙胜县鸡爪滑石矿、广西上林县顾圩滑石矿、山东莱州市瞳山滑石矿、山东莱州优游山滑石矿、吉林江源县遥林滑石矿、江西于都岩前滑石矿等。滑石分为白滑石、黑滑石两类。我国滑石矿多属于低铝铁质，白度较高，滑石含量较高。

我国滑石矿床规模划分标准为：矿床储量不低于1000万吨为特大型，500万~1000万吨为大型，100万~500万吨为中型，小于100万吨为小型。辽宁、山东、广西、江西、青海五省(区)共计有5个特大型矿床、3个大型矿床、9个中型矿床、7个小型矿床。

近年来，世界滑石产量(见图6-11)逐渐趋于平稳，排名前几位的国家有中国、印度、巴西、墨西哥、美国等。在世界滑石贸易中，滑石主要出口国有中国、美国、加拿大、意大利、澳大利亚和印度，主要进口国包括日本、韩国、墨西哥、比利时和德国等70多个国家。我国滑石资源保障程度较高，但优质白

滑石由于市场需求强劲，供应相对偏紧。

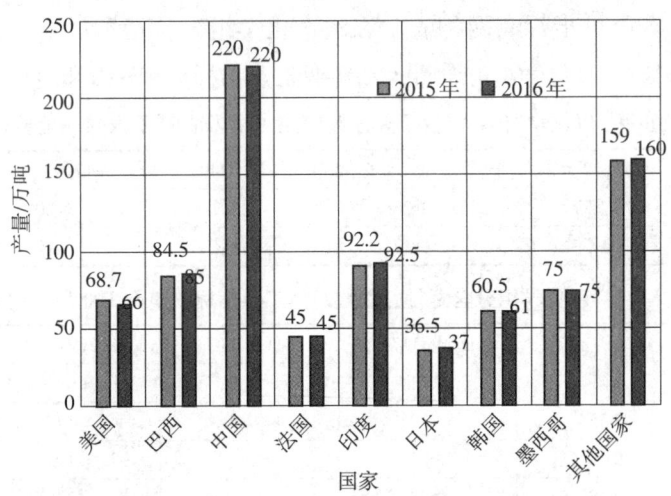

图6-11　2015—2016年世界各国滑石产量统计图
（数据来源：美国地质调查局）

6.2.3.2　矿床特性

我国典型的滑石矿床成因类型主要有热液交代型、接触交代型、沉积-动力变质型、风化残余型、超基性岩自变质热液蚀变型五类。

① 热液交代型，系低温热液经裂隙交代镁质碳酸盐岩而成矿。赋存地层为震旦、寒武、泥盆、石炭和二叠系，矿体成群，呈条带状、透镜状产在白云石大理岩裂隙中，矿石片状、块状构造，显微鳞片变晶结构，含矿率为70%~96%，含蛇纹石、透闪石和绿泥石。包括：变镁碳酸盐岩(菱镁矿大理岩、菱镁矿矿石)中热液交代型，如辽宁海城范家堡滑石矿、山东莱州优游山滑石矿；白云石大理岩变钙镁碳酸盐岩(白云质大理岩)中热液交代型，如山东栖霞李博士夼滑石矿、广西龙胜下鸡爪滑石矿；变钙镁碳酸盐岩(白云石大理岩、菱镁质大理岩)与结晶片岩中热液交代型，如辽宁营口枣儿岭滑石矿；变钙镁碳酸盐岩与斜长角闪岩中热液交代型，如山东平度芝坊滑石矿。

② 接触交代型，如江西于都岩前滑石矿。

③ 沉积-动力变质型，如江西广丰溪滩滑石矿。

④ 风化残余型，如湖南保靖卡棚滑石矿、湖南浏阳永和滑石矿。

⑤ 超基性岩自变质热液蚀变型，产于元古宙蛇绿岩套中，系蛇纹岩受富铝硅质热液蚀变交代成矿。矿体长数百米，延深几十米，厚几米，与温石棉共生。矿石

片状、块状构造，鳞片变晶结构，含矿率为70%~90%，如福建莆田长基滑石矿。

滑石矿石质量指标有两种表示方法：化学组分含量和滑石矿物含量（DZ/T 0207—2002）。以化学组分含量表示矿业工业指标见表6-9和表6-10。

表6-9　以化学组分含量（质量分数）为工业指标的矿石质量一般要求

品位	$w(SiO_2)$/%	$w(MgO)$/%	$w(CaO)$/%	$w(Fe_2O_3)$/%	白度/%
边界品位	≥27	≥26	不限	≤3.0	≥50
工业品位	≥36	≥27	不限	≤2.0	≥60

表6-10　以化学组分含量（质量分数）为工业指标的矿石工业品级划分

品位	$w(SiO_2)$/%	$w(MgO)$/%	$w(CaO)$/%	$w(Fe_2O_3)$/%	白度/%
特级品	≥61	≥31	≤1.5	≤0.5	≥90
一级品	≥55	≥30	≤2.5	≤1.0	≥80
二级品	≥48	≥29	≤3.5	≤1.5	≥70
三级品	≥36	≥27	不限	≤2.0	≥60

注：表6-9和表6-10只适用于滑石伴生矿物中：

① 不存在含镁硅酸盐类矿物，石英含量小于3%；

② 含镁硅酸盐类矿物加石英总量小于8%，其中，石英含量小于2%；

③ 含镁硅酸盐类矿物总量小于10%，不含石英的白云石-滑石型、菱镁矿-滑石型矿石。

对于含镁硅酸盐类矿物超过10%的蛇纹石-滑石型、绿泥石-滑石型、透闪石-滑石型以及成分更复杂的混合类型矿石的工业指标，需根据矿石的具体矿物组成、质量分数及产品应用方向具体商定。当品级变化大，不能细分时，可将特级、一级和二级品合并成富矿，三级品称为贫矿。三级品滑石矿尚需确定应用方向，对口勘探。以滑石质量分数表示矿石工业指标见表6-11和表6-12。

表6-11　以滑石质量分数为工业指标的矿石质量一般要求

品位	$w(滑石)$/%	$w(CaO)$/%	$w(Fe_2O_3)$/%	白度/%
边界品位	≥35	不限	≤3	≥50
工业品位	≥50	不限	≤2	≥60

表6-12　以滑石质量分数为工业指标的矿石工业品级划分

品级	$w(滑石)$/%	$w(CaO)$/%	$w(Fe_2O_3)$/%	白度/%
特级品	≥90	≤1.5	≤0.5	≥90
一级品	≥80	≤2.5	≤1.0	≥80
二级品	≥70	≤3.5	≤1.5	≥70
三级品	≥50	不限	≤2.0	≥60

在DZ/T 0207—2002规范中，采用物相分析方法确定矿石中滑石的质量分数。以下是几种常见的滑石矿矿石类型中滑石质量分数的计算方法。

① 镁质碳酸盐-滑石型矿石(脉石矿物为菱镁矿、白云石、方解石)。

滑石质量分数的计算多采用差减法和测酸不溶物中氧化镁的含量乘以滑石换算因数的方法。

差减法计算滑石质量分数的公式为

$$w(滑石) = (C - C_1) \times 3.1367 \tag{6-4}$$

式中，C——样品中钙镁氧化物的总量，%；

C_1——样品中酸溶性钙镁氧化物的质量分数，%；

3.1367——滑石换算系数。

② 酸不溶物中氧化镁计算滑石质量分数的公式为

$$w(滑石) = (T_{MgO} - S_{MgO}) \times 3.1367 \tag{6-5}$$

式中，T_{MgO}——样品中氧化镁的总量，%；

S_{MgO}——样品中酸溶性氧化镁的质量分数，%。

③ 透闪石、蛇纹石-镁质碳酸盐-滑石型矿石(脉石矿物为白云石、蛇纹石、透闪石)。滑石质量分数的计算公式为

$$w(滑石) = [T_{MgO} - S_{MgO} - (T_{CaO} - S_{CaO}) \times 1.8] \div 31.88\% \tag{6-6}$$

式中，T_{MgO}——样品中氧化镁的总量，%；

S_{MgO}——样品中酸溶性氧化镁的质量分数，%；

T_{CaO}——样品中氧化钙的总量，%；

S_{CaO}——样品中酸溶性氧化钙的质量分数，%；

1.8——透闪石中氧化镁的换算因数；

31.88——滑石氧化镁的理论值。

④ 绿泥石-镁质碳酸盐-滑石型矿石(脉石矿物为白云石、菱镁矿、绿泥石)。滑石质量分数的计算公式为

$$w(滑石) = [T_{MgO} - S_{MgO} - 1.38 \times w(Al_2O_3)] \div 31.88\% \tag{6-7}$$

式中，1.38为绿泥石中氧化镁换算因数，其他符号同上。

对于脉石矿物种类更多的矿石，要求得滑石的质量分数，还需要解方程。如果能采集到有代表性的样品，可以通过显微镜下定量统计并与X射线定量相分析方法相结合获得滑石的含量，也可采用特征元素化学计算法。当采用化学物相分析方法和特征元素化学计算法时，在普查阶段可利用矿物学中的理论值计算，详查和勘探阶段则需要单矿物分析，获得参加计算矿物的实验化学式。

6.2.3.3 矿石结构构造特性

根据矿石结构构造可将滑石矿石分为以下几种：① 块状滑石矿石；② 浸染状滑石矿石；③ 片状滑石矿石；④ 鳞片状滑石矿石；⑤ 纤维状滑石矿石（简称纤维状滑石）。

按照滑石的矿床构造，滑石矿有片状和粒状结构两种。我国辽宁海城滑石为片状结构，由这种滑石构成的岩石叫滑石片岩；山东莱州滑石则为片状和粒状结构。

按岩石中滑石的质量分数不同，通常将滑石分为块滑石和滑石岩两种。块滑石是高纯度的致密块状滑石，滑石的质量分数在70%以上，含杂质较少。根据矿石外观特征，如颜色、晶形，用肉眼辨别，经简单手选除去脉石矿物，选出滑石块，细磨后空气分级成不同粒度的滑石粉即可使用。滑石岩，也称滑石石料，含滑石30%~70%，杂质较多，一般要经过选矿加工后才能使用。目前我国已开采的主要滑石矿都属于碳酸盐型的块滑石。

国际市场上一般将滑石矿石分为四类：块滑石、片状软滑石、透闪石滑石和混合滑石，其中以片状软滑石用途最广。

6.2.3.4 矿物晶体化学特性

滑石的主要组分为 $Mg_3[Si_4O_{10}](OH)_2$，理论化学组成（质量分数）如下：MgO 为 31.72%，SiO_2 为 64.12%，H_2O 为 4.76%。其化学成分较稳定，Si 有时被 Al 代替，Mg 常被 Fe、Mn、Ni、Al 所代替。

滑石属于单斜晶系，$C2/c$ 空间群，$a_0 = 0.527nm$，$b_0 = 0.912nm$，$c_0 = 1.855nm$，$\beta = 100°$，$Z = 4$。滑石为TOT型三八面体型层状结构，特点是每个六方网层的Si-O四面体的活性氧指向同一方向，两层Si-O四面体的活性氧相对排列。OH-位于Si-O四面体网格中心，与活性氧处于同一水平层中。Mg、Fe、Ni等离子位于OH-和O形成的八面体空隙中，构成所谓氢氧镁石层，称为三八面体型。由二层Si-O四面体和一层八面体构成的单位层内电价平衡，结合牢固，因而形态呈二维延展的片状。单位层间靠分子键联系。微小晶体呈六方或菱形板状，但少见。通常呈致密块状、片状或鳞片状集合体，致密块状者称为块滑石。莫氏硬度为1，相对密度为2.6~2.8。滑石的晶体结构如图6-12所示。

6 层状结构硅酸盐矿物的分选

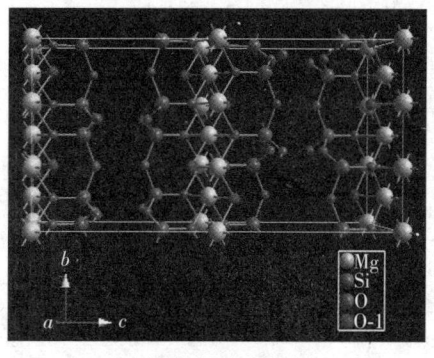 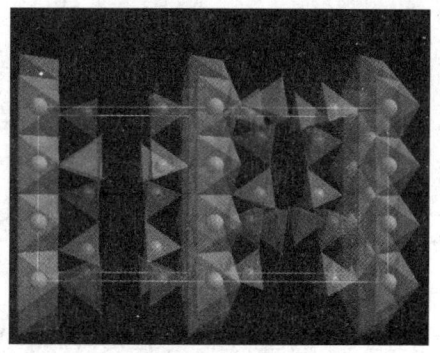

(a) 晶胞内原子构成　　　　　　　(b) 晶体内配位多面体构成

图 6-12　滑石的晶体结构

矿物晶体结构中化学键种类及性质对矿物的断裂面和断裂面暴露的离子有决定性作用，由此可以考察滑石矿物中 $M^{n+}-O^{2-}$ 键的性质。通过一些晶体化学的计算公式，对滑石晶体结构中 $M^{n+}-O^{2-}$ 平均键长、静电价强度、库仑力、离子键百分数、离子键极性、键合强度以及 $M^{n+}-O^{2-}$ 键的平均键价进行了理论计算，结果如表 6-13 所示。

表 6-13　滑石晶格中 $M^{n+}-O^{2-}$ 键性质的计算结果

阳离子	电价	离子半径/nm	配位数	元素电负性	静电价强度	$M^{n+}-O^{2-}$平均键长/nm	$M^{n+}-O^{2-}$离子键百分数/%	$M^{n+}-O^{2-}$库仑力/×10^{-8}N	$M^{n+}-O^{2-}$离子键极性	$M^{n+}-O^{2-}$键合强度	$M^{n+}-O^{2-}$键的平均键价
Mg^{2+}	2	0.072	6	1.31	1/3	0.210	73.66	2.400	0.78	0.142~0.193	0.331
Si^{4+}	4	0.034	4	1.74	1	0.162	53.90	3.556	0.626	0.78~1.11	1.02

滑石为范德华力，比化学键力弱，因此滑石主要沿层间发生解离，表面呈现电中性，只有层端面暴露 Mg^{2+} 和 O^{2-}。滑石由于解离面是层面，呈现非极性，表现出很好的疏水性，易于被脂肪酸类和胺类捕收剂捕收。

6.2.3.5　分选理论与试验研究

我国滑石资源丰富、品质优良，无须选矿即可得到质量较高的滑石产品，因此我国前期滑石矿的分选普遍采用手选、干磨风力分级工艺。国外的滑石选矿已由简单的磨粉作业转向专门的、系列化的精选工艺，目的在于提高产品质量，为用户提供品种繁多的产品。

滑石通常与绿泥石、菱镁矿、透闪石、白云石、菱铁矿、石英、黄铁矿等伴生。这些矿物改变了矿石的化学组成，使矿石带色，并明显地影响了矿石的物理性质，为了提升滑石的品质，满足工业生产的需求，需要对滑石进行加工分选处理。国外较先进的滑石矿石选矿工艺过程包括光电选、泡沫浮选、漂白、磁选(干/湿)、水力旋流器分选、擦洗沉淀浓缩、离心分离、喷雾干燥、微粉工艺及特定工艺(如滑石分层、灭菌工艺等)。各国根据矿石类型、用户要求、综合回收等因素，选择不同的选矿工艺，见表6-14。

表6-14 滑石矿的主要选矿方法

选矿方法	应用举例
手选法	我国各主要矿山，如海城、平度、桂林滑石矿；美国的黄石（Yellowstone）等滑石矿用手选挑选出碳酸盐及其他脉石矿物；澳大利亚的西境滑石公司（Westside）用手选除去石英等脉石矿物
光电选法	意大利用Sostex711光电分选机除去深颜色的滑石。美国塞浦路斯滑石公司，用光电选矿方法将原品位从30%提高到69%，作为浮选前的预富集
静电选矿法	静电场中滑石带负电荷，菱镁矿带正电荷，而磁铁矿和黄铁矿均为良导体，因此可以在电场中分离这种类型的矿
浮选法	芬兰奥托昆普公司对诺斯滑石矿采用OK_3、OK_{16}型浮选机，年处理矿石的能力为40万t，同时综合回收镍精矿
磁选法	加拿大贝克尔（Baker）公司的凡立特滑石矿用琼斯磁选机进行选别
干法风选	我国的海城、营口、平度、桂林滑石矿（或加工厂），主要采用雷蒙磨进行磨矿，个别矿山引进了气流粉碎机和高速冲击粉碎机。国外，如意大利、美国、日本等国家，主要采用气流粉碎机

(1)手选法

手选法是滑石矿选别方法中最早使用的一种最简单的选矿提纯方法，根据滑石和脉石矿物的滑腻性不同用手工进行挑选。滑石具有良好的滑腻性，品位越高，滑腻性越好，凭手感极易鉴别。国内大部分滑石矿山常用手选法生产高级滑石块。但是此方法只能用于高级别的滑石矿的选别加工，并且对选矿工人的经验要求较高，局限性较大，选别效率低。手选法针对目前国内滑石矿资源的选别已经难以满足要求，很多滑石矿选矿厂已经由传统的手选法向现代化选矿技术改进。近年来，国外已研究成功一种抛石分选机，它能够根据矿石摩擦系数的不同将滑石与脉石分开，从而实现滑石手选的机械化。

(2)光电法

光电法是利用滑石和伴生杂质矿物表面光学性质的不同而分选加工的一种方法。光电分选机就是利用滑石的这种性质研制的一种选别滑石的机器。另外，利用滑石在紫外线照射下能发出白色荧光的特征，可利用光电分选机拣出较纯净的滑石。一般采用劳动特克斯621型光选机，如美国塞浦路斯滑石公司用此法将滑石品位为30%的贫矿富集到滑石品位达69%的富矿，最后磨细到

0.074mm进行浮选,获得品位为99%的化妆品级滑石。但是光电法的局限性较大,并且对现代化要求较高,在实际工业选矿厂中很难实施和应用。

(3)静电选矿法

滑石矿中除滑石外,还含有菱镁矿、磁铁矿、磁黄铁矿、透闪石等矿物,嵌布粒度为0~5mm,在静电场中滑石带负电荷,菱镁矿带正电荷,而磁铁矿和磁黄铁矿均为良导体,因而在电场中很容易将上述矿物分开。静电选矿法可以用于滑石矿的粗选,也可以用于精选和尾矿的扫选。但是静电选矿法能耗较大,并且对滑石中的其他杂质矿物难以分离,有很大的局限性,难以在滑石选矿提纯行业进行广泛应用。

(4)磁选法

磁选法在非金属行业应用非常广泛,在许多非金属矿物的选矿工艺中,磁选都占较大的比重。滑石磁选法就是根据滑石和伴生矿物的磁性差异,利用磁选设备,在磁力及其他力作用下对有用矿物和伴生矿物进行分选的过程。滑石的磁性较小,而如果滑石矿中伴随有菱铁矿和黄铁矿等磁性较强的杂质矿物,那么就可以利用滑石和菱铁矿(黄铁矿、透闪石等)的磁性差异,运用磁选法把滑石和菱铁矿分选出来。有试验结果证明,采用湿式磁选可使滑石精矿含铁量从4%~5%降到1%以下。磁选法和静电选矿法的应用范围有一定的相似性,但是磁选的能耗要比静电选矿法的能耗低很多,因此在含有大量菱镁矿或者黄铁矿等磁性杂质矿物的滑石矿选别时,往往使用磁选而不使用电选对滑石矿进行选别。

(5)浮选法

浮选法是选矿加工生产中应用最广泛的一种选矿法,是利用矿物表面物理化学性质的差异来进行矿物分选的一种方法。矿物颗粒自身表面具有疏水性或者经浮选药剂作用产生或增强疏水性。疏水就是亲油和亲气体,可在液、气或水-油的界面发生聚集。经过一系列工艺处理后的滑石颗粒,虽然密度大,但却能与气泡和浮选剂亲和而被浮于浮选机的矿液表面,将作为泡沫产品回收,从而使得滑石与伴生矿物分离,滑石品位得以提高。滑石矿浮选常用的捕收剂是煤油,甲基异丁基甲醇(MIBC)作起泡剂。MIBC生成的泡沫较脆,容易获得优质精矿。滑石浮选流程比较简单,大多数滑石矿只需一次粗选、一次扫选、两到四次精选即可获得最终精矿。国内外采用浮选法获得高纯滑石的厂家很多,如美国的温泽公司、加拿大的斯蒂特来公司等就是利用浮选法获得高纯滑石用于化妆品等行业的。浮选法因其效率高,能耗低,目前是滑石矿选矿提纯应用

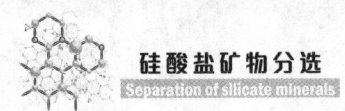

最广泛的一种方法，应用前景广阔，并且在滑石矿选矿提纯方面已经成为一种趋势。

(6)选择性絮凝浮沉法

絮凝浮沉法是处理泥状细粒度滑石的一种方法，可以利用药剂将细粒的滑石絮凝，然后进行滑石和伴生矿物的分离。常用的滑石絮凝药剂有赛帕隆、乙烯甘醇和聚乙烯氧化物等。此种方法也可以作为滑石矿浮选方法的前处理阶段，如果添加起泡剂，那么就是浮选法进行选别。

6.2.3.6 分选实践

本节以我国辽宁艾海滑石有限公司选矿厂和辽宁北海滑石集团选矿厂为例介绍滑石的分选实践。

(1)辽宁艾海滑石有限公司选矿厂

辽宁艾海滑石有限公司地处素有"滑石之乡"美誉的辽宁省海城市境内，是全球最大的滑石矿山之一，也是我国最早、规模最大的滑石企业。艾海公司拥有优质的滑石原料，开采区域为$2.45km^2$，已探明储量5000多万吨，共有4个矿区、4个粉体加工厂。

选矿厂中的光选厂始建于2012年，将先进的近红外光学分选技术和设备应用到滑石光学选矿当中，在国内尚属首例，效率是其他分选方式无法媲美的。2017年在浮选厂建设的同时，结合浮选工艺，对光选工艺再次进行优化。将光选生产用水集中连接到浮选管网，集中处理，使水源得到充分循环利用，提高了生产效率，使光选和浮选形成了有机结合。

艾海滑石矿的滑石块矿只有20%~50%，50%~80%是滑石小粒和滑石渣的混合物；滑石块可以采用人工挑选，而滑石小粒和滑石渣由于粒径小，人工无法挑选，只能作为尾矿处理，资源浪费非常严重。针对这种情况，经过多年探索研究，2010—2011年相继研发出了适用于滑石分选的"干式弹性筛选机"和滑石洗选技术，以低品位滑石小粒及滑石渣为原料，采用水选与筛选相结合的工艺技术对25mm以下的低品位滑石进行提纯加工；经干式弹性筛选机分选后，分选效率达到95%以上，选后滑石白度、烧失量、纯度得到了很大提升，提高了原料的利用率和产品的附加值，使矿产资源得到了充分回收利用。

(2)辽宁北海滑石集团选矿厂

北海滑石集团滑石矿边界品位为15%~20%，工业品位为22.5%~30%，出矿品位为35%~56%。北海滑石集团选矿厂中的滑石浮选厂生产规模为30万吨/年,处理的矿石为采出矿石中的小块和粉状低品位滑石,经一段磨矿、一次粗选、两次精选、一次扫选,浮选精矿经浓缩、过滤、干燥,再加工成滑石粉。其选矿工艺流程见图6-13。

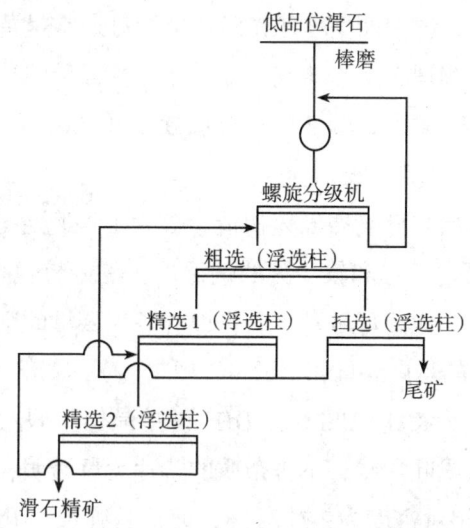

图6-13 辽宁北海滑石集团低品位滑石浮选工艺流程

6.2.4 云母分选

云母(mica)又名云珠、云华、云英、云液、云砂、磷石,是含钾、铝、镁、铁、锂等元素的层状含水铝硅酸盐矿物。云母矿物种类繁多,主要分为3类:钾云母类、铁镁云母类、锂云母类。云母的分类及晶体形状见表6-15。

表6-15 云母的分类

类别	名称	化学式	晶体形状
钾云母类	白云母	$KAl_2[AlSi_3O_{10}](OH)_2$	单晶呈假六方柱状、板状或片状,集合体呈鳞片状或叶片状
	镁硅白云母	$K_2Mg_3(Mg,Fe^{2+})[AlSi_7O_{20}](OH)_4$	
铁镁云母类	金云母	$KMg_3[AlSi_3O_{10}](OH,F)_2$	单晶呈假六方板状、短柱状,集合体呈片状、板状或鳞片状
	黑云母	$K(Mg,Fe)_3(AlSi_3O_{10})(OH,F)_2$	单晶呈板状或短柱状,集合体呈片状、板状
锂云母类	锂云母	$KLi_{1.5}Al_{1.5}[AlSi_3O_{10}](OH,F)_2$	单晶呈假六方板状,集合体为片状、细鳞片状
	铁锂云母	$K(Li,Fe^{2+},Al)_3[Al_{1-0.5}Si_{3-3.5}O_{10}](OH)_2$	晶形与黑云母相似

云母为片状或鳞片状集合体。云母的物理性能主要取决于云母晶体的大小、由解理和硬度决定的剥分性以及云母的颜色透明度和弹性等。云母具有完善的解理，可以剥分，理论上白云母能剥分成10μm左右(金云母可剥分成5μm或10μm左右)的薄片，白云母薄片一般无色透明，但往往染有绿、棕、黄和粉红等色调，玻璃光泽，解理面呈珍珠光泽。金云母通常呈黄色、棕色、暗棕色或黑色，玻璃光泽，解理面呈珍珠或半金属光泽。云母的导热性很差，熔点为1200~1300℃；相对密度为2.76~3.10；莫氏硬度在(001)面为2~3，垂直(001)面为4；绝缘性极好，难溶于酸。

云母具有连续的层状硅氧四面体构造，分为3个亚类：白云母、黑云母和锂云母。白云母包括白云母和较少见的钠云母，黑云母包括金云母、黑云母、铁黑云母和锰黑云母，锂云母是富含氧化钾的各种云母的细小鳞片。工业上尤其是电气工业中常见的是白云母和金云母。

白云母：化学式为$KAl_2[AlSi_3O_{10}](OH)_2$。单晶体呈假六方柱状、板状或片状，集合体呈鳞片状或叶片状，不含杂质的薄片无色透明，(001)解理极完全，莫氏硬度为2.5~3，相对密度为2.77~2.88，薄片具弹性，几乎不与碱作用，不溶于热酸。熔点为1260~1290℃，在550℃高温下不改变性质。

白云母具有玻璃光泽，有时过渡为珍珠光泽或丝绢光泽，透明，颜色可为无色、淡棕色、淡棕红色、淡绿色和绿色、银白色、银灰色等，如我国四川的白云母为银白色，河南西峡的白云母为淡棕红色，这些云母的电气性能良好，而山东诸城和广东的白云母因含铁而呈绿色，电气性能较差。

金云母：化学式为$KMg_3[AlSi_3O_{10}](OH,F)_2$。单晶体呈假六方板状、短柱状，集合体呈片状、板状或鳞片状，无色透明或带黄褐色、红棕色、绿色乃至深褐色，相对密度为2.76~2.80，与碱、盐酸有反应，不导电，耐高温。熔点为1270~1330℃，在800~1000℃高温下不改变性质。

金云母因氧化镁含量大又称为镁云母。金云母常与方解石、方柱石、角闪石、蛇纹石、石墨、金刚石、透辉石、磷灰石共生，产于结晶石灰岩、白云母岩、蛇纹岩内。金云母具有珍珠光泽或半金属光泽、玻璃光泽或油脂光泽等，新疆和田的金云母具有玻璃光泽，内蒙古华山子的金云母为油脂光泽。白云母和金云母的化学组成见表6-16。

表6-16　白云母和金云母的化学组成

名称	化学成分的质量分数/%					备注
	SiO_2	Al_2O_3	K_2O	MgO	H_2O	
白云母	45.2	38.5	11.8		4.5	含少量Na、Ca、Mg、Ti、Cr、Mn、Fe和F
金云母	38.7~45	10.8~17	7~10.3	21.4~29.4	0.3~4.5	含少量Na、Ti、Mn、Fe和F

白云母具有较高的绝缘强度和较大的电阻，较低的电介质损耗和抗电弧、耐电晕等优良的介电性能，而且质地坚硬，机械强度高，耐高温和温度急剧变化，并具有耐酸碱等良好的物化性能；劈分性好，能沿解理面剥分成薄片，并有很好的弹性和挠曲性，具有便于冲、切、黏、卷等有利的加工性能，因而在工业上有广泛的用途。金云母的各主要性能稍次于白云母，但耐热性高，是一种良好的耐热绝缘材料。片状云母一般用于无线电工业的电子管投料片、冲制零件，航空工业及电容器生产部门用的零件规范片、电容器芯片，电机制造用的云母薄片，日用电器装置、电话、照明等使用的各种规格片。

碎云母是采出的细云母和加工剥片后的废渣以及零件加工后边角料的总称。目前，碎云母主要应用于以下几个方面：石油钻井云母浆、颜料、珠光颜料、结构涂料、云母增强塑料、电焊条、新型建材制品、隔热绝缘抗静压板、云母纸、陶瓷工业、日用品和化妆品、造纸工业、橡胶工业等。

从目前国内外情况来看，云母的应用(见图6-14)有以下两个显著特点。

① 天然大片云母的需求量大幅度下降。这是由于电机和电器制造部门所需的大量天然大片云母逐渐为人造云母和云母纸所取代。我国从20世纪70年代中期开始，电机工业对天然大片云母的需求每年以30%的速度减少。此外，随着微电子技术的发展，电子管和电容器用的片云母也大幅减少。

② 由主要用作电气材料转向非电应用材料。美国20世纪70年代末期用于建筑材料的云母粉占云母总消耗量的58%，用于油漆、橡胶的填充材料占15%，其他占25%，大片云母仅占云母总消耗量的2%。

综上可知，在工业上，云母被广泛应用于建材行业和消防行业，生产灭火剂、电焊条、塑料、电绝缘、纸张、沥青纸、橡胶、珠光颜料等。超细云母粉作塑料、涂料、油漆、橡胶等功能性填料，可提高其机械强度、增强韧性、附着力、抗老化及耐腐蚀等。除具有极高的电绝缘性、抗酸碱腐蚀、弹性、韧性和滑动性、耐热隔声、热膨胀系数小等性能外，还具有表面光滑、径厚比大、形态规则、附着力强等特点。

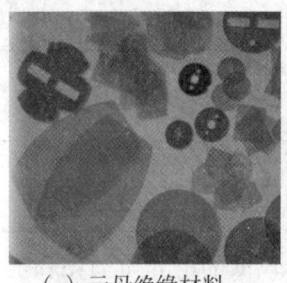  

(a) 云母绝缘材料　　(b) 用于塑料填料　　(c) 用于橡胶填料

(d) 用于造纸填料　　(e) 用于油漆涂料　　(f) 用于生产复合板

图 6-14　云母的主要工业应用举例

目前，国内对黑云母和绢云母的开发也在逐步展开。

绢云母是一种天然细粒白云母，属白云母的亚种，其韧性和弹性好，滑动能力大，抗拉、抗压强度高，可作为很好的弹性填料。但绢云母同其他无机非金属类矿物填料一样，具有亲水疏油、难以在有机相中润湿和分散、容易凝聚成团等缺点，不能与树脂形成良好的界面，导致黏接不良。因此，若作为橡胶的填充材料，必须经过表面改性处理，提高它与橡胶的相容性和结合力。

绢云母粉由天然绢云母矿石研磨制得，具有一定的补强性能，且回弹性高，可以解决肩垫胶在超限运输工作条件下温升过快而影响轮胎行驶性能和使用寿命的问题，是一种很好的添加填料，特别是改性后的绢云母可部分替代炭黑解决轮胎的压缩生热问题，提高轮胎的使用寿命。另外，还可以通过偶联剂包覆改性，使其在环氧树脂涂料中的分散性得到提高，改性后在涂料中能更好地和环氧树脂涂料相容，从而显著提高环氯树脂涂料的防腐性能。

黑云母作为选矿的附产物，也应考虑它的综合回收利用，充分利用矿产资源。

国内黑云母材料的利用还需要进一步开展，主要因其含铁，绝缘性能不好，使它的用途受到了很大限制，通常其细片只能用作廉价的建筑材料充填物，近年来，也被广泛应用在真石漆等装饰涂料中。黑云母是一种含钾矿物，由于三八面体的黑云母具有极易于水化、抗酸蚀能力差等特点，科研人员提出在缺钾土壤中直接施入黑云母或者以黑云母为原料制取钙镁钾肥，在使用上可将其磨成粉直接施用，或加工成混合肥料施用，为植物生长提供不可或缺的钾元素。生产成本低，应用前景广阔，为黑云母的应用开辟了一条新途径，扩大了黑云母的应用范围。在地质探测领域中，由于石榴石-黑云母矿物对是岩浆岩，尤其是变质岩中最为常见的矿物对，它们之间的Fe-Mg交换与变质程度密切相关，因此在对石榴石-黑云母之间的Fe-Mg交换与平衡温度关系的研究后，人们从经验和实验的角度标定了石榴石-黑云母温度计，并进行了多次修正。目前，在一种成熟、精确的地球化学热力学方法中，该温度计被广泛应用于变质作用的温度条件的研究。

河北行唐县原硅线石厂现转产金红石精矿，在选别过程中回收的黑云母粉（年产千吨以上）为矿物原料，再配以石灰石、石膏等辅助材料，加工制成含钾混合肥出售，使企业的经济效益得到进一步的提高，有着广阔的发展前景。

6.2.4.1 资源情况

世界上云母矿产资源分布比较广泛，片云母资源主要分布在印度、巴西、津巴布韦、坦桑尼亚、俄罗斯等国，以印度居首；碎云母资源以美国最多；加拿大、马达加斯加、俄罗斯盛产金云母，其中，加拿大的金云母著称于世。美国的云母矿产资源较丰富，主要产在北卡罗来纳西部的布卢岭和皮德蒙特省及南卡罗来纳州。北卡罗来纳州现仅生产碎云母。南卡罗来纳州的云母资源主要是产于片岩中的绢云母及伟晶岩中的云母，但规模较小。加拿大拥有世界上最大的金云母矿体，产于蒙特利尔以北魁北克的拉维奥列特县舒佐镇。储量约有3000万吨。俄罗斯的云母资源较丰富，既有白云母，又产金云母，其金云母矿床多为碳酸岩型，比较典型的是科拉半岛的科夫多尔矿床，其上部层位为蛭石，下部为金云母矿体。最近20多年来，云母矿产资源的勘查工作没有多少进展，几乎未发现新的工业云母矿床，部分老矿床经多年的采掘已近枯竭，然而总的来讲，世界云母资源仍是充足的。

我国云母矿床分布不均匀，全国20个省、直辖市、自治区都有分布，著名的云母矿产地是新疆阿尔泰、四川丹巴和内蒙古土贵乌拉。青海、山东、西藏等省区也有一定的资源或远景。全国已发现产地184处，其中，新疆88处，占全国储量的67%；四川27处，占全国储量的11.4%；内蒙古15处，占全国储量的8.6%；其余合计54处，占全国储量的13%，分布于河北、山西、辽宁、吉

林、黑龙江、山东、江苏、福建、广东、广西、海南、湖北、河南、云南、西藏、青海及陕西等地。我国云母矿床的重要类型有花岗伟晶岩型白云母矿床、镁碳酸盐矽卡岩型金云母矿床、伟晶岩接触交代镁硅白云母矿床。我国云母矿已开采利用矿区曾有30余个，主要产地有新疆阿尔泰白云母矿、四川丹巴白云母矿、内蒙古土贵乌拉白云母矿、陕西丹凤白云母矿、吉林集安金云母矿、河南镇平金云母矿及河北曲阳白云母矿等。

6.2.4.2 矿床特性

工业云母矿床可分为白云母矿床和金云母矿床两大类，每一大类又可各分为两个亚类，另外还有碎细云母矿床，矿床类型及地质特征各有不同。

(1) 白云母矿床

① 花岗伟晶岩型白云母矿床。矿床多产在角闪岩相变质岩地区，含云母伟晶岩脉普遍发育混合岩化和花岗岩化，围岩是各种富铝、硅的片麻岩、变粒岩或片岩。矿脉带常成群出现，构成伟晶岩带或伟晶岩田。按伟晶岩的组构和含矿性，可分为两种。一是结晶型白云母伟晶岩：岩脉内白云母呈巨晶，片较大，面积可达 $60\sim100\mathrm{cm}^2$，从中可获取大片的白云母，且云母片的剥分性能良好。二是交代分异型稀有金属素白云母伟晶岩：云母晶体一般较小，但透明度较好，杂质含量低，且其中伴生的含稀有元素矿物如绿柱石、铌钽铁矿、电气石、锂云母等可综合利用。世界上有工业价值的白云母矿床基本上产于以上两种伟晶岩中。

② 伟晶岩接触交代型镁硅白云母矿床。我国的镁硅白云母矿床位于江苏省，矿床赋存在深大断裂带并有榴辉岩产出的变质岩地区。含镁硅白云母伟晶岩脉在榴辉岩、角闪片岩和片麻岩中均有产出。但主要的工业矿体产于榴辉岩中。

(2) 金云母矿床

① 镁碳酸盐矽卡岩型金云母矿床。矿床多分布在太古代、元古代或古生代的结晶片岩、片麻岩及大理岩中。矿区内花岗岩发育，常伴生有交代作用产生的一系列杂岩体，如方柱石-透辉石岩、透辉石-金云母岩等。我国这一类型的矿床很多，如大同、通化、镇平和内蒙古的许多矿区均属于此类型。

② 超基性-碱性杂岩体型金云母矿床。矿床产于超基性-碱性杂岩体中。杂岩体面积由几十到千余平方千米，且具有环带构造。该类矿床规模较大，金云母可达几百万吨，含矿率较高，每立方米由几百千克至1吨，云母晶片面积可

达 5~6m²。矿床上部因水化作用形成的蛭石也可开采利用。这一类型的矿床是最新发现的一种金云母矿床，从金云母储量、规模和远景来看，都有很重要的工业价值。在俄罗斯，它已成为金云母的重要来源，但到目前为止在我国尚未发现该种类型的金云母矿床。

我国金云母矿床不多。从成矿时代看，矿床主要产于古老的变质岩系中，产出时代主要是太古宙和元古宙。从地理分布上看，主要分布于新疆、内蒙古、河南、吉林等地，现在基本不开采。

(3) 碎细云母矿床

我国已发现的碎云母矿床主要为区域变质混合岩化成因矿床，该类型的矿床规模大，矿石质量好，是我国当前主要的开采对象。其他如热液伟晶岩型碎云母矿床等规模普遍较小。我国区域变质混合岩化碎云母矿床有如下地质特征。

① 矿床赋存于白云母钾长片麻岩、白云母石英片岩和条纹、条带状混合岩等变质岩系中，变质岩原岩为一套富钾高铝低硅贫钙镁的黏土质砂质岩石。矿床具有明显的层控特征。

② 矿体多位于地层向斜的核部构造薄弱带，沿变质岩片麻理方向分布、次级小褶曲及混合岩脉发育，构造薄弱带内热流值高且易集中，有利于热液活动和成矿作用，也是导矿和容矿空间。

③ 多期成矿作用明显。在变质作用形成白云母钾长片麻岩、白云母石英片岩的过程中，白云母普遍形成，有的局部集中。后期持续的混合岩化作用过程中经过矿物间的水解作用、重结晶作用、注入交代或渗透交代作用等多重成矿作用，使白云母大量生成并富集。

从已有的地质勘查工作成果来看，我国碎云母矿产资源主要分布在河北，新疆、河南、山西、内蒙古等地也有分布。此外，安徽大别山南麓有矿化报道。

在地质勘探工作中，按工业原料云母含矿率圈定矿体并计算储量。工业原料云母是指具有任意外形、晶体两面平整、有效面积不小于4cm²的云母块。工业原料含矿率用单位矿石体积中含有工业原料云母的质量来表示，单位为kg/m³。片状云母矿床的矿石品位按工业原料云母含矿率计，要求：边界品位1g/m³；工业品位4kg/m³。目前对碎细云母矿床的矿石品位尚无统一规定。

6.2.4.3 矿石结构构造特性

云母的伴生矿是石英以及少量的长石。也就是说，有石英的地方就有云母，反之亦然。

白云母是广泛产出的造岩矿物，但有工业价值的只有花岗伟晶岩中的白云母矿床。片状金云母主要产于碳酸岩杂岩，次为矽卡岩中的变质矿床。

6.2.4.4 矿物晶体化学特性

云母族矿物的成分通式为 $X\{Y_{2\sim 3}[Z_4O_{10}](OH)_2\}$。此通式中，Z组阳离子主要是位于硅氧四面体层的 Si 和 Al，配位数为4，一般来说，$n(Al):n(Si)=1:3$，有时被 Fe、Cr 代替；Y 组阳离子主要是 Al、Fe 和 Mg，其次有 Li、V、Cr、Zn、Ti、Mn 等，为六次配位，位于配位八面体层中；X 组阳离子主要是大阳离子 K^+，有时有 Na^+、Ca^{2+}、Ba^{2+}、Rb^+、Cs^+ 等，配位数为12，位于云母结构层之间；附加阴离子 $(OH)^-$ 可被 F^-、Cl^- 替代。

云母族矿物的晶体结构特征为 $[(Si,Al)O_4]$，四面体共3个角顶相连形成六方网层，四面体活性氧朝向一边；附加阴离子 OH^- 位于六方网格中央，与活性氧位于同一平面上；两层六方网层的活性氧相对指向，并沿 [100] 方向位移 $a/3$ (约0.17nm)，使两层的活性氧和 OH^- 呈最紧密堆积，其间所形成的八面体空隙为 Y 组阳离子充填，从而构成两层六方网层夹一层八面体层的3层结构层，称为云母结构层。白云母晶体结构见图6-15。

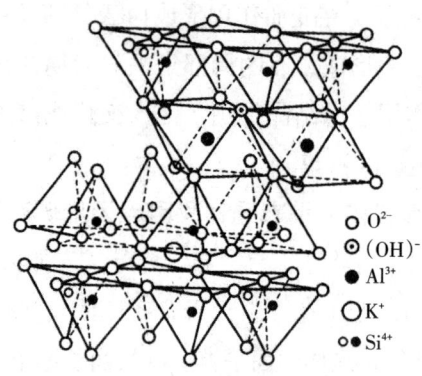

图6-15 白云母晶体结构

云母与滑石或叶蜡石结构层相似，所不同的是白云母六方网层中的 Si 有 1/4 为 Al 所代替，使结构层内有剩余电荷，因而要求较大的阳离子(如 K^+)存在于结构层之间，以维持电荷平衡。晶体结构中，$a_0=0.53$nm，$b_0=0.92$nm；b_0 值随八面体层中阳离子种类及数量而变。$[(Si,Al)O_4]$ 四面体六方网层的相对位移，不仅提供了 Y 组阳离子的位置，同时破坏了六方对称，使云母结构层的对称降低。云母结构层的重复距离约为1nm,故云母族矿物的c_0为1nm或其倍数。

按云母结构层内八面体层阳离子的种类和填充数量,云母族矿物可分为二八面体型和三八面体型两类。二八面体型:八面体空隙为三价阳离子填充,占据2/3空隙,称为二八面体型云母(如白云母、钒云母、钠云母)。三八面体型:八面体空隙中为二价阳离子,全部空隙均被填满,称为三八面体型云母(黑云母、金云母)。两种类型云母的区分用X射线分析的$d_{(060)}$值来区分。$d_{(060)}$值处于0.1480~0.1510nm,是二八面体型云母;$d_{(060)}$值处于0.1530~0.1557nm,是三八面体型云母。

云母结构中的[(Si,Al)O$_4$]四面体网层接近于六方对称,因而云母晶体常呈假六方板片状或柱状,有时呈六方三连晶。多呈叠板状或书册状晶形,发育完整的为具有六个晶体面的菱形或六边形,有时形成假六方柱状晶体。

云母族矿物具有层状结构,且结构层之间仅有X组阳离子的较弱联系,即结构层内离子间的联系力明显大于结构层间的联系力,因而使云母具有{001}极完全解理,薄片具有弹性,莫氏硬度为2~3,比同样{001}解理的滑石、叶蜡石的硬度高。云母的力学、电学性质等都表现出明显的异向性。各种云母矿物在物理性质上的差异也与其化学组成,主要与Y组阳离子的种类、含量以及晶体内的包体等自然缺陷有关。

6.2.4.5 分选理论与试验研究

在云母矿石中,常伴有杂质和各种共伴生矿物,只有通过分选加工才能达到工业部门对云母质量的要求。云母分选是提高云母品位和质量、实现高档次应用从而提升利用价值的重要前提。云母的分选方法和具体工艺,一般根据矿石的矿物物质组成、赋存状态和嵌布特征来拟定。弄清云母与矿石中其他矿物的物理化学性质差别,再找到一种简便、经济、实用的分选方法除砂提纯。工业上主要是利用云母片状晶形的特殊性能,如电气性能等,因此,要求选矿过程中应尽可能保护云母的自然晶体不受破坏,包括晶体表面不被刻划损坏。云母的选矿提纯方法依云母的性质和种类而异。对于有效面积大于4cm^{2}的片状云母,一般采用手选、摩擦选矿、形状选矿等;碎云母则采用风选和浮选。

(1) 片状云母

① 手选。在采矿工作面或坑口矿石堆上,拣选已单体分离的云母;云母与脉石的连生体用手锤破碎,再拣选出其中的云母。

②摩擦选矿。根据成片状云母晶体的滑动摩擦系数与浑圆状脉石的滚动摩擦系数的差别，而使云母晶体和脉石分离。所用设备之一为斜板分选机。该机由一组金属斜板组成，每块斜板长1350mm，宽1000mm，上面斜板的倾角小于下面斜板的倾角，每块斜板的下端都有收集云母晶体的缝隙，缝隙的宽度按斜板排列顺序依次递减。缝隙前缘装有三角堰板，在选矿过程中，大块脉石滚落到脉石堆，云母和小块脉石经堰板阻挡，经过缝隙落入到下一个斜板。依次在斜板上重复上述过程，使云母和脉石分离。由于该工艺和设备不完善，尚未能推广应用。

③形状选矿。根据云母晶体与脉石的形状不同，利用筛分中物料通过筛子的筛缝、筛孔的能力不同达到筛分的目的。采用两层以上不同筛面结构的筛子，一般第一层筛筛网为条形，第二层筛筛网为方形。当物料进入筛面后，在振动和滚动作用下，片状云母和小块脉石可从条形筛筛缝落到第二层筛筛面上，因第二层筛是格筛，故能筛去脉石而留下片状云母。由于形状选矿法流程简单、设备少、生产效率高，故被广泛应用到云母矿选矿中。

(2)碎云母

对于碎云母的选矿处理，多采用风选和浮选工艺。

①风选。云母风选多通过专用设备来实现。其工艺过程一般为：破碎→筛分分级→风选。矿石经过破碎之后，云母基本上形成了薄片状，而脉石矿物长石、石英类呈块状颗粒。据此，采用多级别的分级把入选物料预选分成较窄的粒级，按其在气流中悬浮速度的差异，采取专用风选设备进行分选。风选设备主要有振动空气分选机、室式风选机、之形空气分选机等。

②浮选。矿石经破碎、磨矿，使云母与脉石单体解离，在浮选药剂作用下，使云母成为泡沫产品而与脉石分离。目前有两种浮选工艺：一是在酸性介质中，用胺类捕收剂浮选云母，pH值控制在3.5以下，浮选前需要脱泥，矿浆固含量为30%~45%；二是在碱性介质中，用阴离子捕收剂进行浮选，pH值在8~10.5，入选前也需要脱泥。云母浮选工艺中需要经过多次精选。

国内在浮选云母工艺上除了利用传统的方法外，还进行了利用充填式静态浮选柱回收云母的试验研究，从而使流失在尾矿中的大量云母再次得到回收利用，不但能缓解云母在市场上的紧缺状况，而且达到了合理利用资源、保护环境的目的，可为工业生产借鉴。充填式浮选柱浮选回收尾矿中的碎云母，可以以一段浮选代替多段浮选机的浮选操作，得到满足工业生产需要的浮选指标。

与常规浮选机相比，有较强的分离作用，更有利于提高目的产物的品位和回收率。在操作中，调整好充气速率、顶部淋洗水量、矿浆液面高度及给矿量，是获得理想操作指标的关键因素。利用充填式静态浮选柱回收云母的实验室试验虽取得了成功，但其应用于工业生产，尚需进一步做半工业试验和工业试验。

国外碎云母的选矿多采用浮选法进行。美国已研究出两种浮选法，浮选法有酸性阳离子和碱性阴离子-阳离子浮选法：一种是在酸性介质中，用阳离子捕收剂浮选云母，用硫酸作酸性调节剂、长碳链醋酸铵阳离子试剂作捕收剂，最佳效果的pH值为4；另一种是在碱性介质中，用阴离子捕收剂回收细粒云母的碱性阴离子-阳离子浮选法，用碳酸钠与木质磺酸钙作调节剂，浮选时阴离子和阳离子捕收剂联合使用。选矿可以使云母提纯率增加，高纯度的碎云母会为云母粉的细加工带来便利。

浮选法分离云母和石英，与其他矿物的浮选分离一样，也是以两矿晶体结构与物质组成的差别为依据，并借助药剂条件的调节来实现的。

6.2.4.6 分选实践

本节以我国四川丹巴云母选矿厂、河北灵寿云母矿选矿厂以及美国风化云母伟晶岩选矿厂为例介绍云母矿的分选实践。

(1) 四川丹巴云母选矿厂

四川丹巴云母选矿厂位于四川省丹巴县云母矿坑口，矿石为伟晶岩型，主要生产片状云母。丹巴云母矿成矿较好，片状粗大，脉石矿物容易分离，采用振动分选结合人工手选便可得到合格的云母精矿。图6-16所示为四川丹巴云母矿选矿厂工艺流程。

原矿品位为9.1kg/m³，其中，片云母占44%，粒度为100~200mm的云母片占32.3%左右，0~20mm的占34.6%。原矿中拣出大片云母后，给入固定棒条筛(筛孔为100mm)，大于筛孔粒级进入

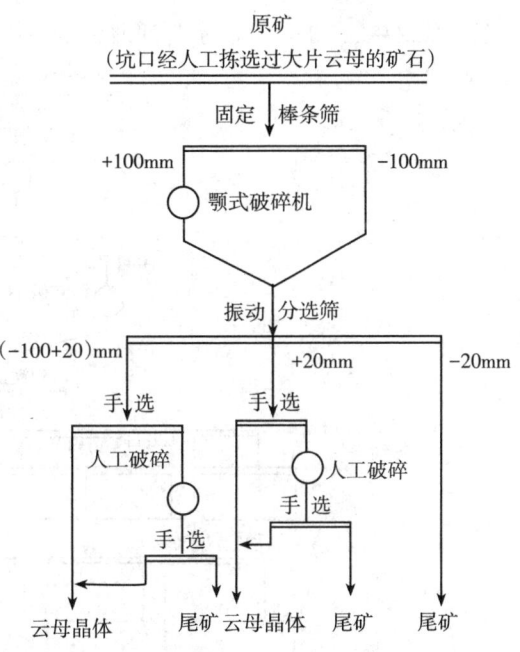

图6-16 四川丹巴云母矿选矿流程

颚式破碎机，然后随同筛下产物一起给入振筛机。振筛机共两层筛网，上层筛网为棒条形，筛缝宽20mm；下层筛为方孔筛网，筛孔为20mm×20mm。筛分后共得到3种产品：大于20mm的粒级，从中拣出云母晶体和连生体，连生体经人工破碎并拣出大于4cm²的云母晶体；小于第一层筛缝、大于第二层筛孔的粒级，从中拣出云母晶体和连生体，连生体人工破碎拣出大于4cm²的云母晶体；小于第二层筛孔的粒级，作为尾矿集中堆放。这种方法处理能力可达10t/h，精矿品位达99%以上。选矿回收率（机械筛选）可达95%。主要设备是：固定棒条筛、250mm×500mm的颚式破碎机、振动分选机等。

(2) 河北灵寿云母矿选矿厂

该厂入选原矿碎片白云母占56%~68%，钾长石及石英占10%左右，磁铁矿和褐铁矿微量。首先对原矿进行破碎，达到单体分离。然后进行分级，分成数个较窄粒级进入风选作业。风选作业的主要设备是φ800振动式空气分选机和旋振筛。风选前矿石破碎，采用锤式破碎机解离。入选最佳粒度为0.25~3.0mm。采用预先分级、控制分级，可提高风选设备的有效处理能力，减少风选作业段数，保证精矿质量。该厂生产能力为0.8~1.0t/h，精矿平均品位为99.06%，回收率为82.27%。图6-17所示为河北灵寿云母矿选矿厂工艺流程。

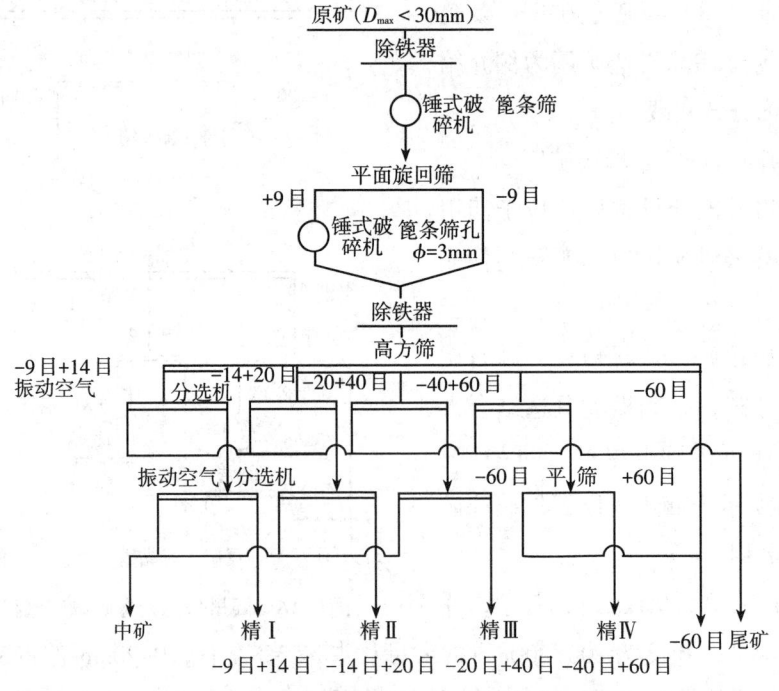

图6-17 河北灵寿云母选矿厂工艺流程

(3) 美国风化云母伟晶岩选矿厂

美国阿拉巴马、哲吉尔和北卡罗来纳州的风化云母伟晶岩，含白云母14%~16%。伴生的主要脉石矿物有石英、高岭土、长石，此外还有少量黑云母、褐铁矿、电气石、十字石、石榴子石、绿帘石和蓝晶石。

选矿流程包括重选和浮选两部分。重选采用汉弗莱螺旋选矿机，目的是除去粗粒尾矿，重选所得粗精矿进入浮选。浮选法主要针对小于1.17mm的云母，根据捕收剂的不同，主要分为在酸性介质中用阳离子捕收剂浮选和在碱性介质中用阴、阳离子捕收剂浮选两种。

酸性介质中，阳离子捕收剂浮选法的原则流程是：原矿在棒磨机内磨矿时加入氢氧化钠，以促使黏性矿泥的分散和弃除。棒磨机装有筛孔为0.90mm的圆筒筛，筛上产物由高质量的云母组成，筛下产物在水力分级机或浮槽耙式分级机内脱泥，以除去细泥，脱泥后的矿浆送进调浆槽，槽内添加pH值调整剂和石英抑制剂。矿浆自流进入粗选槽，在第一个浮选槽内加入胺类捕收剂，经一次粗选、二次精选获得云母精矿。

碱性介质中，阴、阳离子捕收剂浮选法回收云母的流程与酸性介质中阳离子捕收剂浮选流程相同。原矿在棒磨机内磨矿时加入氢氧化钠，以促使黏性矿泥的分散和去除。+0.90mm的圆筒筛筛上物料几乎是纯云母，可作为单独的云母精矿取出。圆筒筛-0.90mm的产物送入汉弗莱螺旋分选机进行富集和去除大部分石英、褐铁矿和重矿物。螺旋分选机大约可去除占质量55%的尾矿，而只损失3%的云母。汉弗莱分选机富集的粗精矿再由分级机脱除部分矿泥。再经过磨矿、预选、脱泥后，-0.074mm约含20%的矿浆进入调浆槽，添加pH值调整剂、木质素、磺酸盐和碳酸钠等抑制剂，以脂肪酸和脂肪酸醋酸盐作云母的捕收剂浮选。浮选流程如图6-18所示。

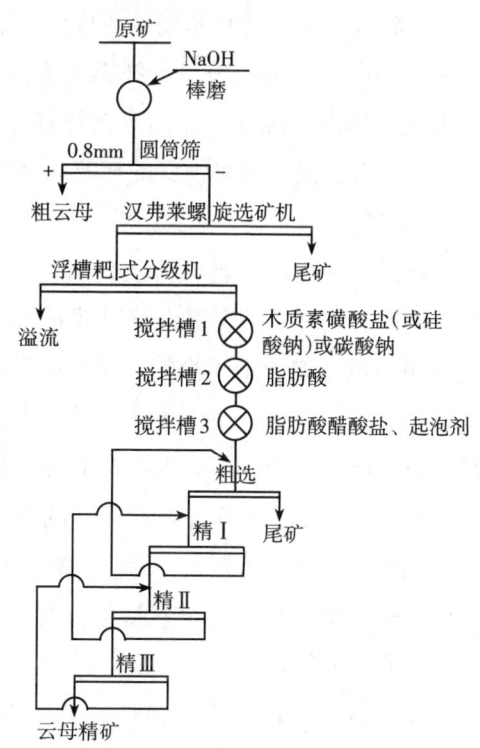

图6-18 美国风化云母伟晶岩分选工艺原流程

浮选前采用3个调浆槽。第一个调浆槽加入木质素磺酸盐(或硅酸钠)分散矿泥,再加入碳酸钠调整矿浆的pH值为10左右;第二个调和槽加入脂肪胺醋酸盐阳离子捕收剂,使之与白云母的侧面发生作用并吸附其上;第三个调浆槽内加入脂肪胺醋酸盐阳离子捕收剂,使之与白云母的层面发生吸附作用,再加入起泡剂。经过一次粗选、三次精选后得到云母精矿。云母精矿品位为98%,回收率为85%。

6.2.5 绿泥石分选

绿泥石(chlorites)是一种具有滑石或叶蜡石单元结构层与氢氧镁石层的硅酸盐矿物,其典型的化学式为$(Mg,Fe)_3(Si,Al)_4O_{10}(OH)_2 \cdot (Mg,Fe)_3(OH)_6$,该式强调矿物群的结构,可见绿泥石是一种结构复杂、化学成分多变的层状硅酸盐矿物。绿泥石也是一种常见的造岩矿物,分布甚广。因对记录地质构造变迁有着特殊意义,地质学家十分重视绿泥石的研究,并发表了大量的研究成果,但作为一种工业矿物资源的研究成果并不多。

绿泥石多型发育,多型的种类与其成分的变化和形成条件有关。晶体呈假六方片状或板状,薄片具挠性,集合体呈鳞片状、土状。颜色随含铁量的多少呈深浅不同的绿色。玻璃光泽至无光泽,莫氏硬度为2~3。绿泥石主要是中、低温热液作用、浅变质作用和沉积作用的产物。在火成岩中,绿泥石多是辉石、角闪石、黑云母等蚀变的产物。富铁绿泥石主要产于沉积铁矿中。由海相沉积而成的鲕绿泥石,达到工业利用指标的,可作铁矿石开采。

绿泥石的物理性能与滑石十分相近,日本和俄罗斯也将此类矿床归为滑石矿,因此,在许多情况下,该绿泥石可以作为滑石的代用品,与滑石具有相同的应用领域,如造纸、涂料、塑料橡胶填料、化妆品等。这些领域的应用时,只有当其铁含量较低、白度较高时,才具有应用价值。而在某些领域,绿泥石具有更广泛的应用。从矿物结构上看,绿泥石结构是滑石层(或叶蜡石层)叠加一个八面体,由于八面体表面羟基的存在,绿泥石的表面化学活性高于滑石的硅氧四面体,在作为塑料、涂料填料时比滑石具有更好的分散性,生产塑料母粒吃料快,混合均匀,也容易进行有机改型处理。除此之外,绿泥石结构中,八面体和四面体常出现低价离子代替高价离子的情况,导致绿泥石出现表面带负电性,并派生出离子交换性,甚至膨胀性,这些性质使绿泥石可作为乳化剂、脱硫剂。

6.2.5.1 资源情况

国外绿泥石主要产出国有美国、法国、新西兰、加拿大、日本、俄罗斯。我国富镁绿泥石矿资源主要分布于辽东半岛、胶东半岛、广西滑石矿产区，此外湖南也有分布。在地质成矿环境和时空分布上常与滑石矿有紧密关系。绿泥石矿体与滑石矿体伴生，两者之间常有过渡变化，其矿物组合比较简单，绿泥石主要为鳞片状绿泥石、叶绿泥石、蠕绿泥石。伴生矿物滑石、菱镁矿、白云石和石英等。我国富铝绿泥石类型仅见于福建峨嵋。其他地区的富铝绿泥石矿床尚未发现。目前，我国尚未对绿泥石矿床进行过勘探，其资源储量尚不清楚，但实际上，我国富镁绿泥石型矿产已在上述三大滑石-绿泥石产区大规模开采，绿泥石目前的主要用途是代替滑石使用，同时也有部分出口。

6.2.5.2 矿床特性

根据成矿机理及矿物组合，绿泥石矿床可分为以下两种类型(见表6-17)。

表6-17 绿泥石矿床类型及特征

矿床类型	成矿原岩	岩浆	成矿作用	矿体	矿物	矿石	化学成分	伴生矿产	典型矿床
富镁绿泥石(热液交代型)	镁质碳酸盐	岩浆岩中酸性	区域变质作用和热液交代，成矿温度320~350℃，压力250MPa	层状、有明显的分带，层控成群出现	三八面体绿泥石	滑石+绿泥石绿泥石含量50%~100%	低硅，高镁，高铝	滑石	我国辽宁连山关、鞍山吉洞、湖南兰荣，以及法国Trimouns、美国Cyprus、日本Niida
富铝绿泥石(火山汽液蚀变型)	中酸性火山凝灰岩或火山碎屑岩	火山热液中酸性	火山热液蚀变与交代	不规则层状、透镜状，有分带	二八面体绿泥石	叶蜡石+绿泥石+石英绿泥石含量10%~50%	高硅，高铝，低镁	叶蜡石、高岭土、明矾石	我国福建峨嵋及日本Hanaoka

(1)富镁绿泥石矿床(热液交代型绿泥石矿床)

该类矿床分布相对较广，赋存于镁质碳酸盐变质岩，经后期岩浆热液交代形成，热液与中酸性岩浆关系密切，成矿温度为320~350℃，压力为250MPa。

矿床空间上有明显的分带，具有层控矿床特征，矿体可成群出现，矿体长可达几百米,厚可达数米到几十米,主要与滑石矿伴生,在滑石主矿体边部常常出现滑石-绿泥石。绿泥石主要为三八面体,以富镁为特征,矿床品位依交代作用而定,有时可以形成单独绿泥石矿体,品位达到90%以上。矿石呈鳞片状绿泥石岩,绿泥石主要为淡斜绿泥石,其次有叶绿泥石和鲕绿泥石。美国塞浦路斯、法国Trimouns和我国辽宁连山关滑石-绿泥石为典型代表。

(2)富铝绿泥石型矿床(中酸性火山岩蚀变绿泥石矿床)

该矿床属于火山凝灰岩或火山碎屑,经火山液热蚀变作用形成绿泥石矿床。绿泥石主要为二八面体绿泥石,以富铝为特征,常有叶蜡石、高岭石、明矾石矿物伴生。通常不形成单独的绿泥石矿体,矿床品位为10%~50%。我国福建峨嵋叶蜡石-绿泥石矿床为典型代表,在日本火山发育地区的Hanaoka、Niids、Kumikita绿泥石矿均属该类矿床。相比而言,铝绿泥石矿床研究较少,机理不十分清楚,有待进一步研究。

6.2.5.3 矿物晶体化学特性

绿泥石的化学组成可表示为 $Y_3[Z_4O_{10}](OH)_2 \cdot Y_3(OH)_6$,晶体属单斜、三斜或正交(斜方)晶系的一族层状结构硅酸盐矿物的总称。绿泥石最稳定、最常见的多型属单斜晶系,空间群 $C_{2h}^3 - C2/m$, $a_0 = 0.520$nm, $b_0 = 0.921$nm, $c_0 = 1.430$nm, $\beta = 97°$;$Z = 4$。绿泥石晶体结构如图6-19所示。绿泥石的化学成分非常复杂,结构中存在大量的类质同象,所以种属繁多。化学式中,Y主要代表Mg、Fe、Al,在某些矿物种(如镍绿泥石、锰绿泥石、锂硼绿泥石等)中还可以是Cr、Ni、Mn、V、Cu或Li;Z主要是Si和Al,偶尔可以是Fe或B。但通常所称的绿泥石,往往仅指其中主要为Mg和Fe的矿物种,即斜绿泥石、鲕绿泥石等。关于绿泥石的分类,许多学者提出了不同的方案,但争议甚多,1991年Martin和Bailey建议根据结构中TOT层中O层及层间域中的$Y_3(OH)_6$层为三八面体型或二八面体型来进行分类:两者都为三八面体型,称为三八面体绿泥石;两者都为二八面体型,称为二八面体绿泥石;两者中一为二八面体型,一为三八面体型,称为二八-三八面体绿泥石。自然界中大多数绿泥石都属于三八面体绿泥石。绿泥石的晶体结构由带负电荷的2:1型结构单元层 $Y_3[Z_4O_{10}](OH)_2$ 与带正电荷的八面体片 $Y_3(OH)_6$ 交替组成。

绿泥石多型发育,多型的种类与其成分的变化和形成条件有关。晶体呈假六方片状或板状,薄片具挠性,集合体呈鳞片状、土状。颜色随含铁量的多少呈深浅不同的绿色。玻璃光泽至无光泽，解理面上为珍珠光泽，莫氏硬度为2~3。绿泥石主要是中、低温热液作用，以及浅变质作用和沉积作用的产物。在火成岩中，绿泥石多是辉石、角闪石、黑云母等蚀变的产物。富铁绿泥石主要产于沉积铁矿中。由海相沉积而成的鲕绿泥石，达到工业利用指标的，可作铁矿石开采。

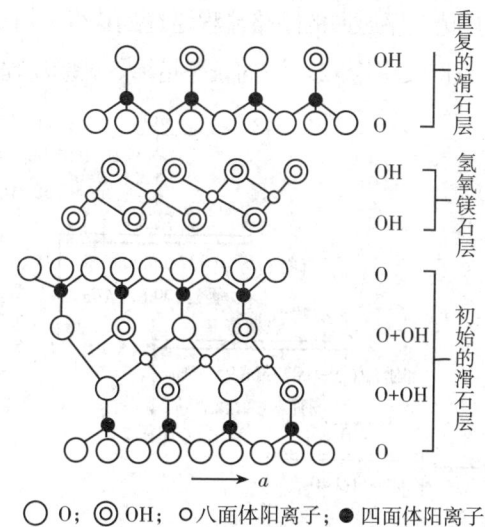

○ O；◎ OH；○ 八面体阳离子；● 四面体阳离子

图6-19 绿泥石的晶体结构

6.2.5.4 分选理论与试验研究

在矿物加工领域，绿泥石是多种矿石的脉石矿物，如硫化铜镍矿石。硫化铜镍矿石一般采用浮选方法进行分选富集，在浮选过程中，绿泥石容易上浮进入精矿，增加精矿中的MgO含量，造成后续冶炼过程炉温升高，炉渣黏度增大，从而增加冶炼成本，降低冶炼回收率。若采用浮选工艺处理目的矿物，作为脉石矿物的绿泥石通常还极易在磨矿过程中产生大量矿泥，从而严重干扰目的矿物的浮选。因此，研究绿泥石的分选行为，是实现目的矿物与绿泥石分离的关键。

(1) 磁性矿物与绿泥石分选

武汉理工大学葛英勇教授团队针对湖北郧西一带丰富的含绿泥石铁矿资源的选矿提纯进行了研究。该铁矿呈灰白色，铁矿中的磁铁矿颗粒极细，与绿泥石呈鲕粒结构的形式存在，为难选铁矿石。这种绿泥石型铁矿，绿泥石矿物的影响是不可忽视的。

矿石中的主要金属矿物为磁铁矿，非金属矿物主要为淡斜绿泥石、α-石英、高温钠长石和绢云母。矿石组分相对较简单，脉石矿物主要为淡斜绿泥石。综合分析可以看出，该矿石为绿泥石型磁铁矿矿石。试验先采用磁选进行脱泥提纯。经条件试验确定磁选流程为3段磨矿、3段磁选。由此流程开路分选可获得铁精矿TFe品位为57.91%、回收率为44.90%的良好指标。磁选精矿经一次粗选、一次精选、一次扫选顺序返回的闭路流程浮选，获得了精矿产率为8.46%、铁精矿品位为63.72%、铁回收率为42.48%的较好指标。试验流程如图6-20所示。

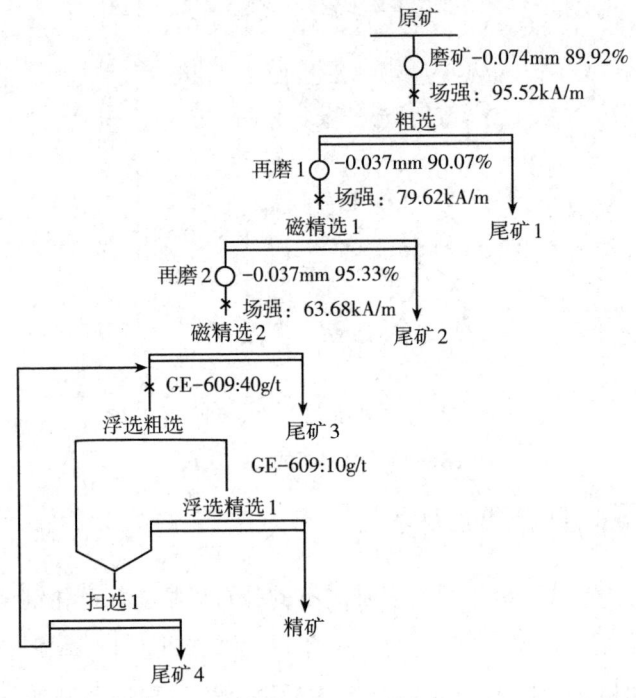

图6-20　闭路试验流程

(2)抑制剂对绿泥石浮选的抑制作用

冯博等考察了两种抑制剂(水玻璃和淀粉)对细粒级绿泥石浮选的影响，结果表明，淀粉对细粒绿泥石具有较好的抑制作用，在淀粉用量达到150mg/L时，绿泥石浮选回收率降到最低，约为3%，再增加淀粉用量，绿泥石回收率变化不大。水玻璃对细粒绿泥石具有一定的抑制效果，随水玻璃用量增加，绿泥石浮选回收率降低，但绿泥石浮选回收率降低到一定值后变化较小。

机理研究结果显示，淀粉和水玻璃均能吸附在绿泥石表面，降低绿泥石的表面疏水性，然而淀粉能够完全抑制绿泥石的浮选，水玻璃不能完全抑制绿泥石的浮选。有研究者考察了两种抑制剂对绿泥石聚集分散行为的影响，结果表明，淀粉对细粒绿泥石产生了絮凝作用，随淀粉用量增加，绿泥石矿浆浊度降低；而随水玻璃用量增加，矿浆浊度升高，说明水玻璃对绿泥石产生了分散作用。粒度是影响绿泥石浮选回收率的重要因素，由于泡沫夹带行为的存在，细粒级绿泥石的浮选回收率要高于粗粒级绿泥石。因此，要实现细粒级绿泥石的完全抑制，不仅要降低绿泥石的表面疏水性，还要增加绿泥石的表观粒度，降低泡沫夹带作用。

水玻璃和淀粉均能降低绿泥石的表面疏水性，但淀粉是一种高分子抑制剂，能够对细粒级绿泥石产生絮凝作用，在降低绿泥石表面疏水性的同时降低了绿泥石的泡沫夹带，从而实现绿泥石的抑制；水玻璃是一种分散剂，能够降低绿泥石的表面疏水性，但它同时分散了细粒级绿泥石，无法消除泡沫夹带对绿泥石浮选的影响，因此，不能完全抑制绿泥石的上浮。

6.2.6　蛭石分选

蛭石(vermiculite)是一种层状结构的含镁的水铝硅酸盐次生变质矿物，外形似云母，通常由黑(金)云母经热液蚀变作用或风化而成，因其受热失水膨胀时呈挠曲状，形态酷似水蛭，故称蛭石。蛭石是一组水合三八面体铁铝镁片状或云母质硅酸盐矿物，由绿泥石、水云母和黏土矿物之类的晶格层状矿物组成，在自然状态下具有云母的尺寸和形状，具有沸石和某些黏土的离子交换性能。蛭石的莫氏硬度为1.0~1.5，密度为2.2~2.8g/cm^3。蛭石的比表面积高，表面荷负电，其特殊的表面性质下可用于表面吸附。

蛭石对油、水及其他液体有较好的吸着能力，可用于肥料、农药的吸附，因为其孔隙度较高，孔穴较为发达，所以在其中以物理方式包容肥料粉或农药粉有较好的载体效果。蛭石有使空气水达到平衡的良好能力。蛭石化学稳定性强，不溶于水。蛭石一般含水7%左右，以晶格层间水的形式存在。这一性质非常重要，因为这种层间水在加热时要以蒸汽形式逸出，促使蛭石结构疏松急剧膨胀，使体积急速增大5~20倍，成为膨胀蛭石泡化或发泡蛭石，赋予其优异的隔热作用，且变得更轻。其容重下降至64~176kg/m^3，通常为90~110kg/m^3，导热率变得较低。这些性质使膨胀蛭石获得了广泛的应用，而未膨胀的蛭石精矿无此功能，所以一般而言，蛭石的应用主要是指膨胀蛭石。膨胀蛭石广泛用于建筑、冶金、化工、轻工、环保、农业及园艺等领域。其在工业方面的应用主要集中在如图6-21所示的几个方面。

(a) 蛭石瓦　　(b) 纳米有机蛭石-天然橡胶复合材料　　(c) 蛭石育苗

(d) 蛭石用于污水处理　　(e) 蛭石用于动物饲料　　(f) 蛭石用于装饰用纸

图6-21　蛭石的主要工业应用举例

6.2.6.1　资源情况

蛭石在我国新疆、俄罗斯科拉半岛，以及津巴布韦、澳大利亚、南非和美国均有出产。世界拥有蛭石储量约6亿吨，其中，中国和俄罗斯储量约占三分之二，其他主要分布在美国和南非。美国蛭石主要分布在蒙大拿州LIBBY，储量约8000万吨，占美国蛭石总储量的三分之二；南非总储量约7300万吨，主要产地是帕拉博拉地区，其储量占南非蛭石总储量的90%以上；俄罗斯共有20多个蛭石矿床，其中特大型的为科夫多尔和波塔宁斯克矿床，总储量约2亿吨。

据报道，南非的蛭石生产主要由帕拉博拉矿业公司的PMC独家支配，它是世界上最大和出口最多的蛭石公司。由于开采的矿石中有粗粒、中粒、微粉、细粒和超细粒等不同品级，所以采取不同的加工方法，以便获得准确的产品级别。由于市场变化大，目前中粒和超细级别占总销售量的60%，为此，一些粗粒级要磨至中粒级，细粒级的要磨成超细粒级。所以产品均以未膨胀的精矿形式销售，75%以散装形式通过理查兹湾出口。

俄罗斯的蛭石储量居世界第一位，约占世界蛭石储量的一半，共有50多个矿床和矿点，卡累利阿-科拉矿区的科夫多尔蛭石矿是俄罗斯最大的矿床，在世界上的地位也很重要，其储量占俄罗斯B+C级储量的89.3%，是俄罗斯唯一生产蛭石精矿的地方。另外，近年用波塔宁斯克蛭石精矿在联合焙烧机组中加热生产了膨胀蛭石。俄罗斯也使用立窑生产膨胀蛭石。膨胀蛭石分粗粒级(5~10mm)、中粒级(0.6~5mm)和细粒级(0.6mm)三种。

我国蛭石分布较广，但多分布在我国北方地区，主要有新疆、河北、内蒙古、辽宁、山西、陕西等省区；在四川、河南、湖北、甘肃等省也有分布，主要产于变质岩区。在11个省、自治区发现矿产地30余处，估计资源量3500万吨，远景储量1亿余吨。规模最大、最具代表性的是新疆尉犁县且干布拉克蛭石矿，其储量占全国总储量的90%以上，居世界第二位（仅次于南非），远景储量为1亿吨，其中2号矿体已探明储量1400万吨，是世界罕见的超大矿床，灼烧实验结果表明，新疆蛭石具有膨胀倍数高、杂质少等优点。其次为灵寿县金黄色蛭石主产地，其中灵寿县百信蛭石加工厂、东海县石开境内有丰富的蛭石矿产，尤其在新疆生产建设兵团农二师三十三团蛭石矿，这里的蛭石不仅蕴藏丰富，而且质量很好。其余依次为山西571.8万吨、陕西521.5万吨、江苏187.6万吨、内蒙古120万吨、河北59.8万吨、河南45.4万吨。

6.2.6.2 矿床特性

我国的蛭石矿床主要有6种类型：碱性-超基性岩型（包括碱性岩型、超基性岩型和基性-超基性岩型三个亚类）、矽卡岩型、伟晶岩型、热液型、片麻岩型和脉型。

(1)碱性-超基性岩型蛭石矿床

该类型矿床的形成与岩浆热液活动有关，有人认为属风化壳型矿床。又可分为碱性岩型、超基性岩型、基性-超基性岩型矿床3个亚类。① 碱性岩型蛭石矿床呈巢状、脉状，呈散状出现。沿矿体内的断裂破碎带、节理或顺层裂隙发育，蛭石矿化主要在霓霞岩、钛铁霞辉岩、霞霓钛辉岩中。矿体规模较小，一般长2~3m，宽10~30cm，延伸仅几米，矿体成群出现，蛭石含量高，可达30%~80%，蛭石膨胀率8~10倍。例如四川南江坪河盘家坡蛭石矿、四川旺苍县朱家坡蛭石矿等均属于该类矿床。② 超基性岩型蛭石矿床产于超基性岩或偏基性超基性岩内，蛭石在岩体中局部富集，或呈脉状、巢状产出。矿体规模大小不等。有的形成大型风化壳式矿床。蛭石的片径大小不一，常以小片居多。如甘肃红石山、山西黎城、云南白沙滩蛭石矿等。③ 基性-超基性岩型蛭石矿床产于角闪辉石岩、黑云母辉石岩、黑云母透辉岩及辉长岩体内。矿体规模一般较大，长数千米，宽数十米。我国新疆且干布拉克矿床最具代表性。

(2)矽卡岩型蛭石矿床

产于岩浆岩侵入体和围岩的接触带，或者产于太古宇地层中的镁质矽卡岩

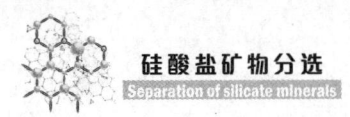

里。原岩为含金云母或黑云母的矽卡岩，云母经热液蚀变形成蛭石，矿体的形态较为复杂，延深比较大。蛭石片径2~10cm，蛭石水化完全，质量好。线膨胀率一般为20~22倍。我国内蒙古上岔沁蛭石矿、达茂联合旗哈达特蛭石矿和甘肃小孤山蛭石矿均属此类型。

(3)伟晶岩型蛭石矿床

矿床由伟晶岩中的黑云母蚀变而成。蛭石呈窝子状产出，片径2~5cm，线膨胀率15~20倍。山西河北村和内蒙古乌拉特前旗的小奴气、前召沟蛭石矿床等均属此类。

(4)热液型蛭石矿床

矿床赋存于斜长角闪岩中，附近有花岗岩、伟晶岩、脉石英等侵入，蛭石呈褐色，片径0.5~1.0cm，最大达5cm。矿体为不规则状，而矿带长、宽度大。属于该类型的矿床有内蒙古宁城县马家沟、河北于家沟、河南大湖峪、青海亚马图、陕西朱家沟等蛭石矿。

(5)片麻岩型蛭石矿床

蛭石均匀地分布于斜长片麻岩中，与脉石紧密共生，并呈风化壳式存在。蛭石片较小，含矿率为10%~30%。河南唐河地区有此类矿床。

(6)脉型蛭石矿床

成因是岩浆期后热水溶液直接作用于含黑(金)云母的岩石，使黑云母、金云母变成蛭石的另一原因是动力变质的热水溶液作用使片麻岩中已形成的黑云母、金云母蚀变。矿体呈脉状、似层状、透镜状、窝子状及不规则形状。蛭石含量很高，几乎全脉都是蛭石。内蒙古乌拉特前旗的稍林沟有此类型矿床。

蛭石资源分布与热液蚀变、接触交代、风化水解等多种因素有关，尤其与岩石的构造及热液成矿地质条件有关。从岩性上看，蛭石多分布于基性、超基性及碱性岩中，主要产于前震旦纪地层或热液蚀变的岩体内。从构造上看，多分布于构造破碎带、断裂带及褶皱发育地段。

6.2.6.3 矿物晶体化学特性

蛭石的一般化学式为$(Mg,Fe,Al)_8(Si,Al)_4O_{10}(OH)_2 \cdot 4H_2O$。蛭石化学组成随产地会有所变化。蛭石由两层硅氧四面体(部分硅被铝取代)和一层铝氧八面体(有氢氧根离子和镁等)构成，形成了具有限定结构的云母堆叠。层间是水化层，含有水和二价或一价金属等金属离子，金属离子可以是钠、钾、镁、钙、锂、铯、钡、铷等。因此，两层硅氧四面体夹杂一层铝氧八面体的蛭石是属于2∶1的典型层状硅铝酸盐。结构分析结果显示：层间水分子网络扭曲成六边形，通过弱的氢键与硅氧四面体层板的氧相连接，部分水分子呈游离状态；然而水层中的镁离子与水分子形成八面体形式存在层板间（$[Mg(H_2O)_6]^{2+}$）。

蛭石中硅氧四面体的4价硅被3价铝代替（Al代替Si的比例为1/3~1/2），使层板带负电荷（单位电荷数在0.6~0.9），为了平衡带电，层间插入阳离子。大多数情况下，层间阳离子主要是Mg^{2+}，层间这些阳离子是容易与其他阳离子进行交换的，也就是说，蛭石是具有强大的离子交换性能的。层间水含量与环境和层间阳离子种类等有关。比如为镁时，含水较高；而当为铯时，含水最少。蛭石的晶体结构如图6-22所示。

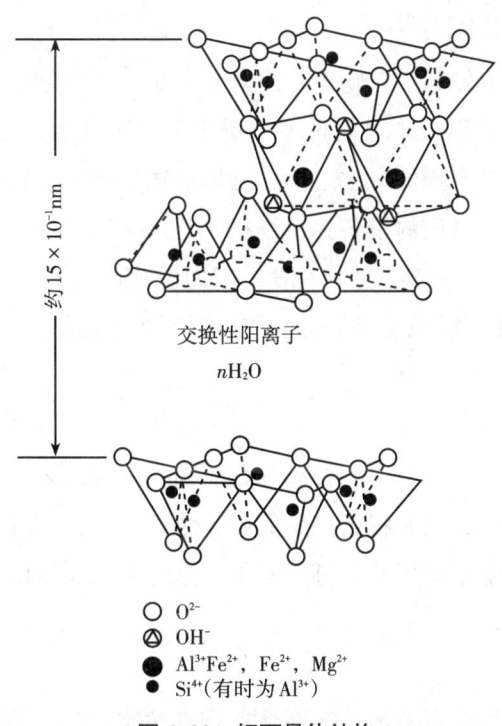

图6-22 蛭石晶体结构

蛭石属单斜晶系，晶胞参数一般为：$a_0 = 0.54$nm，$b_0 = 0.93$nm，$c_0 = 1.44$nm，$\alpha = \gamma = 90°$，$\beta = 97°$；晶胞单元属于$C2/c$。在标准状况下，蛭石的$c_0 = 1.481$nm时，层间为完整的水分子层；$c_0 = 1.436$nm时，为双水分子层；$c_0 = 1.159$nm时，为单层水分子；$c_0 = 0.902$nm时，完全脱水。在500℃加热脱水后，蛭石可以吸水复原，但超过700℃后则不具备还原性。

6.2.6.4 分选理论与试验研究

蛭石原矿通常夹有大量脉石矿物，如辉石、方解石、金云母、黑云母、磷灰石、长石、石英等。脉石矿物含量一般在50%以上，因此必须进行选矿。根据蛭石矿石选别难易程度，选矿方法分为干法和湿法。通常采用干法，方法比较简单，无须专用设备。我国多采用手选和风选相结合的方法，常用的选矿设备有扬场机、旋风分离器，筛分机械设备为振动筛、回旋筛等。国外一般采用静电选矿机、圆筒干燥机、空气分级机、双层筛等设备。

（1）手　选

根据蛭石的外观特征进行选别，一般用于较大颗粒脉石和矿物的分选。

（2）风　选

由于蛭石的容重较脉石矿物低，因此风选是常用的选矿提纯方法。风选法又可分为扬场法和旋风分离法两种。扬场法是利用自然风力进行选别的方法，是我国目前蛭石选矿常用的方法之一；旋风分离法是利用机械产生的旋转风力场进行选别的方法。常用的设备为扬场机、旋风分离器或空气分级机等。矿石在风选前需要破碎到一定粒度，一般采用冲击式的破碎设备，如锤击式破碎机、反击式破碎机等配以振动筛、回转筛等筛分设备，入选粒度一般为2~15mm，厚度1mm左右。

（3）水　选

利用自然和人工河床分离蛭石和脉石矿物。一般工艺过程是先将粉碎至一定粒度后的矿石焙烧，然后将焙烧后的矿石倾入河场内，脉石沉入河底，蛭石顺流而下，再在下游拦住蛭石，打捞晾干。这种方法所得的蛭石品位较高，生产成本也较低。

（4）浮　选

对于细粒嵌布的脉石矿物，特别是夹杂有蛇纹石时，用手选、风选等方法很难得到高纯度的蛭石产品，可采用浮选的方法，浮选蛭石的工艺并不复杂。蛭石浮选的难度在于药剂的添加，可采用油酸及长链胺类捕收剂，燃料油为辅助捕收剂，松油和甲酚酸为起泡剂，硫酸为调整剂。至于用量，需要根据不同蛭石的性质以及磨矿浓度进行调整。

在酸性介质中，对细粒级蛭石的浮选，尤其是精选，采用油酸和亚油酸作捕收剂，用量为200~350mg/L；在浮选中还可使用柴油、T-66等药剂；对蛭石

中 Fe_2O_3 或 Al_2O_3 表面膜复杂者,一般采用在柠檬酸钠、碳酸氢钠等溶液中加入硫酸钠,使游离的铁或铝还原除去。

新疆尉犁县蛭石矿有限公司采用干法选矿工艺,其原则选矿工艺流程为:原矿→初选→风选→去石→筛分→剥片→筛分→包装。产品共有4种规格,分别为0~1mm、1~2mm、2~4mm和4~8mm。

(5)电　选

电选法采用静电选矿机分选,如南非帕拉波拉蛭石矿在多段破碎筛分流程中采用电选机分选,提高了分选效率。

6.2.7　蒙脱石(膨润土)分选

蒙脱石(montmorillonite)亦称微晶高岭石或胶岭石,是一种层状含水的铝硅酸盐矿物,其理论结构式为$(1/2Ca,Na)_x(H_2O)_4[(Al_{2-x},Mg_x)[Si_4O_{10}](OH)_2]$,是膨润土(bentonite)的主要矿物成分,质量分数一般在85%~90%。蒙脱石是化学成分复杂的一类矿物,国际黏土研究协会确定以Smectite作为族名,即蒙皂石族,亦称蒙脱石族。该族矿物包括二八面体和三八面体两个亚族。此前,蒙脱石产品的定义并不统一,这常常导致蒙脱石产品标准含糊不清。随着对蒙脱石的深入研究,行业内逐渐摆脱了"黏土矿物蒙脱石含量超过80%即蒙脱石"的观念,而是采用了八面体蒙脱石或六面体蒙脱石的称谓方法,产品中矿物的含量通过XRD定性和定量确定。

在1972年的国际黏土研究协会(AIPEA)会议上,"膨润土"被定义为"以蒙脱石矿物为主要成分的岩石"。膨润土中所含的通常是二八面体亚族中的矿物[蒙脱石、贝得石(beidellite)、绿脱石(montronite)、铬绿脱石(volchonskoite)、钒蒙皂(vanadiumsmectite)]。膨润土又名斑脱岩、膨土岩,是一种以蒙脱石为主要矿物成分的原矿黏土,因此,膨润土的一些性质都是由蒙脱石的特性决定的。膨润土的外观一般呈白色、粉红色,以岩石块状存在,有滑感,吸水性强,最大吸水量为其体积的10~15倍,吸水膨胀后,其膨胀倍数从几倍到30余倍;在水溶液中呈悬浮和胶黏状,有阳离子交换的能力;可塑性高,并具有良好的黏结性。因此,其在国民经济的各部门,如建材、冶金、石油化工、农业、医药、机械、轻工、食品、环保等各领域均得到了广泛应用。膨润土在我国各领域的应用状况见图6-23和表6-18。

膨润土由于特殊的物理化学性质在多个工业行业中占有重要的地位,并且有着非常广阔的应用空间和很好的发展前景。近年来，关于膨润土的研究已经取得了一定的成果，但在一些新兴行业如纳米材料、水处理中的应用研究才刚刚开展，且局限于实验室阶段。在科技不断发展，能源、资源消耗日益加剧的今天，大力发展膨润土开发和应用，将会有利于促进我国材料科学更快更好地发展。

（a）用于防渗防水毯

（b）用于铁矿球团黏结剂

（c）蛭石育苗

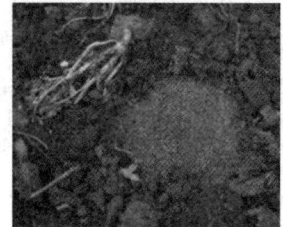
（d）用于土壤改良剂

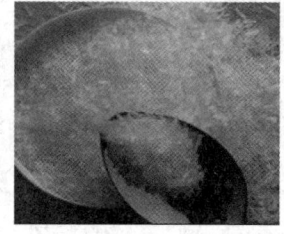
（e）用于味精脱色剂

（f）用于干电池

图6-23　膨润土（蒙脱石）的主要工业应用举例

表6-18　膨润土在我国各领域的应用

应用领域	主要用途	所用膨润土种类
铸造	型砂黏结剂	钠基膨润土或钙、镁基膨润土
	水化型砂黏结剂、表面稳定剂	有机膨润土
冶金	铁精矿球团黏结剂	钠基膨润土为主
钻井泥浆	配置具有高流变和触变性能钻井泥浆悬浮液钻机解卡剂	钠基膨润土或钙、镁基膨润土有机膨润土
食品	动植物油的脱色和净化、葡萄酒和果汁的澄清、啤酒的稳定化处理、糖化处理、糖汁净化	活性白土（漂白土）、钠基膨润土、其他膨润土
石油	石油、油脂、石蜡油（煤油）的精炼，石蜡、脱色和净化石油裂化的催化剂载体	活性白土，钙、镁基膨润土
	制备焦油-水的乳化液	钠基膨润土（活化或天然）
	沥青表层的稳定剂、润滑油（油脂）的调化剂	有机膨润土
农业	土壤改良剂、混合肥料的添加剂、饲料添加剂、胶黏剂、动物圈垫土（去味消毒）	各种膨润土

表6-18(续)

应用领域	主要用途	所用膨润土种类
化工	催化剂、农药和杀虫剂载体 橡胶和塑料制品的填料 干燥剂、过滤剂、洗涤剂、香皂、牙膏等日化品添加剂涂料、油墨的触变增稠剂,油漆、油墨的防沉降助剂	活性白土(漂白土) 钠基膨润土(活化或天然) 锂基、镁基膨润土 有机膨润土
环保、生态建设	工业废水处理、游泳池水的净化、食品工业废料处理、放射性废物的吸附处理剂、水土保持、固沙	活性白土、钠基膨润土(活化或天然)等
建筑	防水和防渗材料、水泥混合材料、混凝土增塑剂和添加剂等	各种膨润土
造纸	复写纸的染色剂、颜料填料	活性白土,钙、镁基膨润土
纺织印染	填充、漂白、抗静电涂层、代替淀粉上浆及做印花糊料	活性白土、钠基膨润土(活化或天然)
陶瓷	陶瓷原料的增塑剂(提高陶瓷坯体的抗压强度)	各种膨润土
医药、化妆品	药物的吸着剂和药膏药丸的黏结剂、化妆品底料	镁、钙、锂、钠基膨润土
机械	高温润滑剂	有机膨润土

6.2.7.1 资源情况

全球膨润土资源丰富,分布较广,主要分布在环太平洋、印度洋带和地中海、黑海附近。据统计,全球膨润土总储量约为70亿吨,主要分布在中国、美国、俄罗斯、希腊、土耳其、德国、意大利、墨西哥和日本等,其中,美国、中国和俄罗斯三国探明储量约占世界总储量的80%。钠基膨润土主要产地为美国的怀俄明州,此外,俄罗斯、意大利、希腊和中国等地也有分布。天然白膨润土主要产地为美国得克萨斯州和内达华州、土耳其的安卡拉地区、意大利的撒丁岛及摩洛哥等。美国膨润土开发时间长,怀俄明州已有近130年的开采历史。

我国膨润土矿资源保有储量24.6亿吨,居世界首位,占世界总量的60%。据统计,中国膨润土矿资源非常丰富,已发现的膨润土矿点有400多处,遍布于全国26个省(自治区、直辖市)的80多个县(市),在总地区分布上以广西、新疆、内蒙古为多,分别占全国储量的26.1%、13.9%和8.5%。主要膨润土矿区有新疆和布克塞尔、河北宣化、浙江余杭、河北隆化、辽宁黑山、辽宁建平、浙江临安、甘肃金昌。

新疆和布克赛尔蒙古自治县境内的膨润土矿储量已突破23亿吨,是目前已探明储量的全国最大膨润土矿区。据新疆地矿部门证实,和布克赛尔蒙古自治县境内有7处膨润土矿床,其中有4处大型矿床(乌兰英格、日月雷、德仑山南和德仑山西南)。乌兰英格矿区膨润土矿地质储量为5.728亿吨,其中,表内C-D级膨润土矿储量22948万吨,表外D级储量248万吨,占全国同级膨润土储量的13.74%。日月雷矿区膨润土矿地质储量8亿吨,德仑山南及德仑山西南膨润土矿地质储量分别为2.1亿吨和0.8亿吨。

专家估计,乌兰英格地区膨润土矿藏远景储量有望超过50亿吨。广西产地有宁明、田东、崇左、桂平、横县等处,蕴藏量最大的是宁明,达6.4亿吨,其次是田东,达4000万吨,总储量超过11亿吨。内蒙古的宁城、兴和、霍林、固阳等地都有十分丰富的膨润土矿,储量最大的是赤峰宁城,达10亿吨以上。

6.2.7.2 矿床特性

作为膨润土中的主要矿物成分,蒙脱石主要由基性火成岩在碱性环境中风化而成,也有的是海底沉积的火山灰分解后的产物。膨润土的成矿与成矿母岩、构造条件、物理化学条件等有很大的关系。根据成矿物质的来源、成矿环境和成矿作用方式,膨润土矿床的类型一般分为火山沉积型、风化残积型和热液型。

热液蚀变型矿床的规模大、中、小型皆有,储量几十万吨至数千万吨。我国这类矿床不太多,所占储量比例不大,已发现的矿床(点)属钙基膨润土,部分为氢基膨润土。代表性矿点在江苏溧阳县茶亭-平桥一带,有11条矿脉。

我国的膨润土90%为钙基膨润土。膨润土矿产遍布全国26个省(自治区),大型矿床20多个。大多数矿床集中在东北三省、东部沿海各省及新疆、四川、甘肃、河南、广西等。主要矿区有辽宁黑山、浙江临安和仇山、四川三台、甘肃酒泉、吉林双阳和九台、福建连城、山东潍坊涌泉、河南信阳、河北张家口和宣化、新疆和布克赛尔等。

6.2.7.3 矿石结构构造特性

膨润土的结构类型较多,有泥质、粉砂-细砂、角砾凝灰、变余火山碎屑等结构。构造类型主要有微层纹状、角砾状、斑杂状、致密块状、土状等。根据膨润土的矿物组合及其结构构造,将膨润土矿石划分成为黏土状、粉砂状、砂状、角砾状等类型。

如江苏盱眙龙王山、湖南澧县方石坪膨润土矿床，矿体层状，有时与凹凸棒石黏土互层产出，土状构造，角砾凝灰结构，含矿率为50%~80%，含石英、白云母、伊利石、锆石、金红石、橄榄石；浙江临安平山、吉林九台银矿山膨润土矿床，多层矿体，矿石呈灰白、灰绿色，土状构造，凝灰结构，含矿率为70%左右；浙江余杭仇山膨润土矿床，常与沸石和珍珠岩矿层共生并逐渐过渡，矿石块状构造，残余珍珠结构或角砾凝灰结构，含矿率为50%~70%；新疆吉木萨尔帐篷沟、湖北武昌梁子湖膨润土矿床，矿体层状、似层状、透镜状，保留有明显的火山岩结构，矿石块状构造，变余凝灰结构，含矿率为60%~75%。甘肃金昌红泉、吉林双阳宝善、广东高州膨润土矿床，矿层夹于砂岩、砾岩间，层状、似层状，具微层理，矿石呈白、红色，土状，含矿率为70%~80%，含石英、少量长石、高岭石、埃洛石、石膏、芒硝。

6.2.7.4　矿物晶体化学特性

蒙脱石是含少量碱金属和碱土金属的层状水铝硅酸盐矿物，其晶体结构特点是由两层硅氧四面体片和一层夹于其间的铝（镁）氧（羟基）八面体构成的2∶1型层状硅酸盐矿物（图6-24）。若不考虑晶格中的Al^{3+}和Si^{4+}被其他离子置换，蒙脱石属单斜晶系，空间群$C2/ma$；蒙脱石的理论化学通式为$Al_2O_3 \cdot 4SiO_2 \cdot nH_2O$（$n$通常大于2），它的晶体构造式是$Al_4(Si_8O_{20})(OH)_4 \cdot nH_2O$，根据J.W. Gruner的研究结果，晶胞参数$a_0 = 0.514nm$，$b_0 = 0.890nm$，$c_0 = 1.850nm$，$\beta = 99.92°$，单位晶胞中$Z = 2$。

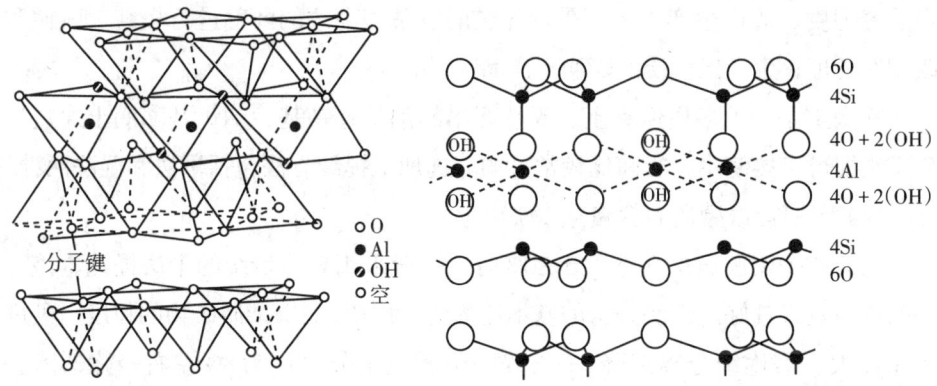

图6-24　蒙脱石晶体构造示意图

蒙脱石具有复网层结构，由两层硅氧四面体层和夹在中间的水铝石层组

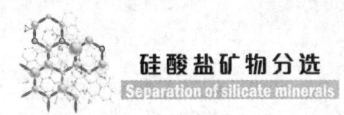

成。理论上，复网层内呈电中性，层间靠分子间力结合。实际上，由于蒙脱石晶体中硅氧四面体的Si^{4+}常被Al^{3+}置换，铝氧八面体中的Al^{3+}可被Mg^{2+}、Fe^{2+}等低价阳离子置换，由于低价阳离子置换了高价阳离子，因此晶体层（结构层）间产生多余的负电荷（永久性负电荷，一般为-0.33e，也可有很大变化），使得略带正电性的水化正离子易于进入层间；与此同时，水分子也易渗透进入层间，使晶胞c轴膨胀，随含水量变化，由0.960nm变化至2.140nm。

晶层间吸附大半径的阳离子，如K^+、Na^+、Ca^{2+}、Mg^{2+}、Li^+、H^+等。这些阳离子是以水化状态出现的，并且是可相互交换的。晶体内的异价类质同象置换是蒙脱石最基本、最重要的晶体化学特性，并决定了蒙脱石具有离子交换性、膨胀性、吸附性、分散性、吸水性等一系列优良特性。

6.2.7.5 分选理论与试验研究

我国膨润土资源虽然丰富，但是矿物蒙脱石含量偏低，而采选加工方法较简单，产品质量受到影响，并且膨润土的开发利用程度很低，累计开采量不足已探明储量的百分之一。我国目前生产的膨润土主要产品是原土、活性白土，其次为颗粒白土、凝胶、有机土、干燥剂、涂料、防水模板、猫砂等。从数量上看，供求基本平衡；但从品种上看，钙基膨润土供过于求，钠基膨润土供不应求。活性白土因受硫酸原料供应限制和"三废"治理问题影响，阻碍了生产的发展，因此尚不能满足需要；有机膨润土的生产因工艺技术水平不高，专用设备不配套，产品质量不稳定，加之生产有机覆盖剂价格昂贵，致使生产成本过高等问题，一直未有大的发展。要解决这一系列问题，就必须加大投入，加强研究力度，改进生产工艺，采用先进的设备和高效的药剂进行提纯、改性和改型等处理，生产出优质的膨润土产品。

膨润土是一种多用途黏土，天然产出的钠基、钙基、钠钙基膨润土通过选矿富集即可直接使用，当前比较常见的分选加工提纯方法包括干法和湿法两种。

(1) 干法提纯（蒙脱石含量达80%以上）

当原矿中蒙脱石的含量大于80%时，一般采用较为传统的干法提纯，该方法的提纯效果较好。干法分选的基本流程为：原矿（如果杂质矿物的粒度、硬度和密度大，需逐级分离沉降）→破碎→干燥至水分含量为8%左右→筛选除去10mm以上的原矿→粉磨→包装。此法工艺简单，操作方便，在生产中具有较高的灵活性，对纯度较高的膨润土较为适宜，然而我国膨润土中杂质较多，因此，干法在实际生产中的应用并不多。

另外，还可以采用风选法。风选的原则流程：原矿→干燥→磨粉→风选分级→包装。风选一般要求入料含蒙脱石含量达80%以上。首先将矿石存放在料场上自然干燥，使原矿水分从40%降到25%以下，然后进行粗碎，破碎产品粒度为30~40mm，并进一步烘干，使水分降到10%以下，烘干温度在250℃以下，一般用气流干燥和流态化干燥。烘干后进行粉磨、分级、包装。

为了充分利用蒙脱石含量小于80%的中低品位膨润土资源，还需要对这部分矿石采用湿法分选工艺。

(2) 湿法提纯（蒙脱石含量小于80%）

当原矿中蒙脱石含量小于80%时，一般采用湿法进行提纯，常采用的方法主要为自然沉降法和磷酸盐法。

① 自然沉降法。将膨润土原矿破碎至小于5mm，加水搅拌制成含量25%左右的矿浆，然后用螺旋分级机或其他水力分级机分离出粒度较粗的砂粒和碳酸盐矿物，剩余的悬浮液进入高速旋转的离心沉降分离机，如卧式螺旋卸料沉降式离心机，进一步分离细粒碳酸盐和长石等杂质，得到粒度小于5μm、膨胀倍数20以上的高纯度蒙脱石或膨润土浆料或悬浮液，将这种浆料过滤、干燥和打散解聚后即得到高纯度膨润土产品（见图6-25）。离心分离后的沉降物除了含有少部分细粒碳酸盐和长石等杂质外，还含有较多的能够满足活性白土生产要求的膨润土，因此，将其与一定量的酸反应后可生产活性白土。

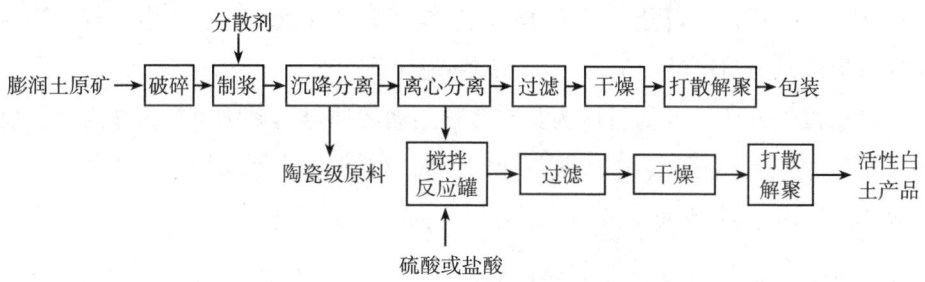

图6-25 膨润土自然沉降法提纯工艺流程

② 磷酸盐法。将聚磷酸钠、六偏磷酸钠等磷酸盐作为分散剂加入矿浆中可提高颗粒的分散性，有利于膨润土的提纯。王鸽等采用磷酸盐法对湖北鄂州某地的钙基膨润土进行提纯，即提前将膨润土与水搅拌后静置一段时间，同时选择合适的捣浆浓度。进一步研究结果发现，分散剂用量对膨润土的提纯效果具有显著影响。

6.2.8 叶蜡石分选

叶蜡石(pyrophyllite)是一种含水的铝硅酸盐；化学式为 $Al_2[Si_4O_{10}](OH)_2$，其中，Al_2O_3 的理论质量分数为 28.3%，SiO_2 为 66.7%，H_2O 为 5.0%。叶蜡石的外观很像滑石，许多物理性质也与滑石十分相近。叶蜡石的莫氏硬度为 1.25，密度为 $2.65g/cm^3$，熔点为 1700℃，颜色呈白、灰白、浅绿、黄褐等，珍珠或油脂光泽，性韧、有滑腻感，条痕白色，不透明或半透明。

叶蜡石超细粉体粒度细、质量均匀、硬度低，物化性质稳定，在橡胶、沥青、塑料、电缆、造纸、颜料、油漆、化妆品、牙膏等行业上得到了广泛的应用。叶蜡石矿物材料加工成超细粉体时，比表面积增大，表面活性高，作为复合材料补强性能好，但由于叶蜡石材料与有机高聚物的界面性质有很大差异，往往互不相容或相容性较差，难以与基质互溶分散，因此，除了对叶蜡石粉体粒度分布作严格要求之外，还需要对颗粒表面进行改性，以改善其表面的物化性质，增强其与有机高聚物的相容性，提高其在有机物基质中的分散性，进而提高材料的机械强度及综合性能。

叶蜡石矿物耐热性好、白度高，在高温下收缩量小，是很好的制作陶瓷的原材料。

叶蜡石还具有良好的传压性、机械加工性、耐热保温性、绝缘性以及密封性，在人造金刚石、立方氮化硼等高压合成行业中常用作传压密封介质原料而得到了广泛的应用。叶蜡石的晶体结构决定了其传压性质。它具有良好的固体传压、流动密封与机械加工等一系列的物理性质。

基于以上性质，叶蜡石成为具有多种用途的非金属矿物原料，在冶金、建材、轻工、化工、石油、电气等工业以及农业上都有广泛应用，主要集中在如图 6-26 所示的几个方面。另外，还可以作为生产玻璃纤维的无碱玻璃球和中碱玻璃球等原料。

(a) 用于耐火材料

(b) 用于陶瓷工业

(c) 用于杀虫剂载体

 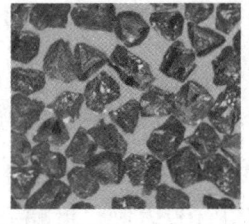 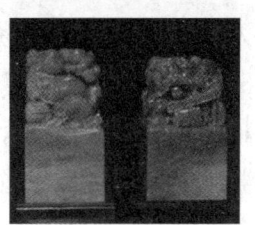

(d) 用于涂料填料　　(e) 用于高压合成金刚　　(f) 叶蜡石印章
　　　　　　　　　　　石、立方氮化硼中的传
　　　　　　　　　　　压密封介质

图6-26　叶蜡石的主要工业应用举例

在以上应用中，国外用量最多的是生产耐火材料。据统计，美国和日本用于耐火材料生产的叶蜡石矿分别占本国总消费量的50%和60%；其次是陶瓷工业，在美国、日本、加拿大和英国等都占有较大比重；在农药杀虫剂制造方面，美国前些年用量占15.9%；在填料领域，叶蜡石在日本已广泛用于造纸等；其他方面发展也较快。

需要说明的是，不同类型的叶蜡石矿在物质组分和物化性质上有较大差别，从而决定了它们的工业用途也是不同的。我国是世界上开发利用叶蜡石矿最早的国家。在1000多年前，古人就利用福州寿山石、青田的青田玉和临安的鸡血石刻制图章和雕刻工艺品；到了明代，我国石雕艺术已达到了很高水平；清末开始远销海外，在国际上享有盛誉，青田石雕曾获巴拿马赛会二等奖。可以说，我国叶蜡石雕刻艺术无论在选材还是在雕刻技术方面至今仍处在世界领先水平。但是，我国叶蜡石矿工业应用与国外相比还有相当大的差距，应用领域较窄。我国应用水平最高的只是雕刻工艺美术品，用量最大的是生产建筑陶瓷。

6.2.8.1　资源情况

世界上叶蜡石矿产资源总量约有4亿吨，其中已探明的有2亿多吨，主要集中在十多个国家和地区，最主要的有日本、韩国、中国、澳大利亚、美国、加拿大、印度等。日本、韩国和中国的叶蜡石储量总和约占世界总储量的70%，三个国家目前的叶蜡石产量占全球的90%左右，世界叶蜡石年产量已超过160万吨。

日本平均叶蜡石年产量超过100万吨，是世界上最主要的叶蜡石生产国和消费国。日本对于叶蜡石的需求很大，每年大约有150万吨应用于耐火材料工业，但我国的叶蜡石矿产中可供给作耐火材料的矿石较少。美国叶蜡石年产量

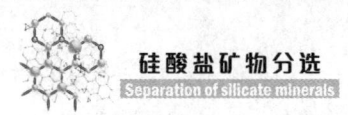

10多万吨；韩国叶蜡石产量较高，年产35万吨，除了满足国内工业需求外，还主要出口日本。

截至2014年底，我国已查明的叶蜡石资源储量约1.1亿吨，主要分布在福建、浙江和江西3省，占全国的91%。2014年我国叶蜡石产量94万吨，进口21万吨，出口6.86万吨，国内需求109万吨。叶蜡石主要用于陶瓷（占60%）、耐火材料(23%)、玻璃纤维(10%)、人造金刚石及其他(7%)领域。叶蜡石的高端产品，如玻璃纤维用叶蜡石、金刚石传压介质用叶蜡石及精细叶蜡石、纳米级叶蜡石等产品却呈现供不应求的状态，优质叶蜡石资源保障较低。

我国浙江省叶蜡石矿石主要产于青田、泰顺、上虞、常山、景宁等地，主要有青田山口叶蜡石矿、泰顺县龟湖叶蜡石矿、上虞市梁岙叶蜡石矿、常山县芳村叶蜡石矿以及景宁县缪坑叶蜡石矿等，叶蜡石资源储量居全国第一位，是国内叶蜡石原料的主要供应地。目前，北京、内蒙古、福建、浙江、河北等地的叶蜡石矿均已大量开采，但是真正能正确使用在超硬材料行业中的，目前仍以北京门头沟地区的为最佳，它已成为我国超硬材料工业主要用原料叶蜡石的供应基地。

我国的叶蜡石资源虽然较丰富，但是资源利用程度低、浪费严重，并且我国叶蜡石资源的地质勘探工作开展程度较低，某些地方的叶蜡石矿产资源尚未进一步查清。

6.2.8.2 矿床特性

叶蜡石在自然界出现广泛，它多与热液活动和变质作用有关。在与火山喷气活动相关的次生石英岩中，多与红柱石、高岭土、绢云母、明矾石等伴生。一些酸性侵入岩在后期蚀变过程中亦常常发生叶蜡石化。

目前我国叶蜡石矿床按成因类型主要分为两大类：一类是产于中酸性火山岩中，受热液交代蚀变（充填）而成的热液型；另一类是产于变质岩中，经不同程度变质而成的变质型。火山热液型叶蜡石矿床又可根据成矿作用的性质和方式、矿床赋存状态及矿石的矿物共生组合等特点，划分为热液交代型和热液充填型。

火山热液交代型矿床为火山热液交代分解围岩中的长石类矿物，包括火山玻屑，淋滤出部分硅质和钾钠钙镁铁质后，在一定的物理化学条件下使铝相对富集重新结晶而成，矿体为似层状和透镜状，大小不一，长度上至数百米，最长者可达近千米，厚度一般仅数米至数十米，倾角一般较小、规模较大，矿体受岩层层面构造和层间破碎带控制,与围岩产状大致相似。围岩蚀变具有明显的分带现象,自上而下为次生石英岩、叶蜡石矿体或矿化带、硅化和高岭土化火山岩。次生石英岩化越强烈,矿体的规模越大,矿石的质量越好。这一类矿床规模较大,矿石类型多,是叶蜡石工业矿的主要来源,如福建福州市峨嵋、浙江上虞梁岱和青田山口等矿床均属于此种类型。

在热液蚀变型叶蜡石矿床中还有少部分热液充填叶蜡石矿脉,由岩石中熔滤出来的硅铝质溶胶体沿裂隙构造的空间沉淀结晶而成,称为热液充填型。矿体主要呈脉状、透镜状和串珠状,一般分布于断裂带的火山碎屑中。矿体与围岩界线较明显,矿体较平直,倾角较陡。矿体规模一般不大,但质量较好,优质雕刻石多属此类,如福州寿山叶蜡石矿床。

热液变质型叶蜡石矿床的典型实例是浙江常山叶蜡石矿床,为酸性火山熔岩,山碎屑岩经变质作用所致,受近海陆棚、陆源海盆、风化壳等古地理环境及褶皱-断裂构造的控制。矿体形态常以带状或条带状、似层状、板状、扁透镜状为特征。围岩无蚀变现象。含矿层岩性为石英叶蜡石片岩、叶蜡石有英片岩。原岩为酸性火山熔岩、凝灰岩。工业矿体一般产于上部岩层中,地层层序由上至下为次生石英岩化叶蜡石岩、含砾次生石英岩、叶蜡石次生石英岩、黄铁矿化次生石类岩。

我国叶蜡石矿床主要分布在浙闽沿海中生代火山岩带内。上虞-政和-大浦-海丰大断裂带控制着燕山期的火山活动。沿此断裂带分布的中生代断陷盆地及火山洼地内,发育有厚大的中生代酸性火山岩系,其中赋存有叶蜡石矿床。上虞、青山、福州、闽清等地的一系列较大的叶蜡石矿床都位于此带内。主要赋存层位为上侏罗统-下白垩统的磨石山群(浙江)、南园组(福建)、鹅湖岭组(赣东)和中白垩统的朝川组、馆头组(浙江)、石帽山组(福建)。成矿主要围岩多为酸性-中酸性的火山碎屑沉积岩(如凝灰岩)和火山碎屑熔岩、火山熔岩(如凝灰熔岩)。主要成矿作用有热液蚀变作用和区域变质叠加热液蚀变作用,多围绕火山喷发中心、破火山口、火山通道等成群出现。在火山喷发带或火山基底断裂交汇处的火山机构环状组合内集中发育,形成矿田、矿带,并沿着火山喷发带呈带状分布,呈现"成群出现,成片集中,成带分布"的特点。

6.2.8.3 矿石结构构造特性

自然界纯叶蜡石矿物集合体很少见,一般都由类似的矿物集合体产出,也有土状和纤维状的。叶蜡石的主要共生矿物是石英、高岭石、水铝石，其次是黄铁矿、玉髓、蛋白石、绢云母、伊利石、明矾石、水云母、金红石、红柱石、蓝晶石、刚玉、地开石等。表6-19所列为叶蜡石矿石的常见类型。

表6-19 叶蜡石矿石的自然类型

自然类型	矿物成分			化学成分的质量分数/%				
	主要矿物	次要矿物	微量矿物	Al_2O_3	Fe_2O_3	SiO_2	TiO_2	烧失量
叶蜡石	叶蜡石90%~95%	石英、玉髓、高岭土5%~10%	褐铁矿、黄铁矿、板钛矿、硅线石、水铝石	28.12	0.42	64.84	0.42	5.74
水铝石叶蜡石	叶蜡石60%~90%、水铝石5%~40%	石英、玉髓约5%	褐铁矿、金红石、蓝晶石、石英、氧化铁	35.51	0.45	52.99	0.43	7.11
高岭石叶蜡石	高岭石约70%叶蜡石约20%	水云母、石英5%~10%	褐铁矿、氧化铁	33.82	0.29	56.69	0.14	7.20
凝灰质叶蜡石	叶蜡石70%~80%	玉髓、石英、脱玻化火山灰20%~25%	氧化铁、水铝石、蓝晶石、褐铁矿、次生碳酸盐	23.95	0.84	70.28	0.31	4.80
含铁叶蜡石	叶蜡石80%~90%	黄铁矿、褐铁矿、氧化铁5%~10%		25.79	2.88			5.09

按结构特征分，叶蜡石矿石的类型如下：细粒页板状矿石；致密球粒集合体状矿石，往往含较多绿泥石，杂质含量高；放射状晶体矿石，产出较少，纯度也较高。叶蜡石矿石还可按用途不同分为工业叶蜡石、雕刻叶蜡石两类。其中，工业叶蜡石又按含铝的多少，分为高铝叶蜡石、中铝叶蜡石和低铝叶蜡石。

我国浙江青田山口、岭头、老腰岩叶蜡石矿等多为块状或条带状叶蜡石矿石，泰顺龟湖、龙泉小岩叶蜡石矿等多为块状、角砾状和条带状叶蜡石矿石。

商业上的叶蜡石与滑石、皂石没有严格的界限，这是因为它们在外观、性质、结晶构造上相似，又有大致相同的应用领域。

6.2.8.4 矿石晶体化学特性

叶蜡石属单斜晶系，为复杂的层状结构。其晶体结构由两层六方硅氧四面体网层夹一层"氢氧铝石"八面体(铝氧八面体)层，层间靠氢键连接而成，结构属于TOT型。其中，每一层六方网层中硅氧四面体的活性氧指向同一方向，而两层硅氧四面体的活性氧则相对排列。氢氧铝石层中，2/3个(OH)的位置被硅氧四面体中的活性氧所占据，未被代替的OH正好位于硅氧四面体网络的中心。Al^{3+}位于(OH)和O形成的八面体空隙中，3价阳离子Al^{3+}充填了2/3八面体的空隙，为二八面体型。

从结构上来说，叶蜡石和蒙脱石相似，也具有三层结构，可以说近似于蒙脱石类，其与蒙脱石的不同在于三层结构中四面体中的Si^{4+}和八面体中的Al^{3+}并未被置换，晶层间不易吸收水分子和吸附阳离子，各晶层之间由范德华力联结，结合很弱，容易滑动解理，硬度低，易裂成挠性薄片，有滑腻感(但少弹性)。通常是由细微的鳞片状晶体构成的致密块状。

叶蜡石结构单位层沿a轴和b轴方向无限铺展，同时沿c轴方向以一定间距重叠起来，构成叶蜡石晶体结构(见图6-27)。在叶蜡石的八面体层中，铝填充于八面体空隙中，配位数为6，即被4个氧原子和2个氢氧根离子所包围，八面体层中有6个位置可安置Al，但实际上，在叶蜡石的晶体结构中只有4个3价铝，即只有占2/3的位置已达到电价平衡。滑石与叶蜡石晶体结构不同，八面体空隙中全被2价镁充填，因此滑石属三八面体结构。

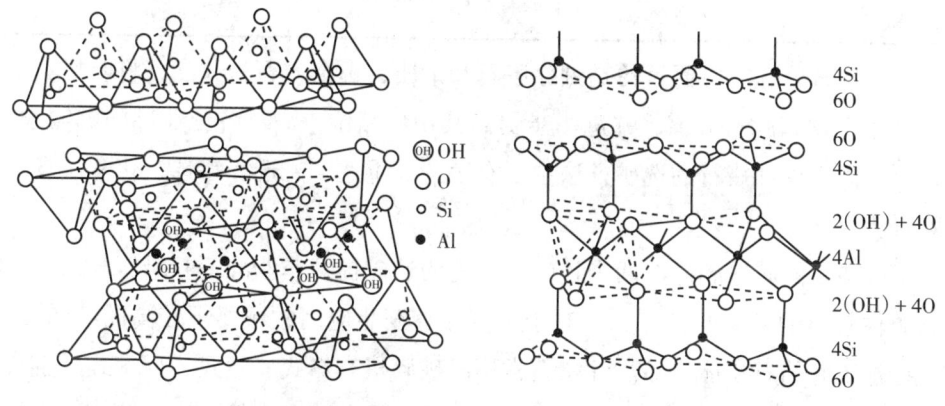

图6-27　叶蜡石晶体结构示意图

6.2.8.5　分选理论与试验研究

表6-20所列为叶蜡石矿石中常见矿物的物理化学性质。叶蜡石矿石中常含有各种杂质，为了合理利用和扩大其用途，需要进行分选富集。杂质矿物的含量及性质是分选处理叶蜡石矿的重要依据。

表6-20 叶蜡石矿中常见矿物的物理化学性质

矿物名称	磁性	可浮性	化学活性	化学组成,主要元素质量分数
叶蜡石	难磁化 -0.5	易浮	惰性、耐强酸腐蚀	$Al_2O_3 \cdot 4SiO_2 \cdot H_2O$ AlO_3 28.3%
高岭石		调整pH值、抑制剂、活性剂、用脂肪酸或阳离子捕收剂常可浮	难溶于酸	$Al_2O_3 \cdot 2SiO_2 \cdot 2H_2O$ Al_2O_3 39.5%
绢云母 水云母				$H_2KAl_3(SiO_4)_3$ Al_2O_3 38.5%
石英				SiO_2
玉髓				SiO_2
硬水铝石				$Al_2O_3 \cdot H_2O$
刚玉				Al_2O_3
红柱石				$Al_2O_3 \cdot SiO_2$
蓝晶石				$Al_2(SiO_4)O$
明矾石				$K_2O \cdot 3Al_2O_3 \cdot 4SiO_2 \cdot 6H_2O$
褐铁矿			难溶于稀酸	$2Fe_2O_3 \cdot 3H_2O$
黄铁矿		易浮		FeS_2

叶蜡石分选的主要目的是剔除废石和杂质,提高矿石的纯度,将叶蜡石矿与共生矿物和脉石分离,并进一步提高其精矿品位,满足各工业部门的需求。目前,国内外叶蜡石的选矿方法主要有手选、重选、磁选、浮选、化学法及其联合流程。

叶蜡石的破碎磨矿有两个目的,一是为选矿提纯作业准备叶蜡石与杂质矿物单体解离的粉体原料;二是对于纯度能够满足应用领域要求较高的叶蜡石,直接加工叶蜡石粉体产品。叶蜡石常用的破碎机有颚式、锤式、反击式、辊式等,常用的磨矿(粉)设备主要有雷蒙磨、球磨机、冲击磨等。由于叶蜡石中常含有较硬的杂质(刚玉类),而叶蜡石较柔软,因此,选矿时采用选择性粉碎工艺设备是非常重要的。

(1)手 选

叶蜡石内在组成的差异,反映在外观上较明显,主要有光性及色泽等信息。因此,可用人工手选出大块杂质矿石。也可采用光电拣选机分选。

(2)重 选

叶蜡石与杂质矿物的密度差异不大,但经过磨矿,尤其是选择性磨矿,不同矿物的原生粒度有差异,硬度差异更明显,硬矿物常在较粗的粒级中分布。

根据这些特性，可采用分散和分级的方法进行选别。

(3) 磁　选

叶蜡石矿石中大部分矿物磁性不明显，含铁杂质磁性较弱，除破碎和磨矿过程中混入的机械铁可用弱磁选器或悬吊式磁选机外，一般要用强磁选机或高梯度磁选机。

(4) 浮　选

当铁矿物杂质为硫化物时，可用黄药为捕收剂进行浮选除铁；当铁杂质为氧化物时，用石油磺酸盐作捕收剂进行浮选除铁。叶蜡石和石英的分离也采用浮选方法。一般在碱性矿浆中用脂肪酸作捕收剂，在酸性介质中使用长链胺类捕收剂。

(5) 化学提纯

对于白度较差、物理选矿方法难以达到质量指标要求的矿石，可采用化学提纯方法。一般采用还原漂白工艺。

国外叶蜡石矿的选矿加工工艺比较简单的也是采用手选、破碎磨矿和分级等。对叶蜡石产品要求高的，除采用上述作业外，还常用磁选、漂白、浮选等作业及其联合流程来提高产品质量。我国叶蜡石矿的选矿水平与国外接近，所采用的方法也基本一致。

6.2.9　伊利石分选

伊利石(illite)因最早被发现于美国的伊利诺伊州而得名，也称水白云母。伊利石是一种富钾的硅酸盐云母类黏土矿物，其K_2O的质量分数为6%~9%，Al_2O_3达30%~35%。伊利石具有黏土矿物的共性：轻白细软、化学惰性、熔点高、比热容大、导电(热)率低等。同时也有独有的特性，即富钾、高铝、比表面积大(1∶40)，不具膨胀性和可逆性，随着温度的升高，表现为收缩、急剧膨胀再急剧收缩。

伊利石的化学成分为$K_{<1}Al_2[(Al,Si)Si_3O_{10}(OH)_2 \cdot nH_2O]$。此外，由于伴生矿物和杂质的存在以及伊利石矿层间离子的交换特性，常含有少量的Fe_2O_3、TiO_2、CaO、MgO和Na_2O。伊利石黏土矿石中的主要矿物为伊利石(最高可达90%)，其次为石英、绢云母、地开石、高岭石、锐钛矿、黄铁矿及褐铁矿等矿物。

伊利石多呈鳞片状块体，颜色为白色、灰白色、浅灰石色、浅黄绿色；新鲜矿石莫氏硬度为1，采出后多变为1.5~2；油脂光泽，微半透明，贝壳状断口，密度为2.6~2.9g/cm³，不具膨胀性及可塑性，耐热程度不高，在500~700℃

失去化合水，750℃全脱水，晶体结构遭破坏。

伊利石具有的富钾、高铝、明亮、光滑、松软、耐热、不具膨胀性和可塑性等物理化学性能，使其在工业中的应用非常广泛，如图6-28所示。

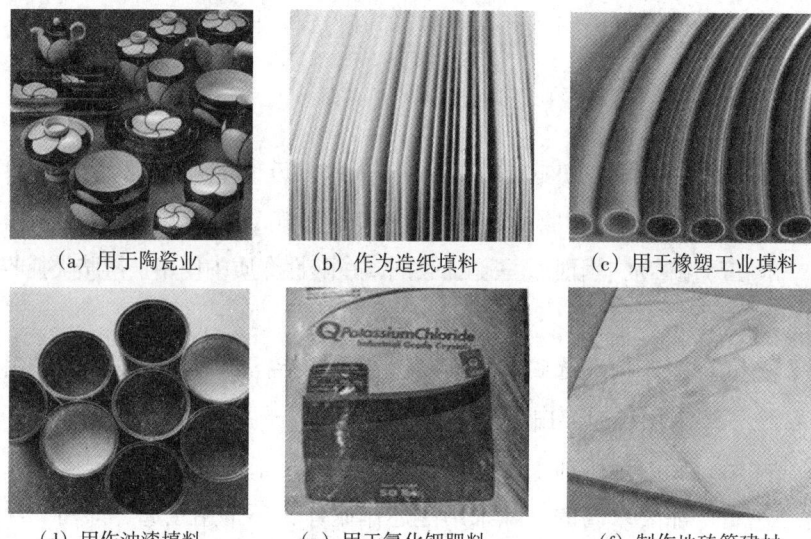

(a) 用于陶瓷业　　(b) 作为造纸填料　　(c) 用于橡塑工业填料

(d) 用作油漆填料　(e) 用于氯化钾肥料　(f) 制作地砖等建材

图6-28　伊利石的主要工业应用举例

6.2.9.1　资源情况

伊利石作为新型非金属矿，其功能材料在橡胶、陶瓷、涂料等多个领域得到了广泛论证，伊利石功能材料具有极大的市场需求。但我国伊利石资源分布不均、资源相对稀缺，现已探明的矿藏储量、质量也存在较大差异。目前，我国伊利石产区主要分布在河北承德、河北沙河、河南平顶山、浙江瓯海、吉林安图、福建宁德等地区，伊利石资源主要集中在我国北方地区。其中，河北承德探明的伊利石储量居全国首位。

6.2.9.2　矿床特性

从伊利石的成矿地质特征看，火山构造活动是控矿的重要因素。另外从古老的沉积物中看，伊利石的分布也受地层的控制。伊利石矿床的矿体一般呈脉状和似层状，而且多产于次生石英岩之下。其围岩有流纹质玻屑凝灰岩、凝灰质泥岩、熔结凝灰岩等，矿体稳定并具有一定的规模，矿体长达数十米至近千米，矿体厚度由数米至百米不等。

根据不同成矿作用所体现的成矿地质条件、矿床规模、矿体形态、赋存特征、矿石物质组成等方面的差异，伊利石矿床可划分为3种成因类型，即热液蚀变型矿床、沉积型矿床和风化残积型矿床。

① 热液蚀变型伊利石矿床，是我国目前主要的伊利石矿床类型，分布于东南沿海成矿带范围内，如浙东南瓯海伊利石矿床。浙江东南地区已成为我国第一大伊利石成矿远景区。

② 沉积型伊利石矿床，主要产于沼泽、滨海的沉积环境中，在我国辽、冀、蒙、鲁、晋、豫、陕及华南等省（自治区）均有分布。典型代表如湖北南漳高家垭伊利石黏土矿床。

③ 风化残积型矿床，主要是富含长石的岩石，经构造改造，在温湿的气候条件下，原地风化作用形成的。该类矿床成矿规模不大，分布较少。如吉林宴平伊利石矿床。

我国伊利石矿床多赋存于火山通道、破火山口等构造及断裂带附近，流纹质火山碎屑岩夹少量陆相沉积的一套晶屑玻屑凝灰岩、含砾凝灰岩、熔结凝灰岩、火山角砾岩、含砾凝灰岩的火山岩组成的地层内。在现代海洋沉积物和黏土、黏土质沉积物中也有广泛分布。中生代末期燕山期岩浆活动、火山活动广泛而强烈，其热液来源充足，为富钾的物质来源提供了物质基础。同样，构造为火山喷溢和岩浆运移侵蚀提供了通道，成为形成伊利石矿床的必要条件。

我国伊利石黏土矿矿床主要分布在浙江瓯海、开化，甘肃天水、西和，河南平顶山，陕西洛南小文峪，河北邯郸沙河，内蒙古宁城，贵州贵阳阳关，吉林九台等地。但只有浙江瓯海渡船头伊利石黏土矿床进行过勘探，矿床资料较全。

6.2.9.3 矿石结构构造特性

伊利石矿石结构构造以显微鳞片变晶结构、变余凝灰结构和块状构造、条带构造为主，花岗变晶结构及角砾状构造少见。

6.2.9.4 矿石晶体化学特性

伊利石为2∶1型黏土矿物，在不发生晶格取代时，其理想结构式为$Al_4(Si_8O_{20})(OH)_4$，而伊利石的实际结构式一般为$(K_x)Al_4(Si_{8-x}Al_x)O_{20}(OH)_{20}$，晶体结构如图6-29所示。因此，伊利石存在晶格取代，取代位置主要在Si-O四面体中，且取代数目比蒙脱石多，产生的负电荷由等量的K^+来平衡。伊利石晶层间引力以静电力为主，且引力强，属非膨胀型黏土矿物。

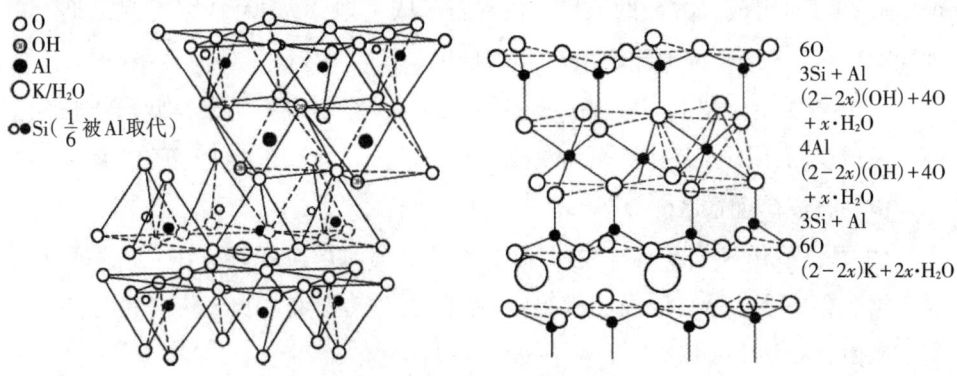

图6-29 伊利石晶体结构示意图

伊利石晶格取代作用产生的负电荷由K^+来平衡,且取代位置主要在Si-O四面体中,因此,产生的负电荷离晶层表面近,故与K^+产生很强的静电力,K^+不易交换下来。K^+的大小刚好嵌入相邻晶层间的氧原子网格形成的空穴中,起到连接作用,周围有12个氧与它配伍,因此,K^+连接通常非常牢固。研究结果表明,伊利石的C.E.C[cation exchange capacity,阳离子交换容量,定义为分散介质pH值为7时,100g黏土矿物所能交换下来的阳离子的毫摩尔数(以1价阳离子毫摩尔数表示)]介于高岭石和蒙脱石之间。与高岭土和蒙脱石黏土矿物晶体化学特性的对比见表6-21。

表6-21 伊利石、高岭石和蒙脱石晶体化学特性对比

黏土矿物	高岭石	蒙脱石	伊利石
晶体类型	1:1 Si-O / Al-O	2:1 Si-O / Al-O / Si-O	2:1 Si-O / Al-O / Si-O
层间力	氢键力	范氏力	分子力,晶格固定
层间距/nm	0.72	0.96~4	1
层间离子	无	Na^+/Ca^{2+}	K^+
电荷来源	晶体边缘断键	Mg^{2+}或Fe^{2+}取代Al^{3+}	Al^{3+}取代Si^{4+}
晶格取代	几乎没有	有晶格取代	有晶格取代
C.E.C (mmol/kg土)	30~150	700~1300	10~400
比表面积 (m²/g土)	9~70	600~850	65~180
其他	层间水化难	易水化	不易水化

6.2.9.5 分选理论与试验研究

伊利石是一族矿物的通称，其结构复杂、成分多变，并且大多含有杂质，对其提纯加工是开发利用伊利石资源的必需工序。目前，国内外对伊利石的提纯还没有成熟的工艺，只是参照其他黏土矿物的提纯方法，进行一些简单的处理。应用选矿方法对伊利石提纯，通常包括破碎、分级和除杂三部分。其一般原则流程如下：原矿→破碎→捣浆→旋流器分级→离心机选别→剥片→磁选除铁→漂白→精矿。所得精矿，除了直接应用以外，还经过加压酸浸等工艺综合利用其中富含的K、Al和Si元素。工艺流程如图6-30所示。

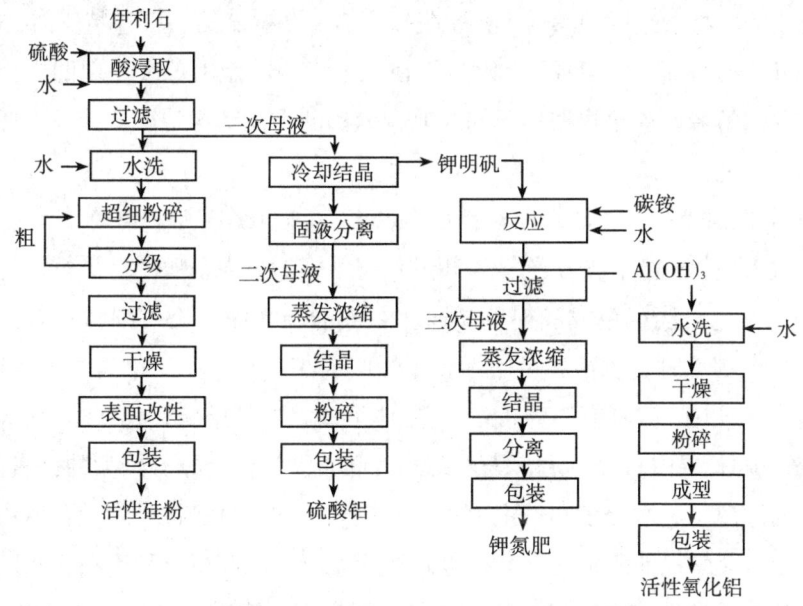

图6-30 伊利石的提纯及加工流程图

伊利石矿粉首先进行加压酸浸取，浸出K_2O及Al_2O_3，然后固液分离，固体经处理制成活性硅粉用于塑胶填料，母液(一次母液)冷却结晶，固液分离，固体即为中间产品钾明矾，液体(二次母液)经蒸发、浓缩、结晶生产硫酸铝。由钾明矾与碳铵反应可生产出氢氧化铝及钾氮肥。该工艺流程可分为如下3部分。

① 酸浸取：

$$2KAl_2(AlSi_3O_{10})(OH)_2 + 10H_2SO_4 \longrightarrow K_2SO_4 + 3Al_2(SO_4)_3 + 6SiO_2 + 12H_2O$$
(6-8)

② 钾明矾结晶：

$$K_2SO_4 + Al_2(SO_4)_3 + 24H_2O \longrightarrow 2KAl(SO_4)_2 \cdot 12H_2O$$
(6-9)

③钾明矾反应：

$$2KAl(SO_4)_2 \cdot 12H_2O + 6NH_4HCO_3 \longrightarrow 2Al(OH)_3\downarrow + K_2SO_4 + 3(NH_4)_2SO_4 + 6CO_2\uparrow + 24H_2O \qquad (6-10)$$

6.2.10 凹凸棒石分选

凹凸棒石(attapulgite)又名坡缕石(palygorskite)，是一种具链层状结构的含水富镁硅酸盐黏土矿物。凹凸棒石黏土具有特殊的纤维结构、不同寻常的胶体和吸附性能，具有广泛的应用领域，有"千土之王""万用之土"等美誉。1862年，俄国学者隆科钦科夫首先发现这一矿物并将它命名为坡缕土，后来在美国佐治亚州的奥特堡地区的漂白土中也发现了该种矿物，第拉百连特于1935年采用attapulgite为其命名。我国于1976年在江苏六合小盘山首次发现凹凸棒石黏土矿，我国学者许冀泉根据音译同时兼顾该矿的晶体结构特征，译成"凹凸棒石"。

凹凸棒石的理想化学式可表示为$Mg_5Si_8O_{20}(OH_2)(OH)_4 \cdot 4H_2O$，其集合体为土状、致密块体构造，产于沉积岩和风化壳中，颜色视杂质的污染情况可呈现白色、浅灰色、浅绿色或浅褐色，弱丝绢或油脂光泽。土质细腻，有油脂滑感，性脆，潮湿时呈黏性和可塑性，干燥收缩小，且不产生龟裂，吸水性强，可达到150%以上，pH值约为8.5。其晶体呈棒状、纤维状，长$0.5\sim5.0\mu m$、宽$0.05\sim0.15\mu m$，层内贯穿孔道，表面凹凸相间布满沟槽，具有较大的比表面积，大部分的阳离子、水分子和一定大小的有机分子均可直接被吸附进孔道中。此外，它的电化学性能稳定，不易被电解质所絮凝。凹凸棒石黏土在含水的情况下具有高的可塑性，在高温和盐水中稳定性良好，密度一般为$2.05\sim2.30g/cm^3$，莫氏硬度为$2\sim3$。

凹凸棒石由于具有较大的比表面积，因此具有较强的吸附作用。在相当低的浓度下可以形成高黏度的悬浮液，其流变性能决定了它可用作胶体泥浆、悬浮剂、触变剂以及黏结剂。另外，它有着很强的可塑性，当水的质量分数达到其自重的100%时，凹凸棒石达到其塑性极限。天然凹凸棒石的阳离子交换能力是相当低的，其值随着粒径的减小而略有增加。凹凸棒石另一个有价值的特点是它的化学惰性，在现实中也得到了广泛的应用。

由于凹凸棒石黏土具有特殊的纤维结构、独特的分散、耐温、耐盐碱等良好的胶体性质和较高的吸附脱色能力，并具有一定的可塑性和黏结力，因而在各行各业中被广泛使用。凹凸棒石黏土的特殊性质，使其产品被广泛应用于化工、石油、铸造、农业、环保、建材、食品等多个领域，如表6-22和图6-31所示。

表6-22 凹凸棒石的主要用途

应用领域	主要用途
化工	作为橡胶的加工助剂，催化剂载体，用于去除石油中的水分、硫、蓝色物质等杂质的吸附剂
深海石油钻井和地热钻井	深海钻井、内陆含盐地层石油钻井及地热钻井的优质泥浆原料
建筑材料	涂料、化工搪瓷、墙体衬料等
农药、化肥	农药载体，制作干燥、稳定的钾肥和氨肥
医药	除去黄曲霉素；净化糊精，除去蛋白残渣
环保	污水净化，粪便、废水的除臭、脱色
黏接剂	墙壁黏接剂、酚醛树脂黏接剂
复印、复写、印刷	压敏复写纸、印刷纸、复写接受纸，活性染料印刷基板，成色影像复合材料

(a) 用于食品干燥剂

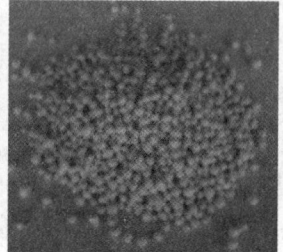
(b) 作为复合肥黏结剂

(c) 用于人造鞣革

(d) 用作天花板填料

(e) 用于水处理滤芯

(f) 制作阻燃材料

图6-31 凹凸棒石的主要工业应用举例

6.2.10.1 资源情况

凹凸棒石黏土虽然出产于许多国家，但是具有工业意义的矿床在世界上的

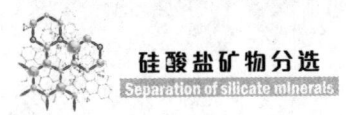

分布是比较局限的，美国、西班牙、塞内加尔、希腊、法国、澳大利亚等国家是世界凹凸棒石黏土的几大生产国。据国外资料统计，世界凹凸棒石黏土探明储量达4000多万吨，其中，几大生产国的凹凸棒石黏土年产量估计为56.4万吨，其中，美国是最大的生产国，年产量超过25万吨。

美国凹凸棒石黏土资源的分布通常与膨润土、海泡石黏土密不可分，佛罗里达州北部—佐治亚州西南部的大型矿带是美国最大的凹凸棒石黏土产地，其他在11个州也分布有29个采矿地，凹凸棒石黏土型漂白土矿床主要分布在佛罗里达州（富凹凸棒石型）和佐治亚州（富蒙脱石型）。胶体凹凸棒石黏土漂白土基本上分布在佛罗里达州以及佐治亚州的最南部。佐治亚州北部漂白土中的凹凸棒石含量下降，蒙脱石处于主要地位，呈现出含凹凸棒石黏土的膨润土。在佛罗里达州及佐治亚州西南部分布着8个不同类型的凹凸棒石黏土矿山。佛罗里达州生产的凹凸棒石黏土产品产量高，其次是佐治亚州。2000年美国生产蒙脱石型凹凸棒石黏土262万吨。蒙脱石型凹凸棒石黏土生产量依次排列为佐治亚州、密西西比州、伊利诺伊州、密苏里州、弗吉尼亚州、加利福尼亚州、佛罗里达州、田纳西州、堪萨斯州和得克萨斯州。

经过几十年的开发，世界发达国家和地区凹凸棒石黏土资源应用领域日渐广阔。美国等发达国家在凹凸棒石黏土生产、销售和应用开发等方面已形成了相当完整的体系，开发出的产品广泛应用于农药、医药、化工、石油、建材、环保等很多领域，美国仅Engelhard、Oil-Dri、ITC（Floridin）、Milwhite、Meridian等五大公司年生产销售量已达80万吨左右，其销售额达几十亿美元。

与国外相比，我国凹凸棒石黏土发现较晚，但是其开发利用也有了长足进展。我国凹凸棒石黏土分布在东南部、西部和中部地区，东南部的江苏和安徽是主要的资源产地。江苏凹凸棒石黏土资源居全国之首，分布在苏南的金坛地区以及苏北的六合和盱眙地区。六合和盱眙地区凹凸棒石黏土资源量和生产加工产品的数量均占全国第一位。苏南的金坛凹凸棒石黏土质量差，储量少，不具有大规模工业开采价值。近10年来，在四川、贵州、山西、内蒙古、湖北、河北和甘肃等地陆续发现了一批矿床（点），矿产资源前景可观。

我国盱眙地区凹凸棒黏土品位高、储量大，可与美国佐治亚州的佛罗里达凹凸棒矿相媲美，它主要赋存于第三系上新统下草湾组，中新统桂五组有少量分布。盱眙地区已探明优质凹凸棒黏土储量在6700万吨以上，有用黏土总量达5亿吨以上，占我国储量的72%。

6.2.10.2 矿床特性

国外凹凸棒石黏土主要产于整个白垩纪和第三纪期间。大量的资料证实，整个白垩纪和第三纪期间是世界陆相凹凸棒石黏土的主要形成时期，它们分布在地中海到干旱气候带的北纬20°~40°和南纬10°~35°。浅海和内陆形成的凹凸棒石黏土是半干旱或季节性干旱条件下的重要标志。脉状矿床大多是热液成因，海泡石含量多于凹凸棒石。

世界凹凸棒石黏土矿床类型按产出环境划分为以下6种：① 蒸发岩建造中的凹凸棒石黏土；② 碳酸岩建造中的凹凸棒石黏土；③ 陆源碎屑沉积岩建造中的凹凸棒石黏土；④ 深海沉积物中的凹凸棒石黏土；⑤ 表生土壤中的凹凸棒石黏土；⑥ 碳酸岩裂隙或溶洞中的凹凸棒石黏土。

蒸发岩建造中的凹凸棒石黏土主要形成于干旱气候区的大陆沉积盆地内的化学蒸发岩相中。以西班牙Tajo盆地矿床为代表，一般与海泡石黏土共存，一起构成工业矿体。

碳酸岩建造中的凹凸棒石黏土指产于潟湖环境或边缘环境中形成的碳酸盐建造中的凹凸棒石黏土，它分布广、规模大、质量纯，是最主要的矿床工业类型，以墨西哥尤卡坦半岛矿床和西班牙Lebrija矿床为代表。

陆源碎屑沉积岩建造中的凹凸棒石黏土以西班牙Torrtejon盆地矿床为代表，矿体产在盆地第三系上、下两个矿层中。

深海沉积物中的凹凸棒石黏土含凹凸棒石黏土的深海沉积物，主要产在600m以下海底，一般产在海沟附近。凹凸棒石黏土主要产在沸石质黏土沉积物中。

表生土壤中的凹凸棒石黏土含凹凸棒石黏土的土壤可以是现代土壤和古土壤，一般是钙质的和弱碱性的，也是高盐度的，共生矿物除了黏土矿物外，常见石膏、方解石和白云石。

碳酸岩裂隙或溶洞中的凹凸棒石黏土常产于断层、岩石裂隙和接触变质带中，围岩多为碳酸盐岩，接触变质带常发生蛇纹石化。凹凸棒石常呈纤维状集合体，含量高，常与方解石、蛋白石和石英等共生。该类型凹凸棒石黏土很少能形成工业矿床，如俄罗斯的外贝加尔、外高加索和中亚地区的一些与矽卡岩型多金属矿床有关的凹凸棒石，常以脉状、囊状和壳状产出，仅仅具有矿物学意义。

与国外相比，我国自1976年在江苏六合县小盘山第三纪碱性橄榄玄武岩系的黏土质沉积物夹层中发现灰白色黏土,并被定名为凹凸棒石黏土以来,经过地质勘察工作,沿江苏北部—皖东一带第三系玄武质火山岩分布区相继又发现20多处凹凸棒石黏土大型矿床,构成了我国苏皖凹凸棒石黏土(土状)成矿带,面积1000km^2。在具类似地质条件的河北、内蒙古、山西、甘肃、青海等第三系陆相碎屑沉积层中也发现类似的矿床(点)。在我国西南地区发现了一系列产于二叠系或三叠系灰岩裂隙或溶洞中的凹凸棒石黏土矿床(点),总体呈北东—南西向分布,构成了我国特有的川黔纤维状凹凸棒石黏土成矿带。

根据我国凹凸棒石产出的地质条件与成因,其矿床成因类型可归纳为以下几类:①火山岩区沉积型;②火山风化型;③陆相碎屑沉积型;④湖盆化学沉积型;⑤火山蚀变交代型;⑥接触交代蚀变型;⑦裂隙及溶洞充填型。其中以火山岩区沉积型和火山风化型两种为主(见表6-23)。

表6-23 我国凹凸棒石黏土矿床成因类型及其特征

	成因类型	成矿条件	成矿作用	成矿类型
沉积风化型凹凸棒石黏土矿床	火山岩区沉积型	火山岩区浅水盆地	产于基性玄武岩火山碎屑风化分解形成的成矿组分,于异常水温下,化学沉积形成	江苏盱眙黄泥山、六合白土山南矿区、安徽嘉山
	火山风化型	火山岩区浅水盆地内玄武岩风化壳	玄武岩流及火山碎屑于水下或原地风化沉积分解转化	江苏六合小盘山
	陆相碎屑沉积型	内陆湖盆	源自陆相(可能与火山物质有关)或成矿物质与碎屑物质一起于湖盆中沉积、转化	山西天镇、内蒙古察石等地
	内陆半咸化-咸化湖盆沉积型	内陆咸水湖盆	成矿物质于沉积盆地内化学沉积形成	西宁基地
凹凸棒石黏土矿床热液充填交代型	火山蚀变交代型	火山岩分布区	火山物质低温热液下交代蚀变	江苏溧阳
	接触交代蚀变型	富镁碳酸盐岩与酸性侵入岩的内外接触带	岩浆热液在接触交代蚀变填充	安徽全椒
	裂隙、溶洞充填型	碳酸盐岩裂隙或溶洞内	成矿溶液(表生地下水)于围岩裂隙或溶剂中充填	贵州大方、四川奉节

在凹凸棒石床成因类型中,一般热液型的工业价值小,具有工业价值的是沉积型凹凸棒石黏土矿床。我国凹凸棒石黏土矿床属于火山沉积型矿床,美国属于海相沉积矿床。

凹凸棒石黏土矿是一种开发历史较短的矿产资源,矿床开采工业要求仍处于探索中,目前对于矿床开采工业要求尚无统一规定。

6.2.10.3 矿石结构构造特性

凹凸棒石黏土矿石的类型划分见表6-24。首先根据凹凸棒石形态将矿石分为土状和纤维状两大类，然后根据矿石的矿物共生组合进一步划分。

表6-24 凹凸棒石黏土矿石类型的划分

矿石类型		矿石结构构造	矿物共生组合
土状凹凸棒石黏土	凹凸棒石黏土	表灰色块状，泥质显微鳞片结构	凹凸棒石大于50%，共生矿物：白云石及蒙脱石
	硅质凹凸棒石黏土	浅灰色、灰白色、致密块状构造，隐晶质胶状结构	凹凸棒石20%~50%，共生矿物：硅质矿物（50%~80%）
	混合黏土	灰白浅绿色，泥质显微鳞片结构，块状构造	凹凸棒石10%~50%，共生矿物：蒙脱石、石英
	白云质凹凸棒石黏土	灰白色、白色，致密块状，泥质细粒结构	凹凸棒石20%~50%，共生矿物：白云石20%~80%、石英
纤维凹凸棒石黏土	毡状凹凸棒石黏土	白色、毛毡状、棉絮状、纤维状结构	凹凸棒石大于50%~80%，少量白云石、方解石、石英
	块状凹凸棒石黏土	白色、粉红色，隐晶质胶状结构	凹凸棒石大于50%~80%+方解石
	砂状凹凸棒石黏土	白色、粉红色，砂状结构	凹凸棒石大于20%~80%+方解石+白云石

6.2.10.4 矿物晶体化学特性

凹凸棒石的理论化学式为 $Mg_5Si_8O_{20}(OH)_2(OH_2)_4 \cdot 4H_2O$，国外自20世纪40年代起就开始了有关凹凸棒石晶体结构问题的研究，但直到现在仍存在一些认识上的分歧。目前普遍接受的是Christ的研究结果和Bradley提出的晶体结构模型。Bradley于1940年最早建立了凹凸棒石的晶体结构模型（见图6-32）。由图6-32可见，其基本构造单元是由平行于 c 轴的硅氧四面体双链组成，各个链间通过氧原子连接，硅氧四面体的自由氧原子的指向（即硅氧四面体的角顶）每4个一组，上下交替地排列。这种排列方式使四面体片在链间被连续地连接，从而构成链层状硅酸盐。但四面体的自由氧原子指向的不一致性决定了八面体片是不连续的，形成很多孔道。孔道截面大约为 $0.38nm \times 0.63nm$。

凹凸棒石晶体中含有水，以如下4种形态存在：①表面吸附水；②孔道中的沸石水，以"H_2O"表示；③位于孔道边缘，参与八面体边缘镁离子配位的结晶水，以"OH_2"表示；④ 与八面体层中间阳离子配位的结构水，以"OH"表示。Bradley 根据 X 射线衍射分析产生的 (hk0) 衍射线推导出凹凸棒石结构为单斜晶系，晶胞参数为 $a_0=1.34nm$，$b_0=1.80nm$，$c_0=0.52nm$，空间群为 $C_{2h}^3 - P2/m$。Christ (1969年) 对3个不同凹凸棒石样品 X 射线衍射数据研究后认为，一个样品属于斜方晶胞 ($Pbmn$)，另两个样品属于单斜晶胞，并提出121和12以及161和16双线的出现与否作为判断凹凸棒石是否为单斜晶系的标志。目前多认为自然界存在斜方和单斜两种对称性的凹凸棒石，0.425nm (121)，0.309nm (321)，0.2536nm (161) 衍射峰是斜方晶系的标志线；0.436nm (021)，0.251nm (261)，特别是0.32nm附近的双线是单斜凹凸棒石的标志，若出现单线 0.319nm (400)，则凹凸棒石为斜方晶系。

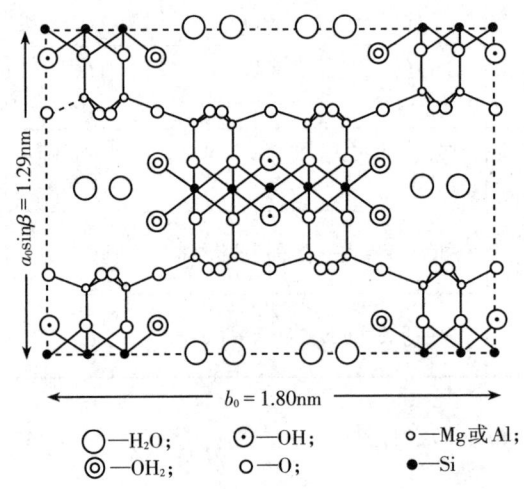

○—H_2O;　⊙—OH;　o—Mg 或 Al;
◎—OH_2;　○—O;　●—Si

图 6-32　凹凸棒石的晶体结构（{001}面的投影）

由于凹凸棒石在形成过程中存在类质同象替代等现象，造成实际产出的凹凸棒石的晶体化学式与理论化学式存在一定的差异。Drits 等根据离子类质同象替代和电荷平衡关系，提出更为合理的晶体化学式：

$$Mg_{5-Y-Z}R^{3+}_{Y\square Z}(Si_{8-x}R^{3+}_X)O_{20}(OH)_2(OH_2)_4E^{2+}_{\frac{X-Y+2Z}{2}}(H_2O)_4 \tag{6-11}$$

在晶体化学式中，R^{3+} 代表 Al^{3+} 和 Fe^{3+}，□代表八面体空位，E^{2+} 代表可交换阳离子。凹凸棒石结构中四面体位置的类质同象替代比较少，一般认为 Al 占据 8 个四面体位置中的 0.01~0.09。然而在八面体中的类质同象替代较为普遍，Al 占据八面体位置的 28%~59%，其他离子，包括 Fe^{2+}、Fe^{3+}、Mn^{2+} 以及少量的过渡金属离子皆可以占据八面体位置。相对低的总层电荷，表现为低的阳离子交换容量(C.E.C)值,通常为5~30meq/100g,可交换阳离子(如Ca^{2+}、Mg^{2+}以及水分子)充填在孔道中。

以上理论研究结果是以纯凹凸棒石晶体结构和化学组成为研究对象的。但众所周知,自然界中并不存在纯净的凹凸棒石,凹凸棒石在形成过程中由于地质条件的变化往往会同时共生出许多其他矿物或吸附其他物质成为集合体,它们的存在会对凹凸棒石的晶体发育程度产生影响,并最终影响凹凸棒石黏土的矿物以及化学组成。以上这种现象最终造成不同地域产出的凹凸棒石黏土的晶体结构和化学组成之间普遍存在差异。

凹凸棒石的基本结构分为3个层次:① 基本结构单元为棒状或纤维状单晶体,棒晶的直径为0.01μm数量级,长度可达0.1~1.0μm;② 由单晶平行聚集而成的棒晶束;③ 由晶束(包括棒晶)相互聚集堆砌而形成的各种聚集体,粒径通常为0.01~0.1mm数量级。结构中含有4种形态的水:表面吸附水、晶体结构内部孔道中的沸石水、位于孔道边部且与边缘八面体阳离子结合的结晶水与八面体层中间阳离子结合的结构水。陈天虎等对凹凸棒石进行了热处理分析,结果显示,65℃开始脱去外表面吸附水,98℃时脱去孔道水,230℃部分脱去结晶水,481℃脱去剩余结晶水,595℃左右缓慢脱去结构水。

凹凸棒石为单斜晶系,晶体结构属2:1型黏土矿物,即二层硅氧四面体夹一层镁(铝)八面体,其四面体与八面体排列方式既类似于角闪石的双链状结构,又类似云母、滑石、高岭石类矿物的层状结构。

凹凸棒石的吸附性取决于它较大的表面积和表面物理化学性质及离子状态,其吸附作用包括物理吸附及化学吸附。物理吸附的实质是通过范德华力将吸附质分子吸附在凹凸棒石的内外表面。表面积和孔结构是其物理吸附作用的重要指标,晶体结构内部沸石通道的存在赋予了凹凸棒石巨大的内比表面积,同时由于单个晶体呈现细小的棒状、针状和纤维状及较高的表面电荷,在分散时棒状纤维并不保持原先的方位,呈现毡状物无规则的沉淀。干燥后,它们密集在一起形成大小不一的次生孔隙。这特征使得凹凸棒石的比表面积很高。此外,晶体内部沸石孔道尺寸大小一致,使其具有分子筛的作用。凹凸棒石的化学吸附作用是其吸附作用的重要体现。其吸附是基于凹凸棒石的表面可能存在的几种吸附中心。

① 硅氧四面体层内因类质同晶置换产生的弱电子供给氧原子,它们与吸附核的作用很弱;② 在纤维边缘与金属阳离子(Mg^{2+})配位结合的负水分子

(OH_2^-),它可以与吸附核形成氢键;③ 在四面体层外表面上由 Si-O-Si 桥氧键断裂形成的 Si-OH 基不仅可以接受离子,而且可以与晶体外表面的吸附分子相互结合,可以与某些有机试剂形成共价键;④ 晶体化学成分的非等价类质同晶置换(Al^{3+}或 Fe^{2+}对 Mg^{2+})及加热造成的配位水(OH_2^-、OH^-)失去而产生的电荷不平衡形成的电性吸附中心。人们曾经详细地研究了凹凸棒石的选择性吸附,发现对下列物质的吸附选择性:水 > 醇 > 酸 > 醛 > 酮 > 正构的烯烃 > 酯 > 芳香族化合物 > 环烃 > 石蜡,直链的烃比支链的烃更易被吸附。当凹凸棒石被煅烧超过88℃时,这种选择性消失。

6.2.10.5 分选理论与试验研究

凹凸棒石黏土是一种以凹凸棒石为主要组分的、具有特殊纤维状晶体结构形态的含水富镁铝硅酸盐矿物,常伴生有蒙脱石、高岭石、水云母、石英、蛋白石及碳酸盐等矿物。凹凸棒石黏土呈土状、致密块状产于沉积岩和风化壳中,呈白色、灰白色、青灰色、灰绿色或弱丝绢光泽,土质细腻,有油脂滑感,质轻、性脆,断口呈贝壳状或参差状。凹凸棒石黏土特殊的矿物组成和晶体结构赋予其独特的理化性质,如吸水性强,湿时有黏性和可塑性,干燥后收缩小,不太显裂纹,水浸泡崩散,悬浮液遇电介质不絮凝沉淀等。因产地不同,凹凸棒石黏土的组成有所不同,凹凸棒石黏土因矿物组成及结晶程度的不同造成其理化性质有较大差异。天然产出的凹凸棒石黏土常不能满足许多应用领域的使用要求,对其进行适当的物理或化学处理能显著改善和提高凹凸棒石的理化性质。此外,高纯度的凹凸棒石黏土矿储量较少,中低品位矿石居多,因此,一般在应用之前要进行选矿提纯才能满足用户的要求。

常规的凹凸棒石黏土选矿提纯方法有重选法、浮选法、磁选法、电选法、化学选矿法等。重选方法简单,成本低,此种选矿提纯使用较多,适用于较多矿提纯。无论是在干法还是湿法提纯中都使用到此方法。在凹凸棒石黏土及其他黏土矿提纯选矿中用得多的是水力旋流器,它是较为有效的细粒分离设备。在黏土行业中采用高梯度磁选机除去凹凸棒石黏土中的铁、钛、锰矿物,提高凹凸棒石黏土的白度。电选法是根据矿物电导率的差异进行分选,当矿物经过选机的高压电场时因矿物电导率不同,作用于矿物的静电也不同,可使矿物得到分离。

凹凸棒石黏土的提纯方法也可分为干法和湿法。

(1) 干法分选

目前，凹凸棒石黏土生产企业大多采用干法选矿，干法选矿比较适合品位较高的矿石。干法是利用空气分级，使不同粒度和体积质量的矿物按粒级在空气介质中得到富集，具有成本低、工艺简单的特点。干法选矿原则流程为：原矿→手选→干燥→破碎→磨粉分级→包装。

干法的关键工艺是磨矿分级，我国生产厂家一般采用雷蒙磨磨粉，用空气分级机(旋风集尘器组)分级。黏土中常含有很多硬颗粒，如石英、方解石等，不易磨碎，通过分级可将它们除去。

美国凹凸棒石黏土生产厂家的干法选矿工艺流程与我国基本相似，只是在细碎后加了焙烧活化工序。工艺流程为：原料→齿辊机粗碎(≤4英寸[①])→齿辊机细碎(不大于1英寸)→烘干、焙烧活化→冷却→破碎→筛分→包装或粉磨包装。

(2) 湿法分选

干法选矿处理品位较低的矿石效果不明显。当凹凸棒石黏土用于化妆品、洗涤剂、助滤剂等要求纯度较高的领域时，干法选矿产品不能满足要求，要用湿法选矿提纯。湿法选矿主要包括分散、分离、脱水等工艺。湿法原则工艺流程为：

凹凸棒石黏土原矿 $\xrightarrow{\text{合适的分散剂}}$ 分散体系 $\xrightarrow{\text{沉降}}$ 胶体 → $\xrightarrow{\text{压滤}}$ 产品
 机械搅拌或加超声波 除去杂质矿物 真空干燥

湿法提纯的技术关键是分散。凹凸棒石黏土具有的膨胀性、胶体性和高黏度，给凹凸棒石和杂质矿物颗粒充分分散和解离、脱水干燥带来很大困难。为了使凹凸棒石黏土矿样在水介质中有效分散，在选择高效率过滤设备的同时，应当选择既可以保持凹凸棒石黏土性质不变，又能满足应用要求的分散剂，并采用高剪切力搅拌，拆散原始晶束和聚集体，形成细小的晶束和棒体。分散剂一般选择焦亚磷酸四钠、ZTSP（一种无机表面活性剂）等。另外，在已含磷酸盐(如焦亚磷酸四钠)分散剂黏土浆液中再加入与分散剂等量的氧化镁或氧化铝及镁、铝的氢氧化物，体系的粘度降低，从而可对浓度较高的矿浆实现除砂分离。

由于凹凸棒石晶体与纤维轴平行的(110)面具有良好解理特性，以及凹凸棒石晶体的层链状晶体结构和棒状、纤维状的晶簇特点，加之晶体表面有利于水

[①] 1英寸≈2.54厘米。

化的高电位，特别是Al^{3+}和Mg^{2+}之间的异价类质同象置换的广泛存在，更有利于产生活性表面而增强水化能力。因此，凹凸棒石黏土分散体系可以通过外力作用(如系统剪切力)达到良好分散。与石英和白云石相比，凹凸棒石黏土表面特有的孔道结构和表面电荷的不平衡性，在凹凸棒石黏土表面形成丰富的吸附中心，使分散剂优先并大量地被凹凸棒石黏土吸附，从而大幅度增加凹凸棒石黏土粒子间总排斥势能，显著提高凹凸棒石黏土悬浮分散的稳定性。而白云石、石英则在重力作用下或离心力的作用下迅速沉降或分离。因此，能够获得凹凸棒石黏土与杂质间的有效分离，达到较佳的提纯效果。自然沉降法、重选法、离心分离法都能达到提纯的目的。所用设备有水力旋流器、卧式离心机等。有时需向矿浆加EDTA、Na_2CO_3等试剂提高沉降分离效果。

近年来，有关凹凸棒石黏土的提纯研究开展较多。金叶玲采用分散剂协同超声水热法纯化超细化凹凸棒石黏土，发现分散剂六偏磷酸钠协同超声水热法能有效提纯和细化凹凸棒石黏土，且具有良好的脱色功效。最佳工艺条件为：加热温度40℃，六偏磷酸钠用量是凹凸棒石黏土用量的3%，搅拌方式为超声波加中速搅拌；所得纯化凹凸棒石黏土为疏松白色针状晶体，粒度$d_{90}<4.7\mu m$，白度达87%，纯度接近100%，且易重新分散于水中。陈天虎通过扫描电镜、透射电镜、XRD等手段分析了来自苏皖的12个凹凸棒石黏土矿床的组分，表明按凹凸棒石主要矿物组合可划分成6种矿石类型，并根据分析结果选择了凹凸棒石型矿石来制取纯样。提纯是用EDTA络合、碳酸钠洗涤、离心及微孔滤膜过滤等步骤相继除去矿石中的碳酸盐、非晶蛋白石、石英等。所得样品纯度经XRD和透射电镜检验评价，纯度大于98%。

6.2.11 海泡石分选

海泡石(sepiolite)是一种含水的层链状镁质硅酸盐黏土矿物。由于其色白质轻，能浮于水。1802年由Brochant取名为"Meershaun"（德文），意思为"海的泡沫"，因此得名为海泡石。海泡石在自然界的产出形态很多，常为致密块状、土状或纤维状聚合体(如图6-33所示)。海泡石的共生矿物有方石英、白云石、方解石、菱镁矿、沸石、天青石、卤化物、硫酸盐类、皂石、富镁蒙脱石等。伴生矿物有凹凸棒石、石英、长石、绿泥石、高岭土、蒙脱石、滑石等。

 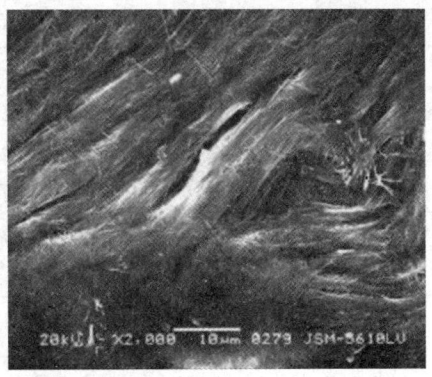

图6-33 我国某地典型海泡石微观结构形貌

海泡石颜色多变,一般呈淡白或灰白色;具丝绢光泽,有时呈蜡状光泽;条痕呈白色,不透明,触感光滑;莫氏硬度一般为2~2.5;体质轻,密度为1.0~2.2g/cm^3,收缩率低,可塑性好,溶于盐酸。

由于海泡石具有特殊的孔道结构,因而比表面积和孔体积很大(理论总表面积可达900m^2/g,孔体积0.385mL/g),故有极强的吸附、脱色和分散等性能。在常温常压下,海泡石吸附的水比其本身质量大2~3倍。

海泡石的热稳定性好,在400℃以下结构稳定,400~800℃脱水为无水海泡石,800℃以上才开始转化为顽火辉石和α方英石;耐高温性能可达1500~1700℃,造型性及绝缘性好,抗盐度高于其他黏土矿物。

由于海泡石的针状颗粒易在水中或其他极性溶剂中分解而形成杂乱的包含该介质的格架。这种悬浮液具有非牛顿流体特性。这种特性与海泡石的浓度、剪切应力、pH值等多种因素有关。

由于海泡石独特的矿物结构和物理化学性能,它被广泛用作钻井泥浆、吸附剂、脱色剂、净化剂、除臭剂、催化剂载体、涂料及化妆品等的增稠剂和触变剂、饲料添加剂、香烟滤嘴原料、玻璃珐琅原料、杀虫剂载体、过滤剂等。据有关资料统计,海泡石的用途达100多种,已成为世界上用途最广泛的矿物原料之一。表6-25和图6-34列出了海泡石的主要用途。

表6-25 海泡石的主要工业用途

应用领域	主要用途
石油、化工	抗盐、抗高温的特殊钻井泥浆、吸附剂、脱色剂、漂白剂、过滤剂、催化剂和催化剂载体,分子筛、离子交换剂、悬浮剂、抗胶凝剂、增稠剂和触变剂等
轻工、医药、食品	制糖、酿酒等的脱色剂,蔬菜汁和果汁的澄清剂,过滤剂,干燥剂,净化剂,除臭、除毒剂,吸附剂,香烟滤嘴,化妆品的增稠剂和触变剂,医药载体等

表6-25（续）

应用领域	主要用途
环保	硫化物、氮化物等废气和各种工业和生活污水的处理，吸附除去各种有机和无机（重金属离子）污染物，室内空气净化，水净化等
机械	型砂黏结剂、电焊条药皮等
非金属材料	隔声、隔热材料；特殊耐高温涂层材料、玻璃珐琅、特种陶瓷等，代替石棉用于摩擦材料等
塑料、橡胶	功能填料
农业	农药、化肥、杀虫剂的载体，饲料添加剂、黏结剂和载体，动物药剂，牲畜垫材和圈舍净化

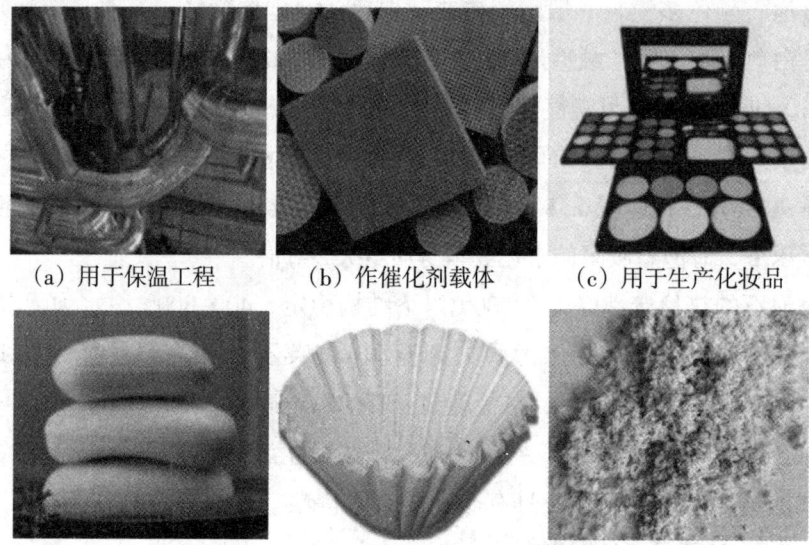

（a）用于保温工程　　（b）作催化剂载体　　（c）用于生产化妆品

（d）用于生产肥皂　　（e）海泡石滤纸　　（f）钻井泥浆用海泡石

图6-34　海泡石的主要工业应用举例

由于海泡石具有很强的吸附能力，所以是一种常用的吸附剂。用作高档吸附材料的一般是经过提纯的脉状海泡石，这种海泡石具有容易在水介质中分散，同时容易分离的优点。利用海泡石的吸附性能制备的产品有猫砂、干燥剂等。据Dandy A. J. 报道，海泡石在273K和298K时对NH_3有强的吸附能力。因此，海泡石适用于动物集中的饲养场，来控制氨的污染程度。海泡石的除氨机理如图6-35所示。

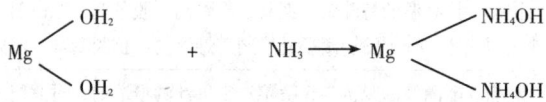

图6-35　海泡石除氨机理示意图

6.2.11.1 资源情况

海泡石属特种稀有非金属矿，在自然界中分布并不广泛。目前，世界上探明的海泡石储量约8000万吨，远景储量可能远大于此，主要生产国有西班牙、中国、美国、土耳其、澳大利亚、俄罗斯、朝鲜、法国等少数国家。西班牙是海泡石资源丰富的国家(已探明储量约3800万吨)，一般加工为成品或半成品出口，出口量占生产总产量的80%，主要销往美国、俄罗斯、日本等。土耳其也是一个较大的海泡石生产国和出口国。美国佐治亚州的海泡石矿床年产量可达1万吨以上。

我国在20世纪80年代初先后在江西东平，湖南浏阳、蓟县发现海泡石矿层，后期又在东秦岭地区以及河北张家口、保定、唐山地区发现海泡石成矿带。我国的海泡石储量相对较丰富，湖南、江西、河北、陕西、安徽等省市均有海泡石矿藏发现。但我国目前还没有发现高品质的土状海泡石。截至2015年，我国湖南省的海泡石探明储量约为2200万吨，占全国已探明储量的70%左右。湖南省已经发现海泡石黏土矿点17处，具有工业开采价值的3处，其中大型1处，中型2处，主要分布在浏阳、醴陵、湘潭、茶陵等地。已探明储量的产地为浏阳永和、湘潭石谭和石门陈家湾3个矿区。伴生的矿物主要为滑石、石英、方解石，次为蒙脱石、高岭石、白云石、绿泥石、沸石、坡缕石等。

6.2.11.2 矿床特性

目前国内外已知的海泡石黏土矿床大致可划分为淋积-热液型和沉积型两大类。沉积型海泡石黏土矿床是海泡石黏土矿的主要工业类型。它又分陆相沉积矿床和海相沉积矿床两个亚型。表6-26列出了我国主要海泡石矿床的地质特征。

表6-26 我国主要海泡石矿床地质特征

矿床类型	地质特征	产地名称
热液型	产于太古界白云质大理岩中，受裂隙控制，呈脉状产出	湖北省广济海泡石
	产于元古界陡山沱组白云质大理岩，泥质灰岩，呈细胞状充填在岩石裂隙中	安徽省全椒马厂海泡石
	产于古老的白云质大理岩与花岗岩接触破碎带中	河南省卢氏海泡石矿床
	产于前奥陶系雁岭沟组白云质大理岩裂隙中，呈脉状并与方解石共同构成矿脉	陕西省商县南部拉林子海泡石矿床
	产于震旦系灯影灰岩中，海泡石呈层理分布	云南省武定县

表6-26（续）

矿床类型	地质特征	产地名称
沉积型	产于二叠系灰岩中，呈层状、似层状产出	陕西省宁强
	产于二叠系茅口组底部的黏土岩中，呈层状	江西省乐平小溪村牯牛岭
	产于第三系上新统下草湾组地层中，呈层状、透镜状	江苏省六合雍小山
	产于第三系上新统草湾组地层中，呈层状、透镜状	安徽省嘉山
	产于二叠系下统栖霞组顶部地层中，呈层状	湖南省浏阳永和
	产于二叠系栖霞组下部地层中，呈层状	湖南省石门陈家湾
	产于二叠系茅口组底部地层中，呈层状、透镜状	湖南省湘潭石潭

海泡石资源赋存时期主要集中在以下时代：寒武纪、晚泥盆世和石炭纪、晚二叠世和三叠纪、晚白垩世和古近纪-新近纪。尤以新近纪、古近纪、三叠纪和二叠纪资源分布最广。热液型海泡石矿床大多赋存于古元古界中，矿床附近有花岗岩体分布。矿产分布比较广泛，矿产地多。除安徽的全椒外，主要集中分布在东秦岭地区。此外，四川石棉、云南武定、河北张家口、湖北广济、贵州等地也发现有海泡石矿产。沉积型海泡石矿产主要产于二叠纪古近纪、新近纪，以二叠纪为主，赋存在二叠系碳酸盐岩地层中，少量赋存于下白垩统中。主要分布在湖南浏阳、湘潭、宁乡、望城、湘乡、石门，江西乐平，陕西宁强，河北唐山等地，其中，湖南浏阳永和、湘潭石潭、宁乡道林为大型矿床。

我国海泡石矿床一般工业要求如下。边界品位：海泡石质量分数≥10%；最低工业品位：海泡石质量分数≥15%；造浆率≥4m³/t；脱色率100%（5%的HCl处理）；开采厚度≥1m；夹石剔除厚度≥1m。

6.2.11.3 矿物晶体化学特性

在结晶学上，海泡石属斜方晶系或单斜晶系，D_{3d}^3-Pm1；$a_0=1.34$nm，$b_0=2.68$nm，$c_0=0.528$nm，$\beta=90°$；$Z=2$。海泡石的化学成分较为简单，主要为硅（Si）和镁（Mg），其理想的晶体化学式是$Mg_8[Si_{12}O_{30}](OH)_4(OH_2)_4 \cdot 8H_2O$。其中，$SiO_2$质量分数一般在54%~60%，MgO质量分数多在21%~25%范围内，并有少量置换阳离子，如Mg^{2+}、Fe^{2+}或Fe^{3+}、Mn^{2+}等置换。其电荷主要由四面包体中的Al^{3+}和Fe^{3+}对Si^{4+}的类质同象置换所产生，故能产生变种海泡石。

海泡石晶体结构中存在一维结构通道，通道横截面积0.37nm×1.64nm，因而含较多的沸石水，晶体结构及单位晶胞在{001}面的投影如图6-36所示。

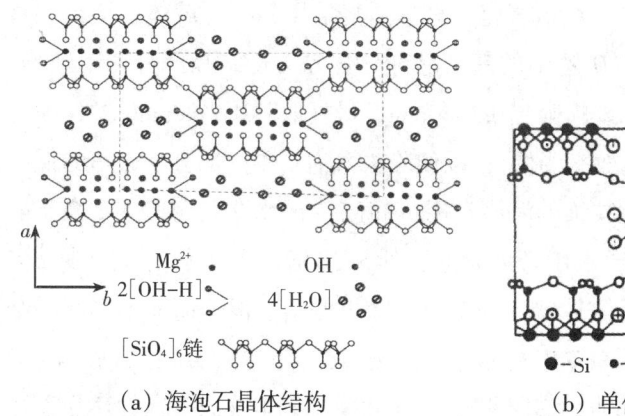
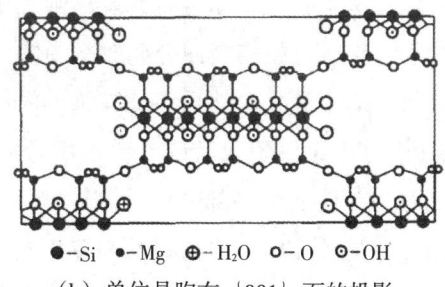

(a) 海泡石晶体结构　　　　(b) 单位晶胞在 {001} 面的投影

图 6-36　海泡石晶体结构

海泡石的矿物结构与凹凸棒石大体相同，都属链状结构的含水铝镁硅酸盐矿物。在链状结构中也含有层状结构的小单元，属 2∶1 层型，所不同的是这种单元层之间的孔道不同。海泡石的单元层孔洞可加宽到 0.38~0.98nm，最大者可达 0.56~1.10nm，即可容纳更多的水分子（沸石水），使海泡石具有比凹凸棒石更优越的物理、化学性能和工艺性能。这就是海泡石成为该族矿物中具有最佳性能和广泛用途的关键所在。同时，它的三维立体键结构和 Si-O-Si 键将细链拉在一起，使其具有一向延长的特殊晶型，故颗粒呈棒状，微细颗粒则呈纤维状。结构中的开式沟枢与晶体长轴平行，因而，这种沟枢的吸附能力极强。

6.2.11.4　分选理论与试验研究

与西班牙、土耳其等国家海泡石矿石品位高，杂质大多为以碳酸盐为主且提纯较为简单不同，我国发现的海泡石矿大多是沉积型，矿石品位低，原矿含量一般在 10% 左右，而且所含化学方法难以去除的石英、滑石等杂质成分较多。然而在材料性能研究和新产品研发过程中，对产品纯度的要求较高，不经提纯的海泡石仅能用于简单的填料、辅料，根本无法工业应用。因此，选矿提纯不仅可以充分利用中、低品位海泡石矿，而且可以提升海泡石的应用性能和应用价值，进一步开拓海泡石的应用领域。

海泡石的选矿提纯方法有湿法和干法两种，但大多数采用湿法。湿法选矿提纯工艺以控制分散、重力和离心力及选择性絮凝分离等物理方法为主，辅之以利于分离的化学药剂的综合选矿提纯工艺。含海泡石 21.8%~35% 的海泡石原矿经选矿提纯后，可将海泡石富集到 90% 以上。

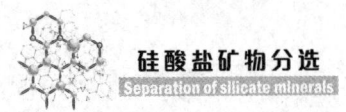

日本以提纯的海泡石加工制造氢化处理重质烃油用的多孔载体，提纯和精制时要求不破坏海泡石黏土矿物中的高结晶部分并除去低结晶部分和不纯物。具体方法是：先将海泡石原矿粉碎到0.2~40mm，最好取其0.3~20mm粒级（因为粒径过细或过粗均会使分离效率降低），以便除去海泡石中一部分易破坏的低结晶部分与不纯物。然后将此粒级的海泡石用pH值5~9的水介质淘洗。水介质的pH值可用无机酸或碱调节，水用量为海泡石的5~20倍。淘洗采用搅拌或鼓泡等方法，使低结晶部分成为胶体状，为了完全除去低结晶部分而又不引起高结晶部分的胶体化，应通过洗净工序去掉黏土矿物中5%~50%（最好是10%~40%）的胶状物。精制物最好以200℃恒温干燥，使含水量达到40%以下，并注意不让黏土矿物的结晶构造发生变化。精制过的黏土矿物，高结晶部分占70%以上（最好可达90%以上），除SiO_2、MgO和水以外的Al、Fe、Ca、Na、K及其他氧化物等不纯成分的质量之和为5%以下（最好在3%以下）。

此外，日本还开发了将海泡石矿加入过氧化氢或多元醇然后再分散在热水中的提纯方法。例如：将500g海泡石放进装有含0.5%聚乙烯乙二醇（分子量1000）溶液的容器中，在90℃保持10min，然后滤去溶液，干燥滤饼即得不含杂质的海泡石。该提纯物料可用于生产手术绷带。

6.2.11.5 分选实践

我国已发现的江西乐平、湖南浏阳和湘潭等大型海泡石矿床为海相沉积型，海泡石品位分别为30%、16%~25%、30%。浙江地质科学院研究测试中心提出的海泡石黏土选矿工艺，成功地解决了海泡石黏土矿的提纯和精矿脱水两个技术难题，因而在江西乐平及湖南湘潭分别建成了年产3000t及500t精矿的选矿厂。选厂入选原矿石品位约为25%，精矿品位可达80%~90%，甚至更高，尾矿品位在5%以下。其工艺过程大致是：原矿经晒干后，搅拌造浆（加药剂），离心分离，压滤，晒（或烘）干，然后粉碎成精矿粉。

我国湖南省地矿局矿产测试利用研究所对石门陈家湾、浏阳永和等矿区的海泡石进行了选矿富集研究，海泡石品位20%的原矿，经一次精选就可获得91%~95%的高品位精矿和回收率大于50%的较好指标。其加工工艺是：首先除借助机械作用力外，还针对矿石性质适当加入某种分散剂，使黏土粒子的电荷增大，有害离子形成难溶的盐类或稳定的络合物；接着采用综合法使海泡石同方解石、石英、滑石分离。浏阳海泡石公司的年产3000t精矿的选矿车间使用的就是这种流程。

本章参考文献

[1] US Geological Survey. Mineral Commodity Summaries 2009[M]. Washington DC: US Government Printing Office,2009.

[2] Ober J A. Mineral commodity summaries 2016[R]. US Geological Survey,2016.

[3] 崔越昭. 中国非金属矿业[M]. 北京:地质出版社,2008.

[4] 《非金属矿工业手册》编辑委员会. 非金属矿工业手册(上、下册)[M]. 北京:冶金出版社,1992.

[5] 丁浩,邓雁希,王福利,等,绢云母选矿的研究现状与发展趋势[J]. 中国非金属矿工业导刊,2006,6:33-36.

[6] Pietrobon M C,Grano S R,Sobieraj S. Recovery mechanisms for pentlandite and MgO-bearing gangue minerals in nickel ores from Western Australia[J]. Minerals Engineering,1997,10(8):775-786.

[7] Chen G, Grano S,Sobiera S,et al. The effect of high intensity conditioning on the flotation of a nickel, part 2: mechanisms[J]. Minerals Engineering,1999,12(11):1359-1373.

[8] Feng B,Feng Q,Lu Y,et al. Effect of solution conditions on depression of chlorite using CMC as depressant[J]. Journal of Central South University,2013,20(4):1034-1038.

[9] Silvester E J,Bruckard W J,Woodcock J T. Surface and chemical properties of chlorite in relation to its flotation and depression[J]. Mineral Processing and Extractive Metallurgy,2011,120(2):65-70.

[10] 郑爱云,赵军伟,王虎. 我国叶蜡石开发技术研究现状及应用前景[J]. 矿产保护与利用,2004(4):52-54.

[11] 彭勇军,李清梅,许时. 我国伊利石矿的开发与应用现状[J]. 矿产保护与利用,1995(3):17-18.

[12] 马玉恒,方卫民,马小杰. 凹凸棒土研究与应用进展[J]. 材料导报,2006,20

(9):43-46.

[13] Gruner J W. The crystal structures of talc and pyrophyllite[J]. Zeitschrift für Kristallographie-Crystalline Materials,1934,88(1-6):412-419.

[14] 周婷婷,张晓丹,刘克爽,等. 我国膨润土资源的利用与研究进展[J]. 矿产保护与利用,2017(3):106-111.

[15] Kavas T,Sabah E,Elik M S. Structural properties of sepiolite-reinforced cement composite[J]. Cement & Concrete Research,2004,34(11):2135-2139.

[16] 李国胜,梁金生,丁燕,等. 海泡石矿物材料的显微结构对其吸湿性能的影响[J]. 硅酸盐学报,2005(5):604-608.

[17] Molina-Sabio M,Caturla F,Rodriguez F,et al. Porous structure of a sepiolite as deduced from the adsorption of N_2,CO_2,NH_3 and H_2O[J]. Microporous & Mesoporous Materials,2001,47(2/3):389-396.

[18] Gonzalez J C,Molina-Sabio M,Rodrguez-Reinoso F,et al. Sepiolite-based adsorbents as humidity controller[J]. Applied Clay Science,2002,20(3):111-118.

7 架状结构硅酸盐矿物的分选

架状结构硅酸盐矿物是自然界中最常见的造岩矿物，通常硬度较大，颜色浅，密度低。根据各种矿物性质的不同，架状结构硅酸盐主要包括石英族、长石族和沸石族等系列矿物。本章以典型的架状结构硅酸盐矿物为基础，从石英、长石和沸石的资源情况、矿床特性、矿石结构和构造、矿物晶体化学特性、矿物分选理论与试验和分选实践等方面详细介绍了架状结构硅酸盐矿物的性质及其分选特点。借助典型架状结构硅酸盐矿物的分选实例，阐述了硅酸盐矿物架状骨干结构特点等与分选工业实践的关系。

7.1 架状结构硅酸盐矿物的分选特点

在架状结构硅酸盐矿物的晶体结构中，每个$[SiO_4]$四面体的4个角顶全部与其相邻的4个$[SiO_4]$四面体共用，形成类似氧化物中石英的Si-O架状结构。由于部分$[SiO_4]$中的Si^{4+}被Al^{3+}代替，出现了多余的负电荷，而由阳离子进入晶格中进行补偿，从而形成铝硅酸盐。架状硅酸盐的结构是晶体中最复杂的结构。例如，方钠石的硅氧骨架可看成由一系列四元环或六元环再连接而成；长石则可视为由一系列四元环首先连成平行于a轴的曲轴状双链，由后者再连接成架状硅氧骨干。由于架状硅氧骨干是一个三维的骨架，它在不同方向上的展布一般不如链状和层状硅氧骨干那样具有明显的异向性，因而，架状结构硅酸盐矿物常表现出近于等轴状的外形，具有多方向的解理、双折射率小等特点。当四面体在三维空间排列均匀，各方向的键力无明显差异时，呈粒状，解理也差，如白榴石；当四面体排列不均匀，某方向的键力强于或弱于其他方向时，则呈片状、板状或柱状、针状，相应也会出现完全解理，如长石、沸石等。同时，架状结构硅酸盐矿物由于很少含Fe^{2+}和Mn^{2+}等色素离子，结构中存在很大空

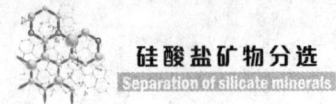

隙，因而一般颜色较浅，相对密度较小。架状结构中键力较强，所以硬度较大（略低于氧化物和岛状及环状结构硅酸盐矿物）。

在含架状结构硅酸盐矿物的矿石中，单一分选技术一般很难获得理想的分选指标，而往往需要将两种或多种分选方案联合使用。例如，石英矿物的分选以擦洗、磁选、浮选、酸浸等为主，随着选矿技术研究的不断深入，也引进了电选和生物分选法等。在分选工艺方面，根据石英用途不同和所含杂质矿物的种类不同，所采用的分选提纯工艺也不同，主要有以下几种选矿工艺组合：水洗脱泥—擦洗（或磨矿）—分级，擦洗—脱泥—磁选（或重选），擦洗—脱泥—浮选，棒磨—擦洗—脱泥—磁选—浮选—酸浸。矿物分选方案的确定，需要充分了解其矿床特征、矿石组成、结构构造和晶体结构等性质。

7.2 典型架状结构硅酸盐矿物的分选

7.2.1 石英分选

地壳中克拉克值最高的元素 O 和 Si 分别含有 46.6%和 27.72%，自然界中氧和硅经常化合在一起。从地壳表面往下 16km，几乎有 65%是硅和氧的主要化合物，也就是通常所说的石英（quartz）。石英又称硅石，是地壳中分布最广泛的矿物之一。天然石英的主要成分为 SiO_2，常含有少量杂质成分如 Al_2O_3、Na_2O、CaO、MgO 等，并有多种类型。日用陶瓷原料所用的有脉石英、石英砂、石英岩、砂岩、硅石、蛋白石、硅藻土、粉石英等，水稻外壳灰也富含 SiO_2。石英外观常呈白色、乳白色、灰白半透明状态，莫氏硬度为 7，密度为 $2.65\sim2.66\text{g/cm}^3$。断面具玻璃光泽或脂肪光泽，密度因晶形而异（在 2.22~2.65 波动）。跟普通沙子、水晶是"同出娘胎"的一种物质。当二氧化硅结晶完美时，无色透明的就是水晶，乳白色的为乳石英；二氧化硅胶化脱水后就是玛瑙；二氧化硅含水的胶体凝固后就成为蛋白石；二氧化硅晶粒小于几微米时，就组成玉髓、燧石、次生石英岩。化学性质稳定，耐高温、耐酸（氢氟酸除外），微溶于氢氧化钾溶液。石英晶体内含有细小的气泡或液体充填裂隙时，会通过干涉光产生彩虹，可制成精美的首饰。

石英的用途也相当广泛。远在石器时代，人们就用它制作石斧、石箭等简单的生产工具，以猎取食物和抗击敌人。石英钟、电子设备中把压电石英片用作标准频率；熔融后制成的玻璃，可用于制作光学仪器、眼镜、玻璃管和其他产品；还可以作精密仪器的轴承、研磨材料、玻璃陶瓷等工业原料。石英主要作生产玻璃及其制品的原料、冶金熔剂、耐火材料、陶瓷釉面、铸造型砂等（见图7-1和表7-1）。

(a) 石英玻璃

(b) 石英用于陶瓷坯体及釉料

(c) 石英板耐火材料

(d) 石英球研磨材料

(e) 石英用于工业生产水玻璃

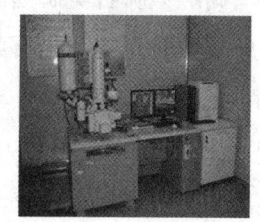
(f) 石英用于制造电子显微镜

图7-1　石英的主要工业应用举例

表7-1　石英砂岩的主要用途

应用领域	类型	主要用途
玻璃及玻璃制品工业	建筑玻璃	制造各种平板玻璃、夹丝玻璃、压花玻璃、玻璃砖、空心玻璃、泡沫玻璃等
	日用玻璃	制作瓶罐及玻璃器皿，如啤酒瓶、玻璃杯、保温瓶及装饰品等
	技术玻璃	制作光学玻璃、玻璃仪器、玻璃纤维、导电玻璃、保温瓶及装饰品、石英坩埚、激光光源和辐照光源型石英玻璃等
机械工业	铸造	造型用砂及研磨材料
电子工业	原料	高纯度金属硅、电子塑封用熔融硅微粉、光导纤维等
冶金工业	辅料	作冶炼添加剂、溶剂以及各种硅铁合金
耐火材料工业	窑炉	窑用高硅砖、普通砖及耐火粉料等
水泥工业	水泥	沙子水泥配料
	水泥制品	加气混凝土、普通制品等
化学工业	硅酸钠	制作水玻璃及无定型二氧化硅等
	无水硅酸	硅胶、干燥剂、石油精炼催化剂
其他		橡胶、塑料的填料，防腐蚀和耐磨、道路标志涂料的填料，石油钻井（压裂砂）等

7.2.1.1 资源情况

我国的石英矿床种类多，但质量不高，多为石英岩、石英砂岩和天然石英砂，三者占我国石英矿资源的99.07%，而高品质的脉石英仅占我国石英矿资源的0.93%。我国石英砂资源丰富，分布广泛且相对集中。其中，西北地区的石英砂资源储量占全国石英砂资源储量的49%，中南部占19%，华东地区占15%，东北地区占8%，华北地区占5%，西南地区占4%。

我国相同种类的石英矿分布相对集中。比如：石英矿岩多分布于四川、湖南、江苏、浙江及山东等地；石英砂矿岩主要分布于福建、广东、广西的南部和海南西北部及山东北部这些沿海地带，还有西辽河东部、黄河中游及鄱阳湖、骆马湖畔；脉石英矿则散布于四川、黑龙江、湖北等地的变质岩区。根据石英矿的成矿时间和我国石英资源的分布及主要矿床，可将石英矿资源划分为8大成矿区。

① 辽—翼—豫石英（砂）岩分布区。从最北的吉林浑江经过辽宁、河北、北京、山西到河南方山，基本上呈北东向展布，并严格地受元古界及震旦系含矿层控制，为我国主要含矿区。

② 长江流域砂岩分布区。东起于江苏、浙江，经江西至湖北，往北扩展至陕西汉中，往南延伸至广西、湖南、贵州，为我国南方的主要成矿区。

③ 南沿海砂矿分布区。主要于东南沿海分布，北起闽南晋江，南至广西北海，为我国主要海砂矿分布区。

④ 通辽砂矿分布区。为西辽河—柳河广大地区，目前矿床主要集中于郑大铁路沿线一带，为我国北方硅质原料的主要供应基地之一。

⑤ 黄河沿岸砂矿分布区。如兰州河湾砂矿和内蒙古四道泉砂矿等。

⑥ 宿迁、南宁、当阳砂矿分布区。受原沉积盆地控制。分别单一孤立地出现。

⑦ 沂南石英砂岩分布区。沂南地区大面积分布着石英砂岩。

⑧ 辽南—凤阳石英岩分布区。分布较稳定，矿床规模大，质量好。

截至2005年底，我国查明硅质原料矿产地228处，查明资源储量$47×10^8$ t（见表7-2）。从数量上看，我国硅质原料矿产供大于求，除满足国内需要外，尚有部分出口；从品种上看，优质硅质原料不足，在一定程度上影响了部分产品质量的稳定和提高。

表7-2 我国各地区硅质原料查明资源储量额的分布(矿石) 单位：万吨

地区	石英岩	石英砂岩	石英砂	脉石英	合计
华北	2030	10259	7467	30.5	19786.5
东北	25844	697	9309	709.6	36559.6
华东	13260	40210	43206	1660	98336
中南	4634	9349	92175	462.7	106620.7
西北	185648	2209	3282	552.4	191691.4
西南	0	15630	0	1444.3	17074.3
全国	231416	78354	155439	4859.5	470068.5

资源来源：据国土资源部《全国矿产资源储量通报》，2005。

7.2.1.2 矿床特性

自然界的石英砂、石英砂岩、石英岩统称为硅质原料。我国硅质原料矿床主要有5种类型。

① 沉积变质石英岩矿床。大多数生成于地台边缘构造沉降带，属滨海-前滨相沉积，后期受成岩作用和轻微的浅变质作用而形成。属于此类型的有辽宁本溪小平顶山、安徽凤阳老青山等石英岩矿床，规模多为大型，矿体呈层状，厚数十米至数百米，不含或少含夹层，夹层呈规律分布。矿石的矿物成分中石英占95%~99%，不含或少含长石、黏土矿物及岩屑，常见的微量矿物有云母、电气石、锆石、金红石、磁铁矿、磷灰石等。矿石化学成分：SiO_2含量为96.42%~99.78%，一般不大于97%；Al_2O_3含量为0.14%~1.5%，一般小于1%；Fe_2O_3含量为0.08%~0.2%，一般小于0.15%。矿石质量较好，粒度以细粒为主，一般多在0.2~0.4mm。

② 沉积石英砂岩矿床。生成于古陆或古隆起边缘的陆缘海边部，多属潮间-潮上带沉积。属于此类型的有江苏苏州清明山、湖南湘潭雷子排、贵州凯里万潮等石英砂岩矿床，规模以大型为主。矿体呈层状，一般有2~3层或4~5层矿，层厚一般数十米，但很少超过50m。矿体形态尚属稳定，多含似层状或透镜体夹层，分布不规律。矿石矿物成分中石英含量占95%以上，粒径以0.2~0.5mm为主，呈棱角状-次圆状，含少量长石、黏土矿物及岩屑，常见的微量矿物有云母、电气石、锆石、金红石、磁铁矿、钛铁矿、赤铁矿、磷灰石等。硅质、黏土质胶结，具不同程度的次生铁染。矿石化学成分如下：SiO_2含量为95.58%~99.75%，一般大于96%；Al_2O_3含量为0.29%~3%，一般小于1.5%；Fe_2O_3含量为

0.01%~0.24%，一般小于0.2%。本类型矿石原矿质量一般次于石英岩矿石，不同矿床的矿石质量差别也大，但矿石可选性能一般较好，经选矿后可获得优质精矿。此外，分布于四川江津、永川和湖北当阳的中生代石英砂岩矿，属内陆湖相沉积矿床。

③海相沉积石英砂矿床。矿床沿海岸分布，属滨海前滨潮下–潮间带沉积砂矿。属于此类型的有福建东山梧龙、广东惠东碧甲、广东阳东大沟、广东雷州企水、海南东方八所、广西北海白虎头、山东荣成和旭口等石英砂矿床。矿床规模多为大型。矿床一般高于海平面数十厘米至1米左右，滩面或矿层面以小角度向海方向倾斜，矿层底部为滨海潮间相富有机质砂质黏土。矿体呈层状，厚数米至十余米，含透镜体夹层，多为有机质黏土砂。矿石矿物成分中石英含量为90%~99%，多为中、细粒，粒度均匀，分选良好，含少量长石、黏土矿物及岩屑，常见微量矿物有云母、电气石、锆石、金红石、磁铁矿、钛铁矿、白钛矿、石榴子石、独居石等，有的含铬尖晶石，具不同程度的次生铁染。矿石化学成分：SiO_2含量为92.12%~98.45%，一般大于92%；Al_2O_3含量为0.1%~3.5%，一般小于2.5%；Fe_2O_3含量为0.01%~0.21%，一般小于0.2%。矿石质量较好，各产地虽有变化，但具有一定的规律性，矿物成分、化学成分及颗粒组成三者之间关系较为密切。

④河湖相沉积石英砂矿床。分布于黄河中游两侧的甘肃兰州虎脖子嘴、内蒙古鄂托克旗四道泉等石英砂矿床，属滨河相河漫滩沉积。分布于江苏沂河、沭河与骆马湖交界处和马陵山麓一带的江苏宿迁白马涧、新沂城岗等的石英砂矿床，属河流三角洲相沉积，矿层交错层理发育，结构复杂，厚度变化大，矿石质量差，黏土质弱胶结，淘洗后砂泥分离，进一步选矿分离长石后，可获高品位的石英砂精矿。分布于东北通辽盆地的吐尔基山、甘旗卡、章古台等石英砂矿床，属河湖相沉积，矿层分布稳定，矿石物质成分及粒级均匀，矿层内部结构简单，夹层多为含有机质黑、灰色黏土砂层，全新统盆地上升后产生风成堆积，形成现今的风成地貌景观。矿床规模小到大型，矿体呈不规则状或透镜体，一般厚数米，含不同矿体或黏土层组成的透镜状夹层，分布无规律。矿石矿物成分中石英含量为80%~95%，含较多的长石、黏土矿物及岩屑，常见的微量矿物有云母、电气石、锆石、金红石、磁铁矿、钛铁矿、石榴子石、绿帘石、绿泥石等，具不同程度的次生铁染质。矿石化学成分：SiO_2含量为81.70%~98.46%，Al_2O_3含量为1.5%~9.29%，Fe_2O_3含量为0.07%~1.03%。

⑤湖相沉积石英砂矿床。主要为分布于江西鄱阳湖东岸湖口、永修等地的近代滨湖相沉积石英砂矿床，现在仍在接受湖相沉积。矿床规模小到大型，矿体呈层状，厚数米，夹层分布较规律。矿物成分中石英含量占90%以上，含较多的长石、岩屑，常见的微量矿物有云母、电气石、金红石、磁铁矿、石榴子石、绿帘石、绿泥石等，具不同程度的次生铁染。矿石化学成分：SiO_2含量为92%~95.54%，一般为93%；Al_2O_3含量为0.1%~5.5%，一般为2.5%；Fe_2O_3含量为0.07%~0.32%，一般为0.16%。

按照石英砂、石英砂岩、石英岩的区别，可将我国硅质资源矿床的分布特性概括为以下3类。

一是石英砂矿床，分布于海南、江西、广东、福建、内蒙古、吉林、广西、江苏、山东、辽宁、甘肃、黑龙江、新疆、宁夏等。海南占49.69%、江西占11.38%、广东占11.14%。我国石英砂矿多分布于东部及胶东半岛沿海第四纪近代滨海沉积中，主要成矿带为南海岸石英砂矿分布带，北起闽南，包括广东省的惠东、阳西、雷州以及海南省，直至广西北海，是我国海砂矿主要的开发利用对象。河湖相沉积石英砂矿床主要分布于内蒙古及吉林、辽宁接合部位的通辽盆地第四系中。通辽石英砂矿分布区范围包括西辽河-柳河地区，矿床主要集中于大郑铁路沿线一带，是我国北方玻璃硅质原料的主要供应基地之一。河流冲积相石英砂(岩)矿床主要分布于黄河中游沿岸及安徽宿迁一带的新近系中，湖相沉积石英砂矿床见于江西湖口至永修一带的鄱阳湖东岸一级或二级阶地的第四系中，部分矿床已为其附近的玻璃厂所利用。

二是石英砂岩矿床。分布于山东、四川、河北、江西、湖南、江苏、浙江、贵州、山西、湖北、云南、宁夏、吉林、广西、陕西、北京、新疆、甘肃、内蒙古等省(自治区、直辖市)。其中，山东占28.16%，四川占11.83%、河北占9.03%。

我国石英砂岩矿主要产于扬子地台沉积盖层中，产出层位以泥盆系为主，其次有震旦系、寒武系、侏罗系、三叠系及新近系，矿层往往赋存在浅海相或海陆交互相沉积中。主要成矿区为长江流域石英砂岩分布区，东起江苏、浙江，西至湖北，往北扩至陕西汉中，往南扩至湖南、贵州，分布矿床多，规模较大，质量较好。此外，山东沂南、苍山等地的寒武系中已发现数个大型石英砂岩矿床，形成又一个石英砂岩成矿区。

三是石英岩矿床。分布于青海、辽宁、陕西、安徽、山东、河南、甘肃、福建、山西、浙江、河北、内蒙古、江苏、新疆、江西、吉林等省（自治区、直辖市）。其中，青海占69.25%，辽宁占12.45%，陕西占7.80%。

我国石英岩矿主要产于华北地台次级沉降带和祁连褶皱带，在扬子地台也有分布，含矿层位多为前寒武系，部分为志留系、泥盆系。主要成矿区为辽、冀、豫石英岩（石英砂岩）分布区，从吉林白山经辽宁、河北、北京、山西止于河南，大致呈北东向展布并严格地受震旦纪含矿地层的控制。另一成矿区为西宁-渤海湾石英岩（石英砂岩）分布带。矿带围绕中朝地台西部边缘分布，矿床规模与质量不如前者，但为我国西北地区的主要开采利用对象。沉积变质石英岩主要成矿带为辽南-凤阳石英岩分布带，矿床见于辽宁庄河、江苏邳县、安徽凤阳等地。

7.2.1.3 矿石结构构造特性

硅石除了主要矿物石英外，通常伴有长石、云母、黏土和铁质等杂质矿物。制备的高纯和超高纯石英原料，除了二氧化硅外其他都是杂质，其中主要的有害杂质是含铁和含铝杂质，所以硅质原料提纯方法和工艺流程的进步及改进，也主要体现在对含铁杂质和含铝杂质的有效脱除上。

铁在硅石中常以以下几种形式存在：存在于微细粒状态的黏土，或者高岭土化的长石中；以氧化铁薄膜形式附着在石英颗粒的表面；含在重矿物和铁矿物等颗粒中；在石英颗粒内部呈浸染或透镜状态或以固溶态存在于石英晶体内部。此外，加工过程中也会混入一定量的机械铁。

含铝杂质主要来自长石、云母和黏土矿物，还有Al^{3+}替代Si^{4+}存在于石英晶格中。这种异价类质同象的替换，常造成碱金属阳离子进入结构空隙，以保持电子的平衡，形成结构杂质。

此外，硅石中普遍存有流体包裹体，按其成因可分为原生包裹体、假次生包裹体、次生包裹体三类。

原生包裹体是先于主矿物或与主矿物同时形成的包裹体，其特点是包裹体生成后不发生空间上的移动。原生包裹体占据主矿物结晶构造位置上，均匀分布于晶体中。

假次生包裹体是在主矿物结晶过程中，由于应力和构造作用，使已结晶的矿物发生破碎和裂开，在这些裂隙中，成矿溶液又重新进入而产生重结晶时形成的包裹体。其特点是形成之后在空间上发生过位移。假次生包裹体外端终止于晶体内的一个生长面,并存在着明显的排列面。

次生包裹体是形成于主矿物结晶基本完成之后任何过程的包裹体,晶体形成后,因受外界作用力的影响而破裂,产生裂隙,这时在环境中活动的含矿溶液就有可能渗入晶体内成为包裹体。次生包裹体一般在后期构造愈合的位置上,常沿裂隙分布,且几组包裹体可以相交,形状较为复杂。

流体体积很小,一般直径在微米左右,粉碎石英矿时,次生包裹体就容易被机械破裂,但原生包裹体就很难破裂消除,即使用高温滚烧也只能将表面局部气体包裹体炸裂,不足以改变内部微小气泡的状态。流体包裹体中的小分子气体可以通过高温和延长排气时间等排出,但CO、CO_2等气体极难从固体或熔体中排出,造成熔制产品缺陷。

7.2.1.4 矿物晶体化学特性

石英族矿物是氧化物中架状结构的典型代表,[SiO_4]四面体以角顶相连,其中的硅呈4次配位。形成时的温度和压力不同,导致[SiO_4]四面体间的相互分布位置发生改变,Si-O-Si的角和晶格对称也发生变化,产生各种变体。

石英在自然界已发现有8个石英同质多相变体,即α-石英、β-石英、α-鳞石英、β-鳞石英、α-方石英、β-方石英、柯石英、斯石英。在自然界中,石英主要是呈α-石英状态产出的。随着温度的变化,变体转变分为两种类型。第一种是α⇌β型或高低温转变,其特点是当达到转变温度时,迅速发生转变,在2~3s内完成相转变。这种转变是可逆的,并且在一定温度下,转变是在全部晶体内发生的,晶体结构没有被破坏,仅仅是晶体结构的对称性发生了微小变化。第二种是迟钝型转变,其转变特点是伴随着相变,原有结构被破坏,质点重新排列形成新的结构,需要较长时间才能完成相转变。

迟钝型转变:

$$\beta\text{-石英} \rightleftharpoons \beta\text{-鳞石英} (870℃) \tag{7-1}$$

$$\beta\text{-鳞石英} \rightleftharpoons \beta\text{-方石英} (1470℃) \tag{7-2}$$

$$\beta\text{-方石英} \rightleftharpoons \text{石英玻璃} (1713℃) \tag{7-3}$$

α⇌β型转变:

$$\alpha\text{-石英} \rightleftharpoons \beta\text{-石英} (573℃) \tag{7-4}$$

$$\alpha\text{-鳞石英} \rightleftharpoons \beta_1\text{-鳞石英} (117℃) \tag{7-5}$$

$$\beta_1\text{-鳞石英} \rightleftharpoons \beta_2\text{-鳞石英} (163℃) \tag{7-6}$$

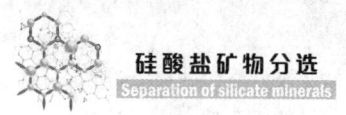

$$\alpha\text{-方石英} \rightleftharpoons \beta\text{-方石英}(180\sim270℃) \qquad (7\text{-}7)$$

β-石英与α-石英相比，其结构是空旷的。随着温度的升高，α-石英晶体中[SiO₄]四面体持续转动使晶体的热膨胀速度加快，接近转变温度时热膨胀率最大，当开阔空隙完全胀满时即形成了β-石英，热膨胀不仅停止，反而出现负的膨胀性。因此，石英作为耐火材料和陶瓷原料时，在生产工艺过程中必须考虑到伴随石英相转变而出现体积膨胀给产品带来的不利因素，尽可能生成玻璃相。

低温石英（α-石英）是石英族矿物中分布最广的一个矿物种，也是地球表面分布最广的矿物之一。其晶体结构如图7-2所示，属三方晶系，空间群 D_3^4-$P3_121$，为三方偏方面体晶类，对称型符号为 D_3-32(L^33L^2)。其晶胞参数为：$a_0 = b_0 = 0.491$nm，$c_0 = 0.541$nm，$\alpha = \beta = 90°$，$\gamma = 120°$，$Z = 3$。α-石英的结构中，[SiO₄]四面体在 c 轴方向上作螺旋形排列，这一特点与β-石英的晶体结构差别不大，好似围绕三次螺旋轴旋转7°，Si-O-Si角由180°变为144°（Si-O键为1.597，1.617nm，O-O键为2.604，2.640nm）。结果促使一组二次对称轴消失，以及六次轴变为三次轴，但硅氧四面体群之间的连接形式不变，沿螺旋轴 3_2 或 3_1 所作顺时针或逆时针旋转而分成左形或右形（见图7-3）。这种结构上的左右形同形态上习惯规定的左右形相反，结构上的左形和右形分别为形态上的右形和左形。α-石英的其他物理性质中所指的左右形大都与形态上的左右形相当。α-石英晶体结构上的各向异性突出地表现在平行于 c 轴和垂直于 c 轴两个方向上，并且明显地反映在晶体物理向量性能上。

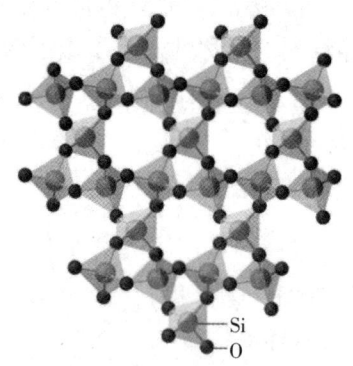

图7-2 石英晶体结构模型

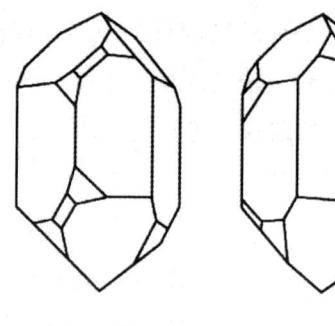

(a) 左形　　(b) 右形

图7-3 低温石英的左形和右形的理想晶形

石英的三种主要变体α-石英、α-鳞石英和α-方石英结构上的主要差别在于硅氧四面体之间的连接方式不同，见图7-4。在α-方石英中，两个共顶连接的硅氧四面体以共用O为中心处于中心对称状态。在α-鳞石英中，两个共顶的硅氧四面体之间相当于有一对称面。在α-石英中，相当于在α-方石英结构基础上，使Si-O-Si键由180°转变为150°。这三种石英中硅氧四面体的连接方式不同，它们之间的转变将拆开Si-O键，重新组合成新的骨架，因此，它们之间的转变属于重建相变。相对而言，同一系列(如α-石英与β-石英、α-鳞石英与β-鳞石英等)之间的相变不涉及晶体结构中键的断裂和重建，仅是键长、键角的调整，转变迅速且可逆，属于位移相变。图7-5是重建相变和位移相变的示意图。

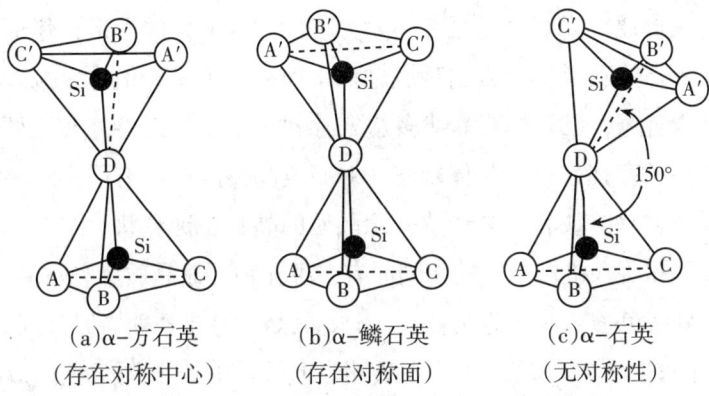

(a) α-方石英　　　　　(b) α-鳞石英　　　　　(c) α-石英
(存在对称中心)　　　(存在对称面)　　　　(无对称性)

图7-4　石英三种变体晶体结构中硅氧四面体的连接方式

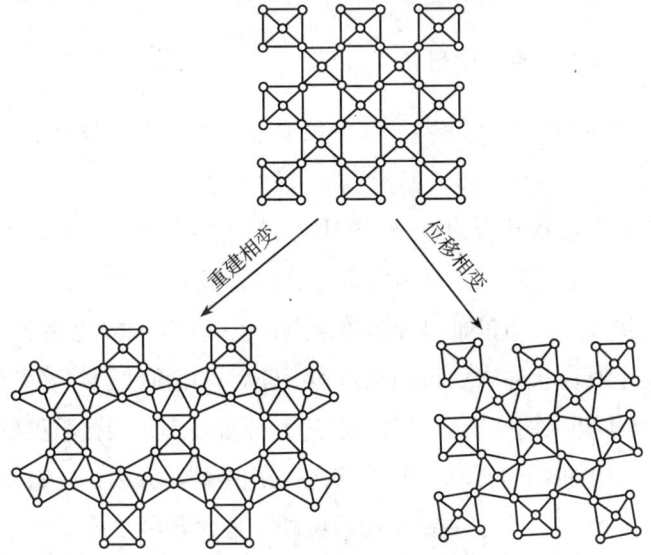

图7-5　石英结构转变(重建相变和位移相变)示意图

石英晶体经破碎解离时，表面由Si-O键断裂而成。当进入水溶液中后，其水解过程如图7-6所示。

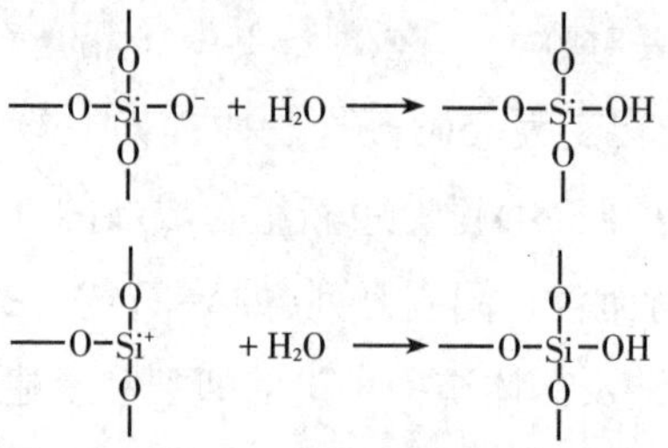

$$\begin{array}{c}\text{—O—Si—O}^-\\|\\\text{—O—Si—O}^-\\|\end{array} + H_2O \longrightarrow \begin{array}{c}\text{—O—Si—OH}\\|\\\end{array}$$

$$\begin{array}{c}|\\\text{—O—Si}^+\\|\\\end{array} + H_2O \longrightarrow \begin{array}{c}|\\\text{—O—Si—OH}\\|\\\end{array}$$

图 7-6 石英晶体表面的水解过程

石英的晶形通常完好，常见者为六方柱面和菱面体的聚形，但通常多呈不规则柱形。人造石英晶体上常出现底轴面，而晶面不平，由许多波纹状小丘组成。双晶极为普遍，已知的双晶律多达20余种，其中以道芬律和巴西律双晶最为常见。双晶的存在是一种晶体缺陷，对石英晶体的利用有严重影响。集合体常呈显晶质的粒状、块状、晶簇状，隐晶质的晶腺、钟乳状、结核状等。石英由于结晶过程和所含机械杂质的不同而有多种异种。显晶质者有水晶(无色透明者)、紫水晶(紫色透明或半透明者)、烟水晶(烟黄色半透明者)等，隐晶质者有石髓(色浅半透明者)、燧石(色深不透明者)、玛瑙(由不同颜色组成的环带状者)等。有压电性的石英晶体又称为压电水晶。

7.2.1.5 分选方法与试验研究

石英砂岩是重要的硅质原料，其分选加工方法原则上分为干法加工和湿法加工。

干法加工是对块状砂岩物料经粗碎和中碎后直接用细碎设备(如对辊机或自磨机等)粉碎并采用气流分级对物料进行分级处理。干法加工存在粉尘污染严重、设备磨损快及产品质量难以控制等缺点，已基本上被湿法取代。

湿法加工是对块状砂岩物料经粗碎和中碎后采用湿法磨碎设备(如棒磨、砾磨及石碾等)磨碎并采用水力分级对物料进行分级处理，根据石英砂岩的矿物组成和产品用途，增加磁选(或重选)、浮选、二次磨矿、分级、过滤和干燥作业。

在天然硅砂矿中，除了主要矿物石英外，还含各种杂质矿物。根据硅砂的用途不同和所含杂质矿物的种类不同，所采用的选矿提纯方法也不同，主要分为擦洗、磁选、浮选、酸浸等，随着选矿技术研究的不断深入，又引进了电选和生物分选法等。

(1)擦洗分选法

擦洗是借助机械力和砂粒间的磨剥力来除去石英砂表面的薄膜铁、黏结及泥性杂质矿物的选矿方法，它可以进一步擦碎未成单体的矿物集合体，再经分级作业对泥质性杂质矿物进行有效脱除。该工艺一般作为硅石矿物原料入选前的预处理工艺，常与后续其他工艺方法结合使用。

目前，主要有机械擦洗、棒磨擦洗、加药高效强力擦洗和超声波擦洗等方法。

机械擦洗：一般认为影响擦洗效果的因素主要来自擦洗机的结构特点和配置形式，其次为工艺因素，包括擦洗时间和擦洗浓度。研究结果表明，砂矿擦洗浓度在50%~60%效果最好，擦洗时间原则上以初步达到产品质量要求为基准。

棒磨擦洗：影响擦洗效果的主要因素为矿浆浓度、擦洗时间、加棒量及棒配比。由于棒磨机的磨矿介质是线性接触的，因此，棒磨过程具有选择性，产品的粒度较为均匀，过粉碎现象较轻。采用此工艺，一方面强化了擦洗效果，另一方面可以改变原砂的粒度组成，为石英砂进一步的分选提供矿物学基础。

加药高效强力擦洗：加药的目的是增大杂质矿物和石英颗粒表面的电斥力，增强杂质矿物与石英颗粒相互间的分离效果。对云南某地石英砂矿采用加药高效强力擦洗，得到Fe_2O_3含量0.1%以下、SiO_2含量大于99%的很好的擦洗提纯效果。

超声波擦洗：主要是去除颗粒表面的次生铁薄膜（"薄膜铁"，即FeOOH）。铁质薄膜固附着于颗粒表面和裂隙面，在选矿中使用的机械擦洗方法不能将其分离出来，它是造成天然硅砂铁质过高、难以去除的主要原因。在超声波作用下，黏附在颗粒表面的铁杂质便脱落下来进入液相，从而达到除铁的目的。与其他机械擦洗方法相比，这种方法不仅可以消除矿物表面的杂质，而且可以清除颗粒解理缝隙处的杂质，因而其除铁效果更好。

（2）磁选法

磁选可最大限度地清除包括连生体颗粒在内的磁性矿物，如赤铁矿、褐铁矿、黑云母、钛铁矿、黄铁矿和石榴子石等杂质矿物，也可除去带有磁性矿物包裹体的粒子。有湿式和干式磁选两种方式。田金星对某硅石料采用干式磁选初选，主要除去含铁矿物及其连生体颗粒，研究结果表明，随着磁场强度的增大，杂质的脱除率上升，磁场强度达到1T时，为最佳场强，得到的精矿中SiO_2含量不小于99.10%、Fe_2O_3含量不小于0.070%；强磁选或高梯度磁选通常采用湿式，对含杂质以褐铁矿、赤铁矿、黑云母等弱磁性杂质矿物为主的石英砂，利用湿式强磁机在1T以上可以选出；对含杂质以磁铁矿为主的强磁性矿物，则采用弱磁机或中磁机进行选别效果比较好。

上村宏和田渊平次采用强磁机对日本赖户石英砂进行了试验条件研究，结果表明，磁选次数和磁场强度对磁选除铁效果有重要影响，随着磁选次数的增加，含铁量逐渐减少；而在一定的磁场强度下可除去大部分的铁质，但此后磁场强度即使提高很多，除铁率也无多大变化。另外，石英砂粒度越细，除铁效果越好，其原因是细粒石英砂中含铁杂质矿物量高。有研究者采用强磁选对湖北蕲春某石英矿进行了研究，获得了精矿产率78%、石英品位99.9%的最好分离效果。对安阳石英砂岩矿矿石采用干式强磁选和湿法高梯度磁选研究，结果表明，高梯度磁选效果优于其他磁选效果，但设备投资大，处理能力低。石英砂原砂中含杂质矿物较多时，仅采用擦洗、脱泥和磁选是不能将石英砂提纯成高纯砂的，为了进一步提高石英砂的纯度并降低杂质含量，通常采用浮选的方法。

(3)浮选法

浮选是为了除去石英矿物原料中的长石、云母等非磁性伴生杂质矿物。

① 石英与长石在物理性质、化学组成、结构构造等方面较为相似，浮选成为分离它们的主要方法。在常规工艺中，是采用阳离子捕收剂和氢氟酸活化剂在酸性范围内进行石英-长石浮选分离的，始于20世纪40年代，也称"有氟有酸"法。它在强酸性及氟离子参与下，用阳离子捕收剂优先浮选长石。由于氟离子危害环境，20世纪70年代，日、美等国开始研究硅砂"无氟"浮选法。日本的片柳昭在强酸性介质(硫酸)条件下，加入阴阳离子混合捕收剂，优先浮选长石，实现了石英-长石的浮选分离，俗称"无氟有酸"法。

"无氟有酸"法应用比较广泛，如冈比亚石英砂选矿提纯工艺采用此法得到了玻璃级品硅质原料，我国内蒙古角干区、通辽石英砂矿，新疆的昌吉硅砂矿等都采用此工艺。也有人作过多价金属法降低其表面电性、水玻璃抑制石英、在酸性介质中用阴离子捕收剂分离石英-长石的试验，但未见其工业应用的报道。

为进一步完善石英-长石浮选分离工艺，消除强酸对环境等的影响，有学者从1984年开始研究阴阳离子混合捕收剂浮选分离石英-长石新工艺，该法被称为硅砂"无氟无酸"浮选法，并成功用于工业生产。由于"无氟无酸"不如HF法和酸法成熟，目前未见其他工业应用的报道，但其无腐蚀性的优点，在分离硅酸盐矿物、氧化矿物中已显示出良好的应用前景。

有研究者以山东旭口石英砂为原料进行中碱性正浮选选矿试验研究，实现了石英与长石的成功分离。该项技术已成功应用于山东荣成旭口硅砂矿，生产出了高质量且稳定的玻璃用砂，解决了实际生产中的难题，但其作用机理还有待进一步研究和探讨。

碱性浮选石英法：在高碱性介质条件(pH值为11~12)下以碱土金属离子为活化剂，以烷基磺酸盐为捕收剂，可优先浮选石英，实现石英与长石的分离。同时加入非离子表面活性剂，如1-十二烷醇，可使石英回收率急剧上升，而对长石影响不大，从而有利于二者分离。目前该方法还仅限于实验室结果，未见有在工业生产中获得实际应用的报道。

② 云母与石英的晶体化学特征有很大不同，其基本荷电机理与长石相同，因此大部分云母矿物伴随着长石等杂质矿物浮选去除的同时也被除去了。

据报道，选用E-8捕收剂进行云母和石英的浮选分离研究，主要利用云母的电荷特性进行浮选。当pH值在2~3时，石英动电位趋近于零，石英几乎不浮游，从而达到抑制石英的目的。用硫酸作调整剂、石油磺酸钠为捕收剂、松油醇为起泡剂浮选去除云母，去除率达到70%左右。

综上可知，石英砂浮选流程可归纳为5种：浮选流程Ⅰ[见图7-7(a)]是最基本的流程，先用硫酸将矿浆的pH值调节至3~4，用胺类捕收剂浮选云母，再用硫酸调节矿浆的pH值至4~5，用石油磺酸钠(ACCR-825)作捕收剂，浮选含铁矿物，最后用氢氟酸调节矿浆的pH值至2~3，用胺类捕收剂浮选长石，而硅砂作为尾矿回收。典型的有美国的Spruce pine长石公司、国际矿物化学公司及Koerner选矿厂。浮选流程Ⅱ[见图7-7(b)]是将浮选流程Ⅰ中的云母浮选和铁矿物浮选顺序颠倒一下。浮选流程Ⅲ先在矿浆的pH值为7~8时，以脂肪酸作为捕收剂浮选含铁矿物，再添加氢氟酸和胺类捕收剂浮选长石，最后在矿浆的pH值为7~8的条件下，用胺类捕收剂浮选硅砂，并作为泡沫回收硅砂精矿[见图7-7(c)]，这个流程对原矿中除含有铁矿物、长石、硅砂等外还含有浮选前脱泥作业不能脱除的杂砂有效。

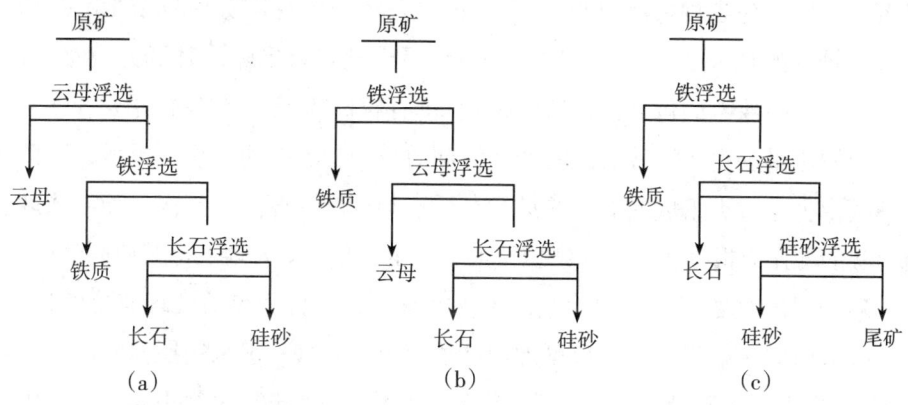

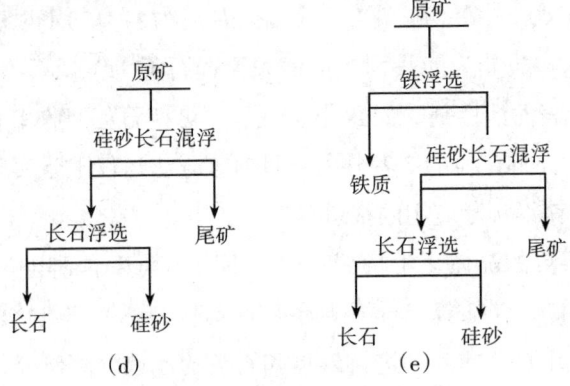

图7-7 石英砂矿浮选流程分类

浮选流程Ⅳ[见图7-7(d)]是在矿浆的pH值为7~8的条件下，用胺类捕收剂，将硅砂和长石的混合精矿作为泡沫回收，而将杂砂作为尾矿除去，再对混合精矿用氟氢酸和胺进行长石浮选，其泡沫为长石精矿，而尾矿为硅砂精矿。浮选流程Ⅴ[见图7-7(e)]是对铁含量比较高的原矿，预先脱铁再用浮选流程Ⅳ进行浮选。

一般而言，经过擦洗、脱泥、磁选和浮选后，赋存较多杂质的集合体颗粒已基本被清除，石英砂的纯度可达到99.3%~99.9%，基本上满足工业用砂的需求。

(4) 酸浸法

原矿经磁选和浮选分离之后，SiO_2的纯度已达99.93%。但高纯或超高纯石英砂中SiO_2含量高于99.99%，含铁量要低于10^{-6}，这就需要用酸浸法来进行处理。

酸浸利用的是石英不溶于酸(HF除外)、其他杂质矿物能被酸液溶解的特点，从而实现对石英的进一步提纯。常用的酸有HCl、HNO_3、H_2SO_4、HF等，还原剂有亚硫酸及其盐类等。研究结果发现，上述酸类对石英中的非金属杂质矿物均有良好的去除效果，但对不同的金属杂质，酸的种类及其浓度影响较为显著。一般认为各种稀酸对Fe、Al、Mg的去除均有显著效果，对Ti和Cr的去除采用较浓的H_2SO_4、王水或HF酸进行酸浸处理效果更好，对石英表面的Fe、Ti尤其是各种裸露的包裹体的脱除采用HF有较好效果。但HF能溶解SiO_2，应严格控制用量。由于混酸酸浸能产生协同效应，溶解杂质的作用更强，因此通常使用由上述酸类组成的混合酸进行杂质矿物的酸浸脱除。其次，酸液浓度和混合酸的配比应根据实际矿物杂质特征来确定，才能更好地发挥其协同效应。

酸浸温度对处理时间和除杂效果影响很大，可分为热酸处理和冷酸处理。冷酸处理时间一般很长。热酸可加快杂质溶解，处理一般采用搅拌浸出，时间较短。对云南某石英砂岩经过搅拌冷酸酸浸16h，SiO_2含量可达到99.99%，

Fe_2O_3含量为0.001%，而热酸处理2h，SiO_2含量99.98%，Fe_2O_3含量0.001%。对脉石英高温酸浸试验研究可知，石英粉杂质含量由处理前的$34×10^{-6}$降低到低于$20×10^{-6}$，可作为高性能石英玻璃原料。搅拌和超声波可增加酸液与石英颗粒表面接触的机会，同时利用冲击波或颗粒间相互碰撞摩擦，使溶解出的可溶性杂质化合物不沉积在砂粒表面，增大反应的接触面积，有利于提高酸浸除杂效果。在空气搅拌浸出槽中，其最终产品的SiO_2含量大于99.99%，Fe_2O_3含量小于$2×10^{-6}$。一些欧美国家比较系统地研究了石英酸浸提纯处理，而且包裹体易溶解于氢氟酸，能降低石英粉料中的包裹体含量。经过酸浸处理后的石英砂，纯度可达99.99%以上。

(5)包裹体去除法

经历过擦洗、磁选、浮选、酸浸后获得的二氧化硅微粉粒子中的杂质仍然存在。因为石英中存在大量的含有杂质的包裹体，其直径在微米级别，数量可达10^9个/厘米^3，在研磨过程中会有一部分包裹体被打开，但是粉体内部的包裹体仍完整存在，因此，硅石代水晶生产高纯石英粉的关键之一是要解决硅石内含有大量气液包裹体的难题。

目前研究去除包裹体的方法有差异腐蚀法、氯化脱气和热爆裂法。

差异腐蚀法就是利用富含气液包裹体的颗粒与结晶完好的颗粒腐蚀速率的差异达到去除气液包裹体的目的。利用氢氟酸等对东海和山东石英矿物进行差异腐蚀方法处理，去除气液包裹体的效果明显，且粒度越细效果越好，但应用差异腐蚀的方法对气液包裹体的去除效果是有限的。

氯化脱气就是利用颗粒表面与内部在高浓氯气作用下产生的化学位梯度，促使气液包裹体扩散出去。在该技术领域，美国尤尼明公司已占据国际先导地位。而我国还未见在这一领域的研究报道。

热爆裂法就是采用高温滚烧使气体包裹体炸裂，再经过酸洗和水洗来去除包裹体。用热爆裂法除去二氧化硅微粉中杂质的研究结果表明，热爆裂对打开石英粒子内部包裹体有良好效果，可获得更高纯度的二氧化硅微粉。但是热爆裂法还不足以改变内部微小气液的状态。由于石英中包裹体含量十分丰富，去除包裹体技术还仅限于实验室研究阶段，因此，目前只有从自然界寻找含气液包裹体少的硅石，如岩浆岩型花岗岩中的石英晶粒、变质岩型石英中的远古代石英、水热生长型石英中早期形成的伟晶岩型石英等，是硅石代水晶唯一的可行途径。

(6)其他选矿工艺方法

有学者研究在水和少量磷酸盐分散剂的传媒质中,将-0.15mm的沉积石英砂岩颗粒粉末经超声波处理,达到光学玻璃用砂的标准;还有学者用超声波技术处理含"薄膜铁"的石英砂,得到了较好的除铁效果。试验结果证明,与机械擦洗相比,处理时间可缩短2/3,除铁率提高15%~45%。

也有研究者采用射频介电选矿法对江西省某脉石石英矿进行除杂研究,结果表明,此法对除去含铝杂质矿物效果不明显,对含铁杂质矿物效果显著,除铁率达79.97%。

有文献报道,将石英粉料装入电炉内的耐热石英管中采用高温$HCl_{(g)}$法进行除杂研究,实验结果表明:高温$HCl_{(g)}$法作用强度明显大于HCl酸浸法;高温$HCl_{(g)}$法对杂质的作用有限;Al、B是石英矿物中最难去除的杂质。

用微生物浸除石英砂颗粒表面的薄膜铁或浸染铁是新近发展起来的一种除铁技术。这种石英砂选矿工艺是一种新兴工艺,主要利用黑曲霉素、青霉、假单胞菌、多黏菌素杆菌等微生物来去除石英砂表面的薄膜铁或浸染铁,这种工艺在实验室中取得了很好的效果,但工业化利用还需进一步的研究。据国外研究结果表明:以黑曲霉素菌浸除铁的效果最佳,Fe_2O_3的去除率多在75%以上,精矿Fe_2O_3的品位低达0.007%;并且发现用大多数细菌和霉菌预先栽培好的培养液浸出铁的效果更好。

在分选工艺方面,根据硅砂的用途不同和所含杂质矿物的种类不同,所采用的选矿提纯工艺也不同,主要有以下几种选矿工艺组合。

① 水洗脱泥—擦洗(或磨矿)—分级。该流程主要用于处理含泥量较多的硅砂矿。擦洗是硅砂在强烈搅拌的高浓度矿浆中互相摩擦,使硅砂表面氧化铁薄膜及细泥被擦洗掉。擦洗也是对硅砂矿进行选矿前的重要预处理工序。我国大部分生产玻璃砂、铸造砂的厂矿均采用这种简单的流程。

石英砂在风化沉积成矿过程中,大量黏土性矿物和铁质在石英表面形成胶结物或粘连矿物。采用擦洗—分级、脱泥工艺去除黏土杂质矿物、泥质铁及部分薄膜铁是这类石英提纯常用的工艺流程。

② 擦洗—脱泥—磁选(或重选)。该流程用于处理含铁及其他重矿物较多且主要以单体存在的硅砂。一般而言,石英常见杂质矿物,如褐铁矿、电气石、赤铁矿和黑云母等弱磁性矿和磁铁矿等强磁性矿,只有采用磁选工艺,才可去除,实际生产中,多采用湿式强磁机进行选别,磁场强度在1.3T左右。

云南某石英矿采用加药高效强力擦洗—分级脱泥—磁选提纯工艺，该工艺对现有擦洗设备的结构进行了改进，优化了技术参数，通过加药高效强力擦洗和分级脱泥可除去80%以上的杂质铁和铝矿，磁选主要是除去含铁杂质矿物。通过该流程处理后，可获得SiO_2含量不低于99.8%、Fe_2O_3含量不高于0.023%、Al_2O_3含量不高于0.05%、TiO_2含量不高于0.02%的优质精制石英砂，达到了一级光学玻璃用砂的要求，并且精砂的产率高达73%，而棒磨擦洗产率仅为49%、SiO_2回收率为72.8%。再进行进一步的复选和酸浸处理，能获得SiO_2含量高于99.9%、Fe_2O_3含量不高于0.005%、Al_2O_3含量不高于0.05%、TiO_2含量不高于0.02%的高纯石英。这一工艺的采用，克服了棒磨擦洗带来的铁质二次污染、产率低等缺点。

③擦洗—脱泥—浮选。主要用于处理含长石比较多、对产品要求较高的砂矿。石英和长石浮选方法有氢氟酸法、无氟硫酸法、无氟无酸中性或碱性矿浆分选法。

④棒磨—擦洗—脱泥—磁选—浮选—酸浸。该方法主要用来生产高纯度或超高纯度的石英砂，利用石英不溶于酸（HF酸除外）而其他杂质矿物能被酸溶解的特点，实现石英的进一步提纯。石英砂原矿在经擦洗、磁选和浮选分离后，赋存较低的杂质矿物颗粒（包括单体、集合体）已基本上被清除干净，SiO_2纯度一般可以达到99.5%~99.9%，基本上可以满足大多数工业用途。但要求进一步作为超高纯石英，就必须对以斑点和包裹体形式连生在石英颗粒表面上的杂质作酸浸处理，根据其不同的工业用途对石英不同杂质矿物（Fe、Al、Ti、Cr）的要求，进行不同浓度、配比的混合酸酸浸处理。

如李小黎等针对四川某石英矿矿石中含云母、长石、辉石和磁铁矿的特点，开展了磨矿—强磁—浮选—酸浸工艺研究，在适宜的试验条件下获得了SiO_2含量不低于99.95%、Fe_2O_3含量不高于0.001%、Al_2O_3含量不高于0.01%的高纯石英砂精矿。

7.2.1.6 分选实践

石英矿的分选提纯工艺流程是根据原料矿中杂质矿物的赋存状态、选矿成本和制品的工业用途的要求确定的方法按一定的工序联合起来制定的。工业实践上常见的联合分选工艺已在7.2.1.5节内容中进行了介绍。本节主要以我国吉林省双辽县七棵树石英砂矿选矿厂和四川省西南硅砂有限责任公司选矿厂为例介绍石英矿的分选实践。

(1) 吉林省双辽县七棵树石英砂矿选矿厂

我国吉林省双辽县七棵树石英砂矿主要生产玻璃用石英砂。该矿主要矿物为石英，其次为长石、岩屑及其他重矿物。石英含量约为80%，粒度为0.2~0.6mm。长石含量约10%，成分有微斜长石、钾长石及钙长石，以微斜长石为主，粒度一般比石英小。该矿原矿化学成分见表7-3。采用"无氟无酸"新工艺对硅砂进行浮选，在自然pH值条件下进行分选，其分选工艺流程如图7-8所示。

表7-3　七棵树石英砂矿原矿化学成分

化学成分	SiO_2	Al_2O_3	Fe_2O_3	K_2O	Na_2O	CaO	MgO
含量/%	90.74	4.70	0.40	2.25	0.85	0.70	0.14

在选矿过程中，该矿除得到了适合浮法玻璃用的优质石英精矿外，还综合回收了长石和石英中矿，使成本降低68%，同时解决了平原地区难以建立尾矿库的问题。

(2) 四川省西南硅砂有限责任公司选矿厂

位于我国四川西南部的西南硅砂有限责任公司选矿厂，主要是为成都玻璃厂500t/d浮法玻璃生产线提供优质硅质原料而兴建的。该厂建设规模为年产15万吨浮法生产线优质玻璃用石英精砂、5万吨水洗石英砂，于1996年12月建成生产。

该选矿厂处理的矿石来自四川省青川县小水沟石英砂岩。小水沟石英砂岩矿床位于四川省广元市青川县东南部，是我国西南地区一个优质硅质原料基地，西南硅砂有限责任公司选矿厂是该基地配套工程。矿石中碎屑物占70%~80%，孔隙占10%~20%，胶结物含量小于5%。碎屑物中99%以上为石英碎屑，硅质岩屑微量。矿石中重矿物主要为电气石，次为锆石、独居石及磁铁矿，偶见金红石、榍石、磷钇矿等（含量小于1%）。矿石为接触式胶结，胶结物

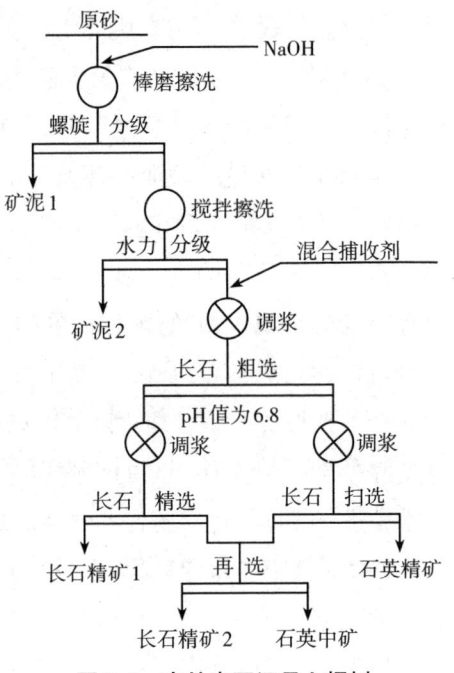

图7-8　吉林省双辽县七棵树石英砂选矿工艺流程图

很少，主要为次生加大的石英。矿石构造以块状为主，条带状、环带状及斑点状次之。原矿化学组成见表7-4。

表7-4 四川小水沟石英砂矿原矿化学成分

成分	SiO_2	Fe_2O_3	Al_2O_3	TiO_2	Cr_2O_3	K_2O	Na_2O	CaO	MgO	LOI
含量/%	98.54	0.19	0.03	0.06	0.0009	0.05	0.02	0.14	0.04	0.49

选矿厂工艺流程简单(选矿工艺设备联系图见图7-9)，适应性强，产品质量易于控制。破碎系统采用二段开路破碎，细碎选用反击式破碎机，具有选择性破碎的优点，针对小水沟石英砂岩矿结构松散、硬度低的特点，能有效避免过粉碎，使破碎产品粒度均匀。

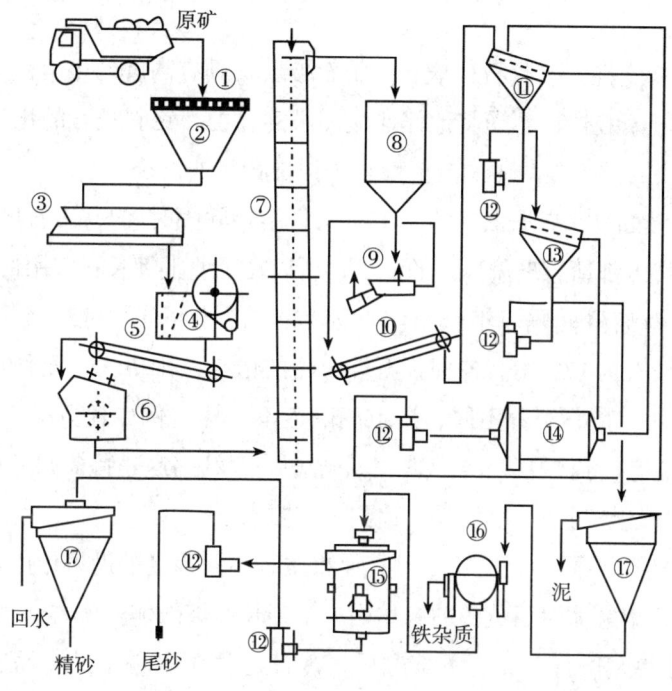

图7-9 四川省西南硅砂有限责任公司选矿厂选矿工艺设备联系图
①—格筛；②—原矿仓；③—重板给矿机；④—颚破；⑤—皮带机；⑥—反击破；⑦—斗提机；⑧—中间料仓；⑨—振动给料机；⑩—皮带机；⑪—直线振动筛；⑫—河浆泵；⑬—高频细筛；⑭—棒磨机；⑮—脱水斗；⑯—磁选机；⑰—水力分级机

磨矿回路采用控制筛分和棒磨工艺，预先筛分能有效去除破碎产品中-0.71mm粒级、含量在25%左右的合格级别，减少了过粉碎的现象，并能提高棒磨机的处理能力。用高频细筛控制粒度上限(小于0.71mm)，水力分级控制粒度下限(大于0.1mm)，脱泥磁选去除铁杂质，脱水斗先将矿浆浓缩到75%左右的浓度后，入脱水库进行自然脱水。该脱水方案主要针对当地无冰冻这一特点，减少了过滤干燥设备，既简化了工艺，又节省了投资。脱水后的精砂水分小于5%。精矿中Fe_2O_3的品位降低至0.09%，SiO_2含量提高至99%以上，满足了玻璃生产线对硅质原料的要求。

7.2.2 长石分选

长石(feldspar)是钾、钠、钙等碱金属或碱土金属的铝硅酸盐矿物，称为长石族矿物。长石是分布最广的造岩矿物之一，约占地壳矿物组成的60%。长石是由硅氧四面体组成的架状构造的钾、钠、钙铝硅酸盐矿物，其化学成分为SiO_2、Al_2O_3、FeO、K_2O和Na_2O等。长石矿物的工艺技术特性包括以下6个方面。

① 化学稳定性。钾长石玻璃和钠长石玻璃均具有高度的化学稳定性，除高浓度硫酸和氢氟酸外，不受其他任何酸、碱的腐蚀。钙斜长石的化学稳定性比钾长石、钠长石差，在酸中的溶解性高于钾长石和钠长石。

② 熔融液黏度。钾长石熔点为1290℃，熔融间隔时间长，而且熔融液的黏度高，这些特点都适合玻璃工艺的要求，所以在工业上钾长石应用最广泛。

③ 熔点和熔融间隔。钾长石熔点为1290℃，钠长石为1215℃，钙长石为1552℃，钡长石为1715℃。各种长石混合物的熔点差别更大，而且较单一成分的长石熔点低，长石组分不同，熔点间隔也不一样，例如钾微斜长石在1160~1180℃时呈液态，到1210~1280℃时才完全融完，利用这一特征调节长石不同组分可控制试样坯烧时的熔融间隔，达到工艺要求。

④ 助熔性。不同种属的长石对其他物质有不同程度的助熔作用。在同一温度下，钠长石熔融体对石英的助熔作用大于钾长石熔融体。

⑤ 透明性。长石在高温下熔融后，冷却过程中不再结晶，而成为透明的玻璃。

⑥ 易磨性和可碾性。由于长石解理发育，所以它的易磨性和可碾性均很好。

总的来说，由于长石熔点为1100~1300℃，化学稳定性好，在与石英及其他铝硅酸盐共熔时有助熔作用，因此，长石常被用于制造玻璃及陶瓷的助熔剂。此外，长石作为填料在造纸、耐火材料、机械制造、涂料、电焊条等工业生产中均有广泛的应用，钾长石还是生产肥料的优质原料，工业应用如图7-10所示，不同工业对长石的质量要求见表7-5。

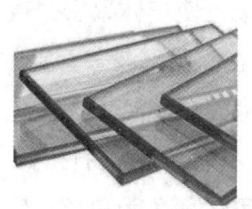  

(a) 作为玻璃和陶瓷的助熔剂　　(b) 作为陶瓷的助熔剂　　(c) 钠长石用于橡胶填料

(d) 钾长石用于生产肥料　　(e) 钠长石用于陶瓷纤维

图 7-10　长石的主要工业应用举例

表 7-5　不同工业对长石的质量要求　　　　　　　　　　单位：%

类别	$Na_2O + K_2O$	Na_2O	K_2O	$MgO + CaO$	SiO_2	Al_2O_3	Fe_2O_3
搪瓷	≥11	—	—	<2	—	≥17	<1.0
玻璃	—	≥8	≤1	—	63~70	18~20	<0.3
陶瓷	≥11	<4	—	<2	—	≥17	<0.3
肥料	—	<3	≥11	<2	≥70	14~16	<0.5
磨料	—	<4	>10	<1	>60	>18	<0.15

美国长石主要用于玻璃和陶瓷上，其中玻璃用 0.90mm 的长石，陶瓷和填料用 0.074mm 或更细的长石。2015 年和 2016 年，美国长石 60% 用于玻璃，40% 用于瓷砖、陶器和其他行业，现在美国国内长石应用逐步从陶瓷转向玻璃，尤其是制造太阳能电池板日益增长的太阳能玻璃，其中饮料容器、平板玻璃、用于住宅和建筑的玻纤绝缘材料是美国长石的主要应用领域。我国长石主要用于陶瓷，占 70%~80%，玻璃和磨具磨料占少部分，占 20%~30%。陶瓷胚体和玻璃长石一般为不大于 1cm 的颗粒，陶瓷釉料一般为 0.045~0.074mm 的细颗粒。

在玻璃上，长石中的 Al_2O_3 能防止析晶，提高玻璃机械强度和抗化学腐蚀能力，是普通玻璃不可缺的化学组分，长石中的钾、钠可部分代替其他昂贵的碳酸钾和纯碱用量，从而降低配合料成本；在陶瓷上，长石既是熔剂原料，又是瘠性原料，不仅降低坯体烧成温度，又可缩短坯体干燥时间，同时减少坯体干燥时的收缩和变形，填充坯体颗粒间空隙，黏结颗粒使坯体致密，改善透明度，有助于提高坯体机械强度。另外，长石玻璃相在高温呈液态，能促使石英和高岭矿物的熔解和相互渗透，促进莫来石结晶的生成和发育。

在陶瓷、玻璃等工业领域中主要用的是钾长石、钠长石和霞石正长岩。

钾长石($KAlSi_3O_8$)通常又称为正长石，单斜晶系，颜色为白色、红色、乳白色，纯钾长石的化学成分：K_2O 16.9%，Al_2O_3 18.4%，SiO_2 64.7%。密度为 2.56g/cm³，莫氏硬度为6，熔点为(1150±20)℃。

钠长石($NaAlSi_3O_8$)，三斜晶系，颜色为白色、蓝白色、灰白色，纯钠长石的化学成分：Na_2O 11.8%，Al_2O_3 19.4%，SiO_2 68.8%。密度为2.605g/cm³，莫氏硬度为6，熔点为1215℃。

钠长石是斜长石亚族中的端员矿物，在斜长石亚族中，按Na_2O和CaO的含量不同分为钠长石、奥长石、更长石、中长石、拉长石、钙长石。在酸性和中性侵入岩中，尤其是在花岗伟晶岩中，当温度高时，钾长石($KAlSi_3O_8$)和钠长石($NaAlSi_3O_8$)呈固溶体形式存在；温度下降时，呈固溶体形式存在的钾长石和钠长石分解，钠长石呈细聚片双晶或格子状嵌布在主晶钾长石晶体中，称为条纹长石，反之为反条纹长石。

霞石是六方晶系碱性架状结构硅酸盐矿物，其化学式为$KNa_3(AlSiO_4)_4$，有时含少量的Ca、Mg、Ti、Be；易溶于酸，形成凝胶；呈柱状或致密块状集合体，为黄、灰、白、浅红等颜色，密度为2.5~2.7g/cm³，莫氏硬度为5.5~6.0，熔点低，流动性好。含霞石5%以上的正长岩称为霞石正长岩(nepheline-syenite)，属中酸性岩类，是一种硅饱和结晶岩。霞石正长岩也是一种重要的陶瓷和玻璃原料。

钾长石、钠长石、霞石正长岩这3种陶瓷、玻璃原料中，目前用量最多的是钾长石和钠长石，而且又是以产于伟晶岩中的钾长石和钠长石为主。

(1)钾、钠长石在陶瓷和玻璃制造业中的应用

钾长石和钠长石主要作生产玻璃和陶瓷的原料，约占其总用量的80%以上。

① 在陶瓷制造业中的应用。在陶瓷制造业中，钾长石既是瘠性原料，又是熔剂性原料。作为瘠性原料，可提高坯体的疏水性，缩短坯体干燥时间，减少坯体因干燥的收缩和变形。

作为熔剂原料加入到坯体、釉料中，由于能与黏土及石英形成低共熔烧结，可促进成陶反应，降低制品的烧成时间。钾长石在高温下熔化的液相充填于坯体颗粒间的空隙，减少气孔率，增大坯体的密度，提高了坯体的机械强度

和透光性。熔融的长石玻璃熔体能溶解部分黏土分解物和石英颗粒，有利于莫来石晶体的生成和发育，因此提高了坯体的强度和化学稳定性。

钾长石熔融后黏度比钠长石大，并且黏度随温度变化而变化的速度较慢，可在高温坯体中起到热塑作用及胶结作用，使制品在高温下不易变形，但是就助熔剂作用而言，钠长石比钾长石强。一般情况下，在坯体中长石约占配料的25%，占釉料配料的50%。

② 在玻璃制造业中的应用。长石熔融后形成玻璃的过程较缓慢，结晶力小，可防止在玻璃形成过程中析出晶体而破坏制品；还可以调节玻璃的黏性，提高玻璃配料中氧化铝含量，降低生产中熔融温度和减少碱用量。

此外，长石可以在搪瓷制造业中作珐琅，掺入量一般为20%～30%。在磨具制造业中，用长石作陶质磨轮胶结物。钾长石是制取钾肥的原料。

(2) 霞石正长岩在陶瓷和玻璃制造业中的应用

霞石正长岩含有较多的碱金属，$Na_2O + K_2O$ 含量大多超过14%，因此具有较强的助熔性，能在1050℃烧结。霞石正长岩可代替部分钾长石或钠长石作助熔剂，将会降低坯体的烧成温度，扩大烧结范围，降低烧成收缩。霞石正长岩 Al_2O_3 含量高于钾长石，因此扩大了烧成范围，有利于提高制品的机械强度。

霞石是 SiO_2 不饱和矿物，不与石英共生。当霞石和石英混合在一起加热时，高温下二者迅速反应，并放出热量。这一反应过程使难熔的石英能在较低温度下活化熔融，这是霞石正长岩具有强助熔性及被应用在陶瓷和玻璃制造业中的原因。

7.2.2.1 资源情况

自然界中长石有互溶特性，高温条件下钾长石和钠长石可形成完全的类质同象系列，低温条件下可形成有限的类质同象系列；钾长石与钙长石和钡长石部分混溶，因而单一的某种长石矿很少见。长石主要赋存于岩浆岩和变质岩中，且常与石英、金红石等氧化矿物，云母、霞石、角闪石等硅酸盐矿物，方解石等碳酸盐矿物共生，铁杂质存在于黑云母、角闪石、金红石等矿物中。只有长石矿物富集到一定程度时才会成为工业原料。

世界长石资源储量约为10亿吨，主要分布在北美洲(2亿吨)、欧洲(2亿吨)、亚洲(2亿吨)、非洲(3亿吨)。

2016年世界长石开采量为2360万吨，2017年为2300万吨；大量地质资料表明，世界长石资源量非常大，远超百亿吨以上。不计以长石砂、花岗岩、伟晶岩形式存在的长石，已发现和未发现的长石资源量足够满足世界现有需求。世界长石2016年和2017年开采量及储量见表7-6。

表7-6 世界长石2016年和2017年开采量及储量

国家	开采量/万吨		储量/亿吨
	2016年	2017年	
美国	47	53	—
巴西	40	40	3.2
中国	350	350	
捷克	42	42	0.28
埃及	40	40	10
印度	150	150	0.45
伊朗	100	100	6.3
意大利	400	350	
朝鲜	60	600	—
马来西亚	33	33	—
波兰	60	60	
西班牙	60	60	—
泰国	130	130	
土耳其	550	550	2.4
委内瑞拉	50	50	—
其他国家	250	240	
世界总计	2360	2300	>10

我国的长石矿产资源主要分布在新疆、山西、辽宁、安徽、湖南等地，目前主要长石产地有辽宁海城、湖南平江、甘肃金塔等，全国主要矿山年产量约200万吨，小于我国年平均长石的消耗量350万吨。截至2013年底，我国已探明钾长石和钠长石矿床269处，资源量24亿吨，预计远景资源量200亿吨，其中，钾长石资源量约占90%，钠长石资源量约占10%。截至2017年底，我国钾长石资源量为180多亿吨，分布在全国26个省、自治区，其中，山西、内蒙古、新疆、河南、江苏、贵州、湖北、安徽、山东、四川、江西、辽宁、湖南13省、自治区储量占全国储量的90%以上，湖南、辽宁、山东产区钾长石质量优良；钠长石资源量约20亿吨，湖南、广东、广西产区钠长石质量优良。对于霞

石资源,世界上霞石正长岩主要分布在加拿大、挪威、土耳其、中国和俄罗斯。我国主要产地有四川南江、河南安阳、广东佛冈、云南个旧等地。

7.2.2.2 矿床特性

我国长石矿床按成因可分为两大类。

① 伟晶岩型长石矿:此类矿床主要赋存于伟晶岩区,其围岩多为古老的沉积变质的片麻岩或混合岩化片麻岩。也有一些矿脉产于花岗岩体或基性岩体中,或在其接触带上。矿石主要集中于伟晶岩的长石块体带或分异单一的长石伟晶岩中。我国长石矿床多为伟晶岩型矿床,如陕西临潼、四川旺苍、山西闻喜、山东新泰、辽宁海城及湖南衡山等,均属此类。

② 岩浆岩型长石矿床:此类矿床产于酸性、中酸性及碱性岩浆岩中,其中以产于碱性岩中的最为重要,如霞石正长岩、霞石正长斑岩矿床,其次为花岗岩、白岗岩矿床以及正长岩、石英正长岩矿床等。

一般情况下,纯长石在自然界中很少存在,即使是更常见的钾长石矿物,也可能共生或混入一些钠长石。一般把钾长石和钠长石构成的长石矿物称为碱性长石,由钠长石和钙长石构成的长石矿物称为斜长石,由钙长石和钡长石构成的长石矿物称为碱长石。钾微斜长石是晶系为三斜晶系的钾长石的一种,钠长石以规则排列的形式夹杂在钾长石中,称为条纹长石。

国内已开采利用的长石矿主要产于伟晶岩,有一部分长石产于风化花岗岩、细晶岩、热液蚀变矿床及长石质砂矿。我国的长石矿床主要分布在古老的结晶岩地区,如辽东半岛、辽西绥中、河北山海关、山东半岛、内蒙古和康滇一带。伟晶岩型长石矿床主要和花岗岩浆活动有关,其中大多数产于古老的结晶岩系中,因此,大多数伟晶岩型长石矿床都分布于地台区,少数和古生代花岗岩有关。此外,湖南、广西南岭花岗岩分布区也有伟晶岩分布。一些典型矿区的长石矿的化学成分见表7-7。

表7-7 我国典型矿区长石矿的化学成分　　　　　　　　　　单位:%

矿区	SiO_2	Al_2O_3	Fe_2O_3	K_2O	Na_2O	CaO	MgO	TiO_2
湖南衡山	67.81	19~20	0.55	1.74	9.11	0.97	0.38	0.54
山西同喜	62~65	18.20	0.15~0.35	11~14	2.3	0.14	0.23	0.04
山东临朐	74.40	15.30	0.25	0.15	8.80	0.18	0.12	0.02
河南卢氏	72.80	13.40	0.60	4.43	4.80	0.72	0.85	0.03

另外，工业上对各矿区长石矿原料一般要求如下：

- 长石经手选后尽量纯净而不含杂质，表面无铁化现象或只有少量铁化现象，铁质矿物、含铁质的黑色矿物和云母片等的总量应低于8%；
- 矿体中长石要求在40%以上；
- 矿石块度大于5cm；
- 长石粉细度要求通过200目(0.074mm)筛，筛余物应小于7%；
- 在1130℃下煅烧后，应熔融成白色透明的玻璃体。

7.2.2.3 矿物晶体的化学特性

长石族矿物是典型的架状构造硅酸盐矿物，从化学成分来看，架状构造硅酸盐的络阴离子多为$[AlSi_3O_8]^-$或$[Al_2Si_2O_8]^{2-}$。在络阴离子中，(Al+Si)与O的比值总是等于1/2，而Al与Si的比值则为1/3或1。阳离子主要为K^+、Na^+、Ca^{2+}及Ba^{2+}。由于晶格骨架中存在很大的空隙，有时可容纳附加阴离子F^-、Cl^-、$[OH]^-$等，以补偿构造中过剩的正电荷。

从结晶构造(见图7-11)来看，每一个硅氧四面体(或铝氧四面体)4个角顶的O^{2-}，均与相邻的4个硅氧四面体共用并相连接，形成沿着三维空间延伸的连续架状构造。若构造中均为硅氧四面体，则所有的O^{2-}均被中和，成为$[Si_nO_{2n}]$型。这实际上又成了石英的SiO_2通式，是一种简单氧化物的化学式。可见，只有当硅氧四面体中的Si^{4+}被部分的Al^{3+}替代时，才会出现多余的负价与阳离子结合形成架状构造铝硅酸盐，即一部分$[SiO_4]^{4-}$被铝氧四面体$[AlO_4]^{5-}$替代。如正长石$K[AlSi_3O_8]$，络阴离子内部为共价键，络阴离子与阳离子间为离子键结合。

本亚类矿物具有以下主要特性：颜色较浅，没有Fe、Mn等色素离子，玻璃光泽，硬度较高，密度较轻，无磁性，电热的不良导体，矿物为极性表面，具有亲水性。

长石族矿物是Na、K、Ca的铝硅酸盐，由于K、Na、Ca可以形成广泛类质同象，因而形成两个类质同象系列的矿物，它们是：钾钠长石系列$Na[AlSi_3O_8]$-$K[AlSi_3O_8]$，组成正长石亚族矿物；钠钙长石系列$Na[AlSi_3O_8]$-$Ca[Al_2Si_2O_8]$，组

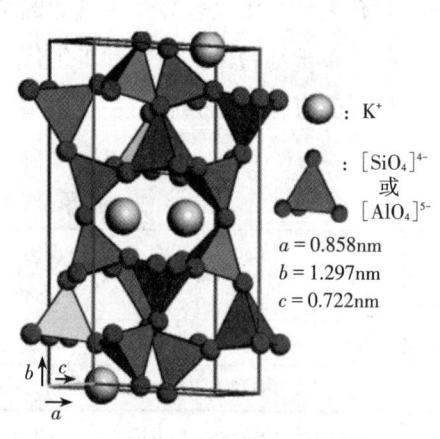

图7-11 长石的晶体结构

成斜长石亚族矿物。

高温型钾长石(即透长石)属单斜晶系，空间群为 $C-1$；晶胞参数 $a_0 = 0.856nm$，$b_0 = 1.303nm$，$c_0 = 0.718nm$，$\beta = 115°59'$；晶胞分子数 $Z = 4$。图7-12(a)所示是透长石晶体结构示意图。

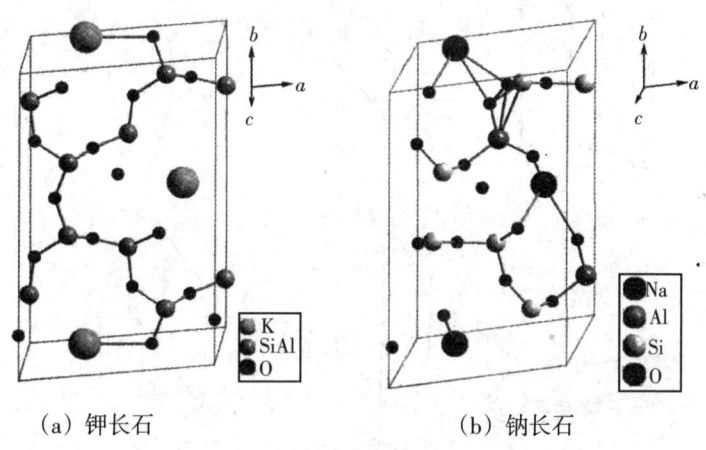

（a）钾长石　　　　　　　　　（b）钠长石

图7-12　晶体结构的两种长石

从图7-12(a)中可以看出，透长石结构中四节环构成的曲轴状链平行于 a 轴方向伸展，K^+ 位于链间空隙处，结构以 K^+ 所在平面为对称面左右对称。结构中 K^+ 的电价除了平衡骨架中 $[AlO_4]$ 多余的负电荷外，还与骨架中的桥氧之间产生诱导键力。高温型钾长石结构中 K^+ 的平均配位数为9，低温型钾长石中 K^+ 的配位数平均为8。

钠长石属三斜晶系，空间群为 $C-1$；晶胞参数为：$a_0 = 0.814nm$，$b_0 = 1.279nm$，$c_0 = 0.716nm$，$\alpha = 94°19'$，$\beta = 116°34'$，$\gamma = 87°39'$。图7-12(b)所示是钠长石的晶体结构示意图。

与透长石比较，钠长石结构出现轻微的扭曲，左右不再呈现镜面对称。扭曲作用是由于四面体的移动使某些 O^{2-} 环绕 Na^+ 更为紧密，而另一些 O^{2-} 更为远离，晶体结构从单斜变为三斜。高温钠长石结构中，Na^+ 的配位数平均为8；低温钠长石结构中，Na^+ 的配位数为7。

透长石与钠长石结构差异的原因为：长石结构的曲轴状链间有较大的空隙，半径较大的阳离子位于空隙时，配位数较大，配位多面体较规则，能撑起 $[TO_4]$ 骨架，使对称性提高到单斜晶系；半径较小的阳离子位于空隙时，配位多面体不规则，致使骨架折陷，对称性降为三斜晶系。

长石晶形有单斜晶系和三斜晶系两种。常见的长石结晶形态如图7-13所示。长石双晶常见，它已成为鉴定长石的主要特征。按照双晶结合面和双晶轴的相互关系，可将其分为三类：正交双晶、平行双晶和混合双晶。常见的双晶有钠长石双晶、卡式双晶、肖式双晶、阿克林双晶等。

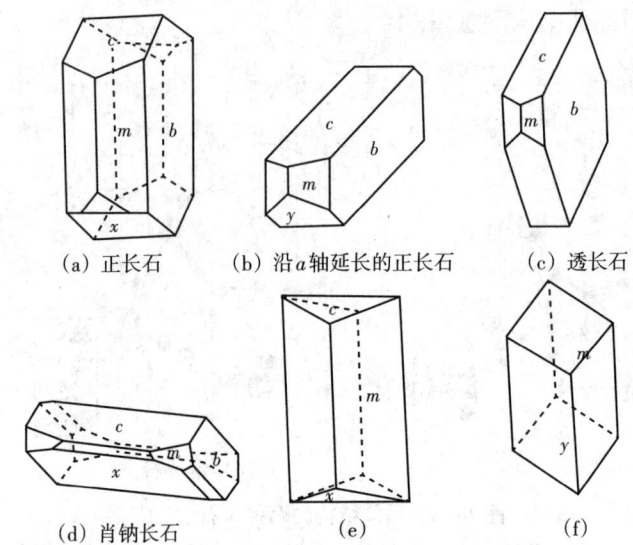

(a) 正长石　　(b) 沿a轴延长的正长石　　(c) 透长石

(d) 肖钠长石　　(e)　　(f)

图7-13　常见的长石晶体形态

（斜方柱$m\{110\}$；平行双面$c\{001\}$；$b\{010\}$，$x\{10\bar{1}\}$，$y\{20\bar{1}\}$，$a\{100\}$）

7.2.2.4　分选方法与试验研究

早期用在工业上的长石主要是从伟晶岩里回收的块状结晶体，这些结晶非常纯，除了人工敲碎外不需任何处理。大多数的长石矿为露天开采，采用穿孔、爆破的方法，长石砂矿采用索斗铲开采。对长石的需求增加和采选技术不断改进，使生产商业用长石的岩石范围不断增大，从各种硬岩到砂矿床的开采，需要较复杂、成本较高的分选方法来富集和回收长石。

我国目前利用的钾、钠长石也主要产于伟晶岩。陶瓷、玻璃原料生产厂家都选择铁含量低、云母少、钾长石或钠长石含量高的伟晶岩脉开采。采下的矿石一般不进行选矿处理，只是在破碎过程中加磁选设备，多数厂家用磁棒除掉矿石破碎过程中混入的磁性铁。然而随着陶瓷、玻璃等行业对长石原料的质量要求越来越高和需求量不断增加，高质量的伟晶岩矿床越来越少，长石矿石选矿已受到矿业界重视，长石原料必然主要是长石精矿。

从伟晶岩矿石中选钾长石或钠长石，要解决3个问题：除去含铁矿物，如铁的氧化物、含铁角闪石等；选掉云母类矿物，如白云母、绢云母等；长石和石英的分离，以提高产品的钾或钠含量。在伟晶岩中石英主要呈两种状态产出，一是经结晶分异作用，以其单体或集合体形式产出；另一种是以蠕虫状嵌布在长石晶体中。

一般用强磁选机除掉铁矿物，如高梯度强磁选机。也可采用浮选法除掉铁矿物，当矿浆的pH值为4~5时，用磺酸盐类捕收剂浮选含铁矿物。

长石一般还与云母、石英以及含铁矿物共生，长石可用油酸类捕收剂浮选。铝盐在酸性介质中抑制长石，而在弱碱性介质中活化长石。胺类也是长石的捕收剂，选别效果良好，但要注意矿浆pH值的调整和矿泥的脱出。

① 长石和云母的分离是用硫酸作调整剂，加混合胺和柴油作为云母的捕收剂。云母和长石浮选时，常采用高浓度调浆、低浓度浮选的方法。这样既可减少药剂用量，又能减少对机械设备的腐蚀。

② 长石和石英的分选是比较难的，其难选原因是长石和石英在水溶液中的荷电机理基本相同。二者晶体结构都是架状结构，长石只是在石英晶体结构中1/4的Si^{4+}被Al^{3+}取代。由于Al^{3+}取代Si^{4+}，在相应的四面体构造单元中，充入K^+或Na^+作为金属配衡离子，以保持矿物电中性。根据K^+、Na^+含量分为钾长石和钠长石。长石和石英分选采用的是浮选工艺。目前主要有3种浮选方法，即氢氟酸法、硫酸法和无酸法。分选效果比较好的是氢氟酸法，其次是硫酸法。无酸浮选法，即矿浆的酸碱度是中性或碱性，但因其工艺条件苛刻，暂未进入工业化应用。

● 氢氟酸法是用氢氟酸作矿浆pH值调整剂，pH值为2.0~2.5，一般用胺类作捕收剂。能使长石和石英分选的原因如下：一是长石晶格中的配衡金属离子K^+、Na^+与氧的键合力弱，易被溶解于矿浆中，使长石表面形成正电荷空洞或是带有负电荷的晶格，对矿浆中的阳离子捕收剂产生静电吸附和分子吸附；二是在长石晶格中，Al^{3+}-O的键力比Si^{4+}-O的键力弱，在矿石破磨过程中Al^{3+}-O键易断开，在长石表面形成Al^{3+}化学活性区，对阴离子捕收剂有特性吸附。在石英表面仅有微弱的静电和分子吸附。在长石表面的各种吸附互相促进，共同作用，对阴、阳离子捕收剂的吸附量远大于石英表面对捕收剂的吸附量，从而导致长石优先浮出，使长石和石英分选。氢氟酸法分选长石和石英效果好，但这种方法不仅对设备有较强的腐蚀，而且也对生产人员的身体健康有危害，因此氢氟酸法的应用受到了限制。

● 硫酸法是用强酸(硫酸)作矿浆pH值调整剂，捕收剂为十二胺、十二烷基磺酸钠，在pH = 2~3的条件下，pH值正处于石英零电点附近，比长石零电点(pH = 1.5)高。在此条件下，长石表面带负电荷，石英表面不带电荷，因而胺类捕收剂吸附在长石表面上，不吸附在石英表面上，阴离子捕收剂与阳离子捕收剂络合共同吸附，增大了长石表面的疏水性，易浮游；石英表面呈中性，对阴、阳离子捕收剂均不吸附，其表面亲水难浮。硫酸法长石优先浮出的原因中也有长石表面正电荷空洞对阳离子捕收剂的吸附，以及长石表面Al^{3+}化学活性区对阴离子捕收剂的吸附。

硫酸法减轻了对生产人员的危害，但同样存在对设备腐蚀和废酸水处理问题。因此，必须加强中性和碱性条件下能有效分选长石和石英的选矿工艺研究。

- 在中性介质中，长石和石英均荷负电。但在石英表面仍有局部荷正电区存在，借助于静电力和氢键作用对油酸根离子有微量吸附，这一吸附并不稳定，在抑制剂如六偏磷酸钠的作用下，即可脱去表面吸附的捕收剂油酸根。长石对油酸根的吸附主要是Al^{3+}的化学吸附，这种吸附比较牢固，六偏磷酸钠不能脱除吸附的油酸根。长石表面的Al^{3+}量少，其疏水性很有限，不能使长石优先浮出。但是长石表面吸附的油酸根离子可作为阴离子活性质点再吸附胺类阳离子捕收剂，胺类阳离子捕收剂被牢固地吸附在长石表面，使长石优先浮出，达到长石和石英分选的目的。

在中性介质中，长石和石英分选的关键是要选择合适有效的抑制剂，既能解吸石英表面吸附的油酸根离子，又能阻止胺类阳离子捕收剂在石英表面吸附。

在pH值为11~12的碱性矿浆中分选石英和长石，是以碱土金属离子为活性剂，以烷基磺酸盐为捕收剂，可优先浮出石英。同时加入合适的非离子表面活性剂，可明显提高石英回收率。在碱性条件下，金属离子与烷基磺酸盐形成的中性络合物[如$Ca(OH)^+RSO_3^-$]起关键作用，这些中性络合物与游离的磺酸盐离子给合在一起吸附在石英表面上。而在高碱性条件下，长石表面形成水合层。目前，碱性条件下分选长石和石英的研究还停留在实验室研究阶段。

综上可将常见的长石矿选矿方法及其分选原理列于表7-8中。

表7-8 长石矿选矿常用方法

序号	选矿方法	使用范围	分离原理
1	拣选	适用于产自伟晶岩中、质量较好的矿石，除去云母、石英、石榴子石、电气石、绿柱石等杂质矿物，优质矿石直接出售或进行粉碎后销售	根据矿石外观颜色、结晶形态等差异进行人工选别

表7-8（续）

序号	选矿方法	使用范围	分离原理
2	水洗	适用于产自风化花岗岩或长石质砂矿的长石中，除去黏土、细泥、云母等	黏土、细泥等粒度细小，沉降速度小，在水流的作用下与粗粒长石分离
3	磁选	除去含铁矿物如磁铁矿、赤铁矿、电气石、石榴子石等	含铁矿物具磁性，在外加磁场的作用下与长石分离
4	重选	除去含铁矿物、金红石、石榴子石等	含铁矿物、金红石、石榴子石等密度大，与密度小的长石在横向和纵向水流的联合作用下分离
5	浮选	除去云母、铁矿物及石英等杂质	根据长石与其他矿物表面物化性质的差异，在浮选药剂的作用下与杂质矿物分离
6	化学处理	用硫酸、盐酸溶解氧化铁、氧化铝提纯硅砂	长石表面的薄膜铁或部分含铁颗粒在酸的作用下生成易溶解的化合物

7.2.2.5 分选实践

根据长石矿的矿石性质，一般采用的分选原则工艺流程可归纳为如下几类。

① 伟晶岩中产出的优质长石：手选→破碎→磨矿（或水碾）→分级；

② 风化花岗岩中的长石：破碎→磨矿→分级→浮选（除铁、云母）→浮选（石英、长石的分离）；

③ 细晶岩中的长石（一般含云母，有时含铁）：破碎→磨矿→筛分→磁选；

④ 长石质砂矿：水洗脱泥→筛分（或浮选分离石英等）。

本节以我国山东省临朐某钠长石矿选矿厂、河南省卢氏某长石矿和湖北省某长石矿选矿厂为例介绍长石的分选实践。

(1)山东临朐某钠长石矿选矿厂

山东临朐某钠长石矿，矿石主要矿物为钠长石，占85%~90%；其次为石英，占10%~15%；还含有少量的绿泥石、铁矿物和金红石等杂质（原矿化学成分分析见表7-9）。

表7-9 原矿及长石精矿化学成分分析　　　　　　　　单位：%

样品名称	SiO_2	Al_2O_3	Fe_2O	CaO	MgO	TiO_2	K_2O	Na_2O	LOI(烧失量)
原矿	69.70	16.60	0.50	0.42	1.96	0.12	0.10	9.37	1.02
长石精矿	68.51	17.09	0.08	0.41	0.60	0.02	0.07	10.70	1.72

该矿原有的加工工艺为：原矿→一段破碎→石碾→分级（脱除细粒及绿泥石）→成品。原有的加工工艺中只进行简单的研磨加工，生产的产品质量较差，烧成白度3左右，属于低级品；同时在长石加工的过程中，为了脱除绿泥石，采用水洗脱泥的方案，造成细颗粒资源的浪费。

在对原矿进行细致的研究后，提供了新的加工工艺：原矿经过两段开路破碎后，进入棒磨机与筛子组成闭路系统磨矿，筛下的产物先进入螺旋溜槽、摇床除去金红石等重矿物，再通过中场强磁选机进一步除去机械铁，产物脱除细泥后采用浮选进一步除去绿泥石，产品脱水后均入库堆存。通过改造，现该厂已形成年加工3万吨的能力，通过加工处理，精矿的化学成分如表7-9所示，得到的长石精矿中SiO_2可达68.51%，Fe_2O_3为0.08%。产品的烧成白度为55~60。在提高长石质量的同时，还回收了绿泥石产品，绿泥石的测试结果见表7-10。

表7-10 绿泥石产品成分及粒度分析

产品名称	粒级/mm	化学成分的质量分数/%					
		SiO_2	Al_2O_3	Fe_2O_3	K_2O	Na_2O	TiO_2
绿泥石	0.10~0.60	37.58	18.42	4.92	0.27	0.75	0.13
	<0.10	48.32	17.85	2.55	0.27	4.89	1.77

该厂的工艺改造中，根据原矿的性质，确定的生产工艺有如下特点：

① 采用破碎—棒磨的手段，保证了入选原料的粒度组成符合要求，同时，采用棒磨—分级的闭路流程，克服了原石碾流程中产品粒度粗、不能形成闭路磨矿的缺点，做到了资源的合理利用；

② 根据原矿中含有金红石等重矿物的特点，采用螺旋溜槽—摇床的重选工艺，可以除去金红石等重矿物，保证产品的含钛量得到降低；

③ 针对原矿含有绿泥石的特点，采用浮选工艺，除去的绿泥石可以作为一种产品回收利用。

(2) 河南省卢氏某长石矿选矿厂

河南省卢氏某长石矿为典型的伟晶岩矿，主要矿物为斜长石，约占60%；其次为石英，约占30%，白云母为8%；另含少量的金红石、赤铁矿、磁铁矿等。其原矿经过两段开路破碎后，进入棒磨机与筛子组成闭路系统磨矿，筛下的产物通过中场强磁选机进一步除去机械铁，高梯度磁选机除去铁矿物，产物脱除细泥后先采用浮选回收云母，云母回收采用一粗二精的流程，获得云母精矿；随后进行长石和石英的分离，采用无氟浮选方法，长石经一段精选后获得长石精矿，获得的精矿中SiO_2可达65.42%，Fe_2O_3为0.13%（原矿及长石精矿化学成分分析如表7-11所示）。

表7-11　原矿及长石精矿化学成分分析　　　　　　　　　　单位：%

样品名称	SiO_2	Al_2O_3	Fe_2O_3	CaO	MgO	TiO_2	K_2O	Na_2O	LOI
原矿	72.80	13.40	0.60	0.72	0.85	0.12	7.03	2.10	1.30
精矿	65.42	18.23	0.13	0.41	0.60	0.08	10.64	3.20	1.72
石英	97.5	—	0.05	—	—	—	—	—	—
云母	48.02	32.34	2.33	0.18	0.93	0.16	9.97	0.64	4.88

该厂采用的选矿生产工艺，在长石加工企业中，属于比较复杂的，与其他企业相比，其特点如下：

①由于原矿含有一定量的白云母，在选别过程中需通过浮选除去，而且白云母还可以作为一种产品回收；

②原矿中，长石含量低，必须通过浮选方法进行富集，因此，需进行长石与石英的分离，该厂采用的分离方案为无机浮选工艺，避免了氟离子污染环境，同时能够保证分离效果，确保长石与石英两种产品的成分满足客户要求；

③对于其他影响产品质量的杂质矿物，如含铁矿物，需通过磁选方法分离。

(3) 湖北省某长石矿选矿厂

我国湖北省某长石矿原为稀有金属矿山，矿石中主要矿物有微斜长石(39.9%)、钠长石(19.6%)、石英(32.8%)、云母(7.8%，主要为白云母)，另含少量片岩碎屑(1.5%)、石榴子石(0.08%)及连生体矿物(2.31%)。入选原矿（即金属矿物重选尾矿）化学成分如表7-12所示。其综合回收长石、石英的选矿工艺流程如图7-14所示。该矿采用一段磨矿两段选别的浮选流程。先用硫酸调浆，在强酸性条件用阳离子捕收剂混合胺除去易浮的云母矿物，然后采用无机阴离子调整剂NaF活化长石，利用传统的"氢氟酸浮选法"，在阳离子捕收剂混合胺浮选体系中分离长石和石英。

表7-12　湖北某长石矿原矿主要化学成分

化学成分	SiO_2	Al_2O_3	Fe_2O_3	$K_2O + Na_2O$	CaO	MgO
质量分数/%	74.89	13.72	0.42	7.27	微量	微量

通过上述分选工艺获得的精矿中，K_2O和Na_2O的质量分数由7.27%提高到12.12%，Fe_2O_3由0.42%下降到0.15%。

针对上述国内长石矿的分选实践结果可知，由于国内大型优质长石矿床较少，优质的长石资源仍然较短缺，同时随着建筑业的快速发展及人们生活水平的提高，对建筑材料的需求量尤其是对高档陶瓷的需求量加大，导致优质长石原料的需求量激增，长石的分选加工势在必行。传统的加工工艺已经不能满足市场的需求，随着长石选矿技术的进步，未来长石矿分选的方法应注重采用多种复合分选方法或作业，包括重选、磁选、浮选等选矿方法的联合。由于矿石质量的差异及对产品质量要求的提高，未来的长石加工企业应根据自身的矿石性质，多样化地选择分选手段从而提升产品质量。

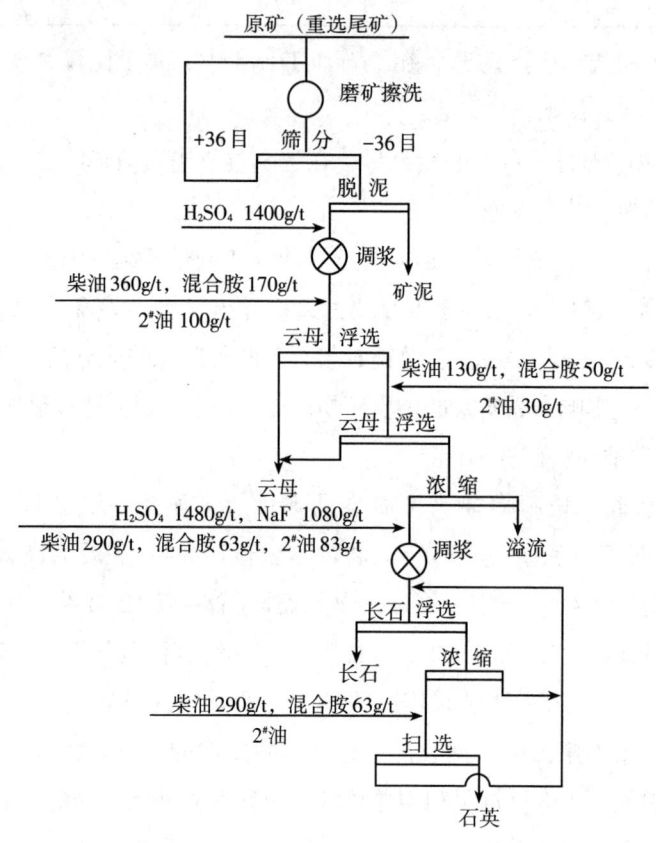

图7-14 湖北某长石矿综合回收长石、石英的选矿工艺流程

7.2.3 沸石分选

沸石(zeolite)是瑞典科学家克罗斯特德(Cronstedt)于1756年首先发现的，因加热时有明显的泡沸现象而得名。现在所指的沸石实际上是沸石族矿物的总称，到目前为止，世界上已发现天然沸石43种，以斜发沸石(clinoptilolite)、丝光沸石(mordenites)、菱沸石(chabazite)、毛沸石(erionite)、方沸石(analcite)、片沸

石(heulandite)等为常用。另外，还有人工合成的沸石125种。

沸石的化学组成十分复杂，因种类不同差异较大。沸石矿物的一般化学式为 $A_m(Si,Al)_pO_{2p}\cdot nH_2O$，式中，A 主要是钠和钙，其次为钡、锶、钾和极少的镁、锰等。成分中$(Mg,Ca,Sr,Ba,Na_2,K_2):Al_2=1:1$ 和 $O:(Si,Al)=2:1$ 是恒定的。但不同的沸石，阳离子 A 及其含量不同，水分子多少各异，Al:Si 的比值在 1:5~1:1 变化。

沸石矿石类型的划分有多种，分别依据成矿原岩、矿石结构和构造、矿化类型、颜色分类。较常用的是以矿化类型及成矿原岩划分类别，分别有斜发沸石岩、丝光沸石岩、片沸石岩、方沸石岩等。具有工业意义的主要是丝光沸石和斜发沸石。

丝光沸石的化学式为 $(Na_2,K_2,Ca)[Al_2Si_{10}O_{24}]\cdot 7H_2O$，斜方晶系，晶体呈针状、纤维状、棉花状集合体。莫氏硬度3~4，密度3.15g/cm³，孔隙度0.28mL/mL，热稳定性800℃。用3.6mmol/L HCl 在100℃下加热4h，晶体结构不变；用15%的 NaOH 在100℃下加热4h，晶体结构完全被破坏。

斜发沸石的化学式为 $Ca(Na,K)_4Al_6Si_{30}O_{72}\cdot 24H_2O$，单斜晶系，晶体呈板状、片状，莫氏硬度3.5~4，密度2.2g/cm³，孔隙度0.34mL/mL，热稳定性750℃。用3.6mmol/L HCl 在100℃下加热4h，晶体结构部分被破坏；用15%的 NaOH 在100℃下加热4h，晶体结构完全被破坏。

沸石具有显著的吸附性能、阳离子交换性能和催化性能。

吸附性能：沸石晶体内部存在大量孔道和孔穴，使之具有较大的比表面积；特殊的分子结构形成较大的静电引力，使沸石晶体内部有相当大的应力场；当孔道、孔穴"空缺"时，表现出对气体和液体具有很强的吸附能力，尤其是对 SO_2、NH_3 及某些有机蒸汽等敏感性的气体吸附性更强。沸石的吸附性具有选择性和再生性的特点。

阳离子交换性能：沸石晶体中的 K^+、Na^+、Ca^{2+} 等阳离子与结晶格架结合不紧密，使之具有阳离子交换性能，易与水溶液中的阳离子进行交换。这种可逆的阳离子交换不破坏晶体结构，但会改变晶体内的电场，从而可使沸石的吸附和催化性能发生很大的变化。沸石的交换性能不仅与沸石的种类有关，而且与沸石的硅铝比、晶格中孔径的大小、孔道疏通情况、阳离子的位置和性质以及交换过程中的温度、压力、离子浓度、流速和pH值等诸多因素有关。

催化性能：沸石具有的大孔道、大比表面积、高电场和阳离子交换性质，使其作为催化剂载体具有催化性能，并且能使某些反应在沸石晶体内进行，反应后生成的新物质又从沸石内部释放出来，而沸石的晶体格架不被破坏。

最早发现的天然沸石大约有50种，早期对它们的用途很少开发，直到20世纪五六十年代，以美国UCC公司为代表研究成功沸石晶体的水热合成工艺之后，才开始广泛利用这种矿物。由于沸石具有独特的内部结构和物理化学特性，目前，已被广泛应用于农业、石油化工、建筑材料、陶瓷、冶金、医药、催化剂、洗涤助剂、环境保护及治理、日用化工等领域。沸石的主要用途见表7-13和图7-15。

表7-13 沸石的主要用途

应用领域	主要用途
离子交换	除氟改良土壤，废水处理，除去或回收重金属离子，海水提钾，海水淡化，硬水的软化
吸附分离	干燥剂，吸附分离剂，分子筛（对气体、液体进行分离、净化和提纯）
催化裂化	石油的催化、裂化剂
农牧业	土壤改良剂（保持肥效）、家禽（畜）饲料添加剂
建材	作水泥掺和料，烧制人造轻骨料，制轻质高强板材及轻质砖和轻质陶瓷制品，无机发泡剂，配制多孔混凝土，作固结材料、建筑石料
造纸和塑料	纸张充填剂，塑料、树脂、涂料的充填剂

（a）用作饲料的添加剂

（b）制造泡沫玻璃

（c）用于石油工业

（d）用于污水处理

（e）废气处理分子筛

（f）造纸填料

图7-15 沸石的主要工业应用举例

7.2.3.1 资源情况

目前，世界上已有美国、日本、俄罗斯以及匈牙利等40多个国家发现了沸石矿床，矿床总数达1000个以上，集中分布在环太平洋地区和古地中海地区。仅以俄罗斯和美国而言，储量就达20亿吨以上。日本沸石资源丰富，仅山形县板谷地区，沸石矿床储量就可达数亿吨。美国有100多个沉积沸石产地，主要分布在西部各州，其中，高品级沸石（斜发沸石、菱沸石、毛沸石和钙十字沸石）矿床储量有1.2亿吨，总储量估计有10亿吨。俄罗斯开始开展沸石普查工作较晚，但由于对沸石资源的需要，也加强了沸石矿产的普查找矿，在外高加索等地找到了质量良好的20多个沸石矿床。

随着全球性矿产资源短缺、枯竭形势的到来，非金属矿产资源由于其开采容易、分布广泛而越来越引起各方面的关注和重视。有着"工业味精"美誉的沸石，在我国自1972年在浙江缙云被发现以后，陆续在全国被发现并在其开发和应用领域取得了大量研究成果，逐渐成为重要的工业矿物之一。

我国也是一个沸石资源丰富的国家，而且储量大、品级高、矿石成本低、产品经济价值高，优势明显。但我国的沸石工业与国外相比，起步较晚，导致研究程度和深度不足，利用程度较低。

我国沸石资源集中分布于沿海发达地区，现已发现的沸石原产地有浙江、山东、河北、黑龙江、河南、吉林、辽宁、内蒙古、广东、广西、福建、安徽、湖北和四川等。其中以河北、内蒙古、吉林、黑龙江、浙江和河南等省份的资源量最为可观。西部的新疆和西藏也有少量沸石产出。全国已有21个省、自治区相继发现沸石原产地400多处，已开采的有100余处。

据统计，我国比较著名的沸石矿区（矿山）有：① 河北省围场鹿圈斜发沸石岩矿区，该矿区沸石储量达15亿吨，占世界总储量的15%之多；② 河北省赤城县独石口斜发沸石岩矿区；③ 浙江省缙云县老虎头、天井山混合型沸石岩矿区；④ 山东省潍坊涌泉庄丝光沸石和斜发沸石岩矿区；⑤ 山东省莱阳市白藤口丝光沸石岩矿区；⑥ 山东省莱西市斜发沸石和丝光沸石岩矿山；⑦ 黑龙江省海林斜发沸石岩矿区；⑧ 黑龙江省嫩江县大石粒子斜发沸石岩矿区；⑨ 河南省信阳上天梯斜发沸石岩矿区；⑩ 辽宁省朝阳北票市斜发沸石岩矿山；⑪ 辽宁省阜新市彰武县罗锅沟丝光沸石岩矿区；⑫ 吉林省九台县银矿山混合型沸石岩矿区；⑬ 内蒙古呼和浩特郊区陶卜齐丝光沸石岩矿山等。

7.2.3.2 矿床特性

沸石族矿物是一种富含水的K、Na、Ca、Ba铝硅酸盐。形成沸石族矿物的先决条件是必须有富含足够水分的碱和碱土金属的铝硅酸盐等成矿物质，因此各个地区沸石矿床的形成时代与分布特征，都与每个地区的火山活动密切相关，国内外沸石矿床多集中于新生代和中生代后期。

从世界范围看，沸石岩一般产在厚层沉积的和同生的火山作用较年轻的（主要是新生代，其次为中生代）造山带，主要集中分布在环太平洋地区和古地中海地区。我国东部濒临太平洋，中生代火山活动频繁，形成了东部大面积的中生代火山熔岩和火山碎屑岩以及大大小小的构造盆地，这些火山喷发产物和供其沉积的构造盆地，为沸石形成提供了丰富的物质来源以及合适的地质环境。我国沸石矿床产出时代主要为中侏罗世晚白垩世，由近似"开放的"淡水湖、地下水系统，或火山期后热水与火山玻璃碎屑反应而成。我国东部环太平洋区和西部古地中海地区，是寻找沸石最有远景的区域。总的趋势是从东向西沸石产出时代有变新的倾向，这与我国东部中生代地质构造发展和火山活动有关。

我国主要沸石矿床及其特点列于表7-14。其中，浙江缙云、河北独石口、黑龙江海林是我国较大型的3个沸石矿床，储量均在亿吨以上。

目前对沸石矿床的成因类型划分尚未统一。但在我国具有工业价值的沸石矿床基本上是火山物质沉积成岩蚀变形成的。沸石矿床类型及实例按成因类型划分见表7-14。

表7-14 我国主要沸石矿床及特点

矿产地		开采方式	产量	矿石主要质量及伴生矿产	开发前景
浙江省共4处	缙云县沸石矿	露采为主	3万吨	斜发沸石为主，丝光沸石次之，交换容量NH_4^+：130~160meg/100g，K^+：8~9mg/g，沸石含量50%~80%	该矿尽管以斜发沸石为主，但以其产品级和优良的物化性能，仍是各类催化剂、干燥剂、吸附剂、离子交换剂、洗涤剂、造纸、橡胶、塑料、低温青瓷等工业的助剂和添加剂，也是建筑、农业、矿物饲料和水产养殖等产品的重要矿物原料，斜发沸石热稳定650℃，丝光沸石750℃(12h)
	金华岭上沸石矿	露采	6万吨	丝光沸石为主，交换容量NH_4^+：132~173.5meg/100g，K^+：≥10.4mg/g，沸石含量26%~78%，平均60%	该矿以高品级的丝光沸石为主，是化工、轻工、石油和有关其他应用领域中的重要沸石原料。低品级（次生贫化）丝光沸石也是水泥、水泥制品工业、农牧、禽畜饲养业的良好沸石原料，其中储量大、易开采的伴生矿产——珍珠岩，是制取4A沸石的优质矿石原料。该矿综合应用前景广阔，交通极为便利

表7-14(续)

矿产地		开采方式	产量	矿石主要质量及伴生矿产	开发前景
山东省共11处	潍县涌家湾	露采为主	2万~2.5万吨/年	斜发沸石为主，丝光沸石次之，交换容量NH$_4^+$：101meg/100g，K$^+$：5.7~19.4mg/g，斜发沸石47.65%，丝光沸石45.25%	该矿以斜发沸石为低品级矿石，适用于水泥和水泥制品工业及矿物饲料工业，其伴生的钠质膨上、珍珠岩可同步作小规模开采
	莱阳白藤口	露采	24万吨	丝光沸石为主，交换容量NH$_4^+$：100.41~153.06meg/100g，伴生膨润土、珍珠岩	为丝光沸石矿，矿石品位偏低，用途与潍县沸石矿相近，也是环保、轻工、水泥工业的重要矿石原料
河北省共13处	宣化县堰家沟	露采	8万吨	斜发沸石，交换容量NH$_4^+$：110~119meg/100g，K$^+$：13.7~13.8mg/g，沸石含量51%~55%，伴生矿产：膨润土	是轻工(纸张充填剂)、铜版纸涂料、洗涤助剂剂(4A沸石)、水泥工业等的重要矿石原料
	围场	露采	60万吨	斜发沸石、方沸石，交换容量NH$_4^+$：68.28~159meg/100g，平均>100meg/100g，沸石含量31.3%~72.9%	350~450℃下，加温2h，斜发沸石结构受到破坏，开发前景与上基本相同
	赤城独石口	露采	1万~2万吨	斜发沸石，交换容量NH$_4^+$：109.36~150.14meg/100g，K$^+$：13.39~18.75mg/g，沸石含量50%~69%，伴生含碱玻璃原料	①碳吸收值(40℃)为120~150mg/g。②500℃恒温处理2h，结构无破坏。③1mmol/L HCl煮4h，沸石结构未被破坏。④硅铝比8.69~9.75，是各类催化剂、干燥剂、吸附剂、离子交换剂、洗涤、建筑、农业、矿物饲料等工业的良好矿物原料
	蔚北泉城县水镇墙	露采	2万吨	斜发沸石，交换容量NH$_4^+$：93.87~126.5meg/100g，K$^+$：13.4~16.0mg/g	应用领域与堰家沟、围场等沸石矿类同
黑龙江省共3处	海林	露采	9万~13万吨	斜发沸石膨润土，交换容量NH$_4^+$：79.33~107.99meg/100g，K$^+$：14.194mg/g，沸石含量52.7%~82.7%，氧化钙吸收值平均为179.01mg/g	属高品级斜发沸石矿，应用前景与嫩江类同，但又是制备高标号水泥和水泥材料的理想沸石原料
	嫩江	露采	8万吨	斜发沸石，交换容量NH$_4^+$：150~180meg/100g，最高达204meg/100g，沸石含量70%~96%	属高品级斜发沸石矿，是催化、干燥、吸附、离子交换、洗涤、农牧业的优质矿石原料，且pH=8~13情况下，水溶液100℃处理2h斜发沸石无破坏现象，是制备耐酸干燥剂等的理想矿石原料
	穆棱	露采	8万吨	斜发沸石岩，伴生矿产为珍珠岩，可作小规模开采	
河南省	信阳上天梯	露采	2万吨	斜发沸石，交换容量NH$_4^+$：90~170meg/100g，K$^+$：10~17.0mg/g，沸石含量50%~60%	

表7-14(续)

矿产地		开采方式	产量	矿石主要质量及伴生矿产	开发前景
吉林省	九台县	露采	8万吨	斜发沸石，交换容量NH_4^+：92meg/100g，富钾珍珠岩、钙质膨润土	储量大、品级低，适用于4A沸石、环保、水泥及水泥制品等工业领域，但该矿规模大，值得进一步开展沸石矿床与成矿规律的研究工作，以圈定不同品级矿石的空间分布规律和合理开发利用沸石矿产资源
辽宁省共9处	北票	露采	25万吨	斜发沸石，交换容量NH_4^+：100~185meg/100g，沸石含量50%~83%，氧化钙吸收量：272~345mg/g	储量大，品级高，属优质斜发沸石矿，可广泛应用于石油、轻工、化工、水泥、农牧业等各个领域，是我国北方重要的沸石工业基地之一
辽宁省共9处	彰武罗锅沟	露采	3万~4万吨	丝光沸石，沸石含量40%~83.02%，平均68.27%，伴生黑耀岩、珍珠岩，氧化钙吸收值150~300mg/g	属高品级丝光沸石矿，可广泛用于各个工农业、环保等领域，并制备各类适应现代科学发展所需要的部分高精尖产品
内蒙古共12处	乌拉特前旗小余太乡	露采	1万吨	斜发沸石，K^+交换容量：19.86mg/g	属催化、干燥、吸附、离子交换、洗涤、农牧业等各领域的优质矿石原料
内蒙古共12处	陶卜齐	露采	3万吨	丝光沸石，交换容量NH_4^+：100meg/100g，K^+：7.2mg/g，伴生矿产为珍珠岩，可作小规模开采	储量大，各项物化指标和综合开发利用有待进一步研究。鉴于该矿属大型丝光沸石矿，国内罕见，为合理利用、开发这一珍稀矿资源，必须进一步深入开展成矿控制条件与规律的研究工作，圈定不同品级的丝光沸石的空间分布特征，合理部署丝光沸石的开发应用
福建省	霞浦县霞山	露采	少量开采	丝光沸石，沸石含量50%~60%，伴生沸石化松脂岩	有待进一步调查，以查明和扩大达工业要求的丝光沸石的储量
广东省	和平县上陵		未采	斜发沸石，丝光沸石，交换容量NH_4^+：100.36~147meg/100g，K^+：5.6~20.69mg/g，沸石平均含量60.70%	各项物化指标及开发利用有待进一步研究
安徽省	宣城永东		未采	斜发沸石，丝光沸石，沸石含量40%~60%，伴生珍珠岩、膨润土	储量和质量均达工业要求，开发利用有待进一步研究
广西	岑溪	露采		丝光沸石，交换容量NH_4^+：102.64meg/100g，K^+：2.1~6.7mg/g，沸石含量23%~61%	储量较大，有待进一步研究

我国沸石矿床的矿种类型、品位、共(伴)生矿床的特点可归纳为以下几点。①已知的沸石矿产地中，矿石品级以中等偏富为特征，据171处产地统计，品位在46%~80%的有125处，占73%；而品位在80%以上的富矿仅有5

处，且储量有限，总共只有几千万吨；品位小于46%的约占35%。就沸石类型而言，我国以斜发沸石为主，而丝光沸石作为我国严禁原矿出口的矿产种类，产地少，储量少。② 与沸石矿共(伴)生的矿产资源，在统计的374处产地中，有2种以上的矿产生产地共138处，其中，沸石-珍珠岩、沸石-膨润土组合矿产地118处，沸石、珍珠岩、膨润土3种矿产组合产地20余处。③ 目前已发现的沸石矿床多数为斜发沸石和丝光沸石共生，以前者为主，并伴生有蒙脱石、石英、方石英、长石等杂质。它们不但有相似的特征，而且产出粒度非常微细（一般小于0.01mm）。

表7-15　沸石矿床类型及实例

矿床类型	矿床特点与矿石中所含沸石种属	实例
盐碱湖沉积型	为目前工业意义最大的矿床类型，矿石中含交沸石、斜发沸石、菱沸石、钙交沸石、丝光沸石、毛沸石等	美国加州Tecope沸石矿
火山物质蚀变型	分布广泛，工业意义较大，矿石中以斜发沸石、丝光沸石为主，亦含少量片沸石等	浙江下白垩统沸石及辽宁北票、建昌一带侏罗系沸石矿床
海相沉积型	主要为近代沉积，矿石中含斜发沸石、钙交沸石等为主	见于保加利亚，我国尚未见报道
火山熔岩热水型	矿石工业意义较小，矿石中以丝光沸石为主，斜发、方、片沸石亦有，但较分散	见于日本、新西兰及我国辽宁彰武、黑山一带
混合型矿床	热水型、淡水沉积型等混合产物，矿石中以斜发沸石为主	辽宁双庙等沸石矿
风化型矿床	多为碱性岩风化而成，规模不大，矿石中以方沸石为主，还含菱沸石、钠沸石等	未见报道

7.2.3.3　矿物晶体的化学特性

沸石是一族具有架状结构的多孔性含水硅酸盐矿物的总称。其化学通式为 $x[(M^+, M_{1/2}^{2+})AlO_2]\cdot y(SiO_2)\cdot zH_2O$。式中，$M^+$和$M^{2+}$代表碱金属和碱土金属离子。由此可以看出，沸石的化学成分实际上由SiO_2、Al_2O_3、H_2O和碱/碱土金属离子4部分组成。在不同的沸石矿物中，硅和铝的比值(y/x)不一样。根据硅铝比值的不同，沸石族矿物可以划分为高硅沸石($y/x>8$)、中硅沸石(y/x为4~8)和低硅沸石($y/x<4$)。

沸石作为架状的含水铝硅酸盐矿物，其晶体由[SiO_4]或[AlO_4](Al置换Si形成)四面体单元排列成的空间网络结构构成。其中，构成沸石骨架的最基本单位是硅氧四面体(SiO_4)和铝氧四面体(AlO_4)(还被称为"一级结构")，这些四面体通过处于其顶角的氧原子互相联结起来形成的在平面上显示的封闭多元环，被称为"二级结构(或次级结构)"，而由这些多元环通过桥氧在三维空间联结成的规则多面体构成的孔穴或笼，如立方体笼、β笼和γ笼等被称为"晶穴结构"。沸石族矿物常见的晶穴结构有α笼、八面沸石笼、立方体笼、β笼、六角柱笼、γ笼和八角柱笼等(沸石晶穴结构如图7-16所示。)，如常见的A型沸石[见图7-17(a)]和具有天然八面体结构的Y型沸石[见图7-17(b)]就是由β笼组成的。

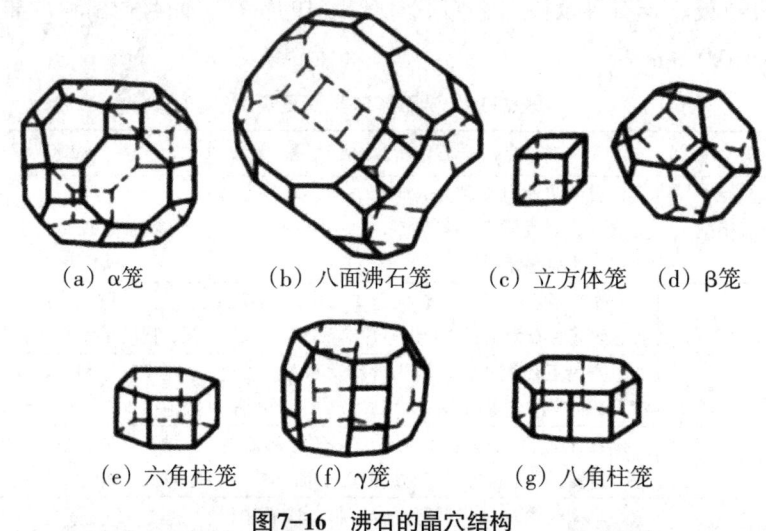

(a) α笼　　(b) 八面沸石笼　　(c) 立方体笼　　(d) β笼

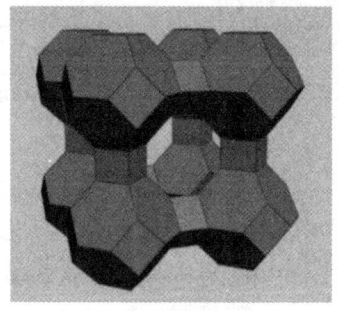

(e) 六角柱笼　　(f) γ笼　　(g) 八角柱笼

图7-16　沸石的晶穴结构

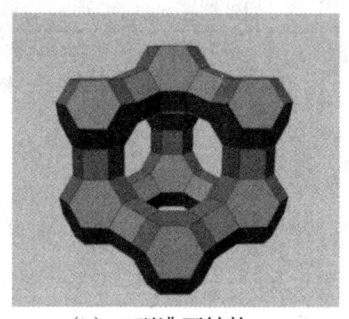

(a) A型沸石结构　　　　(b) Y型沸石结构

图7-17　A型和Y型沸石的结构示意图

沸石族矿物种类很多，可按不同的方法进行分类。按生成和获取方式，沸石族矿物分为天然沸石和人工合成沸石。按成因，沸石族矿物分为内生沸石和以沉积型沸石矿床为重要矿床的外生沸石两大类。具有结构表征特性和实际应用意义的分类方法是按晶体结构进行分类，即按照沸石结构中构成封闭环的二级单位(次级单位)进行分类的，表7-16是沸石矿物的7种分类。

表7-16 沸石按结构次级单位的分类

组别	次级单位	代表性矿物组
1	单4-环（S4R）	方沸石、浊沸石等
2	单6-环（S6R）	毛沸石等
3	双4-环（D4R）	合成沸石A型
4	双6-环（D6R）	菱沸石、八面沸石等
5	复合4-1，T_5O_{10}单位	钠沸石、钙沸石等
6	复合5-1，T_8O_{16}单位	丝光沸石、柱沸石等
7	复合4-4-1，$T_{10}O_{20}$单位	片沸石、斜发沸石

不同沸石间结构、晶体参数和孔道特性的差异还与结构中的硅铝比(y/x)相关，如同为β笼组成的A型沸石和Y型沸石就存在着显著差异。

A型沸石属于立方晶系，$y/x=1$，理想晶胞组成为$Na_{96}[Al_{96}Si_{96}O_{384}]\cdot 216H_2O$，$Na_{12}[Al_{12}Si_{12}O_{48}]\cdot 27H_2O$，晶胞参数$a_0=1.232nm$。A型沸石主晶孔的有效孔径为0.42nm。Y型沸石也属于立方晶系，$y/x>1.5$，晶胞组成为$Na_{56}[Al_{56}Si_{136}O_{384}]\cdot 264H_2O$，晶胞参数$a_0=2.46\sim 2.485nm$，主晶孔孔径为0.8~0.9nm。

沸石有天然与合成两种，到目前为止，已报道过的有40种天然沸石（部分详见表7-17）和150种人工合成沸石。

表7-17 某些沸石矿物的成分及晶体结构参数

矿物名称	理想晶胞组成	结晶学数据			通道体系		
		晶系	空间群	晶胞参数/nm	空间度数	主孔道方向	孔径(Å)和（元数）
丝光沸石	$Na_8[Al_8Si_{40}O_{96}]\cdot 24H_2O$	斜方	Cmcm	$a=1.813$ $b=2.049$ $c=0.752$	II	//c //b	8.8~7.0(12) 2.9~5.0(8)
斜发沸石	$Na_6[Al_6Si_{30}O_{72}]\cdot 32H_2O$	单斜	I2/m	$a=0.741$ $b=1.789$ $c=1.585$			
方沸石	$Na_{16}[Al_{16}Si_{32}O_{96}]\cdot 16H_2O$	等轴	Ia3d	$a=1.373$	I	// 3	2.6(6)
钠沸石	$Na_{16}[Al_{16}Si_{24}O_{80}]\cdot 16H_2O$	斜方	Fdd2	$a=1.830$ $b=1.863$ $c=6.600$	III	⊥c //c	2.6~3.9(8) 3(8)
杆沸石	$Na_4Ca_8[Al_{20}Si_{30}O_{80}]\cdot 24H_2O$	斜方	Pnnn	$a=1.307$ $b=1.308$ $c=13.18$	III	⊥c //c	2.6~3.9(8) 3(8)

表7-17（续）

矿物名称	理想晶胞组成	结晶学数据			通道体系		
		晶系	空间群	晶胞参数/nm	空间度数	主孔道方向	孔径(Å)和(元数)
钡沸石	$Ba_2[Al_2Si_6O_{20}]\cdot 8H_2O$	斜方	$P222$	$a=0.954$ $b=0.9.65$ $c=0.650$	Ⅲ	$\perp c$ $//c$	3.5~3.9(8) 3(8)
钠菱沸石	$Na_8[Al_8Si_{16}O_{48}]\cdot 24H_2O$	六方	$P6_3/mmc$	$a=1.375$ $c=1.005$	Ⅲ	$\perp c$ $//c$	3.6~3.9(8) 6.9(12)
菱沸石	$Ca_{16}[Al_4Si_8O_{24}]\cdot 13H_2O$	三方	$R3m$	$a=1.317$ $c=1.506$	Ⅲ	$\perp c$	3.6~4.2(8)
毛沸石	$Ca_{4.5}[Al_9Si_{27}O_{72}]\cdot 27H_2O$	六方	$P6_3/mmc$	$a=1.326$ $c=1.512$	Ⅲ	$\perp c$	3.6~5.2(8)
钙霞石	$Na_6[Al_6Si_6O_{24}]\cdot 24H_2O$	六方	$P6_3$	$a=1.275$ $c=0.514$	Ⅰ	$//c$	6.2(12)
方钠石	$Na_6[Al_6Si_6O_{24}]\cdot 4H_2O$	等轴	$P43m$	$a=0.888$	Ⅲ	$//[111]$	2.6(6)
钙十字沸石	$(1/2Ca,K,Na)[Al_{10}Si_{22}O_{64}]_2\cdot 6H_2O$	斜方	$B2mb$	$a=0.996$ $b=1.425$ $c=1.425$	Ⅲ	$//a$ $//b$ $//c$	4.2~4.4(8) 2.8~4.8(8) 3.3(8)

7.2.3.4 分选方法与试验研究

天然沸石分选的目的是除掉脉石矿物，富集沸石。天然沸石的分选方法主要为重选法、浮选法、磁选法及其联合工艺方法，具体工艺根据矿石组成矿物的性质确定。天然沸石重选提纯的依据是：沸石与其他脉石矿物之间存在硬度和可粉碎性的差异，经合理的粉碎解离，彼此间呈现粒度分布差别，因此借助分级手段实现分离；磁选法被用来除掉具有磁性的含铁矿物等杂质。由于沸石矿物结晶粒度细小(0.001~0.05mm)，加之沸石与其他伴生矿物物化性质接近，所以天然沸石的分选比较困难。缺少评判沸石含量的有效测试方法更加大了开展这一工作的难度。虽然国内外已从不同的方面对沸石分选进行了大量研究，并取得了一些成果，但总的来讲，效果和指标仍不能令人满意，因此还应进一步加以探索。

日本板谷沸石加工厂采用纯干法重选流程，精选含蛋白石、石英、长石及一些有机物杂质的天然沸石。矿石经粗碎、筛分后，再经多次粉碎、分级，最后按粒度的差异分选出不同质量的沸石产品，其中质量最好、粒度最细的SGW离子交换量为140~150mmol/g，$-5\mu m$的质量分数大于55%，$-10\mu m$的质量分数大于80%，白度大于73%。日本高岛加工厂采用湿法粉碎和分级流程处理天然沸石，质量最好的产品指标为：离子交换量为145~150mmol/g，$-5\mu m$的质量分数大于97%，白度大于88%。除采用常规的分级方法外，美国布伊沸石矿和我国浙江沸石矿的重选流程中还采用了摇床和连续水吸器等设备。基于扩大沸石与其他矿物粒度差异及分散的重要性，还进行了在重选分离体系中水玻璃和聚丙烯酰胺的应用试验，并取得了一定效果。

我国河北省沽源县天然沸石原矿主要由斜发沸石、蒙脱石、长石、石英及少量磁铁矿、赤铁矿、黑云母、角闪石等黑色矿物组成，其中斜发沸石的质量分数约为70%。以原矿经破碎、筛分后制得的-2mm样品作为选矿试样，分别采用磨矿—搅拌—分级和搅拌—分级两种流程对其进行了选矿提纯试验。结果表明，两种方法均可有效去除黑色矿物和长石、石英，从而富集沸石，其中以后者的综合指标更佳。沽源天然沸石经搅拌—分级流程选别后，获得产率约为70%的沸石精矿[(-2.0+0.074)mm的产物]。精矿中沸石含量明显增加，仅含少许黑色矿物，几乎无石英和长石，但蒙脱石未被脱除。

重选和浮选联合方法选别天然沸石的代表性工艺为预先脱泥分级反浮选工艺。主要由钙型丝光沸石(50%~55%)、钙型斜发沸石(20%~25%)、钙型蒙脱石(3%~7%)和石英、长石(2%~4%)组成的天然沸石选矿工艺为：磨矿后预先脱除$-9\mu m$的矿泥，再经分级并用摇床除掉石英和长石等脉石矿物。摇床精矿细磨至$-38\mu m$，再脱除$-9\mu m$的矿泥，然后用浮选回收丝光沸石。最终分别获得沸石含量约80%和75%的两种丝光沸石精矿，产率分别为23.39%和20.58%。

磁选法和含磁选的联合选矿方法主要用来处理含铁量较高的天然沸石。山东省荣成丝光沸石岩含铁较高，采用德国KRUPP工厂生产的SOL型高磁场磁选机，在最高场强5.5706×10^5A/m的条件下对粒度为+0.02mm的原矿进行选别，最终获得纯度达90%的丝光沸石精矿(磁性产物)。

沸石分选提纯难度较大，主要难点集中在以下几方面。

① 沸石嵌布粒度微细，一般为$1\sim5\mu m$，目前磨矿设备难以达到单体解离的目的。

② 单体解离的粒度要适应各种选矿方法的入选要求，目前选矿要求较细的粒度一般为0.074mm，最细的也只有0.045mm，更细的粒度磨矿难以达到。而0.045mm对于沸石而言，单体解离度是很低的。

③ 沸石与伴生脉石矿物可选性能差异不显著，常见的脉石矿物有蒙脱石、

绢云母、石英、玉髓、蛋白石、长石、绿泥石等。这些脉石矿物嵌布粒度也较细，且与沸石的可浮性、磁性、相对密度无明显差异。

沸石矿上述自身条件是沸石难选的根本原因。尽管如此，我国科技工作者仍不遗余力地开展了多种方法和工艺的研究，并且取得了一定的成效，但没有明显的突破，可以说国内沸石选矿仍处在试验研究阶段。国内科研成果简要介绍如下。

(1) 选择性磨矿脱泥富集与成型

此法用于提高天然斜发沸石岩的吸钾和洗脱容量。原矿试样为山东斜发沸石岩，斜发沸石占45%~50%。其他有蒙脱石、丝光沸石、石英等。将原矿破碎至0~2.0mm，然后入棒磨机，磨至(-0.15+0.074)mm粒级占70%，脱除0.02mm以下的矿泥。脱泥后的0.05~0.02mm的粒级物料的吸钾量可达20.27mg/g，与原料的0.423~0.90mm的物料相比，吸钾量提高4.97mg/g。对脱泥前物料和脱泥后精矿以及矿泥作XRD检查，其斜发沸石含量，脱泥前物料为71.7%。精矿为81.6%，矿泥为57.7%。方英石、蒙脱石等杂质集中在矿泥中。

对脱泥后的物料，再掺入相当于沸石样质量7%~10%的聚乙烯粉末，研磨混匀，加温加压成型至0.423~0.90mm。经分析，0.423~0.90mm粒级的成型颗粒的吸钾量为18.58mg/g，最高洗脱液含量为K^+ 7500mg/L，平均最高洗脱液含量为K^+ 6970mg/L，与原矿同粒级相比，吸钾量提高3.28mg/g，洗脱液含K^+量提高46%~57%。

(2) 预先脱泥分级反浮选工艺

浙江省冶金研究所采用预先脱泥分级反浮选工艺，取得了较好的分选效果。原矿试样主要由钙型丝光沸石(50%~55%)、钙型斜发沸石(20%~25%)、石英类(10%~15%)、钙型蒙脱石(3%~7%)和长石(2%~4%)组成，嵌布粒度一般为0.005~0.03mm。采用浮选工艺回收丝光沸石，丝光沸石精矿含量可达80%左右，其试验流程和选别指标分别见图7-18和表7-18。

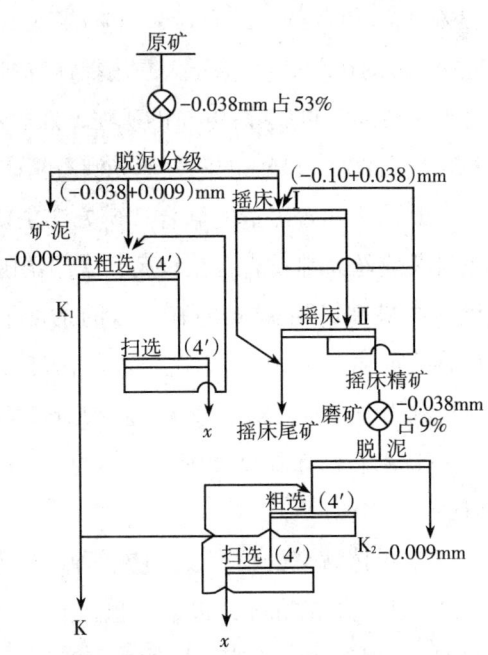

图7-18 富集丝光沸石的工艺试验流程图

表7-18 预先脱泥分级反浮选指标

编号	产物名称	γ_0	分析测试结果					产品用途
			CEC	fSiO$_2$	N$_2$	x_0	X镜检	
B5347-692	丝光沸石精矿	23.39	175.89	11	18.3	79.87	75	远红外辐射材料
B5348-697	丝光沸石精矿	20.58	177.30	9.5	18.6	90	80	甲苯歧化催化剂、水泥掺料、肥皂粉填料
	小计	43.97	176.55	10.3	18.5	84.6	77.34	
235+236	总脱泥产物	33.30	168.77	6.46	15.6	49.85		
347+348	总浮选泡沫产物	15.48	155.66	11.82	15.2	58.2		
	摇床总尾矿	7.25	119.19	25.09	11.6			
	总计	100.00	166.57	10.42	16.5	57~63	50~55	

注：γ_0—原矿产率，%；CEC—100℃时铵总交换量，mmol/g；fSiO$_2$—游离二氧化硅，%；N$_2$—25℃时氮吸附量，mL/g；x_0—X衍射法测量丝光沸石的质量分数，%；X镜检—偏光显微镜目测丝光沸石的质量分数，%。

(3) 重选法

国家建材局地质研究所采用摇床和连续水析器，对浙江缙云天井山1号沸石岩进行了实验室分选试验。原矿试样中主要矿物为斜发沸石、丝光沸石，以及蒙脱石、长石、石英、玉髓、火山玻璃等。从原矿粒度筛析看，细粒级沸石含量比较高，这表明该矿必须通过细磨（-0.045mm的占70%）后才能使其有更好的单体分离度。

试验选用了矿泥摇床与连续水析器（两种设备）联合分选沸石矿物，取得了一定效果。该工艺具有投资少、易掌握、流程简单、易推广的优点。建议流程见图7-19。

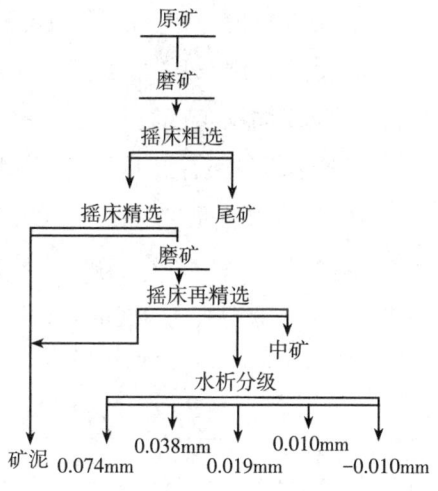

图7-19 富集丝光沸石的工艺试验流程图

经摇床选矿（两段磨矿三次分选）后所获精矿铵交换量为170meq/100g左右，比原矿提高约15meq/100g，产率为23%。将摇床精矿再水析分级后，(-0.074+0.038)mm粒级的铵交换量提高到174.72meq/100g。

(4) 磁选

山东省地质局实验室对荣成丝光沸石岩进行了磁选小试验。由于原矿含铁

较多,故选用磁选方法。

磁选的大致过程如下:原矿→磨到 0.2mm 以下→脱除 0.02mm→0.02mm 以上颗粒进强磁选机→精矿(丝光沸石)/尾矿(非磁性物)。用 SLon 型高磁场磁选机磁选后所得的精矿,经用 X 射线衍射法分析确定其纯度,含铁离子丝光沸石含量可达 90% 以上。

(5)斜发沸石岩絮凝分选

浙江省地质局实验室、国家建材局地质研究所用水玻璃、聚丙烯酰胺等分散剂、絮凝剂做过沸石絮凝分选试验,取得了一定的效果。

7.2.3.5 分选实践

本节以我国沸石生产实践和日本高岛湿法沸石加工流程等为例介绍沸石的分选实践。

(1)我国沸石生产

国内销售的沸石矿一般只是经过破碎、筛分后符合粒度要求的产品。缙云、信阳等国内多家沸石开发、经营公司,基本销售原矿,或经破碎→筛分→磨矿→分级,获得不同粒度的产品,多数粒度为 200~300mm,用于水泥生产。

(2)日本板谷沸石加工厂干法流程

日本板谷沸石原矿中脉石矿物主要有蛋白石、石英、长石、有机物等,干法工艺原则流程为:原矿→破碎→筛分→干燥→筛分→细磨→分级→二次细磨→二次分级,获得了 0.5~50mm 五种粗粒产品及五种不同细度的微粉产品,产品性能见表 7-19。

表 7-19 干法处理沸石性能

项目		SGW	SGW-B_1	Neo-Z	Coarse
颗粒粒度 /μm	+15			< 30%	0.5~1mm
	+10	< 20%	< 30%		1~3mm
	−10			> 40%	3~5mm
					10~30mm
	−5	> 55%	> 35%		30~50mm
吸氨量/(mmol·$100^{-1}g^{-1}$)		140~150	130	120~130	130~150
游离水/%		5~7	5~7	5~7	< 10
白度/%		> 73	> 68	> 63	
pH 值		7~9	7~9	7~9	
松散密度/(g·cm^{-3})		0.20~0.25	0.25~0.30	0.30~0.40	0.65~0.95

表7-19（续）

项目		SGW	SGW-B₁	Neo-Z	Coarse
化学组成（质量分数）/%	SiO_2	71~74			
	Al_2O_3	12.5			
	Fe_2O_3	1.1~1.5			
	CaO	1.0~1.2			
	MgO	0.3~0.5			
	Na_2O	2.5~3.0			
	K_2O	2.5~3.5			
	烧失量	6.6~8.5			

(3) 日本高岛湿法加工流程

该厂主要生产造纸黏土，原则流程为：原矿→磨矿→三段分级→漂白→浓缩→过滤→干燥→磨矿→产品，获得了0.5~5mm 三种粗粒产品及三种微粉产品，产品性能见表7-20，其中 Hi-Z 为造纸用黏土产品。

表7-20 湿法处理沸石性能

项目		CZ	Hi-Z	SS	Coarse
颗粒粒度/μm	+15		< 5%	< 5%	0.5~1mm 1~3mm 1~5mm
	+5	< 3%			
	-5		> 55%	> 75%	
	-2	> 80%			
吸氨量/(mmol·100⁻¹g⁻¹)		145~150	140~150	120~130	130~150
游离水/%		7~8 0	13~15 6~7	7~8 1~2	5~7 0
白度/%		> 88	> 83	> 73	
pH值		3~4	3.5~4.5	4.5~5.5	
松散密度/(g·cm⁻³)		0.10~0.50	0.25~0.30	0.15~0.20	0.65~0.75
化学组成（质量分数）/%	SiO_2	72~73	72~73	72~74	72~73
	Al_2O_3	11.5~12	11.5~12	11.5~14	11.5~12
	Fe_2O_3	< 0.6	< 0.7	< 2.5	< 1.2
	CaO	< 1	< 1	< 0.9	< 1.2
	MgO	< 0.8	< 0.8	< 0.7	< 0.7
	Na_2O	2~2.5	2.5~3.0	1.5~2	2.5~3.0
	K_2O	3.5~4	3~3.5	2.5~3.0	2.5~3.0
	烧失量	7.5~8	6.5~7.5	7~7.5	7~8

本章参考文献

[1] 汪本高,安莲英,黎春阁. 石英砂提纯工艺研究[J]. 化工矿物与加工,2013(3):15-18.

[2] 林敏,裴振宇,熊康,等. 我国高纯石英制备技术现状[J]. 矿产综合利用,2017(5):18-21.

[3] 中国大百科全书编委会. 中国大百科全书[M]. 2版. 北京:中国大百科全书出版社,2004.

[4] 王渭清,潘磊,李龙涛,等. 钾长石资源综合利用研究现状及建议[J]. 中国矿业,2012,21(10):53-57.

[5] 董伟霞,顾幸勇,包启富. 长石矿物及其应用[M]. 北京:化学工业出版社,2010.

[6] 罗立群,温欣宇,孙伟. 长石分选及其废水处理现状与发展[J]. 中国矿业,2016,25(4):120-125.

[7] 柳婷婷,张寿庭. 我国沸石资源的分布与开发利用及发展方向[J]. 中国矿业,2011(S1):41-45.

[8] 章永加. 我国沸石资源及其开发利用[J]. 国外地质科技,1999(1):36-45.

[9] 邢锋,丁浩. 天然沸石加工与改造技术的现状及应用前景[J]. 矿产综合利用,1999(6):32-36.

[10] 印万忠,刘杰,韩跃新. 沸石的研究与应用现状[C]//全国粉体工程学术会议暨相关设备、产品交流会,2003.

8 非晶质硅酸盐矿物和含硅酸盐矿物岩石的分选

非晶质体（non-crystalline）是内部质点在三维空间不作周期性排列的固体，即不具空间格子构造的固体。晶体与非晶质体的内部结构有着本质的区别。晶体既具短程有序（近程规律），也具长程有序（远程规律）。非晶质体、液体只有近程规律，无远程规律。气体既无远程规律，也无近程规律。国内外学者的前期研究结果表明，低维硅酸盐网络在微观分子尺度上的结构基元有5种，即 Q^0, Q^1, Q^2, Q^3, Q^4，与这5种结构基元对应的微观单位硅氧四面体$[SiO_4]$中的桥氧数$[O_{br}/T]$分别为0，1，2，3，4，其非桥氧数$[O_{nb}/T]$分别为4，3，2，1，0。各结构基元对应于硅氧四面体$[SiO_4]$的岛状分布、二聚体分布、链环状分布、层状分布和架状分布。然而，在非晶质低维硅酸盐矿物中，各个硅氧四面体通过桥氧O_{br}互相连接成网络，其构象在不断地扭曲和蠕变。

本章以典型的非晶质硅酸盐矿物和含硅酸盐矿物岩石为基础，从硅藻土、珍珠岩和麦饭石的资源情况、矿床特性、矿石结构和构造、矿物分选理论与试验和分选实践等方面详细介绍了这类硅酸盐矿物的性质及其分选特点。借助典型硅酸盐矿物的分选实例，阐述了非晶质硅酸盐矿物和含硅酸盐矿物岩石等的分选特点。

8.1 非晶质硅酸盐矿物和含硅酸盐矿物岩石的分选特点

天然高纯度的非晶质硅酸盐矿物并不多见，多数需要根据实际情况进行分选提纯处理。例如，自然界中的硅藻土矿石要进行选矿加工后才能满足应用领域的需要。硅藻土矿石分选的目的是除去石英、长石等碎屑矿物、氧化铁类矿物、黏土类矿物以及有机质等。又如，高品质珍珠岩一般被加工成粒度、水分等指标均达到工业要求的产品，即珍珠岩矿砂，因而其分选方法较单一，通常只需要进行破碎、分级和干燥等操作。因此，非晶质硅酸盐矿物和含硅酸盐矿物岩石分选方案的确定，仍然需要充分了解矿床特征、矿石组成、结构构造等性质。从整体上看，这类硅酸盐矿物的分选工艺一般较简单，实际应用并不复杂。

8.2 典型非晶质硅酸盐矿物和含硅酸盐矿物岩石的分选

8.2.1 硅藻土分选

硅藻土(diatomite)是一种生物成因的硅质沉积岩，它主要由古代硅藻的遗骸组成。与其他无机的非金属矿物（膨润土、叶蜡石、沸石等）不同，硅藻土是有机成因。由于硅藻土的物质组分主要是硅藻，其矿物成分为非晶质态的蛋白石-硅藻蛋白石，与天然的二氧化硅胶凝体-蛋白石不同，是一种有机成因的特殊矿物，硅藻的SiO_2不是纯含水氧化硅，而是一种独特的氧化硅-硅藻质氧化硅，硅藻土的许多特性和用途都与其特殊的矿物结构和独特的氧化硅形成的硅藻壳的特殊结构构造有关。

硅藻土的化学式为$SiO_2 \cdot nH_2O$，主要成分是SiO_2，同时还含有少量Al_2O_3、Fe_2O_3、CaO、MgO、K_2O、Na_2O、P_2O_5和有机质。SiO_2通常占80%以上，最高可达94%。优质硅藻土的氧化铁一般为1%~1.5%，氧化铝为3%~6%。硅藻土的矿物成分主要是蛋白石及其变种。硅藻土中的SiO_2在结构、成分上与其他矿物和岩石中的SiO_2不同，它是有机成因的无定形蛋白石矿物，通常称为硅藻质氧化硅。硅藻土的物质组分主要为硅藻，是有益组分，其次为水云母、高岭石、蒙脱石等黏土矿物，常混入石英、长石、黑云母等碎屑矿物，也常含有有机质以及盐类等有害组分。有机物含量从微量到30%以上。

因为硅藻土种类繁多，所以形成的硅藻土形状不一，主要有圆盘状、针状、直链状、羽状等。另外，其差异性还表现在孔的结构、大小、分布及连通性上。图8-1所示为吉林长白山硅藻土的扫描电镜(SEM)照片。显示可知，该处硅藻土主要为圆筛藻和直链藻，孔洞多为圆筒形，孔隙率大。硅藻土边缘处易脱落，其中大量的微孔对硅藻土的吸附性能占主导地位。同一硅藻土中往往含有两级或三级孔洞。

8 非晶质硅酸盐矿物和含硅酸盐矿物岩石的分选

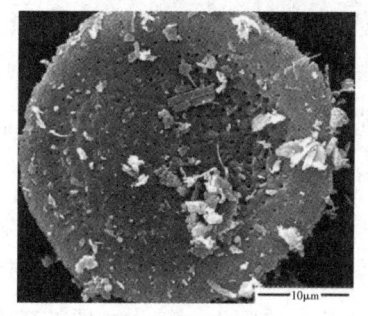

(a) 直链形硅藻土　　　　　　　(b) 圆筛形硅藻土

图8-1　吉林长白山硅藻土扫描电镜(SEM)图

纯净的硅藻土一般呈白色土状，当被铁的氧化物或有机质污染时呈灰白、黄、灰、绿甚至黑色。一般来说，有机质含量越高，湿度越大，则颜色越深。硅藻土质轻，易破碎，松散密度为$0.3~0.5g/cm^3$，莫氏硬度为1~1.5，但硅藻骨骼微粒的硬度较大，为4.5~5。硅藻土孔隙率大，可达80%~90%，能吸收自身质量1.5~4.0倍的水，是热、电、声的不良导体，熔点为1650~1750℃，化学稳定性高，除氢氟酸外，不溶于任何强酸，但能溶于强碱溶液中。硅藻土具有细腻、松散、质轻、多孔、吸水和渗透性强等特点。

硅藻土的二氧化硅多数是非晶体，表面具有大量的Si—OH，主要可以分为孤立羟基、氢键缔合羟基和双生的羟基(见图8-2)。常温下多与水分子以氢键键合，不存在真正意义上的孤立羟基。经热处理强氢键缔合羟基较之弱氢键缔合羟基更易发生缩合脱羟基作用。羟基的存在一方面提高了硅藻土的比表面积；另一方面，在溶液中，羟基中的氢游离出来，硅藻土表面出现负电荷，更易于与正电荷金属离子结合。另外，在某些条件下，硅羟基可与溶液中的其他基团发生反应。在硅藻土表面发现存在少量的L酸和B酸，其中，B酸可能由中等强度的缔合羟基产生，而L酸则可能是硅氧四面体中Si为Al替代或表面黏土杂质存在的结果。非晶质二氧化硅加热到800~1000℃时变为晶质二氧化硅，碱中可溶性硅酸可减少到20%~30%。

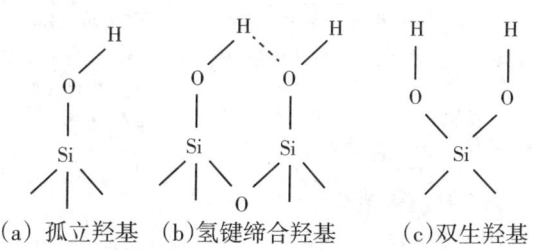

(a) 孤立羟基　(b) 氢键缔合羟基　(c) 双生羟基

图8-2　硅藻土表面羟基结构示意图

根据矿石中各种矿物含量的不同，硅藻土矿石可分为硅藻土、含黏土硅藻土、黏土质硅藻土和硅藻黏土4种类型。

① 硅藻土：主要的矿石类型。不同形状的硅藻质量分数大于90%，黏土矿物质量分数小于5%，矿物碎屑1%左右，呈白-灰白色及灰绿色，质轻，细腻，多孔隙，疏松，具生物结构，块状构造及微细层构造。矿石密度为1.25~1.29g/cm³，干体松散密度为0.5~0.6g/cm³，属优质矿石。

② 含黏土硅藻土：较为主要的矿石类型。硅藻质量分数大于75%，黏土矿物质量分数5%~25%，矿物碎屑2%左右。干体松散密度为0.56~0.63g/cm³，其他特征与硅藻土相同。

③ 黏土质硅藻土：硅藻质量分数50%~70%，黏土矿物质量分数25%~30%，矿物碎屑5%左右。灰白-灰黄色，较致密，不易呈粉状，具块状构造，矿石干体松散密度为0.58~0.65g/cm³。

④ 硅藻黏土：硅藻质量分数30%~40%，黏土矿物质量分数大于50%，矿物碎屑3%~10%。呈灰黄-灰绿色，较致密，黏结性强，具块层状及微层状构造。这种类型为硅藻土与黏土的过渡类型，需经选矿方可为工业利用。

根据SiO_2和黏土矿物的含量，还可将矿石分为硅藻土（SiO_2质量分数大于85%）、黏土质硅藻土（SiO_2质量分数50%~85%）、硅藻黏土（SiO_2质量分数小于50%）三类。

硅藻土特殊的结构构造使其具有多种特殊用途，利用硅藻土孔隙率大、吸附性强、轻质、熔点高、吸声、耐磨、隔热、化学性能稳定并有一定的强度等工艺特性，可生产助滤剂、吸附剂、催化剂载体、功能填料、磨料、隔声隔热材料、水处理剂、沥青改性剂等，广泛应用于轻工、食品、化工、建材、石油、医药、卫生等领域。硅藻土的主要用途和技术要求见表8-1，典型产品举例见图8-3。

表8-1　硅藻土的主要用途和技术要求

应用领域	主要用途	技术要求
工业过滤	生产助滤剂，用于酒类、炼油、油脂、涂料、肥料、化学试剂、药品、水等液体的过滤	要求非晶质SiO_2的质量分数大于80%，有适当的粒径和形态特征，有害微量元素含量不应超过规定标准
填料和颜料	涂料、橡胶、塑料、改性沥青等	原矿硅藻含量较高或经过选矿提纯的硅藻精土
保温隔热和轻质建材	锅炉、蒸馏器、热处理炉、干燥器的保温材料以及轻质保温板、保温砖、保温管、微孔硅酸钙板等	要求非晶质SiO_2的质量分数大于55%，其他杂质不起决定性作用

表 8-1(续)

应用领域	主要用途	技术要求
环保	工业废水和生活污水的处理、水体净化	要求非晶质二氧化硅含量高,黏土及石英、长石和其他矿物碎屑少的硅藻精土
石油化工	氢化过程中的镍催化剂、生产硫酸中的钒催化剂及石油磷酸催化剂等的载体,制备白炭黑	比表面积和孔隙体积越大越好
化肥、农药	化肥、农药的载体和防结块剂	比表面积和孔隙体积越大越好
其他	精细磨料、抛光剂、清洗剂、气相色谱载体、清洁剂、化妆品、炸药密度调节剂等	要求非晶质二氧化硅含量较高,黏土及石英、长石和其他矿物碎屑少的硅藻精土

(a) 助滤剂　　　　(b) 多孔陶瓷　　　　(c) 硅藻泥生态壁材

图 8-3　硅藻土典型产品举例

8.2.1.1　资源情况

世界硅藻土资源十分丰富,分布范围很广,除南极洲外,其他各洲均有发现,已知全球共有硅藻土18.42亿~20亿吨,远景储量35.73亿吨。其中,亚洲居第一位,约10亿吨;欧洲5亿吨;美洲、非洲和大洋洲5亿吨。

(1) 北美洲

美国东海岸和西海岸诸州,特别是在与上述各州邻近的内地都有硅藻土矿床的产出,但就资源量来说,主要集中在西部各州,美国加州不但拥有世界上最大的海相硅藻土矿床(Lompoc硅藻土矿),而且拥有可能是世界上最大的商业级淡水硅藻土矿床(该矿床赋存于沙斯塔郡Britton湖区);加拿大有经济意义的硅藻土仅有位于不列颠哥伦比亚州温哥华北克内尔矿床;墨西哥硅藻土资源主要分布在北部,其中质量最好的矿床要数Gatarina矿。

(2) 欧洲

法国是欧洲最主要的硅藻土资源国,主要资源分布在南部中央高原地区,均为第三纪第四纪的淡水硅藻土矿床;德国硅藻土主要分布在下萨克森州,集中分布在汉诺威与汉堡之间;意大利商业性硅藻土矿床主要位于蒙特阿米亚塔

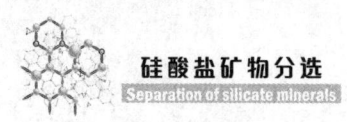

附近；西班牙高质量的硅藻土资源主要分布在东南部的湖相沉积矿床；奥地利有欧洲最大的硅藻土矿床——Limberg矿床；俄罗斯硅藻土主要分布于伏尔加河中游，另外，西西伯利亚地区有巨大的资源潜力。

(3)非洲

南非主要硅藻土矿床仅分布于Ennelco地区和Prieka地区；东非硅藻土主要分布在肯尼亚吉尔吉尔附近，沉积在东非大裂谷更新代湖泊中。

(4)南美洲

阿根廷、巴西、秘鲁、智利、哥伦比亚各有零星小型硅藻土矿床产出。

(5)亚洲

日本硅藻土主要分布在本州东北部和中西部地区，以及九州东部和鹿儿岛，海、湖相矿床均有产出；印度尼西亚、朝鲜有少量硅藻土资源，刚好满足本国市场需求。

(6)大洋洲

澳大利亚和新西兰均有小型硅藻土矿床，其中用作助滤剂级的硅藻土主要从美国进口。

我国硅藻土资源丰富，为优势矿种，占世界储量的11.8%，仅次于美国，位居世界第二位。截至2016年底，查明硅藻土资源储量4.8亿吨，储量3.85亿吨，主要分布在吉林、河北、浙江、云南等10个省区。其中，优质硅藻土主要集中于吉林长白地区。此外，全国探明储量的硅藻土矿区有354处，在地区分布上，以吉林最多，占全国总储量的54.8%，云南、福建、河北等地次之。

2014年我国的硅藻土产量约43万吨，约占世界产量的18.2%，居世界第二；其中，0.99万吨出口，进口1.06万吨，国内消费量43.07万吨。随着经济发展对环保的要求不断提高，未来的需求将不断增加。我国硅藻土资源储量丰富，总体保障程度较高，但区域不平衡问题比较突出。

我国硅藻土资源具有以下特点。

① 产地和储量均高度集中，有利于建设大量基地。全国4.06亿吨的硅藻土储量只分布在河北、内蒙古、吉林、浙江、福建、江西、山东、广东、四川和云南10个省区，并高度集中于云南、吉林两省，其中，以吉林储量最多，计2.1亿吨，占全国一半以上；云南0.82亿吨，占全国总量的20%；浙江第三，储量0.43亿吨，占全国总量的6.4%。

② 以大中型矿床为主，可利用规模经营。全国的硅藻土产地中，有19个大

中型矿床，拥有全国储量的99.3%，极有利于规模开采，小型产地储量极少，仅占全国总量的0.7%。

③ 矿石以含黏土硅藻和黏土质硅藻土为主，质量差，Ⅰ、Ⅱ级品极少。国外主要矿床的矿石类型以硅藻为主，含 SiO_2 多在80%以上，以Ⅰ、Ⅱ级品为主；而我国硅藻土矿黏土含量较高，矿石类型多为黏土硅藻型和黏土质硅藻土型，含 SiO_2 多在80%以下，Ⅰ、Ⅱ级品占少数。我国主要矿区与国外各天然硅藻土化学成分对比如表8-2和表8-3所列。

表8-2 国外各天然硅藻土化学成分（质量分数） 单位：%

组分	加利福尼亚(Lompoc)	马里兰(Calvert)	内华达	爱达荷	肯尼亚(Soysahu)	日本新潟土	俄罗斯乌拉尔卡麦什洛夫	西班牙(Albacete)	墨西哥(Jalisco)	阿尔及利亚(Primo Grade)
SiO_2	89.70	79.55	86.00	89.82	84.50	86.0	79.92	88.60	91.20	58.40
Al_2O_3	3.72	8.18	5.27	1.82	3.06	5.8	6.58	0.62	3.20	1.66
Fe_2O_3	1.09	2.62	2.12	0.44	1.86	1.6	3.56	0.20	0.70	1.55
TiO_2	0.10	0.70	0.21	0.07	0.17	0.22	0.48	0.05	0.16	0.10
P_2O_5	0.10	—	0.06	0.13	0.04	0.03	—	—	0.05	0.20
CaO	0.30	0.25	0.34	1.26	1.80	0.70	1.43	3.00	0.19	13.80
MgO	0.55	1.30	0.39	0.54	0.39	0.29	0.98	0.81	0.42	4.57
Na_2O	0.31	1.31	0.24	1.03	1.19	0.48	0.65	0.50	0.13	0.96
K_2O	0.41	1.31	0.29	0.22	0.91	0.53	0.72	0.39	0.24	0.50
烧失量	3.70	5.80	4.90	4.02	6.08	4.4	4.91	5.20	3.60	17.22
总量	99.98	99.71	99.82	99.35	100.0	100.05	99.23	99.37	99.89	99.22

表 8-3 我国主要矿区硅藻土化学组成（质量分数） 单位：%

产地	山东临朐县		吉林长白县		吉林梅河口市		吉林桦甸市	吉林抚松县	浙江嵊县		四川米易县新民村		四川米易县回汉沟		湖北随县	吉林敦化市高松树	云南寻甸县	吉林永吉县	吉林敦化市秋梨沟	云南腾冲盆地	云南腾冲县团田	云南临沧勐托	云南临沧双江
形状	白色片状		白、灰白色块状		灰、灰褐色块状			白色块状	灰白色片状		灰白色		灰白色		灰色片状		褐灰-灰绿块状					灰白色褐黄色深灰色	
原土/精土	原土	精土	原土	精土	原土	精土	原土	原土	原土	精土	原土	精土	原土	精土	原土	原土	原土	原土	原土	原土	原土	原土	原土
SiO_2	74.56	86.53	92.75	93.96	57.5~76.12	88.47	73.07	90.30	64.80	86.86	67.68	85.58	61.61	87.46	71.70	55~70	61.19	60.63	62.2	59.64	68.18~83.40	60.16~76.54	59.16~77.46
Fe_2O_3	3.91	0.10	0.50	0.17	3.09~11.83	0.34	3.28	0.62	2.91	0.23	1.94~7.12	0.2	7.31	0.64	2.74	2.5	8.08	8.3	4.88	4.92	2.16~3.03	1.41~8.86	1.52~9.56
Al_2O_3	9.01	2.06	2.57	1.38	8.13~19.14	3.23	7.37	3.27	16.40	4.22	17.06	3.96	15.76	1.33	5.40	—	12.60	19.9	14.6	16.80	9.70~13.27	12.72~23.23	11.30~23.58
CaO	1.37	—	0.24	0.13	0.70	—	2.66	0.27	0.39	0.33	0.8	0.41	1.20	0.67	—	1.5	5.29	0.9	1.49	—	—	0.10~0.50	0.25~0.62
MgO	1.13~2.04	—	0.19	0.17	1.0	—	0.51	0.29	0.14~1.38	0.16	1.64	0.17	1.65	0.23	—	1.5	1.63	1.4	—	—	—	0.46~1.37	0.59~1.10
TiO_2	—	—	—	—	—	—	—	—	—	—	—	—	—	0.53	—	—	1.14	—	—	—	—	—	—
SO_3	—	—	—	—	—	—	—	—	—	—	—	—	—	—	—	1.5	1.47	—	—	—	—	—	—
Na_2O	—	—	—	—	—	—	—	—	—	—	—	—	—	1.10	—	—	0.10	—	—	—	—	—	—
P_2O_5	—	—	—	—	—	—	—	—	—	—	—	—	—	—	—	—	0.72	—	—	—	—	—	—
微量组分	—	—	—	—	—	—	—	—	—	—	—	—	—	—	—	—	0.026	—	—	—	—	—	—
烧失量	5.66	—	2.89	3.3	6.92	6.45	8.67	3.69	3.1	—	5.32	—	7.26	3.89	—	—	1.73	—	—	14.16	7.47~10.14	7.36~10.84	5.18~9.62

8.2.1.2 矿床特性

我国硅藻土矿经常与黏土矿共生，优质矿较少，黏土可以单独成层，也可与硅藻土相杂，形成黏土质硅藻土或硅藻质黏土。一般来说，黏土是有害组分，但在某些用途中则是有益组分。硅藻土矿与褐煤、泥炭层共生，以云南先锋矿区最为典型。

我国硅藻土矿皆为陆相湖泊沉积类型。湖盆可归纳为3种，即火山盆地（如吉林长白、山东临朐、浙江嵊县等）、断陷盆地（如云南昆明）及山间盆地（如四川米易）。含矿地层沉积类型属淡水湖生物化学沉积型，特点是有较多的动、植物化石，与炭质碎屑粉砂层、粉砂质黏土层及硅藻黏土层共生。硅藻土矿层理发育，岩性、岩相变化不大。矿体呈层状、似层状、透镜状、扁豆状，产状平缓，并由四周向盆地中心倾斜，硅藻种属为淡水型，例如颗粒直链藻、中国小环藻、冰岛直链藻等。此外，广东雷州半岛发现了半咸水型硅藻土矿床，表明除淡水湖相沉积矿床外，还有沼泽相和深湖相沉积类型。

根据SiO_2来源的不同，可分成2个亚类。一是火山物源硅藻土矿床，二是陆源沉积硅藻土矿床。

① 火山物源硅藻土矿床，SiO_2主要来自火山，硅藻形成于玄武质火山喷发间歇期的湖盆中，以含矿岩系中夹有玄武岩层为特征。吉林长白、敦化，山东临朐，浙江嵊县等我国东部的一系列矿床均属此亚类。

② 陆源沉积硅藻土矿床，SiO_2主要是由岩石风化分解、搬运提供的。矿床内含矿岩系没有玄武岩层，但周围常有时代较早的玄武岩层，它们是SiO_2的物源岩石。例如云南寻甸、四川米易等地的硅藻土矿床。

总的来说，我国硅藻土矿床分布广泛，主要在我国东部地区和云南、四川一带，其中，吉林和云南矿床（点）最多，资源储量最丰富；其次是浙江、河北、广东、内蒙古、福建、黑龙江、江西、山东，在辽宁、陕西、山西、河南、海南、湖南、贵州等地也有分布。

8.2.1.3 硅藻土矿物材料

随着采矿、冶金、电镀、电子等行业的发展，重金属废水污染日益严重，在整个废水排放中，重金属废水占60%，可谓危害最大的水污染问题。重金属的特点是毒性大，易富集于生物，在环境中不易被代谢，具有生物放大效应等。因此，重金属废水的肆意排放，不仅是对环境的毁灭性破坏，也使得人类和其他水生生物的生存受到严重威胁。目前常用的处理废水的方法有化学沉淀法、膜过滤法、离子交换法、电解-电渗析法和吸附法等。其中，吸附法使用的吸附剂常见的为活性炭，但人们也一直在寻求新的来源广、价格低廉的新型吸附剂材料。因此，天然环境矿物材料引起了研究人员的重视，研究结果表明，膨润土、沸石、蛇纹石、羟基磷灰石、方解石、硅藻土等都能有效地净化重金属废水。

硅藻土因其独特的硅藻壳体结构、高孔隙度、强吸附性、大比表面积等性质，早在20世纪初即被用来净化生活用水，有效滤除水中的悬浮杂质、寄生虫和细菌等。近年来，硅藻土的吸附性能愈发受到重视，国内外对硅藻土作为吸附剂处理重金属废水进行了大量研究，应用前景十分广阔。

目前利用硅藻土作为矿物材料处理重金属废水的研究主要是对硅藻土进行提纯，除去表面及孔道中的杂质，尤其是微孔中的杂质，以达到增大比表面积、提高其吸附能力的目的。进一步则是对硅藻土进行表面改性处理，使用物理或化学方法改变硅藻土的表面结构特征，提高硅藻土的比表面积和表面负电荷，增加有效的吸附活性位点，从而提高硅藻土重金属离子的吸附能力。

针对不同的吸附物选取硅藻土改性剂，将更有利于硅藻土对重金属离子的吸附。通常选取金属氧化物对硅藻土进行表面改性处理，如锰氧化物，其改性实质是在硅藻土表面沉淀锰氧化物。因为锰的氧化物表面具有化学吸附性能，又具有完整的孔道结构，易与重金属离子发生反应。另外，Mn是自然界少有但常见的变价元素，其氧化物和氢氧化物易与重金属离子发生氧化还原反应，而这种带有表面电荷（零点电荷会从软锰矿的1.5到隐钾锰矿的4.6）及含有变价元素的锰氧化物、氢氧化物是自然环境中广泛存在的化合物，这对重金属离子污染迁移具有重要意义。Y. Al-Degs等用MnO_2改性的硅藻土和非改性硅藻土吸附Pb^{2+}，研究结果表明，MnO_2改性的硅藻土对Pb^{2+}的吸附量为24mg/g，改性后的硅藻土增加了比表面积和表面负电荷。Khraisheh等研究认为，锰氧化物改性后硅藻土表面的锰氧化物可以呈现酸性水钠锰矿结构，这种酸性水钠锰矿对Pb^{2+}、Cd^{2+}、Zn^{2+}的吸附能力最佳，对Pb^{2+}的饱和吸附量可达到72.4mg/g，比原硅藻土提高了3倍。

其他的改性研究还有T. N. D. Cdantas首次研究了微乳液改性硅藻土对Cr^{3+}的吸附情况，发现改性后的硅藻土对Cr^{3+}的吸附性能明显提高。Er Li等人比较了分别使用锰氧化物和微乳液对硅藻土进行改性后用于吸附溶液中的 Cr^{3+}，结果显示，用微乳液改性后的硅藻土具有更好的表面电离性，对 Cr^{3+} 的吸附量优于锰氧化物改性硅藻土。Jinlu Wu 等人利用 Al_2O_3 和石灰对天然硅藻土进行改性，并以改性硅藻土、天然硅藻土、活性炭对城市废水进行三级处理，结果显示，改性硅藻土对重金属离子的吸附能力得到了有效提高，其吸附能力已接近于活性炭。经过处理的废水中大部分污染物的含量也已经达到国家污水排放标准。罗道成等用溴化十六烷基三甲铵改性硅藻土后对湘潭市某电镀厂的电镀废水进行处理，研究了其对 Pb^{2+}、Cu^{2+}、Zn^{2+} 的吸附效果及条件，同时探讨了改性硅藻土对 Pb^{2+}、Cu^{2+}、Zn^{2+} 的解吸再生条件，对日后电镀废水的处理具有重要意义。

吸附法主要是利用固体表面分子或原子因受力不均衡而具有剩余的表面活性能，当水中的重金属离子碰撞固体表面时，受到这些不平衡的吸引力而停留在固体表面上吸附活性位点。这些吸引力主要是溶质与固体表面的亲和力、溶质与吸附剂之间的静电引力、范德华力或化学键力。吸附过程结束后，吸附剂经过一定处理可以解析并重复利用，吸附及洗脱的重金属离子可以回收利用。就硅藻土来说，独特的孔道结构，使其表面具有大量的不饱和键和断键，使其对重金属离子的吸附具有独特的性质。硅藻土表面覆盖着大量的硅羟基，这些硅羟基在水溶液中可水解，在硅藻土颗粒表面上分别有 $\equiv SiO^-$、$\equiv SiOH$、$\equiv SiOH_2^+$ 及几种带不同电性的连生的和双生的硅氧基团。此外，还有少量表面断键（$\equiv SiO^-$ 和 $^+Si\equiv$），这样在硅藻土表面发生的吸附形式可能有离子交换吸附和表面络合吸附。经表面改性后的硅藻土吸附重金属离子，除发生离子交换吸附和表面络合吸附外，还可经过沉淀作用去除重金属离子，如碳酸钙可与水中的金属离子 Me^{n+} 发生反应生成难溶沉淀吸附在碳酸钙改性硅藻土表面，以达到去除的目的。另外，在整个吸附过程中除了化学吸附，物理吸附也起到一定作用。

8.2.1.4 分选方法与试验研究

天然高纯度的硅藻土矿很少见，多数硅藻土矿要进行选矿加工后才能满足应用领域的需要。硅藻土选矿的目的是除去石英、长石等碎屑矿物、氧化铁类矿物、黏土类矿物以及有机质，以富集硅藻。

硅藻土选矿方法的选用依杂质矿物的种类、性质以及产品的纯度要求而定。对于主要含石英、长石类碎屑矿物、黏土含量很少、硅藻含量较高的硅藻原土，可采用简单的旋风分离法，即在干燥和选择性粉碎后采用旋风分离器或空气离心分选机进行选别；也可以采用湿式重力沉降或离心沉降的方法进行选别，原则工艺流程是：硅藻原土→擦洗制浆→重力沉降或离心沉降。如果原土中含有铁质矿物，可在重力或离心沉降后增设磁选除铁作业。含黏土硅藻土和黏土质硅藻原土的选矿提纯是硅藻土选矿的重点及难点所在，重点在于我国绝大多数的硅藻土矿床属含黏土硅藻土和黏土质硅藻土，难点在于硅藻壳体与黏土颗粒的解离和分选。目前在工业上应用的一种成功的工艺是：擦洗制浆→稀释→沉淀分离→负压脱水→热风干燥→精细分级→硅藻精土。图8-4所示为该选矿工艺的流程。

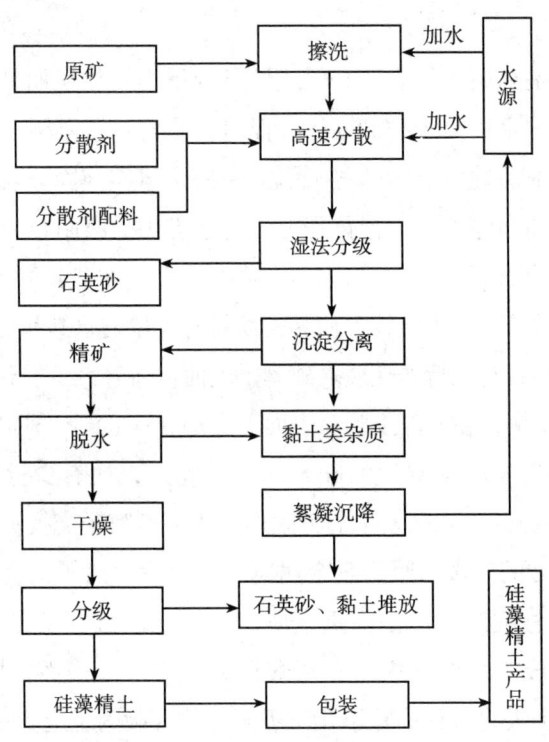

图8-4 硅藻土分选原则流程图

首先用擦洗搅拌机将硅藻土原土加水搅拌成浓矿浆，其矿浆浓度（固含量）为30%~45%；加水稀释矿浆至10%~20%后给入高速分散机内，同时按原土质量加入分散剂（茶碱0.003%~0.005%，模数大于3.2的水玻璃0.1%~0.2%）；然后将矿浆以1~1.5m/min的流速依次送入初分离器、二次分离器、精分离器中沉淀分离，矿浆在各分离器中的浓度依次为10%~20%、10%~18%和7%~10%；收集湿硅藻精土进行过滤干燥后即得硅藻精土。

该工艺稀释作业加入的水玻璃成分可用六偏磷酸钠代替，其用量是0.02%~0.04%；沉淀分离为流动与静止交叉进行，以便使黏土和碎屑矿物与硅藻土彻底分离，获取高纯度的硅藻精土。沉淀分离设备由三级分离器组成，其中，初分离器由其内设有控制板的沉降沟池以及与该沟池相连接的粗砂池构成，二次分离器由其内设有控制板、其底部设为凸凹面的多条平行沟池组合而成，精分离器由其内设有控制闸板、两端各设有放浆沟和排泥沟的带多个拐角的沉降沟池构成。

硅藻土的分选提纯工艺大致可分为粗选和精选工艺两类。

(1)粗选工艺

粗选包括破碎、混合、磨碎和烘干。粗选产品一般不用于过滤。在硅藻土的磨矿和加工过程中，要特别注意保护硅藻骨架的颗粒形状及结构。因为就是这种物理性质致使硅藻土不同于其他形式的二氧化硅。在工业矿物的选矿过程中，一旦所用的球磨、研磨和其他缩小粒度的方法损坏了其结构，将直接影响终端产品的质量。硅藻土原矿的粉碎一般采用齿轮碾压机压碎，再用锤碎机破碎至13mm以下。

(2)用作助滤剂、填料和催化剂载体的硅藻土要精选

硅藻土精选的方法主要有焙烧、重选、浮选、酸选等（各自优缺点列于表8-4）。此外，还有磁选法、磁—重分离法、选择性絮凝法和活化焙烧法等，这些方法正处于试验阶段和初步应用阶段。

表8-4 各种硅藻土选矿提纯工艺优缺点对比

工艺名称	优点	缺点
酸浸法	提纯效果好	污染环境、生产成本高
擦洗法	工艺简单	难以得到高品位的硅藻精土
干法或湿法分级	工艺简单	效率低，难以得到高品位的硅藻精土
煅烧法	对高烧失量原矿提纯效果好	只适用于高烧失量硅藻土矿
重力分选	工艺简单	效率低、耗水量高、产品稳定性较差
磁选	可有效去除磁性矿物杂质	不能分离非磁性黏土，难以得到高品位的精土
选择性絮凝法	能提高黏土的沉降速度	影响因素多、硅藻精土质量不稳定
热浮选		工艺复杂、硅藻精土质量不稳定

① 焙烧法。对硅藻土助滤剂的加工生产主要采用此法。硅藻土助滤剂的生产流程为：烘干→压碎→分离→加助熔剂→混合→焙烧→压碎→分级过筛。作

为过滤介质的硅藻土助滤剂应该严格控制粒度分布范围，在配料工艺中要控制粒度分布，在焙烧过程中对粒度的控制也极为重要，不同的焙烧温度对同一配方将产生不同的粒度分布，焙烧温度越高，粒度越大，但温度又不能太高，否则将熔成玻璃相，破坏多孔结构，反而降低过滤速度，影响澄清效果。

② 重选法。重选法主要是利用硅藻土与脉石密度的差异进行分选的。重选法又分为干法和湿法。干法主要处理高品位矿石，处理低品位矿石主要采用湿法。重选法生产成本较低，环境污染较轻，但由于硅藻壳体中所含微细粒黏土矿物杂质很难用物理方法去除，因此重选法很难获得高纯度的硅藻精土。

③ 浮选法。浮选法在硅藻土的选矿提纯中应用十分广泛，用此法选分硅藻土，能得到较高的品位。用作催化剂载体的硅藻土，可利用浮选法进行精选，但是用于食品工业的硅藻土助滤剂的生产，一般不用浮选法。试验研究结果表明，分选时加入的药剂会进入硅藻精土，这对于提纯很不利，尤其是含氟药剂的使用，对用于食品工业的硅藻土是绝对禁止的。因此，用含氟离子的浮选药剂对硅藻土进行浮选，所得产品只用于其他工业部门。

④ 酸选法。国内用于催化剂载体的硅藻土的精选，普遍采用硫酸法、盐酸法或两法交叉法。工艺过程是先除去沙砾杂质，在不断搅拌的情况下，按酸：硅藻土＝1∶1的用量，加硫酸或盐酸并一起煮沸一定时间，使硅藻土中的 Al_2O_3、Fe_2O_3、CaO、MgO 等杂质与酸作用，生成可溶性盐类矿物，然后经过滤、洗涤、干燥，即得到较纯的硅藻土。使用硫酸和盐酸精选的效果相差无几，具体选用哪种酸，需考虑精土的用途。用作钒触媒载体时需用硫酸精选，以防带入氯离子，用作助滤剂时，多用盐酸，经济效益好。酸浸法能得到较高品位的精土，但酸用量大，会产生大量的废渣、废液，带来环境污染等一系列问题。

⑤ 磁选法。硅藻土原土中都含有一定量的铁等杂质，通过高梯度磁选法可有效去除这些杂质，提高硅藻土的品位。

⑥ 磁—重分离法。硅藻土是一种多孔隙而相对密度较小的矿物，含铁矿物等杂质都不具有孔隙率高的特点，且相对密度较大，可以认为根据相对密度分选是对硅藻土提纯的有效方法。因此，考虑在磁选后再进行重力分选，以提高硅藻土的品位，降低 Fe_2O_3 的含量。

⑦ 选择性絮凝—磁选—重选分离法。由于硅藻土粒度较细，所含杂质矿物的比磁化系数很小，因此磁—重分离效果不甚理想。选择性絮凝则可将 Fe_2O_3 等杂质絮凝成团聚体，粒度增大，受到更大的磁力，有利于磁分离。此外，絮凝

后会增大杂质及硅藻在粒度和相对密度上的差异,有利于重选分离。

⑧ 活化焙烧法。硅藻土中有机物的去除可以采用选分的方法,也可用焙烧的方法。焙烧不仅可以提纯,同时也是硅藻土活化的方法之一,酸性活化法简单可靠,经济效果好,而且具有不污染环境的优点。

8.2.1.5 分选实践

本节以我国云南腾冲观音堂硅藻土选矿厂、浙江嵊县硅藻土选矿厂、吉林敦化硅藻土选矿厂和云南昆明耐火材料厂为例介绍硅藻土的分选实践。

(1) 云南腾冲观音堂硅藻土选矿厂

云南西部腾冲地区的硅藻土,品质较好,主要是舟形藻,其次是桅杆藻、月形藻、圆筛藻等。观音堂硅藻土原土含 SiO_2 84.65%,Fe_2O_3 0.56%,Al_2O_3 3.76%,CaO 0.29%,MgO 0.48%。原土粉碎至-0.025mm,絮凝剂用量50g/t,絮凝搅拌质量分数15%,絮凝温度20℃,絮凝时间10min,磁场强度143kA/m (1800Oe),聚磁介质钢毛(直径为硅藻颗粒直径的2.69倍),磁选冲洗水量300mL/min。采用分级除杂,絮凝—磁选—重选分离工艺提纯该硅藻土,可以获得 SiO_2 92.76%,Fe_2O_3 0.22%,Al_2O_3 1.95%,CaO 0.08%,MgO 0.21%的硅藻精土。分选工艺流程如图8-5所示。

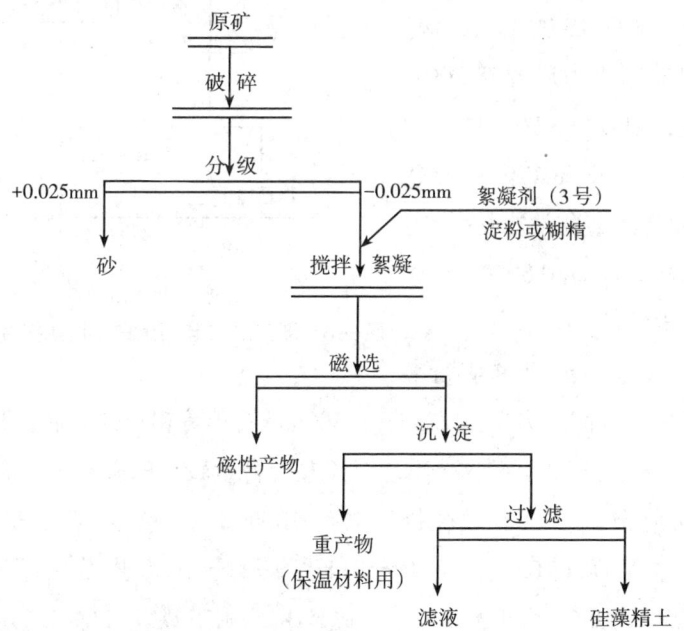

图8-5 云南腾冲硅藻土选矿提纯工艺流程图

(2) 浙江嵊县硅藻土选矿提纯

浙江嵊县硅藻土是一个特大型淡水湖泊生物化学沉积矿床。该矿原土按颜色可分为白土和蓝土，白土和蓝土位于同一矿层的不同部位。嵊县硅藻土含黏土矿物及其他杂质较多，SiO_2含量低，必须经过选矿提纯才能用于生产助滤剂等产品。

白土中黏土矿物以蒙脱石为主，石英、长石等碎屑矿物较多，因此采用单一物理方法提纯就可以获得SiO_2质量分数85%以上的精土。蓝土中含有更多的菱铁矿和有机物质，经过选矿提纯后需煅烧—酸处理才能获得适合于生产助滤剂的原料。

浙江嵊县硅藻土原土先经分散除去砂质矿物，然后经多次分散和分选除去黏土矿物，蓝土选矿精矿再经酸处理，白土和蓝土的选矿提纯工艺流程分别如图8-6和图8-7所示。白土原土各组分的质量分数分别为SiO_2 67.79%，Fe_2O_3 3.28%，Al_2O_3 17.22%，经选矿提纯后获得的精土为SiO_2 85.76%，Fe_2O_3 0.86%，Al_2O_3 6.44%；中土为SiO_2 71.72%，Fe_2O_3 2.71%，Al_2O_3 13.92%。蓝土原土各组分的质量分数分别为SiO_2 66.88%，Fe_2O_3 5.99%，Al_2O_3 13.00%，经选矿提纯后获得的精土为SiO_2 78.20%，Fe_2O_3 2.65%，Al_2O_3 7.87%；中土为SiO_2 62.17%，Fe_2O_3 8.17%，Al_2O_3 13.33%；物理精土经化学处理后可得到SiO_2 92.63%，Fe_2O_3 0.59%，Al_2O_3 2.55%的化学精土。

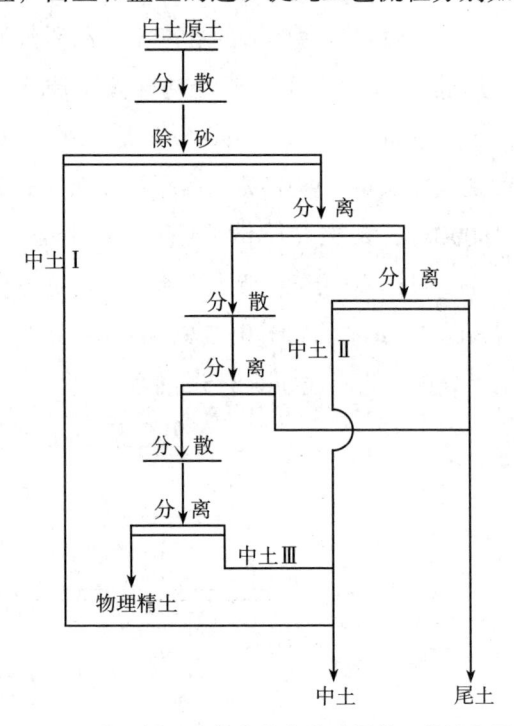

图8-6 浙江嵊县硅藻土白土选矿提纯工艺流程图

(3) 吉林敦化硅藻土矿选矿提纯

原土经擦洗分散除去+0.025mm(+500目)石英等粗粒杂质后，利用重力或离心沉降使硅藻土与黏土矿物分离。对于黏土含量较高的硅藻土，需2~3次擦洗分离和沉降分离。吉林敦化原土各组分的质量分数分别为SiO_2 68.14%，Fe_2O_3 3.85%，Al_2O_3 16.02%，经如图8-8所示的选矿工艺提纯，获得了SiO_2 82.06%，Fe_2O_3 1.38%，Al_2O_3 6.93%的硅藻精土和SiO_2 72.20%，Fe_2O_3 3.14%，Al_2O_3 14.72%的硅藻中土。

8 非晶质硅酸盐矿物和含硅酸盐矿物岩石的分选

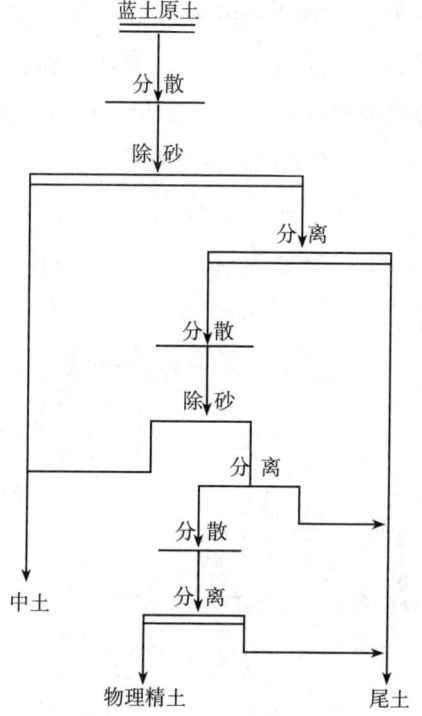

图8-7 浙江嵊县硅藻土蓝土选矿提纯工艺流程图

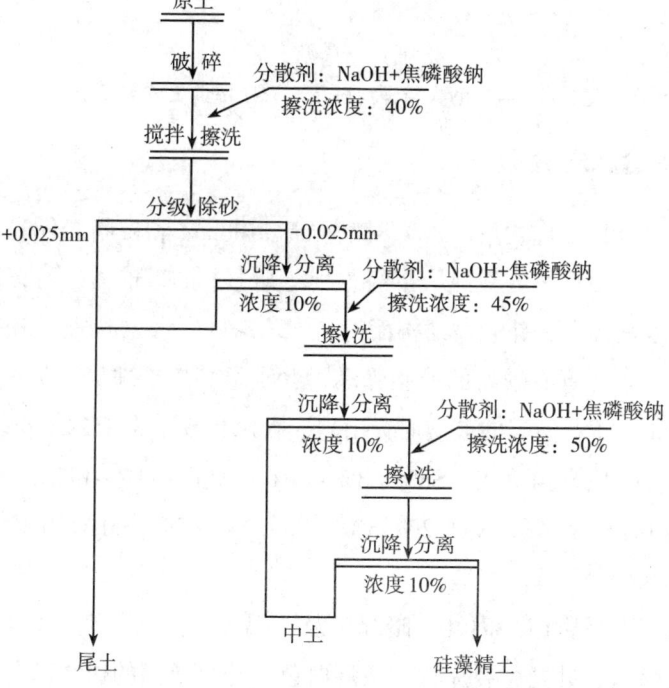

图8-8 吉林敦化硅藻土选矿提纯工艺流程图

(4) 云南昆明耐火材料厂硅藻土提纯

原矿硅藻土品质较好，主要是舟形藻，其次是桅杆藻、月形藻、圆筛藻等。昆明耐火材料厂为提纯该硅藻土，于20世纪90年代初建成了年产3000t精土的硅藻土生产线，工艺流程见图8-9。原矿各组分的质量分数分别为 SiO_2 74.62%，Fe_2O_3 1.69%，Al_2O_3 13.76%，CaO 1.46%，MgO 1.59%。经该工艺提纯的硅藻土各组分的质量分数分别为 SiO_2 87.21%，Fe_2O_3 0.57%，Al_2O_3 5.6%，CaO 0.36%，MgO 0.14%。尾矿废渣用于生产保温材料。

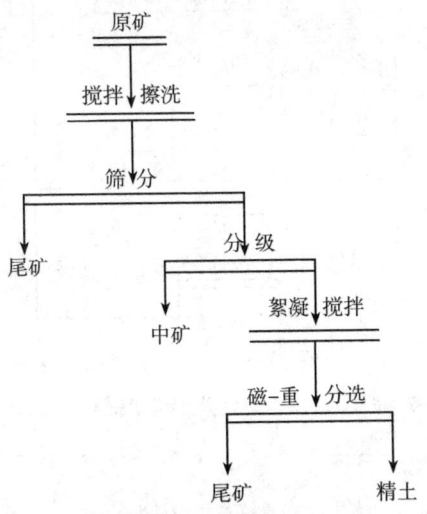

图8-9 昆明耐火材料厂硅藻土选矿提纯工艺流程图

8.2.2 珍珠岩分选

珍珠岩矿包括珍珠岩(perlite)、黑曜岩(obsidian)和松脂岩(pitchstone)。珍珠岩是一种由火山喷发的酸性熔浆经急剧冷却形成的玻璃质岩石，其成分相当于流纹岩，因其具有珍珠裂隙结构而得名。珍珠岩含水2%~6%。松脂岩亦为酸性玻璃质火山岩，具有独特的松脂光泽，含水量高于珍珠岩，为6%~10%。黑曜岩是成分相当于花岗岩的玻璃质火山岩，含水量少，小于2%。珍珠岩矿石的一般化学成分(质量分数)为 SiO_2 68%~74%，Al_2O_3 11%~14%，Fe_2O_3 0.5%~3.6%，CaO 0.7%~1.0%，K_2O 2%~3%，Na_2O 4%~5%，MgO 0.3%左右，H_2O 2.3%~6.4%。

珍珠岩矿石呈黄白、肉红、暗绿、灰、褐棕、黑灰等色，以灰白-浅灰为主；断口呈参差、贝壳、裂片状，条痕白色，碎片及薄的边缘部分透明或半透明；莫氏硬度为5.5~7，密度为2.2~2.4g/cm³，耐火度为1300~1380℃；折射率为

1.483~1.506；膨胀倍数为4~25倍。

珍珠岩主要应用于建筑业、加工制造业、农业、功能性矿物填料等，如图8-10所示。

 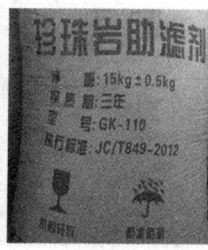  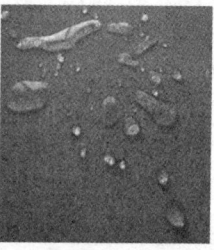

（a）珍珠岩保温板　（b）珍珠岩助滤剂　（c）珍珠岩保肥剂　（d）珍珠岩防水填料

图8-10　珍珠岩典型产品举例

目前，我国市场上应用较多的为膨胀珍珠岩。由于膨胀珍珠岩具有容重轻、导热系数低、耐火性强、隔声性能好、孔隙微细、化学性质稳定、无毒无味等优异的物理、化学性质，因此广泛应用于各工业部门，尤其是重要的轻质建材和保温隔热原料，见表8-5。

表8-5　膨胀珍珠岩的主要用途

应用领域	主要用途
建筑工业	混凝土骨料，轻质、保温、隔热吸声板，防火屋面和轻质防冻、防震、防辐射等高层建筑工程墙体的填料，各种工业设备、管道绝热层，各种深冷、冷库工程的内壁，低沸点液体、气体的贮罐内壁和运输工具的内壁等
助滤剂和填料	制作分子筛、过滤剂、去污剂；用于酿酒以及制作果汁、饮料、糖浆、醋等食品加工制造业过滤细颗粒、藻类、细菌等；净化各种液体，净化水，可达到对人畜无害的程度；作为颜料，是塑料、树脂和橡胶的填料；化工行业的催化剂载体等
农林园艺	土壤改造，调节土壤板结，防止农作物倒伏，控制肥效和肥度，以及作为杀虫剂和除草剂的稀释剂和载体
机械、冶金	作各种隔热、保温玻璃、矿棉、陶瓷等制品的配料
其他	精制物品和污染物品的包装材料，宝石、彩石、玻璃制品的磨料，炸药密度调节剂

珍珠岩助滤材料外观呈白色细粉末，与硅藻土助滤材料相比，容重轻，流动速率较大。由于其容重小、导热系数低、保温隔热好，一直被用作保温材料。20世纪60年代初，欧美一些国家就探索对珍珠岩制品进行深加工，生产出新型理想的过滤材料——珍珠岩助滤材料，并广泛应用于石油化工、医药、食品饮料、污水处理等生产领域。珍珠岩助滤材料的主要应用领域详见表8-6。

表8-6 珍珠岩助滤材料的主要应用领域

应用领域	应用实例
各类液体饮料的过滤	如啤酒、葡萄酒、白酒、果汁、饮料、功能饮料(药素饮料)、矿泉水等
食品过滤	如酱油、醋、花生油、豆油、菜籽油、葵花子油、糖汁等
油类过滤	植物油、动物油、矿物油(如润滑油等)
水过滤	城市饮用水、工业用水、游泳池水、工业废水的净化
药物过滤	抗毒素、葡萄糖注射液、药剂、维生素、酵素等
化工物质过滤	聚合物、塑料、颜料、燃油、有机化学试剂、石油外加剂、去离子水等
贵金属的回收	金、银等贵金属选冶过程中废液的贵金属回收

8.2.2.1 资源情况

珍珠岩主要存在于中生代以来的两大火山岩带中,分别是环太平洋带(包括中国、日本、澳大利亚、美国等)和欧洲勾形带(包括冰岛、意大利、希腊、土耳其等)。世界主要的珍珠岩生产国是中国、希腊、美国、日本、土耳其、匈牙利、墨西哥等。其中,中国、美国、希腊的珍珠岩产量最大,合计占全球总产量的75%以上。美国是最早开始进行珍珠岩开采的国家,2003年以前,美国是除了我国以外珍珠岩产量最大的国家,2003年之后被希腊反超,变成珍珠岩第三大生产国。2017年,全球珍珠岩的总产量约为731.02万吨。

据统计,截至2015年底,我国已探明珍珠岩矿43处,查明资源储量3.9亿吨左右,其中,河南省资源储量最大,超1亿吨,约占全国总资源量的26%;山西、黑龙江、内蒙古、江苏、山东等省区的储量均超过千万吨,其他查明资源储量较大的还有河北、安徽、福建、广西、新疆等。

我国珍珠岩矿床查明资源储量见表8-7。我国珍珠岩矿四大采矿基地为河南信阳、朝阳赤峰基地、山西灵丘和黑龙江嫩江,形成的矿砂生产能力每年达60万吨左右。

表8-7 我国珍珠岩矿床查明资源储量   单位:万吨

地区	矿区数	基础储量	储量	资源量	查明资源储量
全国	43	18354.78	5417.88	20769.51	39124.29
河北	1	—	—	4808.40	4808.40
山西	1	4261.00	3409.00	1591.00	5852.00
内蒙古	7	1415.53	208.28	3642.18	5057.71
辽宁	9	785.36	57.08	1712.68	2498.04

表 8-7(续)

地区	矿区数	基础储量	储量	资源量	查明资源储量
吉林	1	66.10	49.20	68.40	134.50
黑龙江	4	843.00	675.00	2480.55	3323.55
江苏	1	579.00	579.00	415.00	994.00
浙江	5	314.40	242.00	836.00	1150.40
安徽	1	97.00	82.00	184.06	281.06
福建	1	199.00	—	—	199.00
江西	3	403.90	59.00	1738.83	2142.73
山东	2	—	—	2210.00	2210.00
河南	1	9306.47	—	730.00	10036.47
广东	1	—	—	31.00	31.00
广西	1	50.00	25.00	257.00	307.00
新疆	4	34.02	32.32	64.41	98.43

8.2.2.2 矿床特性

珍珠岩矿床主要由珍珠岩构成，部分松脂岩和个别的黑曜岩也可构成具有加热膨胀性能的珍珠岩矿床。珍珠岩、松脂岩和黑曜岩均是由熔岩流快速冷凝而成的，都是火山玻璃质岩石，只是各自的水分含量有所不同。根据熔岩溢流时火山作用类型，珍珠岩矿床可分为3类，如表8-8所示。

表8-8 珍珠岩矿床成因类型

矿床成因类型	成矿环境	成矿方式	典型矿床实例
喷溢型矿床	近火山口，地表条件	酸性熔岩溢流冷凝固结成岩	浙江缙云、江西广丰
爆发型矿床	近火山口，地表条件	爆发式火山局部熔岩流喷逸	浙江余杭、福建政和
侵入侵出型矿床	火山口	酸性熔岩水解脱	江苏溧阳

① 喷溢型珍珠岩矿床，主要呈环形、扇形或岩流状、平缓层状分布在火山口外侧夹在流纹岩层之中。矿体长近百米至上千米，厚度变化大，一般10~40m。矿石质量好。典型矿床实例如浙江缙云老虎头、天井山珍珠岩矿床。

② 爆发型珍珠岩矿床，珍珠岩矿层分布在火山穹隆及其外围地区，夹于熔结凝灰岩、角砾凝灰岩和流纹岩中。矿层规模一般长百米至数千米，宽几十至几百米，厚10~15m。沿一定层位断续呈带状分布。典型矿床实例如福建政和香炉山的珍珠岩矿床。

③ 侵入侵出型珍珠岩矿床，矿体分布于火山口附近，受构造裂隙的控制，

呈脉状、岩墙状产出。矿体规模不等，长几十至几百米，宽几米至十几米，矿石类型主要为松脂岩，其次为珍珠岩，质量较差。典型矿床实例如江苏溧阳珍珠岩矿。

我国珍珠岩矿床主要产于我国大陆地壳活动频繁的中生代。这个代的火山形成了北起黑龙江、南达南海海滨和海南岛、长3000km、宽300~800km的火山岩带。此岩带可进一步划分为3个亚带。第一亚带也叫大兴安岭、燕山亚带。这个亚带中的主要珍珠岩产地有河北的宽城、平泉以及张家口、围场、沽源，辽宁的凌源、法库、建平以及锦州、锦西义县、黑山，山西的灵丘，河南的信阳，内蒙古的多伦、太仆寺旗、正蓝旗、中后旗等。第二亚带名叫东北北部、山东亚带。这个亚带中的珍珠岩矿床有吉林九台、黑龙江穆棱等。第三亚带名叫东南沿海亚带。这个亚带中的矿床有浙江宁海松脂岩矿床等。依膨胀倍数的不同，可将珍珠岩矿床划分为3种级别，见表8-9。

表8-9　珍珠岩矿床的工业级别

级别	膨胀倍数k_0	物理性质（镜下特征）	Na_2O/K_2O
Ⅰ	>20	玻璃质透明，无色或浅色，无脱玻或轻微脱玻；不含或少含结晶物质	≥1
Ⅱ	10~20	玻璃质透明度差至半透明，脱玻不严重、含结晶物质，偶见流纹构造	0.5~1
Ⅲ	<10	玻璃质透明度极差，色深；脱玻严重，含结晶物质，>5%可见角砾或流纹构造	<0.5

8.2.2.3　矿石结构构造特性

依矿石的矿物组成、矿石特征和含水量的不同，可将珍珠岩分为3种矿石类型，见表8-10。

表8-10　珍珠岩的矿石类型（一）

矿石类型	矿物组成	矿石特征	构造特征	含水量/%
珍珠岩	主要成分为块状、多孔状、浮石状珍珠岩，含少量透长石、石英斑晶、微晶及各种形态的雏晶，隐晶质矿物	圆弧形裂纹，断口呈参差状，珍珠光泽，风化后为油脂光泽，条痕白色	流动构造发育	2~6
松脂岩	主要成分是松脂岩、水解松脂岩和水化松脂岩，含少量透长石和白色凝灰质物质，呈不规则分布	断口呈贝壳状，松脂光泽，条痕白色	流动构造发育	6~10
黑曜岩	主要成分为黑曜岩、黑曜斑岩和水化黑曜岩，含少量石英、长石斑晶，以及极少量磁铁矿、刚玉等	断口贝壳状或平坦状，部分参差状，玻璃光泽，风化后为油脂光泽，条痕白色	流动构造发育	<2

依矿石有无脱玻化及脱玻化程度的不同,可将珍珠岩分为3种矿石类型,见表8-11。

表8-11 珍珠岩的矿石类型(二)

类型	膨润土质量分数/%	膨胀倍数 k_0	矿石品级
未脱玻化珍珠岩	<10	≥15	一级品
脱玻化珍珠岩	10~40	$7 \leq k_0 < 15$	二、三级品
强脱玻化珍珠岩	>40~65	<7	夹石

8.2.2.4 分选方法与试验研究

由于珍珠岩矿石的选矿目的是将入选原矿加工成粒度、水分等指标均达到工业要求的产品,即珍珠岩矿砂,因而决定了珍珠岩的选矿工艺非常简单,通常为破碎→分级→干燥。我国目前尚无正规的选矿工艺流程,一般破碎筛分的工艺流程为:原矿→粗碎→筛分→中碎→筛分→粗矿砂→筛分→细矿砂。

膨胀珍珠岩的生产工艺包括破碎、预热、焙烧3道工序,主要生产工序见表8-12。

表8-12 膨胀珍珠岩的主要生产工序

工序	目的	主要设备		备注
矿石选择	保证矿石纯度	人工手选		矿石含杂量大于2%
破碎	使矿砂粒度满足焙烧工艺要求,达到最大限度的膨胀	粗碎	颚式破碎机	
		中碎	锤式、圆锥式、辊式或反击式破碎机	
		细碎	笼式、辊式和锥式破碎机	
筛选	保持焙烧时矿砂粒度均匀,防止矿石在破碎过程中过粉碎	手动筛、自定中心振动筛、偏心振动筛等		粒度在0.15~1mm为宜
预热	排出裂隙水,结合水含量控制在2%~4%的范围内	烘干机、逆流式回转预热炉		预热时间8min,温度控制在400~500℃
高温焙烧	提高膨胀珍珠岩的物理力学性能,使物料充分膨胀	卧式回转窑、卧式窑、立窑		焙烧温度1250~1300℃,时间2~3s,瞬时高温焙烧

珍珠岩助滤材料是珍珠岩粉料的一种深加工产品,生产合格助滤材料的先决条件是必须生产出优质合格的珍珠岩粉料。珍珠岩粉料的生产工艺包括矿石选择、破碎、筛选、预热、高温焙烧,使其膨胀成空心圆球体,再经过一系列

技术处理成不规则精细颗粒产品。此产品具有色白、质轻、无毒、无味、多孔、化学稳定性好等特点。

生产中选用的珍珠岩矿石或矿砂，所含水分有两种状态：一是附着矿石的表面水；二是含在玻璃质中影响膨胀的结合水，一般5%左右。膨胀时需结合水2%~3%即可，多余的水分在焙烧前要进行热处理排除。生产工艺流程如图8-11所示。

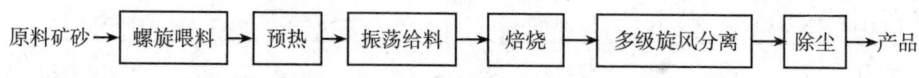

图8-11 珍珠岩助滤材料生产工艺流程

生产中，必须把握住生产线上的关键，亦即在工艺上严格控制各种工艺参数。因为不同种类、不同产地的矿石以及不同颗粒、不同等级掺配的矿砂对生产合格的助滤材料有着直接影响。对不同产地的矿石，需加工破碎，制成不同颗粒级配的矿砂。矿砂要求含杂质小于4%，以保证其纯度；焙烧温度和粉料容重需适当控制掌握。

由采矿厂直接爆破下的矿石因块度过大，不能直接用于烧制膨胀珍珠岩或其他用途，因此，矿石的破碎及筛分这两道工序是必不可少的。矿石破碎后砂矿的粒度取决于其用途或熔烧工艺。对大中粒膨胀珍珠岩生产用的矿砂，通常分为两个粒级：粗矿砂5~20mm；中砂矿2.5~5mm。对大粒膨胀珍珠岩用的矿砂，破碎后可分为四种细矿砂：细砂0.8~2.5mm，微细砂0.45~0.8mm，更细砂0.18~0.45mm，特细砂小于0.18mm。图8-12所示是目前国内采用的珍珠岩破碎筛分流程图。破碎作业通常分为两段(生产大、中粒膨胀珍珠岩用的粗、中矿砂)或三段(生产小粒膨胀珍珠岩用的矿砂)，所用破碎机械与一般小型非金属矿山所用的设备相同。粗碎多采用颚式破碎机(EFZ-150×250)，中碎机械有锤式破碎机、圆锥破碎机、反击破碎机等，细碎机械有笼式破碎机和辊式破碎机等。常用的筛分设备

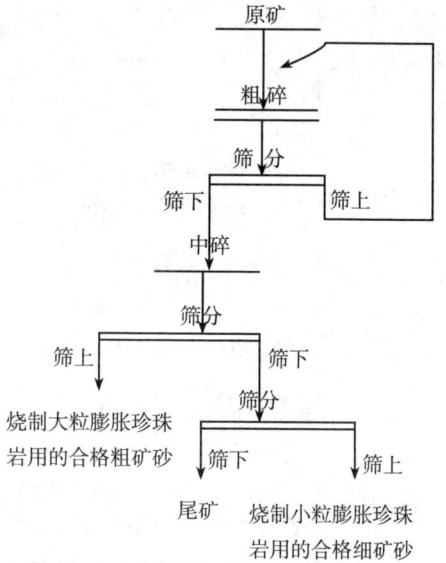

图8-12 珍珠岩破碎筛分流程

有手摇筛、自定中心振动筛、偏心振动筛等。

国际上使用的珍珠岩破碎筛分流程原则上与此类似，但在中碎后增加了干燥作业，且最后一组筛分的筛下产品进入一台或多台风力分级机进行分级，得出最终产品。这种风力分级作业能有效地除去细粒珍珠岩中的尘土和杂质，大大改善粒度的组成。

8.2.2.5 分选实践

本节以我国河南信阳上天梯非金属矿区珍珠岩加工车间为例介绍珍珠岩的分选实践。

信阳上天梯非金属矿位于我国河南省信阳市工业城东部的上天梯矿区。该矿为珍珠岩与膨润土共生矿床。矿山设计生产能力为每年60万吨，原矿性质见表8-13。

表8-13 信阳上天梯珍珠岩原矿性质

矿石类型	矿物组成	原矿品位
块状珍珠岩	酸性火山玻璃，偶遇雏晶（长石、石英）	玻璃质质量分数98%~100%

1978年矿山筹建珍珠岩加工车间，1979年建成投产。现两个加工车间为一系列，一号车间为二段闭路破碎筛分流程，二号车间为三段闭路破碎筛分流程。主要加工设备见表8-14，主要产品规格、性能、用途见表8-15。

表8-14 信阳上天梯珍珠岩主要加工设备

设备名称	型号、规格	用途	原矿	尾矿	产品
颚式破碎机	PE250×400	粗碎	$D_{max}=210$mm		$e=40$mm
锤式破碎机	PC600×400	中碎	$D_{max}=40$mm		$e=5$mm
双辊破碎机	PCG250×600	细碎		$(-0.85+0.30)$mm	$e=1$mm
皮带输送机	B500	喂料			
斗式提升机	HL-300	中间提升			
惯性振动筛	SZ21200×2500	分级		$(-0.85+0.30)$mm	

表8-15 信阳上天梯矿产品规格、性能及用途

产品	规格	产品性能	主要用途
珍珠岩矿砂	0.84~0.25mm	实验室膨胀倍数不小于3.51倍，膨胀散料密度80kg/m³	工业及建筑保温隔热、吸声用

8.2.3 麦饭石分选

麦饭石(medical stone)是我国应用最早的天然药石,因其外观似一团麦饭而得名。最早记载麦饭石的是唐代文学家刘禹锡,以后宋代医学家马嗣旺、苏颂均有记述,明代伟大的医药实践家李时珍在《本草纲目》(1593)中如此记述麦饭石:"其石大小不等,或如拳,或如鹅卵,或如盏,或如饼,大略状如握聚一团麦饭。""甘温无毒,主治一切痈疽背发。"

麦饭石在日本被称为"神石""健康石",在韩国被称为"矿泉药石",在我国台湾被称为"长寿石"。20世纪70年代末,我国开始重视麦饭石的近代研究和开发;20世纪80年代曾风行一时,取得了一些研究成果。1983年中国地质科学院沈阳地质研究所首次从地质学角度提出麦饭石,并指出内蒙古奈曼旗的燕山期石英闪长斑岩岩体为麦饭石矿体。研究结果认为,麦饭石具有生物活性,对细菌、污物及臭气具有吸附性,能提供人体及生物所需的有益微量元素,使硬水软化等。由于对麦饭石的药效、保健效能及其机理缺乏认真系统的研究,特别是生物试验和临床科学研究结果表明,麦饭石标准的置信度不高。应该说,药用矿物岩石是非金属矿床学中值得认真研究和开发的领域,麦饭石的开发利用应走上科学、健康的发展轨道。

麦饭石是一种对生物无毒、无害并具有一定生物活性的复合矿物或药用岩石,其主要化学成分是无机的硅铝酸盐。其中包括 SiO_2、Al_2O_3、Fe_2O_3、FeO、MgO、CaO、K_2O、Na_2O、TiO_2、P_2O_5、MnO 等,还含有动物所需的全部常量元素,如 K、Na、Ca、Mg、Cu、Mo 等微量元素和稀土元素(各地麦饭石岩石化学成分详见表8-16),达58种之多。微量元素约占人体重的0.025%,虽然其含量甚微,但是它在人类的生命过程中起着重要作用,它们在人体中含量不足或过剩都会影响健康,甚至危及生命。因此,人体必须不断通过各种途径补充微量元素,以满足人体生长发育和维持正常的新陈代谢水平的需要。

8 非晶质硅酸盐矿物和含硅酸盐矿物岩石的分选

表8-16　各地麦饭石岩石化学成分　　　　　　　单位：%

原岩名称		英安玢岩	黑云二长安粗岩	花岗闪长岩	石英闪长玢岩	石英二长岩	石英闪长岩	黑云二长片麻岩	黑云花岗二长斑岩	凝灰岩
产地		浙江金华	山东青岛	江西C-2	内蒙古奈曼旗	天津蓟县	辽宁阜新	河南嵩山	浙江嵊县	日本某地
麦饭石化学成分质量分数	SiO_2	67.31	65.34	67.28	62.17	69.37	65.19	73.28	70.07	69.76
	TiO_2	0.45	0.58	0.71	0.76	0.42	0.54	0.20	0.34	0.30
	Al_2O_3	15.68	15.36	15.00	17.75	14.05	15.36	15.22	14.87	14.01
	Fe_2O_3	2.31	3.51	1.69	1.89	1.02	2.34	1.52	1.42	1.29
	FeO	1.68	0.88	3.08	2.27	2.20	2.01	1.06	1.27	1.40
	MnO_2	0.21	0.072	0.13	0.07	0.06	0.13	0.05	0.06	0.02
	MgO	0.66	1.09	3.10	1.39	1.07	1.72	1.12	0.70	3.55
	CaO	1.05	1.97	2.00	3.87	2.18	3.88	2.21	2.14	2.00
	Na_2O	4.35	4.41	2.52	5.00	3.85	3.67	4.54	4.26	3.10
	K_2O	5.05	4.73	2.74	3.24	2.66	3.31	2.06	3.94	3.19
	P_2O_5	0.12	0.21	0.21	0.36	0.21	0.22	0.15	0.09	0.26

麦饭石的各种功效是由其独特的矿产形式和化学性质决定的，其具体特征主要表现在以下几个方面(特性详见表8-17)。

表8-17　麦饭石的特性

项目	特性
无毒无害性	麦饭石做动物急性毒性试验、亚急性毒性试验、慢性毒性试验的研究结果表明，麦饭石虽含少量的有害元素，但它属实质性无毒害性药石
良好的溶出性	麦饭石中所含的K、Na、Fe、Mg等在水中就有较大的溶出量，在醋酸溶液中的溶出量最高。因而可以根据需要，通过控制其固液比、粒度、水温、pH值、浸泡时间、搅拌程度等来控制其溶解度
生物活性	麦饭石对动物的生理作用主要有：①促进生长发育，提高增肉增蛋率；②增强营养物质的转化率；③提高动物性食品中微量元素和氨基酸的含量，改善畜产品品质；④具有抗疲劳、抗缺氧作用
吸附性	麦饭石具有双重吸附性：一方面是因为它以硅酸盐为主的化学组成具有一定的化学吸附性；另一方面，由于麦饭石多含高岭石、埃洛石等黏土矿物，呈多孔性海绵状特殊结构，表面积十分巨大，有强烈的静电引力，因而对杂质、重金属离子、细菌、农药残余物具有强吸附作用
矿化性	一般的饮用水被麦饭石浸泡后，不仅能溶出有益元素，而且能吸附有害元素，被净化成类似矿泉水的矿化水
水质调节性	Al_2O_3是麦饭石的主要化学成分之一，而Al元素是典型的两性元素，在酸性条件下，麦饭石中的Al元素以$Al(OH)_2^-$的形式存在，在碱性条件下，以$H_2AlO_3^-$的形式存在，调节水的pH值，使其呈中性状态

(1) 生物活性

麦饭石能提高水中具有生物活性的溶解氧浓度。它能使退化水、不具生物活性水变为活水和具有生物活性的水，故我国台湾学者称麦饭石为活水石。经麦饭石处理的水，正水合离子 H_2O^+ 的浓度可达 2.8mg/L，而自来水中不含正水合离子 H_2O^+，它具有加快人体代谢的功能。

(2) 吸附性

麦饭石具有双重吸附性：一方面是因为它以硅酸盐为主的化学组成具有一定的化学吸附性；另一方面，由于麦饭石多含高岭石、埃洛石等黏土矿物，是多孔性海绵状特殊结构，表面积十分巨大，有强烈的静电引力，因而对重金属离子具有强吸附作用。许多实验结果表明，麦饭石在水中对重金属离子和致害毒素具有很强的吸附能力，能够降低细菌的浓度，抑制其繁殖速度，可清除污水中的汞、铅、镉、砷等重金属及氯化物、氰化物和残余农药等有害物质，将受污染的水或混浊水净化。另有研究结果表明，麦饭石对氟也有一定的吸附作用，高氟水经麦饭石处理后可大大降低水中氟的含量且水中氟的含量越高，除氟效果越明显。麦饭石的吸附作用可以用于净化水质和处理工业废水，但是，麦饭石并非量越多对细菌的吸附能力就越强。麦饭石有一个临界线，在临界线内，麦饭石量越多，吸附能力越强，超过这个临界量时，就会出现相反的情况。

(3) 矿化性

由于麦饭石中的有益元素溶出率高，将麦饭石浸泡于水中，水就被净化成近似矿泉水的矿化水。其所含的矿物质和微量元素都是人体所需的，只要在食品工业中采用科学的方法，就可以使麦饭石在食品中成为人们所需要的矿物营养源。

(4) 对水中元素的双向调节

麦饭石也是一种岩石，主要由硅酸盐和氧化物等难溶矿物组成，在水中的溶解和沉淀受平衡常数 K 值（又称溶度积）制约。当温度固定，水中溶解度达到溶度积时，这种矿物就停止溶解或结晶。如果水中有一种离子浓度过低使之达不到溶度积值，矿物中的该成分就会溶解，直至达到为止。因此，水中缺少的元素或离子，加入麦饭石能溶解补充；而已有的或过多的，因"同离子效应"使其不溶解或产生结晶沉淀，水中则减少它的含量。

现代营养学理论认为，人体产生疾病的主要原因就是体内的营养素失衡。必需元素缺少或过多均对人体健康不利，只有其含量符合人体健康的平衡比例，才是有益的。用麦饭石处理水质，可对水中常量和微量元素的含量进行双向调节，使其达到人体需要的最佳平衡状态。

(5) 对pH值的双向调节

麦饭石可将pH值4调至6以上，pH值10调至7左右，即调至接近中性或弱碱性。Al_2O_3是麦饭石的主要化学成分之一，而Al元素是典型的两性元素，在酸性条件下，Al可以$Al(OH)_2^+$的形式存在，带正电荷；在碱性条件下，Al可以$H_2AlO_3^-$的形式存在，带负电荷。故Al具有双向调节水溶液pH值的缓冲作用。这样，用麦饭石处理过的水，其pH值接近中性，而且钾、硅等元素的含量明显提高，从而使麦饭石处理过的饮用水转化成优质饮用水或接近矿泉水，与某品牌的矿泉水比较，硅的含量近似，但钠的含量较之远低。因此，麦饭石的该项特征对改善食品工业所需要的水质、提高食品的质量具有重要的意义。

(6) 溶出性

众所周知，天然存在的90种元素中，动物体内有55种，其中有25种为生命所必需的。然而由于种种原因，人畜对这些微量元素的摄入量是不足的。麦饭石中恰恰含有人畜所必需的这些微量元素，从而使人畜获得这些微量元素，并有协同作用，所以它是人畜微量元素的营养源。

(7) 无毒无害性

麦饭石在含有动物正常新陈代谢所必需的常量元素、微量元素、稀土元素的同时，也含有极少量的有害元素，如Pb、U、As等。能不能更广泛应用，比如作为中药内服或用于动物饲料中，取决于其有无毒害。通过对麦饭石做动物急性毒性试验、亚急性毒性试验、慢性毒性试验，得出的结论是麦饭石虽含少量的有害元素，但它属实质性无毒害性药石。

麦饭石由于具有以上特性而在医药、保健、美容、环保、畜牧、水产养殖、植物栽培、食品生产等方面有极大的应用价值，具有广阔的开发潜力。麦饭石的用途详见表8-18和图8-13。

表8-18 麦饭石的主要用途

应用领域	麦饭石的用途
在污水处理领域	麦饭石可以净化重金属废水及印染废水，还可用于养鱼池水质净化、饮用水的净化等
除臭剂及保鲜剂	麦饭石不仅可以吸附水中的余氯，还可吸附空气中的有毒有害气体，起到对空气的净化作用，可用作冰箱除味剂、香烟过滤剂、煮饭保鲜剂等

表 8-18(续)

应用领域	麦饭石的用途
在医疗保健领域	麦饭石具有明显的保健作用,饮用麦饭石矿泉水,能增强人体酶的活性,调节人体内介质呈弱碱状态,从而增强对入侵病毒的抵抗能力,提高免疫力。麦饭石能置换人体内积存的有害重金属元素,并将其排出体外,故麦饭石有"细胞洗涤剂"之称
在食品加工领域	麦饭石在食品工业中的应用主要是作为食品添加剂。麦饭石用作食品添加剂能保持食品的色香味特色并增加微量元素的含量。目前国内外已有麦饭石低度白酒、果酒、啤酒、可乐、香槟、糖果、酱油、醋、饼干、面包等系列饮料和食品面市
在农牧业领域	麦饭石可促进农作物的活性,提高农作物产量,还可制备麦饭石肥料、畜生饲料添加剂及水产饲料的添加剂
在工业领域	由于麦饭石具有发达的孔结构,可用于作催化剂的载体;麦饭石还可以作为功能纤维材料制备各种具有医疗和保健功能的纺织品

(a) 麦饭石用于中药

(b) 麦饭石滤料

(c) 麦饭石茶具

(d) 麦饭石饲料

(e) 土壤改良剂

图 8-13 麦饭石典型产品举例

8.2.3.1 资源情况

我国麦饭石资源极为丰富,矿床分布广泛,数量较大,几乎各省、自治区、直辖市均有分布,比较著名并已开发应用的有内蒙古奈曼旗、天津蓟县、辽宁阜新、浙江四明山、江西赣南、台湾台东。此外,山东、河北、河南、广西、广东、四川、甘肃、新疆、山西、福建等省(自治区)都有分布。

据1987年资料，全国累计麦饭石储量达4亿吨。1987年以后，浙江四明山麦饭石初步估算储量就达4亿吨。这个超大型麦饭石矿床，面积达36km²；矿层厚度平均12m以上；质量优，几乎全部达到出口免检的要求；溶出率高，即一昼夜天然雨水麦饭石浅层过滤H_2SiO_3达20mg/L以上，麦饭石浅层中的水井水均能达矿泉水标准，H_2SiO_3为35~46mg/L；经深层麦饭石过滤的水H_2SiO_3超过60mg/L。

各地所产麦饭石品质差别较大，其中以山东、内蒙古为佳，当地石质较好，可以进行雕刻等加工。有些地区的麦饭石由于形成年代比较晚，石质较稀松，只能碎化处理后重新压制成型。

总的来看，我国的麦饭石资源完全能满足今后相当长一段时期的生活需求。目前需求量甚小，主要用于出口，国内用于制作人工矿泉水、净水、食物、酿造，少量用于药用及化妆品。国内供需不旺的主要原因是人们对麦饭石认识不足，知名度不高，加上没有统一的国家标准，使开发利用工作步履维艰。

8.2.3.2 矿床特性

我国麦饭石主要集中于构造-火山活动带上，这里构造活动活跃，岩浆及火山活动强烈，麦饭石的母岩中酸性浅成-超浅成的闪长岩类和花岗岩类发育，由岩浆期后和次火山活动期后提供蚀变所需的热液、能量。岩浆岩类所形成的麦饭石矿床多呈脉状或局部呈面状蚀变，其特征是规模不大，厚度变化大，风化蚀变程度不一，质量变化大；次火山形成的麦饭石矿床多为风化自变质面式矿床，规模巨大，呈层状或似层状，矿层厚度大，风化蚀变均一，矿石质量稳定，因为这类次火山型麦饭石矿床多位于火山活动强烈区，在成岩过程中有良好的盖层而使有益组分得以保存，次火山期后频繁的热液活动为其蚀变提供了足够的热量和热液，在蚀变过程中有害元素被析出和释放，因而有益元素高于地球化学背景值。我国麦饭石矿床成矿时代比较年轻，多为燕山中晚期，成矿时间则集中于岩浆期后和次火山期后。

目前我国已发现的麦饭石矿床均为侵入岩，超浅成次火山岩经后期风化蚀变改造而成的风化矿床，由于地质构地环境不同，大致可分为三个类型。

(1) 次火山岩风化壳型

在超浅成次火山侵入期后，富含有益元素的挥发组分富集于封闭程度较高的岩层顶部，经强烈的火山期后的热液蚀变改造和风化而成矿，它与周边相对应的火山岩是同源不同期的产物。这类矿床蚀变强烈，规模巨大，单个矿体面

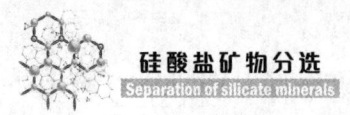

积达1~2km², 质量稳定, 品级优良, 开采方便。剖面上可分为三个带: 表层0~3m为松散的砂粒带, 遭后期人为的耕种破坏, 有一定的污染, 又受强烈淋滤, 元素损失较多, 不宜作为医药和净水之用; 中部为强风化蚀变带, 外貌呈原岩状态, 但结构十分疏松, 厚几米至十几米, 氧化物和微量元素与原岩相比略有减少, 是质量最好的麦饭石; 下部为弱蚀变带, 岩性与原岩一致, 只是岩石坚硬度稍低于原岩, 蚀变矿物大为减少, 这个带(层)厚几十厘米至一两米, 不能作为药用和净水之用, 但可作为养鱼之用。底部原岩带基本不具麦饭石特性。这类矿床以浙江四明山麦饭石矿为代表。

(2) 侵入岩风化壳型

这是在侵入岩边部或局部节理构造密集带, 经后期热液蚀变风化作用形成的麦饭石矿, 矿体呈似层状、透镜状的风化-半风化状, 具面状蚀变外形, 但蚀变强弱不匀, 层内常夹有风化较弱的硬块, 剖面上部带状不显, 规模小, 品级不稳定。此类型以福建闽南麦饭石矿为代表。

(3) 侵入岩脉状风化壳型

这类矿床多产于岩脉内断裂节理构造裂隙带, 呈期后热液蚀变和风化大脉状似层状。一般大脉厚度几米至十几米, 厚度几米, 长度几百米至上千米, 规模不大, 但品级稳定, 质量较好。似层状麦饭石矿规模不一, 品级变化大, 如内蒙古奈曼旗、天津蓟县、辽宁阜新等。

麦饭石矿床产出的大地构造环境为弧后岩浆带, 与岩浆活动区有关。矿床形成时代为燕山中晚期和喜马拉雅早期。据统计, 我国已发现的麦饭石矿床有28处, 分布于20个省、自治区、直辖市。其中主要产地有内蒙古奈曼旗、河南伊川、陕西小秦岭地区、天津蓟县、辽宁北票、山东泰安等。

8.2.3.3 矿石结构的构造特性

麦饭石外观较粗, 岩石以斑状结构、多斑结构、似斑结构为主, 偶见花岗状结构。基质以纤维晶质结构为主, 次有微细粒结构。大约由60%~65%的麦饭粒(斑晶)和35%~40%的基质组成。从结构上进行分析, 麦饭石是比较复杂的, 在电子显微镜下观察, 每平方厘米表面积上有2600~2800个孔, 属于多孔性筛网状和海绵状。

我国麦饭石矿床的矿石中, 主要矿物有石英斜长石钾长石和少量黑云母、角闪石, 副矿物有榍石、磷灰石磁铁矿结石, 蚀变矿物主要有绢云母、高岭石、绿帘石、绿泥石和蒙脱石。无论矿物成分还是化学成分,与未风化蚀变的原岩无重大差别,但各地的微量元素和稀土元素差别较大。岩石结构上的差异尤甚:风化蚀变而成的麦饭石中的钾长石、斜长石的晶面呈多孔状或海绵状、筛网状结构,长石类碎屑则呈锯齿状外形,石英也具多孔结构,而这类结构与风化蚀变强度呈正相关关系,即风化蚀变愈强,这类结构愈发育,麦饭石的理化性能愈好。长石类矿物是有益元素的主要载体,因此长石类矿物含量高,海绵状结构愈发育,麦饭石质量就愈好。如果麦饭石矿层有良好的盖层保护,麦饭石就会免遭雨水淋滤,有益元素损失极微。另外,麦饭石因遭风化蚀变而使有害元素如铅、汞、铬、砷及放射性铀、钍等均低于地壳平均丰度值,而且风化蚀变愈强,有害元素含量愈低,矿石品级就愈高。表8-19列出了我国主要麦饭石产地及其矿石性质。

表8-19 我国主要麦饭石产地及其矿石性质

产地	岩石名称	结构构造	主要矿物含量(质量分数)/%	Al_2O_3饱和程度	产状,产出时代
内蒙古中华麦饭石	石英闪长斑岩	斑状结构,基质具显微粒状结构	PL 60~70 Bi 5~10 Hr 5~10 Qr 15~20 Q 5~10	$CaO + Na_2O + K_2O > Al_2O_3 > Na_2O + K_2O$ 正常岩石类型	岩株、岩脉,中生代
天津蓟县麦饭石	花岗二长岩	花岗结构	PL 35~40 Qr 30~35 Q 25~30 Bi 5~10 Hr 5~10	$Al_2O_3 > Na_2O + K_2O + CaO$ 为铝过饱和类型	岩株,中元古界,属印支期产物
辽宁北票麦饭石	花岗闪长斑岩	斑状结构,基质显微晶质结构	PL 40~45 Qr 45 Q 5 Bi 3~5 Hr 3~5	$Al_2O_3 > Na_2O + K_2O + CaO$ 为铝过饱和类型	岩脉,中生代
辽宁阜新麦饭石	花岗闪长玢岩	斑状花岗结构	PL 60 Qr 20 Q 5~10 Bi 5 Hr 5	$Al_2O_3 > Na_2O + K_2O + CaO$ 为铝过饱和类型	岩脉,中生代

表 8-19(续)

产地	岩石名称	结构构造	主要矿物含量（质量分数)/%	Al_2O_3 饱和程度	产状，产出时代
河北易县麦饭石	石英二长岩类	二长结构	中长石 45 条纹长石 25 石英 5 Hr 10 Bi 5	$Al_2O_3 > Na_2O + K_2O + CaO$ 为铝过饱和类型	岩脉，太古界中元古界
山西麦饭石	石英二长岩	斑状结构	PL 25~30 Qr 5 Q 5	$CaO + Na_2O + K_2O > Al_2O_3 > K_2O + Na_2O$ 为正常岩石类型	岩株，上中生界及新生界
山东泰山麦饭石	二长花岗岩	斑状结构	PL 20~30 Qr 7~10	$Al_2O_3 > Na_2O + K_2O + CaO$ 为铝过饱和类型	岩株，中生代及新生代
山东雪花山麦饭石	二长岩	花岗结构	PL 36~46 Qr 30~35 Hr 5~20 Q>5	$Al_2O_3 > Na_2O + K_2O + CaO$ 为铝过饱和类型	岩墙、岩枝、岩脉，早白垩世
河南中岳麦饭石	石英二长岩	花岗结构	PL 30 Qr 40~45 Q 20~25	$Al_2O_3 > Na_2O + K_2O + CaO$ 为铝过饱和类型	岩株，太古界
吉林遥林麦饭石	石英闪长岩	斑状结构	PL 50 Bi 10 Qr 25 Q 15	$Al_2O_3 > Na_2O + K_2O + CaO$ 为铝过饱和类型	岩株，太古界
黑龙江龙江麦饭石	石英二长闪长斑岩	斑状结构	PL 65 Bi 5~10 Hr 5~10 Qr 少量	$Al_2O_3 > Na_2O + K_2O + CaO$ 为铝过饱和类型	脉状，侏罗系

注：PL 斜长石；Q 石英；Hr 角闪石英；Qr 钾长石；Bi 黑云母。

8.2.3.4 分选方法与试验研究

根据用途的不同，麦饭石产品的制备方法也不同。图 8-14 为作为吸附剂使用的麦饭石颗粒的制备工艺。

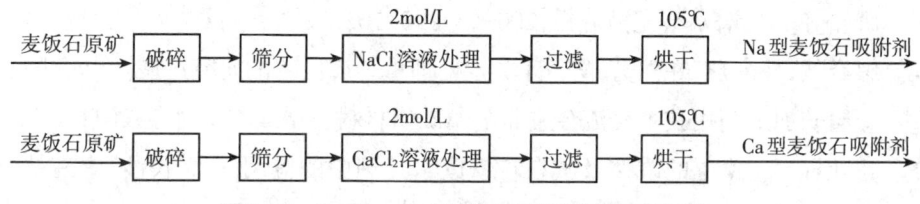

图8-14　Na型、Ca型麦饭石吸附剂的制备工艺

麦饭石原矿经破碎、筛分，过180μm（80目）筛，用2mol/L的NaCl溶液处理12h，过滤清洗，在105℃烘干，过180μm（80目）筛，将麦饭石转为Na型；麦饭石原矿用2mol/L的$CaCl_2$溶液处理12h，过滤清洗，在105℃烘干，过180μm（80目）筛，即可将麦饭石转为Ca型。实验结果表明，麦饭石转为Na、Ca型和高温灼烧活化能够提高麦饭石颗粒的吸附性能。

麦饭石也是冰箱除臭剂。图8-15为作为保鲜剂使用的麦饭石颗粒的制备工艺。麦饭石石块经清洗、烘干后，倒入粉碎机粉碎成不同粒度的麦饭石颗粒；然后经振动分级筛，分出不同粒度的麦饭石颗粒，经包装、封袋、装盒，得到麦饭石除臭剂产品。

图8-15　麦饭石保鲜剂颗粒的制备工艺

将30~50g麦饭石细颗粒装入纱布或其他容器内，放入冰箱中，冰箱中的不良气味在很短时间内就会消失。将250g麦饭石颗粒装入纱布袋或其他容器内，置于电冰箱中，能去除冰箱中食物散发出的异味，保持食物的新鲜、不变味。每半个月把麦饭石从冰箱中取出清洗后，晾晒1~2天或经水煮或用酸处理后可连续使用两三个月。麦饭石除臭效果比活性炭高1~2倍。

本章参考文献

[1] MYSON B O, FRANTZ J D. Structure of silicate melts at high temperature: in-situ measurement in the system BaO-SiO_2 to 1669℃[J]. American Mineralogist, 1993, 78: 699-709.

[2] 徐培苍, 李如璧. 非晶态硅酸盐介观团粒结构模型及其参数[J]. 武汉大学学报（理学版），2012(3): 24-29.

[3] 徐培苍, 李如璧, 孙建华, 等. 硅酸盐熔体分子网络分数维值的高温拉曼光谱

研究[J]. 光谱学与光谱分析,2003(4):98-102.

[4] 廖经慧,杜高翔,左然芳,等. 硅藻土处理重金属废水的研究进展[C]//全国非金属矿加工利用技术交流会暨非金属矿物材料发展战略研讨会,2011.

[5] 曹亚锋. 硅藻土的改性及其在含铁废水处理中的应用[D]. 长沙:中南林业科技大学,2010.

[6] 张凤君. 硅藻土加工与应用[M]. 北京:化学工业出版社,2006.

[7] 郑水林,袁继祖. 非金属矿加工技术与应用手册[M]. 北京:冶金工业出版社,2005.

[8] 杜鹏. 我国珍珠岩资源概况及开发利用现状[J]. 中国非金属矿工业导刊,2016(4):6-8.

[9] 管俊芳,陆琦,于吉顺. 珍珠岩的加工和综合利用[J]. 化工矿物与加工,2003,32(4):6-9.

[10] 王苏新. 麦饭石特性及作用分析[J]. 江苏陶瓷,2003,36(1):1-2.

[11] 冯光化. 中国麦饭石资源与开发研究[J]. 矿物岩石地球化学通报,2001(2):131-135.

附录 I 硅酸盐矿物展示

蓝晶石	红柱石	橄榄石	锆英石
铁铝榴石	绿帘石	绿柱石	电气石
堇青石	紫锂辉石	硅灰石	硅线石
包头矿	异极矿	双色锂电气石	镁橄榄石
方沸石	霓石	玛瑙	钠长石
透辉石	阳起石	叶蛇纹石	鱼眼石

硅酸盐矿物分选
Separation of silicate minerals

直闪石	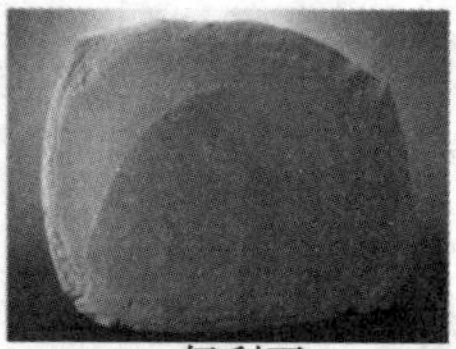 伊利石	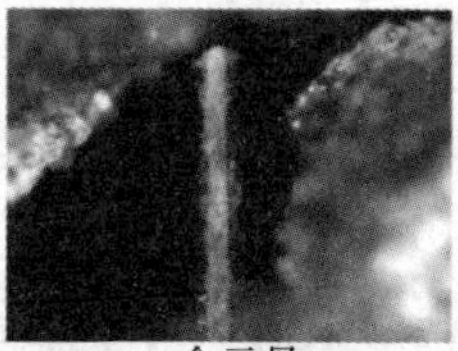 金云母	 云母
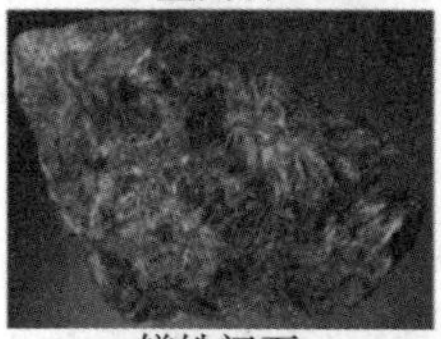 镁铁闪石	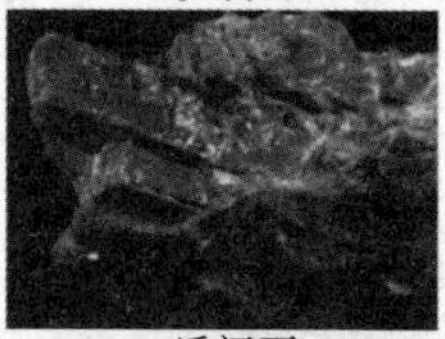 透闪石	 高岭石	 滑石
 绿泥石	 叶蜡石	 蒙脱石	 皂石
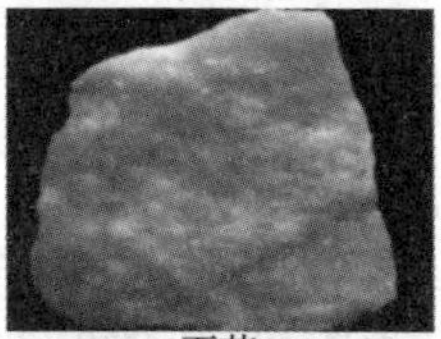 石英	 榍石	 凹凸棒石	 海泡石
 蛭石	 硅铍石(似晶石)	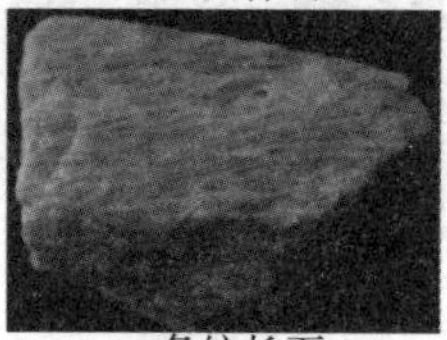 条纹长石	 晕长石
 斜长石	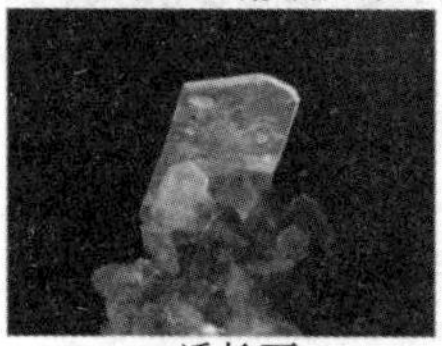 透长石	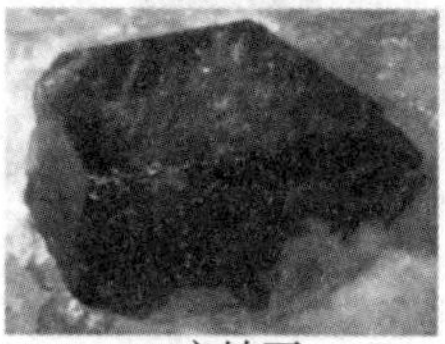 方钠石	 钙铁榴石
 绢云母	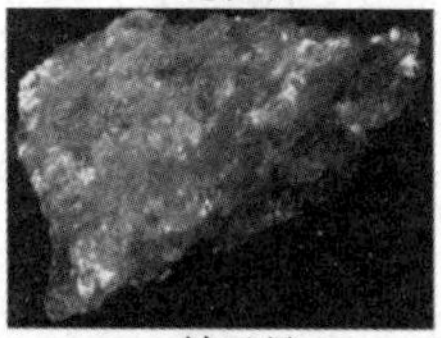 钠云母	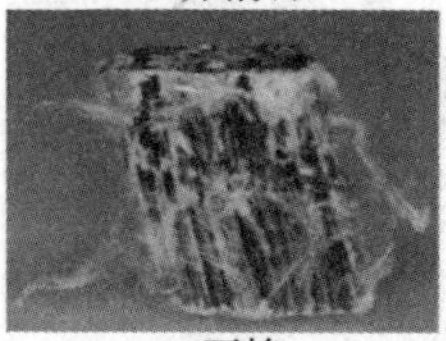 石棉	 十字石
 顽火辉石	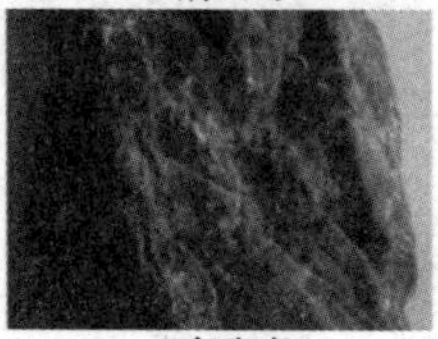 珍珠岩	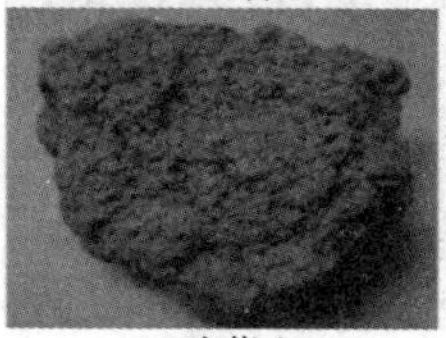 硅藻土	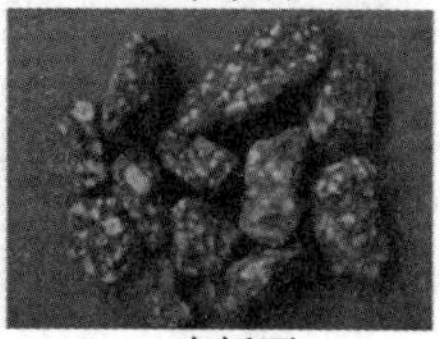 麦饭石

附录 II 典型选矿厂实例汇总表

1. 岛状结构硅酸盐矿物

矿物名称	选矿厂	地理位置	矿石性质	分选工艺流程类型或特点
蓝晶石	拉普索（Lapso）	印度	主要脉石有云母、石英、电气石、石榴子石、氧化铁和金红石等	先浮云母，后浮蓝晶石
红柱石	西峡红柱石矿	中国河南	主要脉石有石榴子石、十字石、石英、黑云母	洗矿—手选—重选—强磁选
石榴子石	乌拉特后旗明星矿	中国内蒙古	主要脉石有绢云母、铁铝榴子石、英、蚀变铁矿物、电气石、十字石	浮选—磁选联合工艺
锆英石	陆丰甲子	中国广东	主要矿物为锆英石，其次为钛铁矿，脉石矿物以石英为主	磁选—电选工艺

2. 环状结构硅酸盐矿物

矿物名称	选矿厂	地理位置	矿石性质	分选工艺流程类型或特点
绿柱石	可可托海	中国新疆	有用矿物：锂辉石、绿柱石、钽铌铁矿和细晶石等；主要脉石：长石、石英、云母	优先浮选工艺流程（先浮出易浮的石榴子石、角闪石、磷灰石等）
电气石				以手选为主（中国）

3. 链状结构硅酸盐矿物

矿物名称	选矿厂	地理位置	矿石性质	分选工艺流程类型或特点
锂辉石	布莱克山	美国南达科他州	含石英、长石和云母等脉石矿物	1906年开始采用手选工艺，后逐渐采用重选、浮选工艺
硅灰石	大顶山	中国吉林梨树县	脉石矿物有石英、方解石和少量透辉石	单一反浮选工艺
硅线石	兴和县硅线石矿	中国内蒙古	脉石矿物有石英、长石、石榴子石、云母	磁选—重选—浮选联合工艺

4. 层状结构硅酸盐矿物

矿物名称	选矿厂	地理位置	矿石性质	分选工艺流程类型或特点
高岭土	沃维林·波钡公司	英国	脉石矿物主要是石英、云母及少量长石，含少量或微量铁矿物	分别采取化学漂白、高梯度磁选或剥片作业获得不同用途的产品
蛇纹石				富矿体开采，直接破碎、筛分（中国）
滑石	艾海滑石有限公司	中国辽宁		近红外光选—浮选联合工艺
云母	灵寿云母矿	中国河北	主要为白云母，脉石为钾长石及石英，含微量磁铁矿和褐铁矿	窄粒级风选工艺

5. 架状结构硅酸盐矿物

矿物名称	选矿厂	地理位置	矿石性质	分选工艺流程类型或特点
石英	七棵树石英矿	中国吉林双辽	脉石矿物主要为长石、岩屑及其他重矿物	擦洗—浮选联合工艺
长石		中国河南卢氏	脉石矿物主要为石英、白云母，另含少量金红石、赤铁矿、磁铁矿等	磁选—浮选联合工艺
沸石		日本板谷	脉石矿物主要有蛋白石、石英、长石、有机物等	干法工艺（破碎—筛分—磨矿—分级）

6. 非晶质硅酸盐矿物和含硅酸盐矿物岩石

矿物名称	选矿厂	地理位置	矿石性质	分选工艺流程类型或特点
硅藻土	腾冲观音堂	中国云南	SiO_2 84.65%，Fe_2O_3 0.56%，Al_2O_3 3.76%，CaO 0.29%，MgO 0.48%	絮凝—磁选—重选分离工艺
珍珠岩	信阳上天梯	中国河南	珍珠岩与膨润土共生	破碎—筛分